当代中国人文大系

张世英 著

论黑格尔的逻辑学

（第3版）

中国人民大学出版社
·北京·

“当代中国人文大系”
出版说明

改革开放以来，中国社会的变革波澜壮阔，学术研究的发展自成一景。对当代学术成就加以梳理，对已出版的学术著作做一番披沙拣金、择优再版的工作，出版界责无旁贷。很多著作或因出版时日已久，学界无从寻觅；或在今天看来也许在主题、范式或研究方法上略显陈旧，但在学术发展史上不可或缺；或历时既久，在学界赢得口碑，渐显经典之相。它们至今都闪烁着智慧的光芒，有再版的价值。因此，把有价值的学术著作作为一个大的学术系列集中再版，让几代学者凝聚心血的研究成果得以再现，无论对于学术、学者还是学生，都是很有意义的事。

披沙拣金，说起来容易做起来难。俗话说，“文无第一，武无第二”。人文学科的学术著作没有绝对的评价标准，我们只能根据专家推荐意见、引用率等因素综合考量。我们不敢说，入选的著作都堪称经典，未入选的著作就价值不大。因为，不仅书目的推荐者见仁见智，更主要的是，为数不少公认一流的学术著作因无法获得版权而无缘纳入本系列。

“当代中国人文大系”分文学、史学、哲学等子系列。每个系列所选著作不求数量上相等，在体例上则尽可能一致。由于所选著作都是“旧作”，为全面呈现作者的研究成果和思想变化，我们一般要求作者提供若干篇后来发表过的相关论文作为附录，或提供一篇概述学术历程的“学术自述”，以便读者比较全面地了解作者的相关研究成果。至于有的作者希望出版修订后的作品，自然为我们所期盼。

“当代中国人文大系”是一套开放性的丛书，殷切期望新出现的或可获得版权的佳作加入。弘扬学术是一项崇高而艰辛的事业。中国人民大学出版社在学术出版园地上辛勤耕耘，收获颇丰，不仅得到读者的认可和褒扬，也得到作者的肯定和信任。我们将坚守自己的文化理念和出版使命，为中国的学术进展和文明传承继续做出贡献。

“当代中国人文大系”的策划和出版，得到了来自中国社会科学院、北京大学、清华大学、中国人民大学、北京师范大学、复旦大学、南京大学、南开大学等学术机构的学人的热情支持和帮助，谨此致谢！我们同样热切期待得到广大读者的支持与厚爱！

中国人民大学出版社

目　录

绪　论

一

黑格尔哲学，极其复杂矛盾，其中革命的辩证法和保守的唯心主义体系紧密地纠缠在一起。他的逻辑学，在他的所有著作中，最集中、最典型地表现了这一特征：它最唯心，而又最富于辩证法。列宁说："黑格尔逻辑学的总结和概要、最高成就和实质，就是辩证的方法——这是绝妙的。还有一点：在黑格尔这部最唯心的著作中，唯心主义最少，唯物主义最多。'矛盾'，然而是事实！"①

如果片面抓住"唯物主义最多"这几个字，就认为黑格尔哲学实际上是"唯物主义"，那是不符合列宁的原意的。列宁分明说黑格尔的逻辑学是一部"最唯心的著作"，怎么能说它是唯物的呢？说它是"唯物主义"，就连黑格尔自己也是坚决反对的。事实上，黑格尔的逻辑学是彻头彻尾唯心主义的。黑格尔的哲学体系，分为逻辑学、自然哲学和精神哲学三个部分：逻辑学的研究对象是所谓"纯概念"，它是事物的核心和根基，逻辑学的全部内容就是关于"纯概念"自我发展、自我认识过程的描述；自然哲学和精神哲学的研究对象是自然界和人类社会。黑格尔从彻底的唯心主义出发，根本不承认有独立于思想、概念之外的客观物质世界，他认为"纯概念"是自然界和人类社会的本质，自然界和人类社会是"纯概念"的表现和"自我实现"；因此，逻辑学是自然哲学和精神哲学的"灵魂"，而后二者只不过是前者的"应用"。也就因为这个缘故，列宁称黑格尔的逻辑学是"最唯心的"。

不过，黑格尔毕竟生活在客观物质世界之中（尽管他作为一个

① 《黑格尔〈逻辑学〉一书摘要》，见《列宁全集》，中文1版，第38卷，253页，北京，人民出版社，1959。

唯心主义者，不承认有客观物质世界），而且他又是一个学识渊博的学者，社会历史领域和自然界的许多重要方面，他都研究过。他不仅集中了前人的思想成果，而且概括了他那个时代的特征。客观物质世界的许多真实情况都反映在他的思想和著作中：

首先，黑格尔是一个一向对社会历史问题很感兴趣的人，他自己也承认他惯于“以好奇心注意世界大事”①。在整个社会历史领域内，“黑格尔都力求找出并指出贯穿这些领域的发展线索”②。尤其使他注意的，是当时法国革命所表现出来的社会生活的急剧变化。黑格尔在 1807 年为他的第一部大著作《精神现象学》所写的“序言”中说道：“我们这个时代是一个新时期的降生和过渡的时代。人的精神已经跟他旧日的生活与观念的世界决裂……事实上，精神从来没有停止不动，它永远是在前进运动着。……可是这种逐渐的、并未改变整个面貌的颓毁败坏，突然为日出所中断，升起的太阳就如闪电般一下子建立起了新世界的形相。”黑格尔还明白地把这种渐变的“突然中断”叫做“质的飞跃”。从这里可以看出，黑格尔深刻地察觉到了他所处的时代的辩证法。他的哲学中关于发展的思想，关于“突然的”“质变”的思想，实际上依据了法国革命时代的历史辩证法，他终生都认为，革命是法国历史发展的必然。

其次，黑格尔对自然科学方面也很有研究，单从他的逻辑学著作，特别是《大逻辑》所引自然科学事例和数学材料之丰富，就可以看出这一点。18 世纪末 19 世纪初，自然科学各个方面都有新的巨大成就：康德（1724—1804）在他以自然科学为主要研究对象的早年时期，第一次提出了太阳系起源的假说，突破了形而上学思想的第一个缺口；之后，法国天文学家拉普拉斯（1749—1827）又提出了并且更详细地论证了同样的假说。德国地质学家魏纳（1749—1817）和英国地质学家哈顿（1726—1797）也用历史发展的观点来说明地球的成因以及地球和生物的变迁。法国生物学家毕丰（1707—1788）作出了关于生物界变异性的揣测；德国胚胎学者沃尔夫（1733—1794）早在达尔文前一百年即 1759 年，就已有了进化论的思想，第一次攻击了物种不变说；法国生物学家拉马克（1744—

① 《致尼他麦的信（1807 年 2 月 20 日）》，见《黑格尔通信集》，第 1 卷，145 页，汉堡，1952。

② 恩格斯：《路德维希·费尔巴哈和德国古典哲学的终结》，见《马克思恩格斯选集》，1 版，第 4 卷，215 页，北京，人民出版社，1972。

1829）发表了进化的学说，提出了外部环境引起有机体变异以及用进废退和获得性遗传的思想。法国科学家拉瓦锡（1743—1794）推翻了形而上学的燃素说，奠定了关于燃烧和氧化过程学说的基础。这个时期中关于化学、电磁学等等的研究以及法国学者弗勒斯纳（1788—1827）关于光波和卡诺（1796—1832）关于热力学的研究，都已得出了各种物质运动形式在一定条件下可以互相转化的看法。总之，这个时期自然科学各部门的成就，都动摇了以前的形而上学世界观，证明了自然过程的辩证发展。自然科学方面的这些成就，和社会历史现象一样，也成了黑格尔概括的对象。

就因为这些，黑格尔的逻辑范畴便不是一个空洞的外壳，而是充满了自然界和社会历史领域中辩证法的客观内容的。马克思指出："黑格尔常常在思辨的叙述中作出把握住事物本身的、真实的叙述。"① 列宁所说的黑格尔逻辑学中"唯物主义最多"，也就是指它最多地充满了"事物本身的、真实的叙述"，充满了自然界和社会历史领域中辩证法的客观内容（"最多"二字不仅是就《逻辑学》和黑格尔自己的其他著作相比较而言，也是就它和黑格尔的前人的思想和著作相比较而言，详见《绪论》第二部分）。但是，把"唯物主义最多"这句话理解为黑格尔在逻辑学中到处主张客观物质世界是第一性的，这种看法却是错误的。事实上，黑格尔尽管研究和概括了大量的自然现象和社会历史现象，看到了许多客观实际情况，但他又对他所看到的客观实际情况作了唯心主义的解释，因此，黑格尔的逻辑学，无论它充满了多么丰富的客观内容，充满了多么丰富的辩证法，终究是一部"最唯心的著作"。

黑格尔哲学的这种矛盾复杂的情况，是当时德国资产阶级所处的矛盾地位和它的两面性的反映。当德国资产阶级因受法国资产阶级革命的影响正想起来革命的时候，资本主义发展比较先进的英、法等国的无产阶级和资产阶级的矛盾和斗争，已经很突出了，资产阶级害怕自己的掘墓人无产阶级，更甚于害怕封建地主阶级。德国资产阶级处在这种形势下，特别是当它看到法国革命中无产阶级和劳动群众的巨大力量之后，更是被吓倒了，它害怕德国也和法国一样会开展人民群众的革命斗争，害怕无产阶级会在反封建的革命中壮大起来，掉转枪口对着资产阶级自己开火。因此，德国资产阶级

① 马克思、恩格斯：《神圣家族》，见《马克思恩格斯全集》，中文1版，第2卷，76页，北京，人民出版社，1957。

不敢同无产阶级和劳动群众结成联盟，进行反封建的革命斗争，而只能跪倒在封建贵族的脚下，缓慢地发展资本主义，而当无产阶级和劳动群众已经发动起来的时候，它甚至与封建贵族结成联盟来反对他们。所以恩格斯在说到德国资产阶级对法国革命的热情时强调指出："但是这种热情是德国式的，它带有纯粹形而上学的性质，而且只是对法国革命者的理论表示的。"一到无产阶级和劳动群众采取激烈的实际行动时，"这种德国式的热情就一变而为对革命的疯狂的憎恨了"①。这样，德国资产阶级所走的道路，就只能是一种在封建贵族领导下，由君主政权实行的自上而下地逐渐把地主经济转变为资本主义经济的改良道路。所以，18 世纪末到 19 世纪初的德国资产阶级，是一个具有动摇性和两面性的阶级，它一方面对封建势力怀有不满情绪，向往革命，在政治上、经济上有一定程度的进步要求；另一方面，它又不敢采取实际的革命行动，甚至憎恨革命和人民群众。马克思指出：当时的德国资产阶级"只是用抽象的思维活动伴随了现代各国的发展，而没有积极参加这种发展的实际斗争"②。这也就是说，先进的英法等国家所"做过的事情"——资产阶级革命的"实际斗争"，德国资产阶级却只是在思想上、在"抽象的思维活动"中"考虑"、向往，"它的思维的抽象和自大总是和它的现实的片面性和低下并列"③。黑格尔说过：在法国，"观念立刻就能转变成行动。因此，人们都很实际地注重现实世界的事务"④，在德国，"自由""只是在理论方面得到了发挥，我们在头脑里面和在头脑上面发生了各式各样的骚动；但德国人的头脑，却仍然可以很安静地戴着它的睡帽坐在那里，让思维自由地在它自己的内部进行活动"⑤。——戴着睡帽在头脑里发生骚动，这是对德国资产阶级向往革命而不敢采取实际行动的最生动的写照。黑格尔的哲学，正是这样一种处于矛盾地位的德国资产阶级的意识形态。它的唯心主义的哲学体系，反映着德国资产阶级向封建贵族的妥协、屈从，反映着德国资产阶级在实践上的软弱无能，反映着德国资产阶级对人民的革命行动的恐惧和憎恨；它的辩证法，反映了当时德国资产阶级的

① 恩格斯：《德国状况》，见《马克思恩格斯全集》，中文 1 版，第 2 卷，635 页。

② 马克思：《〈黑格尔法哲学批判〉导言》，见《马克思恩格斯全集》，中文 1 版，第 1 卷，462 页，北京，人民出版社，1956。

③ 同上书，460 页。

④⑤ 黑格尔：《康德哲学论述》，18 页，北京，商务印书馆，1962。

进步要求，反映了它反对封建关系的思想情绪。黑格尔把本质上是革命的辩证法隐藏在保守的唯心主义的外壳里，使其限制在纯粹思想的范围之内，不能发生实际的革命效力，这是他所代表的德国资产阶级软弱性和两面性的典型表现。黑格尔之所以在社会政治领域表现了较多的保守观点，而在距离实际政治比较遥远的哲学领域特别是抽象的逻辑学领域，较多地阐发了革命的辩证法，显然也只有在德国资产阶级的这种特点中才能找到说明。当今英国研究黑格尔的资产阶级学者芬德莱（J. N. Findlay）断言，“黑格尔思想的主要功绩是独立于他的政治倾向的”①，这种看法显然是比较表面的。

二

值得注意的是，黑格尔在他的逻辑学中把这里所说的矛盾着的两方面，都发展到了前人所未达到的高度。在这个意义上，也可以说他的逻辑学是“最唯心的”，而它包含的辩证法的客观内容又“最多”。

就辩证法方面来说，正如马克思所指出的，黑格尔“第一个全面地有意识地叙述了辩证法的一般运动形式”②。在欧洲哲学史上，古希腊的素朴辩证法是辩证法思想发展史上的第一个历史形态。它的卓越代表、“辩证法的奠基人之一”赫拉克利特断言，一切皆在流转，对立物互相联系、互相转化。赫拉克利特的辩证法思想在当时是很有价值的，但它是素朴的，未经自然科学的论证，当然也远未得到系统的表述。亚里士多德也是古希腊辩证法思想的杰出代表，他表述了关于自然界运动、变化的思想，关于从“潜能”转化为“现实”的思想，关于质料与形式、个别与一般相结合的思想，等等。他的这些思想，用列宁的话来说，都是“辩证法的活的萌芽和探索”③。但亚里士多德的辩证法没有超出素朴辩证法的范畴，没有超出直观世界总图的界限，并且是不彻底的、不系统的，有很多混

① 芬德莱：《黑格尔再考察》，26页，伦敦，1958。

② 马克思：《资本论》第二版跋，见《马克思恩格斯全集》，中文1版，第23卷，24页，北京，人民出版社，1972。

③ 《亚里士多德〈形而上学〉一书摘要》，见《列宁全集》，中文1版，第38卷，416页。

乱之处。从15、16世纪到18世纪，辩证法的思想虽然还在发展着，但整个说来，这是形而上学占统治地位的时期。这时的自然科学主要处于搜集事实、进行分门别类的研究阶段，当时还缺乏足够的条件使思想家们系统地阐述辩证法。只是到了18世纪末19世纪初，自然科学的新成就动摇了僵死的形而上学观点，论证了自然发展的辩证法，这才为人们提供了系统地、自觉地阐述辩证法的充分可能。黑格尔就是在这一时期自然科学新成就的条件下，“第一次——这是他的巨大功绩——把整个自然的、历史的和精神的世界描写为一个过程，即把它描写为处在不断的运动、变化、转变和发展中，并企图揭示这种运动和发展的内在联系”① 的哲学家。辩证法一切基本特征在黑格尔哲学中都第一次得到了自觉的、系统的表述。例如从量变转化为质变的规律，以前的哲学家从没有提出过。亚里士多德虽然曾经把运动分为六种，即产生、消灭、增加、减少、位移、从一种状态向另一种状态的转变（即性质上的变化），但他并没有提出质变与量变的关系的辩证法。否定之否定的规律也是黑格尔以前的哲学家所未曾提出过的。17世纪的唯物主义哲学家斯宾诺莎提出过“肯定就是否定”（Omnis determinatio est negatio）的原则，但他还远未能由此更进一步提出否定之否定的思想。黑格尔采用了斯宾诺莎的这个原则，并进而提出了与此相反的一个原则：否定就是肯定。否定之否定的思想就是对这个原则的发挥。关于对立面的统一和斗争的规律，赫拉克利特虽然已经提出了这方面的思想，但那是极其素朴、极其简单的。亚里士多德则反对赫拉克利特的对立面斗争的思想，他根本否认事物运动的内部源泉，而把动力归之于事物以外的“第一推动者”。他虽然承认在可能性中有对立面的统一，但他否认在现实中有对立面的统一。“文艺复兴”时期的唯物主义哲学家布鲁诺曾明确主张对立面是统一的，并且他的这一理论已初步具有现代科学论据和分析的特征，但他不理解对立面的斗争是事物运动的源泉。18世纪法国唯物主义哲学家虽然有了运动和物质不可分离的思想，但也没有达到把内在矛盾看成是事物运动、发展的源泉的地步。黑格尔在哲学史上也是第一个提出“具体概念”以区别于“抽象概念”的哲学家，在他以前的传统逻辑则认为概念是不可能有具体性的。关于本体论、逻辑、认识论三者一致的思想（逻辑的东西

① 恩格斯：《反杜林论》，见《马克思恩格斯选集》，1版，第3卷，63页，北京，人民出版社，1972。

与历史的东西一致的思想包括在内），关于认识是一个由简单到复杂、由贫乏到丰富、由片面到全面的辩证过程的思想，也是黑格尔第一次提出的。亚里士多德的逻辑主要是撇开具体生动的内容而只着重研究固定的形式，它还不能说是和本体论、认识论统一起来了。至于康德哲学，则是使三者分离得最为明显的一种哲学。

但是，黑格尔所深刻看到的这些东西，都是在唯心主义基础上表述的。他的唯心主义是集以往一切唯心主义哲学发展之大成的体系。古代希腊唯心主义最大的代表、客观唯心主义的创始人柏拉图，把世界分为“理念世界”和“阴影世界”，认为前者是真实的，后者只是前者的阴影，是不真实的；他的这种唯心主义割裂了本质和现象、一般和个别，从而陷入了二元论。柏拉图割裂感性认识和理性认识，认为人的认识不过是“不灭的灵魂”对头脑里固有的“理念”的回忆，他的这种先验论具有明显的宗教神秘主义色彩，是很原始、很粗野的。亚里士多德企图克服柏拉图的二元论，但他动摇于唯心主义与唯物主义之间，他的唯心主义是不彻底的。在认识论方面，亚里士多德也有先验论的思想，他认为人的心灵中有所谓“不死的和永恒的”“理性部分”，但他的认识论还包含着不少唯物论的反映论的成分。17 世纪法国唯心主义的唯理论者笛卡尔和 17 世纪到 18 世纪初德国唯心主义的唯理论者莱布尼兹，一个主张二元论，一个有多元论的思想，他们两人的“天赋观念说”的先验论，仍然是片面的，比较简单的。英国大主教贝克莱是西方现代主观唯心主义的主要创始人，他把感觉看成是世界的基础，根本否认普遍性。黑格尔和贝克莱不同，他把思想、普遍看做是世界的基础和本质。黑格尔的这种客观唯心主义，比起贝克莱的主观唯心主义来，是唯心主义发展史上的高级阶段。康德的唯心主义没有像柏拉图那样把各类特殊事物的概念，如桌子的概念、椅子的概念等等，都列入“理念世界”；他在唯心主义发展史上比柏拉图更进一步，他所讲的概念、范畴不包括桌子、椅子之类的概念，而是适用于一切现象的最普遍的概念，即他所谓“先天的”概念、范畴。但康德割裂了思维和存在、本质和现象，他把概念、范畴看做是主观的，是头脑里固有的，而且是互相平列的、死板的，范畴的数目又只有十二个，不足以说明现象的复杂性。黑格尔逻辑学所讲的概念、范畴，也和康德的一样，不包括像桌子、椅子之类的概念，而是一些最普遍的所谓“纯概念”，但他又比康德前进了一步，他所讲的概念、范畴的数目比康德的多得多，而且是按照所谓逻辑必然性一个一个地推演出来的；他批判了康德把思维和存在割裂开来的主观唯心主义观点，消灭了康德的“自在之物”；他从唯心主义的思维和存在同一说出发，主张概念、范畴是“客观的”，是从天上掉下来的；他的唯心主义比康德的唯心主义更为彻底，是欧洲哲学史上最大的唯心主义体系。

综上所述，可见在黑格尔哲学中，辩证法和唯心主义都达到了他的前人所未曾达到的高度。黑格尔哲学就是这样一种由精华和糟粕紧密结合在一起的哲学！所以我们在赞赏他的许多思想之正确而深刻的同时，又抱怨他这些思想纠缠在晦涩难解、神秘荒谬的云雾之中。我们对待黑格尔哲学的态度应该是，一方面不停留在他唯心主义体系这一“建筑物的骨架和脚手架”[①] 跟前，而要“深入到大厦里面去”，“发现无数的珍宝”[②]，“从不正确的形式和人为的联系中找出正确的和天才的东西”[③]；另一方面，我们也必须注意，为了达到这个目的，“首先应当对黑格尔的方法作一番透彻的批判”[④]。

现代资产阶级学者特别是新黑格尔主义者，和我们对待黑格尔哲学的态度相反。他们害怕辩证法的革命本质，因此，他们在讲到黑格尔哲学时，总是对黑格尔的辩证法竭力加以抹煞，而对他的国家学说、个体服从“绝对者”的学说，以及唯心主义的体系则大肆吹嘘和夸大。德国唯意志论哲学家叔本华把黑格尔的辩证法说成是一切智慧的破坏者。奥地利资产阶级学者波培尔（K. R. Popper）咒骂黑格尔的辩证法是“混乱”[⑤]。德国生命哲学的最大代表狄尔泰（W. Dilthey）则把黑格尔描写成一个十足的反理性主义者。德国新黑格尔主义者克罗纳（R. Kroner）竟说：“人们称黑格尔哲学为理性主义的，可是这种称谓之正确，正像它的反面也是正确的一样。”[⑥]“黑格尔毫无疑问是哲学史上所知道的最伟大的非理性主义者。”“他是非理性主义者，因为他是辩证法家。”[⑦] 把辩证法看成是非理性

①② 恩格斯：《路德维希·费尔巴哈和德国古典哲学的终结》，见《马克思恩格斯选集》，1版，第4卷，215页。

③ 恩格斯：《致康·施米特（1891年11月1日）》，见《马克思恩格斯选集》，1版，第4卷，493页。

④ 恩格斯：《卡尔·马克思〈政治经济学批判〉》，见《马克思恩格斯全集》，中文1版，第13卷，531页，北京，人民出版社，1962。

⑤ 坡培尔：《开放的社会及其敌人》，第2卷，第13章注5，伦敦，1952。

⑥ 克罗纳：《从康德到黑格尔》，第2卷，267页，图宾根，1924。

⑦ 同上书，272页。

的，乃是对辩证法的污蔑。芬德莱对黑格尔的辩证法虽然有所肯定，但他又认为“没有一个叫做辩证法的确定方法……黑格尔所着重的三一体粗略地指出了他思想中某种真纯的东西，但它主要地只是一种解释性的外壳，它经常积极掩盖而非显示他思想的实际进程”①。芬德莱显然不了解黑格尔否定之否定思想的合理之处。黑格尔的逻辑学是黑格尔哲学体系中最富于辩证法的部分，而精神哲学则以保守的社会政治观点占主要地位。现代资产阶级学者大多抹煞黑格尔的逻辑学，只着重讲他的精神哲学。例如美国的新黑格尔主义者鲁埃士（J. Royce）就特别强调黑格尔精神哲学中关于“绝对”是调和一切矛盾的“战将”，关于个人服从资产阶级国家等等唯心的、保守的思想，而极少注意他的逻辑学。有些资产阶级学者也讲述黑格尔的逻辑学，例如英国的瓦莱士（W. Wallace）、贝利（J. B. Bailie）、麦克塔加尔特（J. M. E. McTaggart）、缪尔（G. R. G. Mure）等，都有关于黑格尔逻辑学的专门著作，但他们都只注重它的唯心主义体系，而对于其中的辩证法思想则绝少理会。英国新近的新黑格尔主义者缪尔在讲述黑格尔的辩证法时，就只强调“正、反、合”的调和矛盾的重要性，而根本抹煞矛盾是运动的源泉的思想。② 在讲述黑格尔的真理观时，他也只谈真理是“自我认识活动的诸形态的整体”，是“一个融合或自我一致”③，而完全不提真理的矛盾发展的性质。麦克塔加尔特则特别注意黑格尔逻辑学的结构和概念的层次，他的分析到了极端烦琐、极端脱离实际的地步。

资产阶级学者对待黑格尔哲学的态度，是错误的，只有马克思主义者才采取了“吸其精华，去其糟粕”的革命的科学的态度。

三

马克思主义哲学形成以前，在关于如何发展科学的问题上，有两种方法：一种是旧的形而上学方法，一种是黑格尔的辩证法。旧的形而上学方法显然不能推进科学发展了，它已经受到康德特别是黑格尔在理论上的摧毁，在当时，只有黑格尔的辩证法“是一切现

① 芬德莱：《黑格尔再考察》，353 页。

② 参见缪尔：《黑格尔导论》，140～141 页，牛津，1948。

③ 同上书，169 页。

有逻辑材料中至少可以加以利用的唯一材料”①。马克思和恩格斯在创造辩证唯物主义哲学时，正是批判地吸取了黑格尔辩证法中一些合理的东西。这就是马克思列宁主义经典作家为什么给予黑格尔哲学以很高评价的原因。

但是，黑格尔的辩证法在根本性质上是唯心主义的。“辩证法在黑格尔手中神秘化了”②，“在他那里，辩证法是倒立着的”③。黑格尔实质上是在神秘的唯心的形式下歪曲了客观实在过程。

马克思指出：“辩证法，在其合理形态上，引起资产阶级及其夸夸其谈的代言人的恼怒和恐怖，因为辩证法在对现存事物的肯定的理解中同时包含对现存事物的否定的理解，即对现存事物的必然灭亡的理解；辩证法对每一种既成的形式都是从不断的运动中，因而也是从它的暂时性方面去理解；辩证法不崇拜任何东西，按其本质来说，它是批判的和革命的。”④但是，黑格尔的辩证法是从属于他的唯心主义体系的；为了“迎合”这个体系，辩证法“就不得不背叛自己”⑤。于是，辩证法同黑格尔的唯心主义体系发生了尖锐的矛盾：（一）辩证法的本质在于承认辩证发展的普遍性，承认不仅在精神、概念的领域内有辩证发展，而且首先是在客观物质世界中，在自然界和社会物质生活的领域中有辩证发展。但是，黑格尔的唯心主义体系却使他否认了物质、自然本身的辩证法，使他把辩证发展限制在精神、概念的领域内，并且头脚倒置地认为不是主观辩证法以客观辩证法为来源，而是相反。（二）辩证法的本质在于承认辩证发展是没有止境的，但是黑格尔急于要“建立一个体系，而按照传统的要求，哲学体系是一定要以某种绝对真理来完成的”⑥。于是，黑格尔在断言真理是发展过程的同时，又主张整个发展过程有一个终点，以便在这个终点上“结束他的体系”⑦。在社会历史领域，普鲁士国家是社会历史发展的顶峰；在认识领域，黑格尔自己的哲学就是绝对真理。（三）辩证法的本质在于承认对立面的矛盾斗争是永

---

① 恩格斯：《卡尔·马克思〈政治经济学批判〉》，见《马克思恩格斯全集》，中文1版，第13卷，531页。

②③④ 马克思：《资本论》第二版跋，见《马克思恩格斯选集》，1版，第2卷，218页，北京，人民出版社，1972。

⑤ 恩格斯：《路德维希·费尔巴哈和德国古典哲学的终结》，见《马克思恩格斯选集》，1版，第4卷，225页。

⑥ 同上书，213页。

⑦ 同上书，214页。

远都有的，可是黑格尔的唯心主义体系却使他认为矛盾最终可以调和、平息，他把对立面的统一看成是最终的，而矛盾则是过渡性的。他认为，矛盾斗争只在平常所说的具体事物亦即他所谓“有限事物”中进行，至于在无限的“最高真实”或“绝对真实”中，则一切矛盾都消失了。他说：“绝对理念”（又可译作“绝对观念”）“没有过渡”①。“最高的真实，本然的真实，就是最高的对立与矛盾的解决。在最高的真实里，自由与必然，心灵与自然，知识与对象，规律与动机等的对立都不存在了，总之，一切对立矛盾，不管它们采取什么形式，都失其为对立与矛盾了。”② ——这样，黑格尔的唯心主义体系就把辩证法固有的一些最重要的原则都歪曲了，把辩证法的批判的、革命的本质都“闷死”③ 了。所以马克思指出，辩证法在黑格尔所表述的那种“神秘形式”上，“成了德国的时髦东西，因为它似乎使现存事物显得光彩”④，它不是在现存事物的肯定中看到它的必然灭亡。黑格尔就这样出于“体系的内部需要”，使本来是“彻底革命的思维方法竟产生了极其温和的政治结论”⑤。

由此可见，黑格尔哲学的内在矛盾就是指革命的辩证法和他的保守的唯心主义体系之间的矛盾；他的方法就其现成形式而言，是从属于唯心主义的，不能说和他的唯心主义体系相矛盾。黑格尔哲学的首要目的是论证唯心主义，一般说来，他对他的哲学所包含的革命实质并不了解。列宁说“黑格尔在概念的辩证法中天才地猜测到了事物（现象、世界、自然界）的辩证法”⑥，这当然不是说黑格尔本人抱着一个目的，要去猜测客观世界的辩证法，因为他本人根本否认客观世界的真实性，否认自然界是不以精神、思想为转移而独立存在的。说猜测到客观事物的辩证法，这话的意思不过是说，黑格尔所讲的虽然是“纯概念”的辩证法，虽然是在唯心主义基础上表述的辩证法，但无论如何，他在对他自己所看到的客观事物的

---

① 黑格尔：《小逻辑》，421页，北京，生活·读书·新知三联书店，1954。

② 黑格尔：《美学》，123页，北京，人民文学出版社，1958。

③ 恩格斯：《路德维希·费尔巴哈和德国古典哲学的终结》，见《马克思恩格斯选集》，1版，第4卷，214页。

④ 马克思：《资本论》第二版跋，见《马克思恩格斯全集》，中文1版，第23卷，24页。

⑤ 恩格斯：《路德维希·费尔巴哈和德国古典哲学的终结》，见《马克思恩格斯选集》，1版，第4卷，214页。

⑥ 《黑格尔〈逻辑学〉一书摘要》，见《列宁全集》，中文1版，第38卷，210页。

辩证法事实作唯心主义的解释时，客观事物的辩证法在客观上毕竟还是通过他的著作而这样或那样地反映了出来。这就是黑格尔辩证法的“合理内核”之所在，也是列宁所谓“猜测”的实际含义。正因为黑格尔有意识地为其唯心主义体系作论证，而他对于那客观上包含在他辩证法中的“合理内核”的革命实质并不能了解，所以才会发生革命方面与保守方面之间的矛盾。

马克思说：“我的辩证方法，从根本上来说，不仅和黑格尔的辩证方法不同，而且和它截然相反。在黑格尔看来，思维过程，即他称为观念而甚至把它变成独立主体的思维过程，是现实事物的创造主，而现实事物只是思维过程的外部表现。我的看法则相反，观念的东西不外是移入人的头脑并在人的头脑中改造过的物质的东西而已。”① 黑格尔的方法是“从纯思维出发的”，是“完全抽象的”②，他所讲的由简单到复杂的矛盾发展过程，是所谓“纯思想”、“纯概念”自我发展的过程，并且，在这个发展过程的最后，他还人为地使矛盾双方得到调和。反之，马克思的方法是“从最顽强的事实出发”③的，是彻底唯物主义的。例如，马克思的《资本论》虽然也是讲的一个由简单到复杂的矛盾发展过程，但马克思在《资本论》中对每一过程、每一阶段的分析，都是以铁的事实为根据的，都是经得起实践的检验的，《资本论》的每一个概念都是对客观的关系和矛盾的反映，而完全不是黑格尔式的先验推演的产物，并且，马克思按照资本主义发展的客观实际，把矛盾分析法一直贯彻到底。——这就是马克思主义辩证法与黑格尔辩证法的根本对立之所在。

现代资产阶级的唯心主义哲学家，大都抹煞马克思主义辩证法与黑格尔辩证法的根本区别，恶意曲解和攻击马克思主义辩证法。法国新托玛斯主义者马利旦（Jacques Maritain）污蔑马克思主义的辩证观点，说辩证法“对于黑格尔和马克思来说，本质上是同样的概念，同样的偏见，因为，最终，马克思主义的辩证法就是黑格尔的辩证法从理念世界搬到了物质世界”④。坡培尔诽谤马克思，说什

① 马克思：《资本论》第二版跋，见《马克思恩格斯全集》，中文1版，第23卷，24页。

②③ 恩格斯：《卡尔·马克思〈政治经济学批判〉》，见《马克思恩格斯全集》，中文1版，第13卷，530页。

④ 马利旦：《历史哲学》，23页，纽约，1957。

么马克思“在黑格尔辩证法的熏陶下成长起来，全然未逃脱其邪恶影响”①。在旧中国，也有类似的错误观点，说马克思的辩证法与黑格尔的辩证法并无根本不同之点，说马克思只是应用现成的方法，没有创新发明。如前所述，黑格尔把辩证法和唯心主义结合成了一个有机的整体，辩证法的本质被他的唯心主义歪曲了，其革命的火焰被窒息了。显然，马克思主义的辩证法与黑格尔的辩证法有本质的区别，“黑格尔的方法在它现有的形式上是完全不适用的”②。马克思恩格斯不可能把黑格尔的辩证法搬过来现成地加以应用。资产阶级学者把黑格尔的辩证法和马克思主义的辩证法看成是“同样的”，认为马克思主义的辩证法“未逃脱”黑格尔唯心主义辩证法的影响，完全是对事实的歪曲。其实，辩证法不是和唯心主义结合在一起，就是和唯物主义结合在一起，二者在性质上根本对立，所谓超乎唯物唯心之外的辩证法是根本没有的。

① 坡培尔：《开放的社会及其敌人》，第 2 卷，78 页。

② 恩格斯：《卡尔·马克思〈政治经济学批判〉》，见《马克思恩格斯全集》，中文 1 版，第 13 卷，530 页。

第一章
黑格尔的哲学体系

为了了解黑格尔逻辑学在他的整个哲学中所占的地位，先简略地介绍一下他的哲学体系。恩格斯说："黑格尔本人，虽然在他的著作中相当频繁地爆发出革命的怒火，但是总的说来似乎更倾向于保守的方面；他在体系上所花费的'艰苦的思想工作'的确比他在方法上所花费的要多得多。"①

一、德国古典唯心主义的"顶峰"

黑格尔的客观唯心主义首先是在批评康德不可知论和主观唯心主义的基础上形成和发展起来的。在康德那里，思维和存在、本质和现象、绝对和相对之间，有着不可逾越的鸿沟，二者不能相互转化，"自在之物"不可知。黑格尔反对康德，认为本质和现象是辩证地统一在一起的：本质不在现象之外，而就表现于现象之中，现象就是本质的表现，认识了现象就可以从中认识到现象的本质。绝对和相对的关系也是如此。正是根据这种辩证关系，"黑格尔主张自在之物的可知性"②，主张思维与存在的同一性。黑格尔的驳斥，表明他抓住了康德的不可知论的要害。所以恩格斯说："对驳斥这一观点具有决定性的东西，已经由黑格尔说过了。"③ 但是黑格尔对现象与本质的辩证关系，是在唯心主义的基础上来理解的。黑格尔取消了

---

① 恩格斯：《路德维希·费尔巴哈和德国古典哲学的终结》，见《马克思恩格斯选集》，1版，第4卷，216页。

② 《黑格尔〈逻辑学〉一书摘要》，见《列宁全集》，中文1版，第38卷，183页。

③ 恩格斯：《路德维希·费尔巴哈和德国古典哲学的终结》，见《马克思恩格斯选集》，1版，第4卷，221页。

康德的“自在之物”，取消了思想意识以外独立存在的客观世界；他认为思想、概念并不像康德所说的那样只是人们主观的东西，而是“客观的”，是存在于一切事物之中的，是一切事物的“本质”。黑格尔把这种作为“客观对象的本质”的思想、概念叫做“客观思想”、“客观概念”，以表示区别于康德所说的只属于人的主观的思想、概念。这也就是黑格尔的唯心主义之所以叫做“客观唯心主义”的缘故。把思想、概念看成就在客观事物之中，并且是客观事物的本质，这是一种唯心主义的思维与存在的同一说。黑格尔主张客观事物是可知的，正是以这种唯心主义的思维与存在同一说为根据的；他所说的可知论不是指通过思想、概念去反映物质、存在，而是说通过物质、存在这个现象去认识其本质——思想、概念；思想、概念是第一性的，物质、存在反倒是第二性的。所以恩格斯又强调指出，黑格尔对康德不可知论的驳斥，只是说了“从唯心主义观点出发所能说的”①。列宁也指出过：黑格尔的主张和反驳“完全是而且纯粹是从更彻底的唯心主义观点进行这种论证的”②。

黑格尔的客观唯心主义体系，是在和唯物主义的斗争中建立起来的。黑格尔之所以要取消康德的“自在之物”，把康德的主观唯心主义发展成为他自己的客观唯心主义，为的是更进一步对抗唯物主义。在黑格尔看来，康德把我们所认识的事物看成是主观的，这会引起唯物主义的驳斥，而他的客观唯心主义不是简单地把事物及其规律性看成是我们人的思想所建立起来的，而是把它们看成是“客观的”，是“客观思想”所建立起来的。黑格尔以为这样一来，他就既“承认”（实际上是标榜）了事物及其规律的“客观性”，得以“避免”唯物主义的反驳，又同样还是唯心主义。

黑格尔在批评康德不可知论和主观唯心主义的同时，也发展了康德的辩证法思想。他说：康德认为用“知性”的范畴去认识“自在之物”时所引起的矛盾是必然的，这是“近代哲学界一个最重要的和最深刻的进步”③。“康德给予了辩证法以较高的地位——这是他的功绩中最伟大的方面——因为按照通常的想法，辩证法是有随意性的，康德从辩证法身上把这种随意性的假象拿掉了，并把辩证

① 恩格斯：《路德维希·费尔巴哈和德国古典哲学的终结》，见《马克思恩格斯选集》，1 版，第 4 卷，221 页。

② 《黑格尔〈逻辑学〉一书摘要》，见《列宁全集》，中文 1 版，第 38 卷，180 页。

③ 黑格尔：《小逻辑》，142～143 页。

法表述为理性的一种必然行为。”① 但康德认为世界的本质是不应该有矛盾的，矛盾只是由于思想、认识的缘故。黑格尔比康德前进了一大步，他认为不仅思想、认识有矛盾，而且世界上一切事物都有矛盾。

黑格尔也批评了费希特的主观唯心主义。他站在客观唯心主义的立场，认为费希特的主观唯心主义还没有完全摆脱康德的“自在之物”。费希特断言，“自我”如果没有“非我”的“推动”，就不能意识到自己，就没有自觉。黑格尔认为费希特的这个思想，说明费希特的“非我”仍然有着康德“自在之物”的“幽灵”，说明费希特的“自我”“永远有一个‘他物’与之对立。……在这种情形下，自我……永远得不到真正的自由”②。在黑格尔看来，只有像他所主张的客观唯心主义那样，把“客观思想”、“客观概念”看成是一切物质、存在的本质，把思想、概念看成是完全能动的，不受任何别的东西“推动”，这才能彻底摆脱“自在之物”，“彻底战胜”唯物主义。

费希特认为，“自我”自身和“非我”两方面都是“自我”发展的不同阶段，一切都从“自我”推演和发展而来。例如“实体”、“相互作用”、“因果关系”等等概念，就都是从“自我”及其和“非我”的相互关系中引申出来的。黑格尔对费希特的这个思想作了肯定的评价，他说，把思想范畴从“自我”中、从思想自身中，按照必然性推演和发展出来，这是费希特哲学的“一个大的功绩”。黑格尔在“逻辑学”中所建立的“从思想的本身将思想的形式推演出来”的概念辩证法，就是从费希特这里来的。

谢林批评了康德、费希特的主观唯心主义，建立了客观唯心主义。黑格尔接受谢林客观唯心主义的基本原则，也继承了谢林关于精神生活有发展、物质和精神有矛盾的辩证法思想，但他不同意谢林所谓“绝对”是“无差别的同一”的观点。他把谢林的“绝对同一”比喻为“黑夜”。他认为谢林的“绝对”之所以没有矛盾发展，就因为它是“无差别的同一”。与谢林不同，黑格尔特别强调他自己的“绝对”（即“绝对精神”）是“单一的东西的分裂为二的过程或树立对立面的双重化过程”③。他对“绝对”的矛盾发展过程，对

① 黑格尔：《大逻辑》，转引自《十八世纪末—十九世纪初德国哲学》，269页，北京，商务印书馆，1960。

② 黑格尔：《小逻辑》，163页。

③ 黑格尔：《精神现象学》，上卷，11页，北京，商务印书馆，1962。

"绝对"所包含的各种规定的展开的过程，作了系统的、逻辑的说明，而这是谢林的哲学系统所没有的。可以说，黑格尔的全部唯心辩证法，就是建立在他这种"绝对"观的基础之上的。在他看来，只有这样的"绝对"观，才能抓住机械唯物主义的机械性和形而上学性的缺点，更好地反对唯物主义。

总之，黑格尔哲学是直接从康德、费希特、谢林的基本观点出发的，他在批评康德、费希特和谢林哲学的过程中，把唯心主义推到了极端，同时也大大发展了唯心辩证法，他使"近代德国哲学"在他的体系中"达到了顶峰"①。

二、"绝对精神"的辩证发展

在黑格尔看来，物质、自然本身是不能有辩证发展的，只有精神、思想才能有辩证发展。因此，他把整个世界看成本质上不是物质性的，而是一大精神，即"绝对精神"。"绝对精神"之所以叫"绝对的"，是因为它既不是张三、李四的个人精神，也不是全人类的精神，而是囊括宇宙间万事万物的精神。世界上任何现象，无论自然的、社会的以及人的思维现象，都是它的表现。"绝对精神"这个词和"客观思想"、"客观概念"、"客观精神"、"世界精神"、"世界理性"等等，实际上都是指的同一个东西。一般地说，"绝对精神"是一个总称；就其为自然界和人类社会的本质而言，就其未表现为自然界和人类社会而言，黑格尔往往称之为"客观思想"、"客观概念"或"理念"（又译作"观念"）；就其表现于人类社会而言，则往往称之为"客观精神"、"世界精神"或"世界理性"。但这种分法在黑格尔那里也不是很严格的。

黑格尔认为"绝对精神"是辩证发展着的。他的哲学，用一句最简单的话来说，就是关于"绝对精神"的辩证法的哲学。

"绝对精神"的辩证发展是按照"正（肯定）、反（否定）、合（否定之否定）"的三段式进行的。

形而上学的思想方法主张"非此即彼"，一事物是此就不是彼，是正就不是反，彼和此之间，正和反之间，有一条不可逾越的鸿沟。

① 恩格斯：《反杜林论》，见《马克思恩格斯选集》，1版，第3卷，63页。

黑格尔反对这种看法，他认为彼和此、正和反是相互联系、相互转化的。离开了反面的正面，是没有规定性的，因而也是“空洞”、“缥缈”的。只有把反面（否定）不看做是对正面（肯定）的“简单否定”，而把它看做是构成正面的内部环节，只有把反面同正面联系起来、统一起来，以达到“合”（否定之否定），这样的正才是全面的、具体的、深刻的，而不是片面的、抽象的、空洞的。例如要了解光明（正），就不能离开黑暗（反）。“在纯粹的光明中，就像在纯粹的黑暗中一样，什么也看不见。”①

黑格尔把“绝对精神”看成是一连串大大小小的“正、反、合”的发展过程，其中每一个较大的“正、反、合”包含着三个较小的“正、反、合”，每一个较小的“正、反、合”又包含三个更小的“正、反、合”，就像父生子，子生孙，孙又生子，每人生三，这一连串子子孙孙的老祖宗就是“绝对精神”，它们都在它的怀抱之中，它是最大的“合”。黑格尔的全部哲学体系就是这样由“绝对精神”的一连串三段式的环节或阶段构成的。

黑格尔从唯心主义的思维与存在同一说出发，认为“绝对精神”的许多“正、反、合”中，最大的一个“正、反、合”就是在精神、思维第一性的基础上，从精神、思维（正）转化到物质、存在（反），然后又回到精神、思维（合）。黑格尔把“绝对精神”的辩证发展过程分为三个基本阶段，即逻辑阶段、自然阶段、精神阶段。从逻辑阶段经过自然阶段到精神阶段的发展过程，也就是从精神、思维转化为物质、存在，又从物质、存在转化为精神、思维的过程。黑格尔的全部哲学都是对这一过程的描述，因此，它的哲学也就是由“逻辑学”、“自然哲学”、“精神哲学”这样三个部分组成的。

逻辑学

在“绝对精神”自我发展的第一个基本阶段——逻辑阶段中，“绝对精神”还没有被看成是体现于自然界和人类社会之中，它只是一种抽象的、纯粹的思想、概念（或纯粹范畴）。所谓“纯粹”，就是撇开了物质性，或者说，不沾染一点物质性的意思。本来，任何概念、范畴，例如存在（有）、不存在（无），质、量，一、多，本质、现象，原因、结果，等等，都是客观事物的关系和特征在人的头脑中的反映，客观事物的关系和特征是第一性的，概念、范畴是第二性的。唯心主义者黑格尔主张有

① 《大逻辑》，见《黑格尔全集》，格洛克纳本，第4卷，114页，斯图亚特，1928。

所谓第一性的“纯粹概念”，完全是对事实的颠倒。

黑格尔认为“绝对精神”在逻辑阶段中也有运动和发展，其表现形式就是一系列纯粹概念的先验推演，就是从一个纯粹概念到另一个纯粹概念的转化。

在黑格尔看来，认识过程是一个由简单到复杂、由贫乏到丰富、由片面到全面的过程，因此，“逻辑学”中纯粹概念的转化，也是这样一个过程。愈是在前面的概念，其内容愈简单、贫乏、片面，愈是在后面的概念，则愈复杂、丰富、全面。

“绝对理念”是整个逻辑学中最后、最高的阶段，它是整个逻辑发展过程的总结，在它以前的发展过程中的全部丰富内容，都集合在它之中。在这里，过去的一切对立、矛盾都统一了，调和了，推移、转化也都停止了。“绝对精神”在逻辑阶段的发展至此已达到顶点，它再不能作为抽象的纯粹概念、纯粹范畴发展下去，它于是否定它自身，突破纯粹思想、纯粹概念的领域而转化为自然界。用黑格尔的术语来说，这就叫做“外在化”或“异化”。所谓“外在化”或“异化”，就是说，纯粹思想、纯粹概念向外转化到同自身相异的反对方面去，或者说得简单一点，就是思想、精神表现于外。

自然哲学

“绝对精神”在自然阶段中所表现的形式，不是纯粹概念、纯粹范畴的形式，而是感性事物的形式，黑格尔在逻辑学中所说的是赤裸裸的，不沾染丝毫现实的纯粹思想、纯粹概念的转化，但在自然阶段中，思想、概念则披上了自己建立起来的自然的、物质的外衣，成为有外壳包裹着的思想、概念了。因此，在这个阶段中，“绝对精神”或思想、概念是在自然、物质背后秘密地进行活动和联系。

自然阶段也分成三个阶段，即“机械性”、“物理性”、“有机性”。在“机械性”阶段中，自然界还是一种零星的、分散的物质混沌状态。在论述这个阶段时，黑格尔谈到了物质与运动、时间与空间的问题。他唯心主义地认为时间和空间是“外在化的观念的抽象规定”。但他承认物质与运动的统一，承认运动的矛盾。他认为“运动是在此处同时又不在此处，也是在此处又不同时在别处”①。这都是些很宝贵的辩证法思想。所谓“物理性”阶段，则是行星和单个的物体的阶段，在这个阶段中，出现了火山爆发、

① 《自然哲学》，见《黑格尔全集》，格洛克纳本，第9卷，75页。

暴风雨、声、光、热、磁等现象。黑格尔反对唯物主义的原子说，而维护陈旧的“四元素”（空气、火、水、土）说，不过他批评了形而上学的“燃素”说，认为这是“思辨的形而上学的虚构”。“有机性”阶段包括“地质有机体”（即地）、“植物有机体”、“动物有机体”三个小阶段。在“动物有机体”的阶段的最后，出现了人；人的出现，表示“绝对精神”超出了整个自然阶段而进入了精神阶段。

黑格尔在“自然哲学”中虽然谈到了阶段性，也谈到了这一现象和另一现象间的关系，但他认为物质、自然本身是不发展的，自然界的这些阶段、现象本身之间，是没有内在联系的，没有统一性的，因而实质上是彼此不相干的。这些彼此不相干的东西是如何统一起来的呢？黑格尔的答复是：物质、自然以精神、思维的统一性为自己“努力追求”的“理想”，物质、自然的各个阶段、各种现象之间的联系和统一性，是由精神、思维在它们的背后组成的，精神、思维在物质、自然背后对物质、自然起着一种幕后操纵、暗中联系的作用。所以，黑格尔所谓“机械性”、“物理性”、“有机性”三个阶段间的连续，并不是“自然地”产生的，发展只存在于那潜藏在自然界内部的精神、观念之中，而不存在于自然本身之中。自然的各个阶段，在黑格尔看来，只是“绝对精神”或“绝对理念”自我发展过程的“外在化”和表现，它们本身只能“一个挨着一个地展示出来”，“只是在空间中展示自己的多样性”①，它们好像是精神、观念在自我发展的旅程中由于自己的“外在化”作用而建立起来的一系列旅社，这一系列旅社虽然随着精神、观念的发展阶段的不同而表现其多样性，但这并不是旅社本身发展的结果；旅社本身，也就是说，自然本身，“在时间上不能发展”②。黑格尔认为自然界只有循环重复的运动。当精神、观念离开了“地质有机体”而转入“植物有机体”时，“地质有机体”就变得死气沉沉，只能重复旧的东西；当精神、观念离开了“植物有机体”而转入“动物有机体”时，“植物有机体”也变得死气沉沉而只能重复旧的东西；同样，当精神、观念离开了整个自然界而转入人类社会以后，整个自然界也就只是重复旧的东西。“凡是在自然界里发生的变化，无论它们怎样的种类庞杂，永远只是表现一种周而复始的循环；在自然界里真是

---

①② 恩格斯：《路德维希·费尔巴哈和德国古典哲学的终结》，见《马克思恩格斯选集》，1版，第4卷，225页。

‘太阳下面没有新的东西’，而它的种种现象的五光十色也不过徒然使人感觉无聊。”①

精神哲学

黑格尔认为自然是精神、观念的堕落和退化。在自然界中，精神、观念处于一种同自己格格不入的“外在形式”下；只是由于精神、观念的主动性和创造性战胜了被动的、无力的物质、自然，这才使精神、观念摆脱了它在自然阶段中那种格格不入的形式而回复到了同它自己相适合的精神形式，重新作为精神而出现，这就是“绝对精神”发展的第三大阶段——精神阶段。在精神阶段中，“绝对精神”体现为人类社会历史。精神阶段是逻辑阶段与自然阶段的统一。黑格尔认为，逻辑阶段中的“纯思想”、“纯概念”和自然阶段中的物质、自然，如果彼此分离，就各有片面性、抽象性，只有精神阶段才是全面的、具体的。

“绝对精神”在精神阶段中也通过三个阶段而发展。

第一阶段是“主观精神”，讲的是个人意识。

第二阶段是“客观精神”，讲的是社会意识。黑格尔在这一部分所阐述的，是他的社会政治观和历史观。

“客观精神”分“法”、“道德”、“伦理”三个环节。黑格尔关于“法”的叙述，表明他是私有财产的积极辩护者。他说：“人唯有在所有权中才是作为理性而存在的。”②“从自由的角度看，财产是自由最初的实在，它本身是本质的目的。”③他斥责柏拉图理想国的社会“以人格没有能力取得私有财产作为普遍原则”，而“侵犯”了“人格的权利”④。

在“道德”部分，黑格尔反对康德的道德观，强调了主观内部意志与客观外部行为亦即动机与效果的统一，他认为不能把幸福与尽义务形而上学地对立起来。在黑格尔看来，人性本善说和人性本恶说都各有片面性：“恶也同善一样，都是导源于意志的，而意志在它的概念中既是善的，又是恶的。”⑤黑格尔抹煞善与恶的社会根源和阶级根源，而只用抽象的意志说明善恶，这是他的资产阶级人性论的表现。

---

① 黑格尔：《历史哲学》，94页，北京，生活·读书·新知三联书店，1956。

② 黑格尔：《法哲学原理》，50页，北京，商务印书馆，1961。

③ 同上书，54页。

④ 同上书，55页。

⑤ 同上书，145页。

黑格尔把"道德"和"伦理"这两个概念作了区分。他认为"道德"是从个人的主观内心的角度来说的，它是"主观意志的法"；"道德"只有在人和人的社会关系中，才能得到充分的实现，而人和人的社会关系就叫做"伦理"。他说："伦理实体是个人的本质。"①黑格尔这个思想，说得再简单一点，就是，个人道德必须以社会国家为其基础，离开了社会国家，就谈不上个人道德。不过唯心主义者黑格尔把社会国家看成是他所谓"绝对精神"的体现，他不可能从社会阶级根源上说明道德。也正因为如此，黑格尔所了解的人仍然是抽象的、超阶级的人。黑格尔说："一个个人"都以"精神"、"理性"为其"内在的灵魂"。

"伦理"包括家庭、社会和国家三个环节。国家是"伦理"以至整个"客观精神"的最高阶段。

黑格尔在图宾根神学院时期，倾慕卢梭式的自由主义的国家观。后来，他目睹德国的分散无能，痛心于国家之凌夷，便转而希望有一个合乎宪法的集权国家。在 1801 年到 1803 年间所著《德意志宪法》一文中，他开宗明义地感叹说："德国已不复成其为国家了！"他认为德意志完全成了"无政府状态"。与此同时，黑格尔在《论自然法的科学方法》一文中，还阐发了国家是"伦理有机体"的思想。以后，在《法哲学原理》中，又发展了这一套国家学说，更进一步加强了全体先于部分、国家重于个人的论调，他的思想遂愈趋保守。他认为国家是"地上的神物"，"人们必须崇敬国家"。黑格尔这种国家学说的目的，无非是为抬高普鲁士国家制造理论根据。他在《法哲学原理》序言中所提出的著名原理："凡是合理的就是实在的，凡是实在的就是合理的"，其本身诚然包含着合理的思想，但黑格尔提出这条原理，却是为腐朽的德国现实作辩护的，他借此把德国现实说成是合理的，人们对这种现实只可改良，不应该革命。黑格尔歪曲历史，把法国说成似乎不如普鲁士：在法国，"整个国家系统只显出一种不公平。改革必然是剧烈的"，法国革命是"一个光辉灿烂的黎明"，但是在德国则有的是"公平"、"安息"和"满足"②，完全没有进行暴力革命的必要。

黑格尔反对封建的君主专制，主张君主立宪制。1797 年他在法兰克福时，还很希望他的故乡乌腾堡有一个代议制宪法，以限制世

① 《精神哲学》，见《黑格尔全集》，格洛克纳本，第 10 卷，397 页。

② 黑格尔：《历史哲学》，491 页。

袭君主的权力。但是二十年以后（1817 年），当写到乌腾堡宪法争论时，他却站在君主一边。在《法哲学原理》中，他更加强调君主的权力，认为“王权”是“意志最后决断的主观性的权力，它把被区分出来的各种权力集中于统一的个人，因而它就是整体即君主立宪制的顶峰和起点”①。而且他的君主立宪制是一种世袭的君主制。他认为王位世袭“可预防在王位出缺时发生派系的倾轧”，“君主选举制倒不如说是各种制度中最坏的一种”。君主的来源是“没有根据的直接性”和“最后的自身存在”②。黑格尔所主张的君主立宪制虽然包含有立法权，但立法权没有建立国家根本大法、建立国家制度的权力。黑格尔认为贵族是社会上的第一等级，是“王位和社会的支柱”③，资产阶级可以参加议会，但它是议会中最低的等级，很少发言权。黑格尔的这些看法，鲜明地表现了当时德国资产阶级的妥协性。尽管如此，黑格尔认为“国家成长为君主立宪制，乃是现代的成就”。在谈到君主作出“我要这样”的决断时，他还说：“这并不等于说君主可以为所欲为，毋宁说他是受咨议的具体内容的束缚的”④。这就表明，他的君主立宪制毕竟在一定程度上反映了当时德国资产阶级的进步要求。所以恩格斯指出：“当黑格尔在他的《法哲学》一书中宣称君主立宪是最高的、最完善的政体时，德国哲学这个表明德国思想发展的最复杂但也最准确的指标，也站到资产阶级方面去了。换句话说，黑格尔宣布了德国资产阶级取得政权的时刻即将到来。”⑤

黑格尔无论在早期和晚期，一贯颂扬战争。他断言国家这个“伦理有机体”有肯定和否定两个方面，肯定方面是和平，否定方面是战争，战争可以促进“伦理有机体”的健康。他反对康德的“永久和平”的理想，认为长期的和平会使国家腐化堕落，就像持续的静止会使湖水发臭一样。德国法西斯主义者在第二次世界大战中曾经重新抬出黑格尔，为法西斯掠夺战争作辩护。

黑格尔把人类历史看成是一个不断运动、变化、发展的过程，这个过程不是偶然事件的前后相继，而是有自己的规律性和必然性

---

① 黑格尔：《法哲学原理》，287 页。

② 同上书，303、304 页。

③ 同上书，325 页。

④ 同上书，287、300 页。

⑤ 恩格斯：《德国的革命和反革命》，见《马克思恩格斯选集》，1 版，第 1 卷，510 页，北京，人民出版社，1972。

的，是一种逐步完善的进步过程。黑格尔这些观点反映了当时德国资产阶级要求改善现状的积极态度，有其进步意义。但他是一个客观唯心主义者，他认为历史发展过程是“绝对精神”或“世界理性”的活动过程；历史的规律性和必然性是“精神”、“理性”统治世界历史的结果。只是因为“理性”统治世界历史，世界历史才是一种“合理的过程”，才有了“合理的必然的路线”。

在黑格尔看来，每个人都根据自己“私人的利益、特殊的目的”进行活动，而他们活动的总结果却出乎自己意料之外地实现了“世界理性”的目的。历史的发展过程正是“世界理性”自我实现的过程。

18 世纪的法国唯物主义者曾经把“理性”当做历史中起决定性作用的力量，但他们所说的“理性”是个人头脑里的“理性”，因此他们总是在个别历史人物的动机中去寻找历史事变发展的最终原因。黑格尔和他们不同，他“认为历史人物的表面动机和真实动机都决不是历史事变的最终原因，认为这些动机后面还有应当加以探究的别的动力”①。——黑格尔承认个别历史人物的动机背后还有不以其主观意志为转移的更深刻的动力和规律性，这比法国唯物主义者的历史观前进了一步。但黑格尔把这种更深刻的动力和规律性曲解成了天上掉下来的什么“世界理性”或“世界精神”，他完全不从社会物质生活条件中，“不在历史本身中寻找这种动力，反而从外面，从哲学的意识形态把这种动力输入历史”②。恩格斯指出：“黑格尔把历史观从形而上学中解放了出来，使它成为辩证的，可是他的历史观本质上是唯心主义的。”③ 只有马克思主义哲学才破天荒第一次提出了唯物主义的历史观，把“唯心主义从它的最后的避难所中，从历史观中”“驱逐出来”④。

黑格尔看到了伟大人物“之所以为伟大的人物”，是因为他们“对症下药适应了时代需要的东西”，“他们见到什么是需要的东西和正合时宜的东西”⑤。当然，他不可能把英雄伟人的思想、智慧看成来自实践，来自群众。他甚至污蔑人民，说人民“只是一群无定型

①② 恩格斯：《路德维希·费尔巴哈和德国古典哲学的终结》，见《马克思恩格斯选集》，1 版，第 4 卷，244 页。

③④ 恩格斯：《社会主义从空想到科学的发展》，见《马克思恩格斯全集》，中文 1 版，第 19 卷，226 页，北京，人民出版社，1963。

⑤ 黑格尔：《历史哲学》，69～70 页。

的东西”①，“实体性的东西是不能从公共舆论中找到的”②。谁要不懂得藐视舆论，谁就做不出伟大的事业。他唯心主义地认为英雄伟人的思想、智慧是从“世界精神”、“世界理性”那里来的，也就是说，是从天上掉下来的，英雄伟人的职务是“做‘世界精神’的代理人”。“世界精神”“是一切个人的内在的灵魂”，普通大众却不能自觉到这一点，只有英雄伟人对此有自觉性，英雄伟人把普通大众“带到自觉”，于是普通大众就追随这些“灵魂领导者”③。

黑格尔认为“精神”、“理性”的本质是自由，历史的进步发展就是“对自由的意识的进展史”。他断言：世界的历史是从东方走向西方，从亚洲走向欧洲，东方、亚洲是历史的起点，西方、欧洲是历史的终点。他完全脱离社会经济制度来划分世界历史，认为东方各国人还是不自由的，他们只知道“一个人”即专制君主“是自由的”；希腊和罗马人开始意识到了自由，但他们只知道“一部分人是自由的”；只有日耳曼人才知道“一切人们（人类之为人类）绝对是自由的”。在每一个历史时代里，“世界精神”、“世界理性”只“选择”一个民族来实现自己的目的，这个民族是“世界精神”在那一时代中的“承担者”，至于其他没有被选中的民族，就停留在历史发展的一定阶段上，不再向前发展。他污蔑东方民族，说东方民族是“世界精神”先前曾经“选中过”以后却又“抛弃”了因而不能再发展的民族。只有德意志民族是“世界精神”“最后选中”的民族，它是最优秀的民族，是历史发展的顶峰，历史到此不再前进了。他说：“日耳曼‘精神’就是新世界的‘精神’。它的目的是要使绝对的‘真理’实现为‘自由’无限制的自决——那个‘自由’以它自己的绝对的形式做自己的内容。”“哲学的形式的原则，在日耳曼遇到一个具体的实在的世界，‘精神’在其中得到内在的满足，良心在其中得到了安息。因为在一方面，新教世界自己在‘思想’里有了很大的进展，能够认识‘自我意识’绝对的顶峰……”④这两段话都说明黑格尔把德意志民族看成是“绝对真理”的“实现”。在《法哲学原理》的末尾，黑格尔还把等级的君主制说成是最高最完善的政体，是“绝对观念”的体现。恩格斯针对这一点说道：“我们在《法哲

① 黑格尔：《法哲学原理》，322 页。

② 同上书，333 页。

③ 黑格尔：《历史哲学》，70 页。

④ 同上书，387、491 页。

学》的结尾发现，绝对观念应当在弗里德里希-威廉三世这么顽强而毫无结果地向他的臣民约许的那种等级制君主政体中得到实现。”①

黑格尔虽然也谈到美洲是“明日的国土”，“它可能引起种种梦想”，但他认为从历史发展的阶段性来讲，“欧洲绝对地是历史的终点”②，而且到现在为止，美洲发生的一切，只不过是“旧世界的一种回声”③。——黑格尔这一套反动的欧洲中心论和德意志民族主义适合于法西斯种族主义和帝国主义的军事扩张，为以后德国法西斯分子所利用。

列宁指出：“一般说来，历史哲学（指黑格尔的历史哲学——引者）所提供的东西非常之少——这是可以理解的，因为正是在这里，正是在这个领域中，在这门科学中，马克思和恩格斯向前迈了最大的一步。而黑格尔在这里则已经老朽不堪，成了古董。”④

精神阶段的第三阶段是“绝对精神”。这里，“绝对精神”在通过了曲折漫长的许多发展阶段之后，完完全全地回复到了它自身，它现在已经把自己全部的丰富内容都表现出来了，它已经达到了完全自觉、完全认识自己的阶段。“绝对精神”通过三种形式来认识自己，即艺术、宗教和哲学。艺术是对精神自身的一种感性直观的认识，宗教是对精神自身的一种敬畏和崇拜；宗教高于艺术，哲学又高于宗教，哲学是以适合于精神自身的形式即概念来认识自己。因此，黑格尔认为哲学是“绝对精神”的最后完成和最高体现，“绝对精神”是通过哲学而最终地认识自己的。

黑格尔认为：“美就是理念的感性显现。”这里所说的“理念”就是“绝对理念”。这个定义的意思就是说，美是用感性事物的具体形象表现“绝对理念”，表现普遍真理。在黑格尔看来，美必须包含两个要素，一是感性形式即具体的形象，一是思想内容即普遍真理。缺乏前者，那就成了哲学上的抽象思考，艺术作品就不成其为艺术作品；缺乏后者，那就成了无内容的形式主义。黑格尔反对形式主义的美学观点。黑格尔对美的这一定义，包含有辩证法的合理成分。在康德形式主义的美学观点占统治地位的时代，黑格尔主张美应该

① 恩格斯：《路德维希·费尔巴哈和德国古典哲学的终结》，见《马克思恩格斯选集》，1版，第4卷，214页。

② 黑格尔：《历史哲学》，148页。

③ 同上书，131页。

④ 《黑格尔〈历史哲学讲演录〉一书摘要》，见《列宁全集》，中文1版，第38卷，351页。

把感性形式同思想内容结合起来，这有一定进步意义；但是黑格尔所讲的思想内容是“绝对理念”，他的美学观点仍然是唯心的。

黑格尔把自然看成是精神的下降和堕落，因此，他特别抬高艺术美而轻视自然美。他说：艺术美是由人的心灵、人的精神产生的，而人的心灵、精神是自由的；物质、自然则是没有统一性、没有自由的，所以艺术美高于自然美。

黑格尔把人看成是艺术的最主要的、最根本的对象，他着重地讨论了人物的性格问题。他反对艺术单纯地摹仿自然，认为艺术不能原封不动地把现实生活搬上舞台，艺术必须“抓住事物的普遍性”，把普遍性的本质“提炼”出来，而对偶然的东西加以“清洗”，只有这样塑造出来的人物，才能有“活的个性”。

黑格尔根据美是感性形式与思想内容的统一这个基本原则，把艺术的发展分成三个阶段、三种类型：第一个阶段或类型是象征型艺术，在这个阶段中，人心还没有找到适合的感性形式表达思想内容，它只是用符号来做思想内容的象征，在这里，从感性形式中，还不能明确认识到思想内容，例如东方民族用神庙、金字塔等建筑来象征一个民族的某些理想，就是这样。第二个阶段或类型是古典型艺术，在这个阶段中，感性形式和它所要表现的思想内容是一致的，从感性形式中可以明确认识到它的思想内容，例如希腊的雕刻就是这样，希腊雕刻把具有普遍性的神用人体形象表现出来，而人本来是精神性的东西，因此也最适合于表现神的形式。但人体形象终究是个别的、有限的，而它所要表现的精神、思想，是普遍的、无限的，所以前者还是不能最完满地表现后者。这样，艺术的发展就由古典型艺术过渡到了第三阶段或类型：浪漫型艺术。浪漫型艺术是精神、思想从物质“退回到精神自身”，例如图画、音乐和诗歌，就属于浪漫型艺术，它们相对于第一阶段的建筑和第二阶段的雕刻来说，就有些远离了物质，所以浪漫型艺术的特点是表现个人的内心冲突，个人的主观意志。黑格尔认为近代欧洲的基督教的艺术就是浪漫型艺术的典型。

宗教的发展史分为三个阶段：（一）东方的自然宗教，在这个阶段里，无限的观念占绝对优势，有限的个人全然无能；（二）希腊罗马的多神宗教，它崇拜有限，它的神是人的理想化；（三）绝对的宗教即基督教，它的神既不是无限的存在，也不是有限的存在，而是无限与有限的具体统一，是神与人的具体统一。

哲学史在黑格尔看来不是各种哲学体系的偶然堆集，它有其自身的发展规律，但他认为哲学史不过是“绝对精神”自己认识自己的历史，以往各种哲学体系相互更替的过程不过是“绝对精神”自己认识自己的历史的不同阶段，过去的一切哲学体系都不是对“绝对精神”的完全认识，都不是达到了绝对真理的认识；哲学史上一些较大的哲学体系各自相当于“绝对理念”自我发展过程中较低的阶段，而黑格尔自己的哲学体系则相当于其中最高的阶段或环节——“绝对理念”，“绝对理念”在他的哲学中最后地、最完满地认识了自己，这也就是说，只有黑格尔自己的哲学才是绝对真理，它包括了以前一切哲学体系的基本真理。

三、唯心论的先验论

黑格尔认为逻辑阶段是最根本的、第一性的，自然阶段和精神阶段是派生的、第二性的。用他的原话来说，逻辑学是自然哲学和精神哲学的“灵魂”，而自然哲学和精神哲学却只是“应用逻辑学”。黑格尔对逻辑学同自然哲学与精神哲学的关系的看法，是他的唯心主义的思维与存在同一说的直接表现。逻辑学所讲的纯思想、纯概念，是在先①地为自然界和人类社会规定好的型式，而自然界和人类社会不过是这些型式的具体化和应用。前者是本质，是核心，后者是现象，是外表。人们的认识既是要认识事物的本质和核心，那也就是要认识那些预先为事物规定好的型式，即纯思想、纯概念。恩格斯指出：在黑格尔那里，“我们在现实世界中所认识的，正是这个世界的思想内容……思维能够认识那一开始就已经是思想内容的内容”②。恩格斯这里所说的“思想内容”，就是指黑格尔“逻辑学”中的纯思想、纯概念；之所以说它们“一开始就已经是思想内容的内容”，是因为这些纯思想、纯概念是尚未表现为自然界和人类社会的一种思想性质的东西。黑格尔在这里完全把本末倒置了。思想、

① 这里所谓“在先”，并不是指时间上在先，并不是说时间上先有纯思想、纯概念，然后才有自然界和人类社会。黑格尔没有这个意思。这里的“在先”不过是说，纯思想、纯概念是首要的，是自然界和人类社会的根据、理由、前提或先决条件，这也就是一般唯心主义者所说的“逻辑上在先”。

② 恩格斯：《路德维希·费尔巴哈和德国古典哲学的终结》，见《马克思恩格斯选集》，1版，第4卷，221页。

概念是客观存在的反映，那种抽象的、独立自在的所谓第一性的纯思想、纯概念，是根本没有的；客观存在第一性，思想、概念第二性。按照黑格尔的唯心主义的思维与存在同一说，思想、概念（如质、量、本质、因果关系，等等），实际上是脱离了实践和经验的东西，是从天上掉下来的。这是唯心论的先验论。恩格斯在批判杜林所主张的黑格尔的先验论时指出："原则不是研究的出发点，而是它的最终结果；这些原则不是被应用于自然界和人类历史，而是从它们中抽象出来的；不是自然界和人类去适应原则，而是原则只有在适合于自然界和历史的情况下才是正确的。这是对事物的唯一唯物主义的观点，而杜林先生的相反的观点是唯心主义的，它把事情完全头足倒置了，从思想中，从世界形成之前就永恒地存在于某个地方的模式、方案或范畴中，来构造现实世界，这完全像一个叫做黑格尔的人。"① 黑格尔本人在耶拿时期，也曾明白地把他讲授的逻辑学课程叫做"先验唯心论"或"思辨哲学"（又可译作"玄思哲学"），"思辨"就是纯理论上的玄想，实际上也有先验论的意思。

黑格尔的这套先验论同宗教上简单的"上帝创造世界"的说法没有什么本质的差别。他所谓"绝对精神"不是别的，不过是用哲学装扮过的宗教中的"上帝"。宗教直截了当地说"上帝创造世界"，黑格尔则说什么"绝对精神""外在化"为自然，说什么逻辑学是"灵魂"，自然哲学和精神哲学是"应用逻辑学"，等等。黑格尔这种唯心主义产生的认识论根源，就在于他把人的精神、思维夸大了，绝对化了。他把原来是由物质派生出来的精神、思维夸大和歪曲为一种实际上脱离物质、脱离人脑的独立存在的东西，并把它看成是自然和历史的创造主。

黑格尔哲学说得海阔天空，漫无边际，实际上是把整个世界都限制在"纯粹范畴"的框框和"模式"之中。恩格斯在批判杜林抄袭黑格尔的逻辑学时，生动而中肯地把黑格尔的先验论比喻为"范畴模式论的笼子"②。

英国学者芬德莱不同意斯退士（W. T. Stace）、麦克塔加尔特等一班人的看法，认为，像他们那样把黑格尔哲学看成是先验的，乃是一种"偏见"。芬德莱以黑格尔反对康德的"彼岸世界"，重视经验和现实，重视自然和历史的研究为理由，竟然认为黑格尔是一个

---

① 恩格斯：《反杜林论》，见《马克思恩格斯选集》，1版，第3卷，74页。

② 同上书，85页。

"经验论者"，认为他"摆脱了先天的预定"，说他有"真正的经验主义"，甚至说"在黑格尔那里有和马克思一样多的唯物主义"①。这当然是歪曲。芬德莱看到了黑格尔重视经验和现实，这一点无疑是对的；但黑格尔重视现实的东西是一回事，他对现实的东西的解释则是另外一回事，二者不能混为一谈。黑格尔诚然反对康德把本质看成是超乎现实或现象之外的"彼岸世界"，他极力主张本质就在现实或现象之中；但他既然认为现实事物的本质是不沾染任何现实的所谓纯思想、纯概念，认为纯思想、纯概念是第一性的，而"在自然界中和历史上所显露出来的辩证发展……只是概念的自己运动的翻版"②，那么，他实际上就是一个唯心论的先验论者。恩格斯说：黑格尔的"绝对观念""是从来就存在的，是不依赖于世界并且先于世界而在某处存在的"③。尽管黑格尔也竭力标榜纯思想、纯概念要同经验和现实世界中的事物相结合，但他的唯心主义观点却不能不使他所讲的思想、概念实际上成为脱离经验、脱离现实世界的东西。

① 芬德莱：《黑格尔再考察》，23、24页，并参阅20～23、348～350页。

② 恩格斯：《路德维希·费尔巴哈和德国古典哲学的终结》，见《马克思恩格斯选集》，1版，第4卷，239页。

③ 同上书，221页。

第二章
黑格尔对思维与存在关系问题上三种态度的批评

黑格尔的唯心主义的思维与存在同一说，是他的逻辑学的基础，他从这个学说出发，在《小逻辑》的“概论逻辑学性质”部分，用大量篇幅，批评了近代哲学史上关于思维与存在关系问题的三种观点。他把这三种观点叫做“思想对客观性之三种态度”。

一、“思想对客观性之第一态度”

第一种观点是指“康德以前的形而上学”①，主要是指唯理论。这是一种“素朴的态度”。它没有把辩证法应用于认识论，不知道思想、认识中有矛盾，而以孤立的、片面的观点去把握存在，用一些“非此即彼”的范畴去说明具体事物。黑格尔自己的原话：这种态度“尚没有意识到思想中的矛盾，和思想自身与自身的对立，而深信，凭借反思作用即可认识真理，即可使对象的真实性质呈现在意识前面”②。这里的“反思作用”的原文是 das Nachdenken，即深思熟虑、反复思考之意，但在“第一种态度”看来，深思熟虑也只是采取“抽象理智的观点”③，亦即“非此即彼”的形而上学的思想方法。

这种态度“认为思想的法则即是事物的基本法则”，“事物的真实性质就是思想所认识的那样”④。按照这种态度，思想、认识中既然没有矛盾，那么事物本身也就是没有矛盾的。

---

①②③ 黑格尔：《小逻辑》，105 页。

④ 同上书，106 页。

黑格尔认为这种态度的缺点有三：

第一，它用一些孤立的、有限的、彼此没有联系的名词概念（“谓词”）去表述真理。但在黑格尔看来，真理并不单纯地是对“有限事物”的认知，“真理本身是无限的，是不能用有限的概念或范畴所能认知，所能表达的”。旧形而上学的思想范畴是有限的，它“不知对它所执著的限制，再加以否定或扬弃”①。例如就世界之为有限抑或无限而言，旧形而上学者就以为这里的有限与无限是绝对对立着的，以为无限不包括有限。黑格尔认为，这样的无限是“被有限所限制着的”，是片面的，因而“仍不过是一有限之物而已”②。又如关于质变量变的问题，莱布尼兹就曾说过：“任何事物都不是一下造成的，这是我的一条最大的准则，并且是完全证实了的准则：‘自然从来不飞跃。’”③ 黑格尔针对莱布尼兹的这种观点指出：“自然界中没有飞跃”的说法是只知有量变而不知有质变的形而上学。④ 总之，有限的名词概念是片面的、彼此间缺乏有机联系的，用它们去表达无限性的真理，“不足以穷尽其义蕴”，这就是康德以前旧形而上学的第一个缺点。

第二，旧形而上学按“通常的表象”亦即按普通的观念去“接受”它的研究对象“灵魂”、“世界”和“上帝”，这就会给它们掺杂主观的成分，给它们带来各种不同的解释。同时，旧形而上学还以各种主观的表象为标准，用判断的形式去表述这些对象。可是这些对象不是单个的事物，而是整体，是“大全”，是“玄思的真理”，而判断的形式总是片面的，“不适宜于表达具体的和玄思的真理（真理必是具体的）”⑤。“具体”在这里系指整体亦即“多样性的统一”。

第三，旧形而上学“于两个相反的论断之中……必须肯定其一必真，而其他必错”，故陷入“独断论”⑥。“独断论”坚持僵硬的“非此即彼”的思想方法，不懂得对立面的统一。

黑格尔分三层意思说明旧形而上学的缺点，但内容上大同小异，无非是说，孤立的、片面的、无矛盾的观点不能把握具体的、全面

① 黑格尔：《小逻辑》，107 页。

② 同上书，108 页。

③ 莱布尼兹：《人类理智新论》，转引自《十六—十八世纪西欧各国哲学》，509 页，北京，商务印书馆，1975。

④ 参见黑格尔：《小逻辑》，115 页。

⑤⑥ 同上书，111 页。

的真理。用黑格尔自己的一句总括性的话来说，就是“这种形而上学未能达到具体的同一性，而只是执著那抽象的同一性”①。尽管黑格尔所说的无限真理或具体真理是指“灵魂”、“世界”和“上帝”，但他关于孤立的、片面的、无矛盾的观点不能把握“具体的同一性”（或对立统一）的阐述，却是光辉的辩证思想，至今仍可看做是批判形而上学思想方法的重要论点。

二、“思想对客观性之第二态度”

旧形而上学用有限的概念去把握无限。和这种态度相反，“思想对客观性之第二态度”则认为有限的概念只能把握有限的事物。第二态度又分经验主义与批判哲学两种：前者主要只谈有限，后者则竭力论证无限是信仰的对象。

经验主义

黑格尔认为，经验主义是在反对旧形而上学的基础之上产生的。旧形而上学以为单凭抽象的、孤立的思想观点就可以把握到真理，缺乏知觉中的东西作为“具体的内容”和“坚实的据点”。为了补救这种缺点，于是兴起了经验主义。“经验主义力求从经验中，从外在和内心的当前经验中去把握真理，以代替纯从思想本身去寻求真理。”②

经验主义有两大原则：其一，“凡是真的，必定在现实世界中，为感官所能觉察的”。其二，“就主观方面来看，尚须承认经验主义中还包含有一很重要的自由原则，经验主义昭示我们，凡我们认为应有效准的知识，我们必须亲眼看到，亲身经历到”③。

经验主义比起旧形而上学来，有其进步之处：它告诫我们，“不要驰骛于空洞的抽象概念之中，注目当前，欣赏现在，把握住自然和人类的现实状况”④。黑格尔同情经验主义的现实原则是很自然的，因为他本是一个很重视现实的哲学家，他反对只讲“应当”如何如何，而不讲“是”如何如何。他说：“与经验主义一样，哲学亦

① 黑格尔：《小逻辑》，120 页。

② 同上书，121 页。

③ 同上书，122、123 页。

④ 同上书，123 页。

只知探究什么是如此，凡是仅是应如此，而非是如此的事物，哲学亦不过问。”① 这里的哲学，就是指黑格尔自己的哲学。

经验主义的缺点是：

第一，经验主义“以知觉为把握当前实事的形式”②，但知觉中的东西总是个别的，飘忽即逝的；为了形成经验，为了在被知觉的个别事物中去寻求普遍性的、永久性的东西，经验主义者便应用分析法把个别事物的种种特性一层一层地分析出来，有如剥葱一样。经验主义在分析对象时，“自以为它是让对象呈现其本来面目，不增减改变任何成分，但其实，却将对象具体的内容转变成为抽象的了”③。这也就是说，单纯分析的结果会使对象失去原来的面目。黑格尔把经验主义同旧形而上学作了对比：旧形而上学“接受”“普遍性的理性对象”（上帝、灵魂、世界）为其内容，经验主义“接受”知觉中的东西为其内容，前者以无限为研究对象，后者以有限为研究对象，就此而论，两者有根本区别。但经验主义和旧形而上学都坚持以一种“现成的内容”为出发点，然后用单纯分析的方法把这种内容分析成抽象的、孤立的概念，就此而论，经验主义又“回复到了”旧形而上学，或者说，“不自觉地”、“非批判地”运用了旧形而上学的方法。黑格尔指出了经验主义和唯理论所采用的方法都是形而上学，这是很正确的。

第二，经验主义既把自己的认识仅限于感觉中的有限事物，因此，它不是根本否认超感官的事物，就是认为超感官的事物是不可认识的，而这就是不可知论。黑格尔对经验主义的这个批评是对的。问题是，黑格尔在这里又把唯物论同不可知论必然地联系起来，认为“这个基本原则（指不可知论——引者）若彻底发挥下去，就会成为后来所叫做的唯物论”④，他于是把唯物论当做不可知论来大肆批判，这显然是错误的。

第三，否认普遍性和必然性，是经验主义的另一个缺点。经验诚然可以给我们提供不可胜数的相同感觉，但相同的情况无论多到什么程度，并不等于就是普遍性；经验中尽管可以呈现许多前后相续和彼此接近的感觉，但前后相续和彼此接近，还不等于它们彼此间有必然性的联系。经验主义以感觉为真理的标准，使普遍性与必

① 黑格尔：《小逻辑》，123 页。
②③ 同上书，124 页。
④ 同上书，126 页。

然性成为不合法的，或者只是一种习惯，这就陷入休谟的怀疑论。

批判哲学

康德的批判哲学“与经验主义相同，认经验为知识的唯一基地。不过不以基于经验的知识为真理，但仅认之为对于现象的知识而已”①。

康德认为，旧形而上学对抽象的、有限的“知性概念”不预先加以研究，便遽尔把它们应用于无限之物，乃是一种“独断论”。康德主张在求知之前先考察知识（亦即经验知识）的能力，包括“知性概念”的价值和限度。他认为“知性概念”是知识的一个成分，而知识是有限度的，知识只能是关于有限事物（“现象”）的知识，它不能超越有限去说明无限（“本体”）。

黑格尔指出：对于旧形而上学的范畴加以考察，无疑是一个很重要的进步，但考察认识能力于认识活动之前，“其可笑实无异于某学究的聪明办法，在没有学会游泳以前，切勿冒险下水”②。黑格尔对康德的这个批评，意义极其深刻。可是库诺·费舍（Kuno Fischer）却针对黑格尔的批评说：“这个非难是毫不恰切的。我们在从事体力活动与精神活动时，并不需要认识这种活动，更不需要对这种活动有科学的认识。我们无须学生理学就可以消化，无须学逻辑学就可以思维，无须学文法、声学、光学就可以说话、听话、看东西，等等。康德的理性批判和认识论对于自然的认识和建立在其基础之上的人类普通理智或健康理智的关系，与生理学对于消化，逻辑学对于自然思维，文法、声学、光学对于说话、听话、看东西的关系是一样的。康德的理性批判和认识论不是在认识活动之前，而是在认识活动之后。就游泳来说，康德同认识活动的关系并不是那个学究同游泳活动的关系，而是阿基米德同游泳活动的关系，阿基米德阐明了游泳，认识到了物体漂浮的条件。”③ 库诺·费舍显然误解了黑格尔。诚然，生理科学形成于研究消化过程之后，同样，康德的认识论也形成于研究认识过程之后。但问题是，黑格尔根本不是谈的康德学说本身之形成究竟是在认识活动之前还是在认识活动之后，他的意思不过是说，离开人类实际认识活动去考察认识的做法是可笑的，是不可能的。康德的学说本身形成于认识活动之后，这是一回事；他的学说主张在认识活动之前先考察认

① 黑格尔：《小逻辑》，127 页。

② 同上书，62、129 页。

③ 库诺·费舍：《近代哲学史》，第 8 卷，437～438 页，海德堡，1901。

识，这是另一回事。黑格尔所指责的是后者，他根本没有涉及前者。库诺·费舍把两件事混为一谈，他对黑格尔的批评才真正是不恰切的。至于他把康德对认识的研究同阿基米德的成就相比，那当然是对康德的过誉。

黑格尔认为康德对“知性概念”或范畴的考察还有一个缺点，即康德没有从这些范畴的本身去考察它们，他不问这些范畴本身的内容，不问它们彼此间的相互关系，而只问它们究竟是“主观的”，抑或是“客观的”，而且康德所谓“客观的”，其意义也很特殊。

通常所谓“客观”，大都是指存在于我们之外的事物，康德否认思想范畴具有这种客观的意义。康德所谓“客观”，是指范畴的普遍性、必然性而言，这种意义上的“客观”是同个别性、偶然性相对立的。黑格尔虽然肯定了康德所谓“客观”有一定的价值，但他着重指出：康德所谓思想范畴的客观性，在某种意义下，仍然是主观的。因为，在康德看来，具有普遍性和必然性的思想范畴是“先天的”，因而“只是我们的思想，而与事物自身间却有一个无法渡越的鸿沟隔开着”。黑格尔对康德的这一指责是很中肯的。但黑格尔自己却又认为“思想的真正客观性应该是：思想不仅是我们的思想，同时复是事物的本身，或对象的本质”①。这就再清楚不过地表明，黑格尔批评康德的目的，不过是要用自己的客观唯心主义代替康德的主观唯心主义而已。

黑格尔还对康德的三个《批判》分别作了评述，重点是《纯粹理性批判》。

1. 对康德主观唯心论的批评

康德认为，感性知识是杂多的、互相外在的，而“知性概念”或范畴则是整理、综合感性知识的形式。“知性概念”以自我为其本源，自我用“知性概念”去整理、综合杂多的感性知识，这就叫做“自我意识的先验统一”。其所以叫做“先验的”，意思是说，“自我意识的统一只是主观的，而不涉及吾人知识以外的对象自身”②；“自我俨如一洪炉，一烈火，吞并销熔一切散漫复多的感官材料，而融为一体。”③ 康德在这里看到了人的主观能动作用，看到了理性思维对感性知识的改造制作的作用，这个思想甚为重要。黑格尔意识

---

① 黑格尔：《小逻辑》，131 页。

② 同上书，134 页。

③ 同上书，133 页。

到了这一点，他说：“康德这种说法，已正确地道出了所有一切意识的性质了。人类的努力，一般地讲来，总是趋向于理解世界，能自己适应并宰制世界，目的总在于将世界的实在加以陶铸锻炼。”① 但是，康德是主观唯心论者，他把这种综合、统一的力量归之于“自我意识之主观的活动”。在黑格尔看来，综合、统一的活动不是人的主观活动，而是客观的活动，而他所谓客观的活动乃是指“绝对精神”、“绝对理念”的活动。“这使得感觉的复多体得到绝对统一的努力，并不是自我意识之主观的活动。我们可以说，这同一性即是绝对，即是真理自身。”② 显然，黑格尔作为一个客观唯心论者，不可能看到综合、统一的最后根据只能是客观物质世界。

2. 对康德不可知论的批评

康德说：科学知识包含有两个成分，“感性”提供特殊的、零碎的内容，“知性”提供普遍性、必然性的形式，两者拼凑在一起，就构成了所谓的科学知识。这样，在康德那里，“知性概念”或范畴本身就成了一副空虚的架子，感性材料不过是从外面填充到这个架子里面的“生疏的内容”。因此，在康德看来，“知性概念”不适于表达感觉之外的绝对，凭“知性概念”得来的知识，不能认识“自在之物”。黑格尔指出：首先，康德的“自在之物”是一个抽出了一切确定的成分之后所剩余下来的“渣滓”或“僵尸”，是“一个极端抽象，完全空虚的东西，只可以认作超绝或否定了观念、感觉、思想经验等等的他界”③。其次，这样一个抽象、空虚的“渣滓”，“仍不过只是思想的产物”④。

黑格尔还看到了康德不可知论的思想根源。在黑格尔看来，康德明确区别“知性”与“理性”，“知性”以有限的、有条件的事物为对象（“现象”），“理性”以无限的、无条件的事物为对象（“本体”或“自在之物”），这是“康德哲学之一重大结果”⑤。但康德的思想方法是形而上学的，他割裂有限与无限，脱离有限去追求无限，脱离有条件的东西去追求无条件的东西。这样，“理性”所追求的“理念”或“自在之物”就很自然地成了超越于经验、“现象”之外的不可知之物。

---

①② 黑格尔：《小逻辑》，133页。

③④ 同上书，137页。

⑤ 同上书，138页。

3. 对康德的三个“理念”的评论

关于“灵魂”的“理念”

旧形而上学把“自我”、“灵魂”当做认识的对象，用“知性概念”去表述“灵魂”，说什么“灵魂是实体”，“灵魂是单纯的”，“灵魂是同一的”，“灵魂与空间有关系”。康德认为：任何判断都是由“自我”作出的，在任何判断中，“自我”（即“灵魂”）都是主体，没有“自我”就没有判断；但“自我”本身不可能成为判断（认识）的对象。说“灵魂”是“实体”，是“单纯的”等等，就是把“灵魂”当成了判断（认识）的对象，这是不合法的，因为认识的对象必须通过直观，而直观从来没有给我们提供“实体”、“单纯性”等等。

针对康德对旧形而上学的这一批判，黑格尔指出：“康德的批判所表示的没有别的，只是重述……休谟的观点，认思想的范畴总是具有普遍性与必然性的，是不能在感觉之内遇见的，并认经验的事实，无论就内容或形式言，都是与思想的范畴不同的。”①

康德认为，旧形而上学关于“灵魂”的论证，其错误在于将两个前提中同一个名词用成不同的意义。

旧形而上学的推论如下：

大前提：凡其表象是我们的判断中的绝对主体并从而不能用以陈述别的事物的东西，都是实体。

小前提：自我，作为思维着的东西，乃是所有我的可能判断中的绝对主体，而且关于我的这种表象不能用作任何别的事物的宾语。

结论：因此，自我，作为思维着的东西（灵魂），是实体。②

这个三段论中的中词是“绝对主体”。康德说：大小前提中的中词本应同义，才能得出正确的结论，可是上述三段论中的中词不是同义的：大前提中的“绝对主体”是指“自我”所下的判断中的主体，例如“自我”下了一个判断：“地球是行星”，大前提中所说的“绝对主体”是指地球；小前提中的“绝对主体”则是指下判断的“自我”，例如当“自我”下“地球是行星”这个判断时，这里的“自我”就是小前提中所说的“绝对主体”。前者是被作出的判断中的主体（“地球”），它是直观或认识的对象，后者是作出判断的主体（“自我”），他永远不是直观或认识的对象。大小前提中的“绝对主体”同字

① 黑格尔：《小逻辑》，140～141页。

② 参见康德：《纯粹理性批判》，雷蒙·史密特德文本，424页。

不同义，所以结论是不正确的。旧形而上学者笛卡尔所说的“我思故我在”，其错误就在这里。笛卡尔从“自我”是所有我的判断的主体（“我思”）出发，得出“自我”是“实体”（“我在”）的结论，这就把直观、认识的对象和永远不是直观、认识的对象混同了。另一个旧形而上学者沃尔夫关于“灵魂不灭”理论的错误，亦与此相同。

黑格尔认为，康德断言“实体性”、“单纯性”、“不变性”等谓词不能应用于“灵魂”，无疑是对的。“康德于其攻击旧形而上学时，把这些抽象的谓词从灵魂或精神中扫除净尽，诚不失为一大贡献。”但黑格尔又认为“他所陈述的理由，却未尽允当”①。康德以为这些抽象谓词之所以不能应用于“灵魂”，是由于“理性超出了指定的范围”②，把直观范围中所没有提供的“实体性”、“单纯性”等思想范畴加到了“灵魂”的头上。而在黑格尔看来，“真正的原因，乃在于这些抽象的知性范畴失之拙劣，不能表达灵魂的性质，而灵魂的内容远较那只是单纯的不变的等性质所指谓的更为丰富。”③黑格尔这段话包含了深刻的辩证法思想：对于内容丰富的无限之物，不能用抽象的、片面的概念范畴去表达。

关于“世界”的“理念”

在康德看来，“自在之物”不可能有矛盾，而“理性”在试图认识“世界”时却必然陷入矛盾（“二律背反”），这就说明“自在之物”是不可认识的。

黑格尔指出：旧形而上学者看不到思想、认识中有矛盾，他们把知识中的矛盾看成只是偶然的、主观的差错；康德承认思想、认识中发生矛盾的必然性，对于破除旧形而上学的“独断论”来说，“必须认作是哲学知识上一很重要的贡献”④。但是，第一，康德由此得到“自在之物”不可知的消极结论，却是错误的。康德“出于对世界事物的一种过度的温情主义”，“似认为世界的本质是不应具有矛盾的污点的，只好说是矛盾仅是由于思想的理性，或心灵的本质”⑤。康德没有更进一步认识到“凡一切真实之物都包含有相反的成分于其中。因此认识甚或把握一个对象，也就是要觉察到此对象为相反的成分之具体的统一”⑥。

---

①②③ 黑格尔：《小逻辑》，142 页。

④ 同上书，144 页。

⑤ 同上书，143 页。

⑥ 同上书，144 页。

第二，康德只列举了四种矛盾，这太不够了。其实，“不仅那四个特别从宇宙论中所提出的对象里可以发现矛盾，而乃在一切种类的对象里，在一切的表象，总念（亦可译作概念——引者），和理念里，均可发现矛盾。知道这点并且认识一切对象之矛盾性乃是哲学思考的本质”①。在《哲学史讲演录》中，黑格尔也说过：“康德指出了四个矛盾；这未免太少了，因为什么东西都有矛盾。”②

第三，康德关于“理性”的矛盾（“二律背反”）的证明是似是而非的。康德认为当“理性”运用“知性”的范畴去认识“现象”以外的“世界”时，会陷入下列四种“二律背反”（两种正相反的命题都同样可以成立，叫做“二律背反”）：（一）正题：世界在时间上和空间上是有限的；反题：世界在时间上和空间上是无限的。（二）正题：世界上的一切都是由单一的不可分的部分构成的；反题：世界上没有单一的东西，一切都是复杂的和可分的。（三）正题：世界上有自由；反题：世界上没有自由，一切都是必然的。（四）正题：存在着世界的最初原因；反题：没有世界的最初原因。康德运用形式逻辑的“归谬法”，首先假定一个论题的反面，并证明其为不可能，然后得出结论说，既然这个论题的反面是不可能的，那就只有这个论题本身是正确的。试以第一个“二律背反”的正题为例进行说明，这个正题的原文是：“世界在时间上是有开端的，在空间上也是有界限的。”

证明：（甲）就时间说。如果像反面的主张那样，认为世界在时间上没有开端，那么，无论到哪一个时间点（例如今天上午九点十分十五秒）为止，都已经有一个无限的时间序列完结了。可是，说一个无限的时间序列到某一时间点完结，这是不可能的，因为无限的意思就在于没有完结。根据“归谬法”，既然这个论题的反面是不可能的，那就证明这个论题本身（即“世界在时间上是有开端的”）是正确的。

（乙）就空间说。如果像反面的主张那样，认为世界在空间上没有界限，那么，要在我们脑子里想象这样一个世界，就不能像对待一个直觉范围内的小小空间那样，凭眼睛一看就能全部了然，而需要我们先想象一部分较小的空间，然后把想象的范围一步一步地扩大，一个单位一个单位地相加，直至无穷。（例如先想象一个乡的空

① 黑格尔：《小逻辑》，143～144页。

② 黑格尔：《康德哲学论述》，41页。

间，然后扩大范围，想象一个县的空间、一个省的空间，以至整个国家、整个大洲、整个地球、整个太阳系，如此递加，以至无穷。）可是要这样做，就必须花费无限的时间，而前面已经证明过，世界在时间上不可能无限，所以，说世界在空间上没有界限，也是不可能的。根据“归谬法”，既然这个论题的反面不可能，那就证明这个论题本身，即“世界在空间上有界限”，是正确的。

可以看到，康德在证明世界在时间上有开端时，一开头就说什么无论到哪一个时间点为止，都已经有一个无限的时间序列完结了，这个说法本身就预先假定了时间有个完结，有个界限，也可以说，预先假定了时间有个开端（因为完结和开端是不可分离的，二者都是有界限的意思）。这就正如黑格尔所说的：“康德为他的正题和反题所提出的证明，只能认作似是而非的证明。因为他要证明的理论总是已经包含在他据以做出发点的前提里，他的证明之所以表面上似有道理，都是由于他那冗长的和惯用证明其反面不通的方法所致。”① 恩格斯指出：“如果我们把时间想象为一种从一数起的序列或从某一点延伸出去的线，那么我们就是预先说，时间是有开端的，即我们把我们正好要证明的东西当做前提。”② 恩格斯实际上肯定了黑格尔对康德的批评。

尽管如此，黑格尔仍然公正地指出，康德能揭示出这些矛盾，总不失为康德哲学的一个很重要的收获，因为康德毕竟说出了“那为知性所呆板地分开了的范畴间之实际的统一性。譬如，在宇宙论的第一个矛盾里，便包含有须认时间与空间有其分离的方面亦有其连续的方面的学说”③。

关于“上帝”的“理念”

哲学史上关于上帝存在的证明，不外两条途径：一是从有限之物推论到无限之物，从世俗之物推论到神圣之物，亦即“从有开始”，“由有过渡到思想的抽象物”；一是从无限之物推论到有限之物，从神圣之物推论到世俗之物，亦即“从抽象物出发而实现为有”④。

前一种途径包括“宇宙论的证明”和“自然神学的证明”。“宇

① 黑格尔：《小逻辑》，145页。

② 恩格斯：《反杜林论》，见《马克思恩格斯选集》，1版，第3卷，89页。

③ 黑格尔：《小逻辑》，145页。

④ 同上书，146页。

宙论的证明”认为，从有限事物的系列可以推论到，在这个系列上必定有一个最初的、绝对必然的存在，即上帝；“自然神学的证明”是从有限事物之有秩序、有目的推论到上帝的存在。

在康德看来，从经验中有限的、有条件的事物中推论不出非经验中无限的、无条件的事物，“宇宙论的证明”和“自然神学的证明”都是非法的。

黑格尔认为，康德批评“宇宙论证明”和“自然神学证明”的出发点，是休谟的观点，即感觉经验中根本没有普遍性和必然性。“所以思想要想从经验的世界观念一跃而升到上帝的观念，显然是违反休谟的观念的。……照休谟的观点，不容许对知觉加以思想，换言之，不容许自知觉中去抽绎出普遍性与必然性。”①

黑格尔还进一步指出：只有禽兽才仅仅对世界作“感官的直观”，而不作“思想的考察”；人是有思想的，思想的特点就在于“超出感官世界”，在于“由有限提高到无限”，在于“打破感官事物的链锁而进到超感官界的突跃”，“如果没有这种过渡或提高的历程，那就是说没有思想”②。尽管黑格尔在这里是要论证人有从经验世界提高到无限的上帝的权利，但他明确提出了从感性认识到理性思维的“突跃”（飞跃），却是哲学史上一个很重大的进步。

黑格尔还深刻认识到，从感性认识到理性思维的“突跃”是一个“否定的活动”过程。黑格尔说：“对经验世界加以思想，本质上实即是改变其经验的形式，而将它转化成为一共相，所以思想对于其所出发的经验基础同时即展开一否定的活动；感官材料经过思想凭借共相加以规定后，已不复保持其原来的经验形状了。对于躯壳的否定与排斥，则感官材料的内在实质，即可揭示出来了。”③

“本体论的证明”属于证明上帝存在的第二种途径。这种证明是从上帝的概念推论到上帝的存在，它认为上帝既是“最高、最完满的概念”，那它就必然包含“存在”的特性，否则，它就不是最完满的概念。

康德对“本体论证明”的驳斥是：概念是思维的对象，而概念所指的对象之存在与否，则是经验知识的对象，两者不容混淆。例如我有一百元钱的概念，并不等于我的口袋里实际上存在着一百元钱。

---

①② 黑格尔：《小逻辑》，147页。

③ 同上书，148页。

黑格尔反对康德说：一百元现款与一百元钱的概念不相同，这点粗浅的知识，谁也不会不知道。但一说到上帝，则与一百元钱的对象根本不同类，而且与任何一种特殊的东西都不相同。一百元钱是有限事物，“事物在时空中的存在与其概念之歧异，正是一切有限事物的特征，且系唯一的特征”①。反之，上帝是无限的事物，是“具体的大全”，是“理念”，其内容最为“丰富”，因此，它不可能连像“存在”这样最贫乏、最抽象的范畴都不能包含在内。尽管黑格尔这里所谈的是什么上帝的存在，但就他把真理看成是思维与存在的统一，是无限与有限的统一而言，却不是完全没有意义的。

总之，在黑格尔看来，康德对旧形而上学证明上帝存在的两条途径的驳斥，都是割裂存在与思维、有限与无限、个别与普遍，认为前者与后者不能相互过渡、相互转化，康德批评旧形而上学的方法和出发点是形而上学的；反之，黑格尔批评康德时的出发点则是辩证的，他认为无论从存在到思维、从有限到无限、从个别到普遍，或者反过来，从思维到存在、从无限到有限、从普遍到个别、都是可以过渡，可以转化的。由此可见，黑格尔对康德的批评，虽然是谈的宗教问题，但也包含很重要的、很深刻的哲学意义。

三、“思想对客观性之第三态度”

第三种态度是把直接知识与思想绝对对立起来，认为思想不能把握真理和无限，只有直接知识（直觉）才能有这种能力。和康德同时而稍晚的德国哲学家耶柯比（F. H. Jacobi）是此说的主要代表人物。

“直接知识”说既反对旧形而上学者斯宾诺莎的唯理论，也反对康德的批判哲学。斯宾诺莎的唯理论运用抽象的普遍性进行论证，而在耶柯比看来，“论证的道路”是把握不住活生生的个体性和无限之物的。康德的批判哲学认为真理或“自在之物”在思想、范畴之外，是不可认识的；耶柯比反对康德的不可知论，认为真理可以通过我们的直觉加以把握。

---

① 黑格尔：《小逻辑》，152页。

耶柯比“直接知识”说的主要之点可分两方面来讲：

第一，思想、范畴本身是有限的、有条件的、有依赖性的，靠思想、范畴进行认识，只能由甲推论到乙，由乙推论到丙，由丙推论到丁，如此递进，以至无穷，却永远跳不出有限事物的圈子而达到无限。“思想只是一种个别的活动”①，靠这种活动得来的知识，“仅是对于有限事物的知识”，“仅是由有限到有限的一串思想进程，而其中每一有限之物与另一有限之物彼此互为条件。依此看法，解释与理解乃是须得凭借他物方可说明某物的间接历程。因此，一切知识的内容皆只是个别的，依赖的，和有限的。而无限、真理、上帝则在这些知识范围所包的机械联系之外”②。总之，思想范畴或间接知识不能认识真理、无限或上帝，这就是耶柯比“直接知识”说的第一层意思。就此而论，耶柯比和康德是一致的。不过，就两人对于范畴的见解来看，又是不一致的：康德以为范畴之所以有限，是由于范畴是主观自生的；而耶柯比则就范畴的固有性质立论，认为“即就范畴之本身而言，也是有限的”③。所谓有限性，就是个别的、有条件的、具有“互相凭借的间接性”的意思，或者通俗一点说，就是缺乏整体性和统一性。黑格尔认为，耶柯比能看到范畴本身的有限性，这是比康德正确的地方。

第二，真理、无限或上帝可以通过直接知识或信仰来把握。耶柯比所谓直接知识或信仰，就是指“一个事实或一个真理之直接呈现于意识”④ 而言。所以，在耶柯比的哲学术语里，信仰一词既可指对于上帝的信仰，也可以指呈现在当前感觉中的日常事物。不过，耶柯比所谓的信仰和康德所谓的信仰是有差别的。这一点，黑格尔在《康德哲学论述》中讲得很清楚：“在康德那里，信仰是理性的一个公设，是企图解除世界和幸福的矛盾的一种要求；在耶柯比那里，信仰本身是一种直接知识，并且也被了解为一种直接知识。”⑤ 也正因为这样，在康德那里，信仰的领域是不可知的，而在耶柯比那里，信仰的领域则是可知的。同时，耶柯比的信仰也不同于基督教的信仰：基督教的信仰包括信仰教会的权威和教义等等在内；耶柯比的

---

① 黑格尔：《小逻辑》，164 页。

② 同上书，165 页。

③ 同上；并参阅黑格尔：《康德哲学论述》，8 页。

④ 黑格尔：《小逻辑》，168 页。

⑤ 黑格尔：《康德哲学论述》，9 页。

信仰则只是“个人主观的启示”，“他这种哲学信仰本身并无确定的内容，固可接受基督教的信仰作为内容，复可容许任何内容之掺入”①。黑格尔在《康德哲学论述》中，谈到了耶柯比的“直接知识”说有其反权威的进步意义：“如果说每一个观点都有其正确的一面，那么认为人的精神直接知道上帝这个观点中，其伟大之处即在于承认人的精神的自由。在人的精神的自由中包含着［直接］认识上帝的源泉；在这个自由原则里一切外在性、一切权威都被取消了。”② 当然，黑格尔也提到了耶柯比这种自由原则的抽象性和主观性，他说，在耶柯比那里，“一切我所偶然想到的东西，临时冒出来的东西，都算是启示给我的，因而也就都是真的”③。

关于耶柯比“直接知识”说的缺点，黑格尔讲得比较烦琐重复，最重要的有以下三点：

第一是形而上学性。耶柯比割裂知识的直接性和间接性，认为直接知识中无间接性，间接知识中无直接性，这是“非此即彼”的形而上学观点。黑格尔说：知识的直接性不仅不排斥间接性，而且直接知识实乃间接知识的产物。例如一个学者专家在他所擅长的科学范围内，总有些观点或成果是直接地呈现在他心目之中的，但这些直接知识都是“由于复杂异常间接思索步骤所得到的结果”④。耶柯比所主张的直接知识，缺乏思维，缺乏间接性，因而也只能是空疏的、神秘主义的、不可靠的。

另一方面，黑格尔认为，思维也并不像耶柯比所说的那样是单纯的间接性，思维和直接性并不是绝对对立的。“当思想凭借他物时，复能扬弃此种凭借，换言之，思想固有其间接性，但复能扬弃其间接性。”⑤ 这也就是说，思想是间接性与直接性的矛盾统一的过程。黑格尔自己的逻辑学，就是这样一种过程的具体体现。“要指出事实上有一种知识的进展，既不偏于直接性，亦不偏于间接性，这就须以逻辑学自身和全部哲学为样本了。”⑥

英国新黑格尔主义者布拉德莱（F. H. Bradley）竭力论证实在是直接性的、超乎关系之外的，而思维总是推论式的、有间接性的，

---

① 黑格尔：《小逻辑》，168 页。

②③ 黑格尔：《康德哲学论述》，15 页。

④ 黑格尔：《小逻辑》，171 页。

⑤ 同上书，179 页。

⑥ 同上书，179～180 页。

因而不能把握实在。他说："科学的对象并不包括全部实在"，"知识若与存在分离，则完全没有善或实在……简言之，认识是一回事，存在是另一回事"①。布拉德莱基本上回复到了黑格尔所批评过的耶柯比的"直接知识"说。缪尔分析批判了布拉德莱的观点，认为布拉德莱"把思维看成纯粹推论式的"，"布拉德莱的绝对（即实在——引者）似乎同康德的自在之物一样遥远和不可知"②。缪尔对布拉德莱的批评启发我们：割裂知识的直接性与间接性必然导致不可知论；耶柯比虽然主张可知论，但他的直接知识空疏神秘，归根结底仍然是不可知的。

第二是主观任意性。耶柯比认为真理的标准在于意识本身：凡在个人主观意识内呈现的东西，或者说，凡主观确信的东西，都是真理。这样一来，任何迷信和偶像崇拜都可以被解释为真理，任何毫无道理的东西也都可以得到辩护。这显然是一种主观唯心论。

第三是缺乏方法。黑格尔详细对比了耶柯比与笛卡尔两人的主张。笛卡尔的"我思故我在"之说，和耶柯比关于"有"、"实在"或"我的存在""直接启示在我的意识里"的说法，是"完全相同的"③。但是，笛卡尔还使用几何学的方法，从直接意识出发"进而达到更扩充发展的知识，这样一来，便产生了近代的科学"④。反之，耶柯比的学说却认为，根据"有限的"范畴得到的知识不能把握真理和无限，"此说一遇到以无限为内容的知识时，便舍弃了这种科学方法，且因它另外不知道别的方法，所以对于把握无限，便放弃一切方法"⑤。

黑格尔所谓"思想对客观性的态度"问题，都是讲的思维与存在的关系问题；不过，黑格尔又把这个问题同思想方法问题亦即辩证法与形而上学的问题紧密联系起来，因此，他在批评思维与存在关系问题上的三种观点时，处处都着眼于有限与无限、相对与绝对、多样性与统一性的关系问题。

在黑格尔看来，康德以前的旧形而上学者主张思维与存在有同一性，思维可以认识存在，但他们的思想方法是反辩证法的，他们

① 布拉德莱：《真理与实在论文集》，8页，牛津，1950。

② 缪尔：《黑格尔导论》，155页。

③ 黑格尔：《小逻辑》，180页。

④ 同上书，181页。

⑤ 同上书，181～182页。

只知道运用有限的、抽象的、“非此即彼”的概念，因此，他们对无限的、绝对的真理的认识是独断的、片面的。第二种态度（经验主义与批判哲学）给有限概念的有效性划定了一个范围，认为这种概念只能把握有限的、相对的事物；至于无限的、绝对的东西则不是根本被否认，就是被推到不可知的领域，这样，第二种态度就公然否认了思维与存在的同一性。第三种态度，耶柯比的“直接知识”说，虽然反对不可知论，主张思维与存在的同一，但它割裂有限与无限、间接性与直接性，因此，它所把握的绝对真理是空疏无内容的，是主观任意的。

总之，形而上学地割裂有限与无限、相对与绝对、多样性与统一性，其结果不是公然否认思维与存在的同一，否认绝对真理的可知性，就是虽然承认了思维与存在的同一性，但其所认识的绝对真理，或者是片面的，或者是空疏主观的，都不能真正解决思维与存在的关系问题。——这就是黑格尔批评“三种态度”的基本结论。可以看到，黑格尔对“三种态度”的批评，正是为他自己的思维与存在同一说扫清道路，他企图把辩证法同他的客观唯心主义的思维与存在同一说结合起来。

第三章
黑格尔的唯心主义的思维与存在同一说

黑格尔哲学，包括他的逻辑学，是建立在唯心主义的思维与存在同一说基础之上的。根据他的这个学说，思想、概念就在客观事物之中，它是客观事物的本质，而客观事物不过是它的表现。逻辑学就是研究这样的思想、概念的学问。

一、从康德到黑格尔

康德原则上否认思维与存在有同一性，他认为思想永远不能把握客观存在（“自在之物”）的本来面貌。康德哲学的后继者费希特、谢林和黑格尔，都力图克服康德的不可知论，他们从彻底的唯心主义的立场出发，主张思维和存在有同一性。

费希特取消了康德的“自在之物”，认为它是“自我”的产物，他称之为“非我”。费希特虽然消灭了康德哲学的唯物主义因素，但他的哲学却包含了关于精神转化为物质、思维转化为存在的辩证法思想。黑格尔在批判康德的不可知论和阐述自己的唯心主义的思维与存在同一说时，就接受了费希特的这个思想。

谢林和费希特一样，反对康德的不可知论，主张思维和存在的同一性。但在谢林看来，费希特把“自我”看成是至高无上的，这种主观唯心主义乃是片面的。谢林断言，“自我”和“非我”都产生于“绝对”，“绝对”是思维和存在的“无差别的统一”，实际上是一种不自觉的精神力量。谢林站在这种客观唯心主义的立场上，认为只要肯定有一个在思维之外独立存在着的客观的东西，我们便不能对它有任何认识。而要认识客观存在，就必须把思维和存在看成是

"无差别的同一"即单纯的等同。谢林说："如果在知识本身中没有这样一点，在那一点上表象与对象二者是原始同一的——或者说，在那一点上存在与表象作用是最完全同一的，那么，关于表象与对象如何能一致符合的问题，便绝对不可解释。因为表象是主观的东西，存在是客观的东西，所以这种任务（指发现'真的知识'的任务——引者）用最准确的方式来表示，便是：去发现那一点，在这点上，主观和客观是直接地同一起来的。"① 所谓"表象与对象二者的原始同一"，"存在与表象作用的最完全同一"，或者"主观和客观直接地同一"，都是说的思维与存在融合为一，没有差别。

黑格尔吸收了谢林关于思维和存在等同的思想，把它作为自己哲学的一个成分，他也认为存在即是思维，客体即是主体。

和谢林一样，黑格尔之所以要把思维与存在看做是等同的，也是为了从彻底唯心主义的立场去克服康德的不可知论。他认为只要承认有独立于思维之外的客观存在，并把思维、认识当做把握客观存在的"工具"或武器，那就必然陷入不可知论，因为他在这一点上接受了康德的看法，认为思维、认识是会增加和改变客观存在的本来面貌的。他自己的原话："如果认识是我们占有绝对本质所用的工具，那么我们立刻就能看到，使用一种工具于一个事物，不是让这个事物保持它原来的样子，而是要使这个事物发生形象上的变化的。"② 在唯心主义者黑格尔看来，要主张事物的可知性，就得和谢林一样，取消独立于思维之外的客观存在，把存在与思维看成是一回事，即是说，把存在等同于思维。他说，存在相对于思维、认识而言是什么样子，它也就是那个样子；没有不相对于思维、认识的"自在之物"，所谓"自在之物"，实际上只是相对于思维、认识的东西③，只是由思维、认识"构成的"或创造的。"物本身什么也不是，它只是在关系中，只是通过自我及其与自我的关系，才有意义。"④ 这样，在黑格尔看来，就根本上不会发生康德所谓思维、认识会增加和改变客观存在的问题。

黑格尔也看到了谢林关于"无差别的同一"的思想有片面性。他明确主张，思维和存在的同一是包含矛盾和区别在内的同一，不

① 转引自《十八世纪末—十九世纪初德国哲学》，185 页。

② 黑格尔：《精神现象学》，上卷，61 页。

③ 参见上书，60～61 页。

④ 黑格尔：《精神现象学》，荷夫迈斯特本，551 页，1949。

是排斥矛盾和区别的单纯的等同；是从现象到本质的矛盾发展过程，不是静止的、一次完成的同一。这是黑格尔的思维和存在同一说不同于谢林哲学的最重要之点。

二、黑格尔的思维和存在同一说

黑格尔唯心主义的思维和存在同一说，概括起来，可以分为以下三层意思。

存在即思维

第一层意思是说，存在即思维，没有思维以外的客观存在。

黑格尔说："唯物论以物质的本身为真实的客观世界。但物质本身已经是一个抽象的东西，物质之为物质是无法知觉的。所以我们可以说，没有物质这个东西……自由的真义在于没有绝对的外物与我对立，而依赖一种'内容'，这内容就是我自己。"① 在黑格尔看来，关于事物是否可知的问题，只能有两种看法：要么主张事物在思维之外独立存在，而这就是不可知论；要么主张事物的可知性，而这就意味着存在即是思维。第三种看法是不能想象的。其实，正是在黑格尔所不能想象的看法中，有着科学的唯物主义的观点。科学的唯物主义一方面主张客观物质存在于思维之外，一方面又主张人的思维可以反映客观物质存在；一方面主张存在和思维之间没有不可逾越的鸿沟，一方面又主张存在并不就是思维。列宁在《唯物主义和经验批判主义》一书中曾反复申述，意识可以反映存在，可以符合于存在，但存在决不就是思维。科学的唯物主义理论和不可知论是不可调和的。黑格尔在批评康德的不可知论时，把不可知论说成是唯物主义的必然产物，这是对唯物主义的污蔑。列宁在批判马赫主义者时指出，马赫主义者攻击唯物主义的一个重要手法，就是把唯物主义说成和不可知论有不可分的联系，就是污蔑"唯物主义者承认某种不可想象的和不可认识的东西——'自在之物'即'经验之外'的、我们认识之外的物质"②。污蔑唯物主义的反映论"是以'未知的东西'、'无'，作为基础的"③。由

① 黑格尔：《小逻辑》，126 页。

② 列宁：《唯物主义和经验批判主义》，9 页，北京，人民出版社，1960。

③ 黑格尔：《小逻辑》，194 页。

此可见，一切唯心主义者攻击唯物主义的反映论的手法，是一脉相承的。

其实，我们所反对康德的，是他把“自在之物”看成不可知，而不是要取消“自在之物”的独立存在。黑格尔责备康德不该把“自在之物”看成不可知，这一点是正确的，但黑格尔取消“自在之物”的独立存在，把存在看成即是思维，却是很荒谬的。

思维是主，存在是从，二者可以相互转化

黑格尔的思维与存在同一说的第二层意思是，在肯定一切事物都是思维的前提下，又将事物区分为思维与存在两个方面。黑格尔在主张存在即是思维，没有思维以外的存在的同时，又明白反对把思维与存在的“同一”看成为单纯的等同。黑格尔认为，我们说，绝对是主观与客观的统一。这话诚然不错，但仍然不免于片面，因为这里只说到绝对之统一性，也只着重绝对之统一性，而忽略了其实在绝对里，主观与客观不仅是同一的，而且又是有区别的。

黑格尔认为一切事物都是思维与存在两个方面的统一：思维是存在的本质，存在是思维的内容。黑格尔说：“一切真实的事物，就它们之为真理而言，即是理念。”① “理念……是概念和客观性的绝对统一”②，“亦可认作主客统一”③。黑格尔认为这两方面并不是平等并列的，思维是主，存在是从，思维是存在的创造主，存在是思维的“外在化”。在黑格尔看来，思维对于存在来说，不是第二性的，不是反映存在的“工具”，而是第一性的，或者用他自己的话说，是“构成性的”，即是说，具有构成和创造存在的力量。黑格尔说：在思维与存在的同一里，“思维统摄了存在，主观性统摄了客观性（‘统摄’有主导的意思——引者）”④。“这些范畴和范畴的总体（即逻辑的理念）并不是停滞不动，而需向前进展到自然和精神的真实领域里，但这种进展却不可认作逻辑的理念借此袭取一外在的生疏的内容，而乃是逻辑理念基于自身的主动，进一步发展并实现其自身为自然和精神。”⑤ 理念的“真实的内容只是它自身的显现”⑥。这就是说，自然界和人类社会不是独立于思维、概念之外的“生疏

① 黑格尔：《小逻辑》，399 页。
② 同上书，398 页。
③ 同上书，401 页。
④ 同上书，404 页。
⑤ 同上书，136 页。
⑥ 同上书，398 页。

的内容”，而是由于思维、概念自身的能动作用向前发展而来的，是它自己的表现。

由于思维具有能动性和创造性，所以思维与存在二者不是僵硬地对立着的。黑格尔认为思维一方面可以通过“外在化”的作用产生自己的对象——存在，一方面又可以克服自己和对象间的对立，“使之成为己有”（Aneignung，又可译作“同化”或“占有”）。所谓“使之成为己有”，也就是使存在或对象为自己所占有，“外在化”和“同化”这两个方面的作用，就构成思维和存在间的对立同一的全部过程。黑格尔用的术语晦涩难懂，意思却很简单，就是说思维可以转化为存在，存在可以转化为思维。不过他所说的相互转化和辩证唯物主义所说的相互转化是根本对立的，前者是建立在精神、思维第一性的唯心主义基础之上的，后者则是建立在物质、存在第一性的唯物主义基础之上的。毛泽东同志在谈到从感性认识到理性认识的飞跃时指出：“这是整个认识过程的第一个阶段，即由客观物质到主观精神的阶段，由存在到思想的阶段。……然后又有认识过程的第二个阶段，即由精神到物质的阶段，由思想到存在的阶段。”① 黑格尔所说的思维和存在的转化，恰恰颠倒了这两个阶段的秩序。

黑格尔关于思维与存在同一的这些理论，有其“合理内核”。他看到了思维与存在、精神与物质之间的辩证法，即是说，看到了思维不能脱离存在，精神不能脱离物质的事实；看到了思维与存在，精神与物质的相互转化，特别是思维、精神的能动作用和创造作用；看到了劳动的本质在于精神克服物质，使物质“成为己有”。

当然，我们也应该注意到，黑格尔的这一切合理思想，都是在唯心主义的歪曲形式下表达的。马克思在《黑格尔辩证法和哲学一般的批判》一文中对黑格尔《精神现象学》中思维和存在对立同一理论的唯心主义性质作了深刻细致的批判。马克思的这一批判对黑格尔的逻辑学也是完全适用的：

首先，黑格尔所谓的存在或对象既然不是在思维之外独立存在的东西，而是思维的“外在化”，那么，它也就不能算作是真正客观的存在或对象，它实际上“不是别的，只是自我意识……只是对象

---

① 毛泽东：《人的正确思想是从哪里来的?》，见《毛主席的五篇哲学著作》，226页，北京，人民出版社，1970。

化了的自我意识，作为对象的自我意识”①。这种“对象只是一个对象的假象，一个伪造的烟幕”②，或者说，只是“一种虚无”。由此可见，黑格尔所讲的“思维”归根结底是缺乏“对象”的“思维”，因而也是抽象的、空虚的、没有内容的。根据这一点，马克思进一步指出，黑格尔所谓的“思维”，实际上是不存在的，因为，“一个存在，如果在他自身之外没有对象，就不是一个客观的存在。……一个没有客观性的存在就是一个‘非存在’。……这样一种存在首先将是唯一的存在，在它之外没有东西存在着，它独自孤零零地存在着”③。这种绝对孤立的存在，就是“一个不真实的、非感性的、只是空想的或虚构的存在，一个抽象性的存在”④，也就是说，根本不存在。

黑格尔本人曾一再声称他所讲的“思维”，是一“纯思维”，而“不是实际的人”⑤，不是“那实际的、肉体的、站立在坚实稳固的地球上的、呼吸着一切自然力量的人”⑥。黑格尔认为，“纯思维”是最真实的，是一切事物的基础和创造主。但实际上，这样的主体是根本不存在的。在现实世界中，存在的只是实际的人和实际的人的思维，而实际的人的思维则是高度发展的物质——人脑的产物，是由物质派生出来的，因此，它丝毫不能和物质世界脱离。正如费尔巴哈所说：“只有当思维不是自为的主体（‘自为的主体’就是独立的主体——引者），而是一个现实实体的属性的时候，思想才不脱离存在。”⑦“要在生活中、世界中作为世界一分子来思想，不要在抽象的真空中作为一个孤独的单子，作为一个专制君主，作为一个了无障碍的，世外的上帝来思想——然后你才能谈到你的思想是思维和存在的统一”⑧，像黑格尔所主张的“一个没有任何事物在自身之外，因而本身并不包含任何限制的主体”，只能是虚幻的，只能是“神学中或日常生活中称为上帝的那种绝对本质了”。黑格尔哲学把思维“从思维的人抽象出来”，即是说，从现实的人割裂开来，并把它“当成了神圣的”⑨。所以“黑格尔关于自然、实在为理念所建立

① 马克思：《黑格尔辩证法和哲学一般的批判》，15页，北京，人民出版社，1956。

② 同上书，22页。

③④ 同上书，20页。

⑤⑥ 同上书，18页。

⑦⑧ 《未来哲学原理》，见《费尔巴哈哲学著作选集》，上卷，181页，北京，生活·读书·新知三联书店，1961。

⑨ 同上书，151、152页。

的学说，只是用理性的说法来表达自然为上帝所创造、物质实体为非物质的、亦即抽象的实体所创造的神学学说”①。马克思肯定了费尔巴哈对黑格尔哲学的这种批判，指出：“费尔巴哈的伟大功绩在于(一) 证明了哲学（指黑格尔哲学——引者）不是别的东西，只是带进到思想里面的并经思维加工过的宗教。”②

其次，马克思还进一步揭露了黑格尔的思维和存在对立统一的过程。马克思指出，黑格尔所谓的“对象”、“存在”，既然只能在思想之内，不能离开思想而独立存在，那么，黑格尔所谓“主客的对立”就只不过是“在思想本身之内……的对立”③，所谓“思维的外化”也始终只能在思维自身的范围之内进行，实际上达不到思维以外的客观存在。另一方面，黑格尔所讲的思维与存在统一的过程（亦即思维克服存在，使存在为自己所占有的统一过程）也是一种假象。黑格尔无论在《逻辑学》或《精神现象学》中，都提出了这样一个思想，即认识的最高阶段是，思维能认识到存在也是一种精神性或思想性的东西。马克思指出，要真正实现思维和存在、主体和客体的统一，要真正占有客观存在，使它服从主体的需要，成为己有，那只有通过人的物质生产实践，通过我们人对客观世界的实际作用，才有可能。黑格尔既然首先断定存在即是思维，那么，人要占有对象世界，显然也就只需要通过一种对思想物的占有形式就行了；也就是说，只需要通过认识的形式，认识到对象即是自身，即是一种思想物，那也就算作是使对象成为自己所占有了，也就算作是主体统一了客体。所以马克思在肯定黑格尔思维与存在同一说的“合理内核”在于看到了劳动的本质的同时，强调指出，“黑格尔所认识的并承认的劳动乃是抽象的精神的劳动”④。显然，黑格尔这样一种所谓“占有”或“同化”，完全是虚伪的，因为它“只是一种在意识内、在纯思维内、亦即在抽象性里面进行的同化”⑤。这样看来，黑格尔关于思维与存在对立同一的学说，虽然包含了关于人的主观能动性的猜测，但按其现成的形式而言，是完全不能适用的，它和马克思主义关于通过实践活动使独立于思维、主体以外的客观

---

① 《未来哲学原理》，见《费尔巴哈哲学著作选集》，上卷，114 页。

② 马克思：《黑格尔辩证法和哲学一般的批判》，8 页。

③ 同上书，12 页。

④ 同上书，15 页。

⑤ 同上书，12 页。

存在为自己服务的理论是根本对立的。黑格尔所谓“外在化”和“同化”的过程，“仅是在抽象思维自身内进行着的运动”[①]。黑格尔这种只在抽象思维内克服和占有对象的思想，是18世纪末19世纪初软弱的德国资产阶级的思想表现。当时的德国资产阶级要求克服现实、改变封建贵族统治局面的愿望，始终未能付诸实践，他们只能在抽象的思想范围内向往革命。黑格尔的理论，典型地表现了当时德国资产阶级的这种软弱性和妥协性。

在马克思以前，费尔巴哈也揭露过黑格尔所谓“主体战胜客体”的虚假性。费尔巴哈认为，黑格尔哲学不从客体（存在）出发，而从主体（思维）出发，把客体看成是同主体一样的思想性质的东西，这样，主体当然也就很轻易地战胜客体了，因为在黑格尔那里，客体只是主体的“外在化”，不是真正独立于主体之外而和它根本对立的，这就等于说主体已经“预先认定要战胜它的对方了”[②]。但是，这样的战胜，只不过是“嘲弄”一下对方，完全不是什么真正的战胜对方。费尔巴哈对黑格尔唯心主义的“主体战胜客体”说的这种驳斥和讽刺，是很生动、很有意义的。可是费尔巴哈对黑格尔的这种驳斥，也有很大的缺点，他没有进一步指出，要使思维真正战胜存在，真正达到思维和存在的同一，唯一依靠的是实践，恩格斯指出：“对这些以及其他一切哲学上的怪论（指一切割裂思维和存在的谬论——引者）的最令人信服的驳斥是实践。”[③]

> 思维与存在的同一是一个矛盾发展的过程

黑格尔的思维与存在同一说的第三层意思是说：思维与存在的同一是一个矛盾发展的过程，即由“自在”（潜在）到“自为”（展开），由有限到无限，由相对到绝对，由直观的多样性到多样性的统一，由表面的现象到深刻的实质的过程，一句话，是思维把握存在、占有存在的过程。

黑格尔整个逻辑学所描绘的由“客观逻辑”到“主观逻辑”、由“存在”到“概念”的全部概念发展过程，正是这样一种思维与存在同一的过程。我们知道，黑格尔的逻辑学是一个有一定先后次序的纯粹概念的系列，它的目录表就是按照这种先后次序排列起来的。

---

① 马克思：《黑格尔辩证法和哲学一般的批判》，14页。

② 《未来哲学原理》，见《费尔巴哈哲学著作选集》，上卷，70页。

③ 恩格斯：《路德维希·费尔巴哈和德国古典哲学的终结》，见《马克思恩格斯选集》，1版，第4卷，221页。

从最初的概念——“纯存在”（又可译作“纯有”）到最后的概念——“绝对理念”，大体上是一个由存在到思维、由客观到主观的纯概念转化、发展的过程。黑格尔称“存在论”和“本质论”为“客观逻辑”，并把它放在逻辑学的前一部分；称“概念论”为“主观逻辑”，并把它放在“客观逻辑”之后。“客观逻辑”所讲的是关于存在方面的概念、范畴，“主观逻辑”是关于思维方面的概念、范畴。不过，逻辑学中在前的概念和在后的概念、存在和思维、客观和主观，并不是两个根本不同、截然分开的东西，而是同一个东西的不同发展阶段：由存在到思维、由客观到主观的转化，是同一个东西由低级阶段到高级阶段、由“自在”阶段到“自为”阶段的发展。在黑格尔逻辑学中，大体上讲来，较低的概念是“自在的”、“潜在的”较高概念，较高的概念是“自为的”、“展开了的”较低概念；存在是“潜在的”思维，思维是“展开了的”存在。这里，存在和思维既有等同的关系，又有区别和过程的关系：就从存在到思维是同一个东西的发展而言，可以说黑格尔的思维与存在同一说包含有把二者等同起来的思想；但就存在是同一个东西之自在（潜在），而思维是它的“自为”（展开），存在是思维的内容、现象，思维是存在的真理、本质而言，就从存在到思维是一种发展而言，二者的关系又不是单纯等同的，而是有区别、有过程的。“因为理念（a）是一过程，所以常用的一些说法，谓绝对为有限与无限的统一，为思维与存在（‘思维与存在’原译作‘思与有’——引者）的统一等乃是错误的。因统一仅表示一种静态的抽象的呆滞的同一。”① 列宁在《黑格尔〈逻辑学〉一书摘要》中摘引了这段话，并在旁注中写道：“理念是一个过程”，“注意这点”②。

黑格尔批评康德，说康德把“经验的材料，直观的和表象的多样性”③ 看做是和“概念”（思维）相对立的，把后者看成是一种“空虚的形式”④，只是靠袭取前者作为自己的内容才“获得实在性”⑤。黑格尔指出，康德的这种看法是把直观多样性和多样性的统一，把现象和本质、实在和概念、存在和思维形而上学地割裂开了。黑格尔认为由有限到无限，由相对到绝对，由直观的多样性到多样性的统一，由存在到思维，不是从一个东西到另一个东西的“流

① 黑格尔：《小逻辑》，403页。
② 《黑格尔〈逻辑学〉一书摘要》，见《列宁全集》，中文1版，第38卷，214页。
③④⑤ 《大逻辑》，见《黑格尔全集》，格洛克纳本，第5卷，19页。

转”，而是存在或直观多样性进入自己本身的真理性或真实性的过程。“经验的材料不是就它离开‘概念’和在‘概念’之先所表现的那样而具有真理，它只是在它的理想性中或和‘概念’的同一性中才具有真理的。”① 感性对象“毋宁只是在它的‘概念’中才是在它的真理中，而当它在现有的直接性中时，它倒是现象和偶然性。……那和‘概念’相对立的直观，其所特有的多样性毋宁正是在‘概念’中被扬弃了，而且对象通过‘概念’才回复到它的非偶然的本质性中；本质性进入了现象，因而现象才不是单纯的一个非本质的东西，而是本质的显现”②。这样由有限到无限，由相对到绝对，由直观多样性到多样性的统一，由存在到思维或概念，由客观到主观的全部发展过程，便成了前者愈益获得自己的真理性和根据，后者愈益开展自己的内容的一种过程。所以黑格尔认为自己所讲的“概念”，不是像康德所说的那样，处于直观多样性或感性对象之外，他认为由直观多样性到“概念”，由“客观逻辑”到“主观逻辑”的这种发展所导致的结论就是：“比‘存在’和‘本质’更高的‘绝对’的型式，就是‘概念’。从这方面说，‘概念’已经把‘存在’和‘本质’（从另外的出发点看，感觉、直观和表象都属于这些）隶属于自己之下……‘概念’（‘概念’是黑格尔‘主观逻辑’的全部内容——引者）在这里就已经证明了自己是‘存在’和‘本质’（二者构成黑格尔的‘客观逻辑’——引者）的无条件的根据。”③ “抽象思维不应该认作是感性材料的一种简单抛弃……抽象思维毋宁是把感性材料当做单纯的现象加以扬弃，并还原为仅仅在‘概念’中显现其自身的本质的东西。”④

在上述这一套论述中，黑格尔对康德的批评是正确的。黑格尔看到了无限和有限、绝对和相对、本质和现象、概念和感性材料的统一，看到了认识不是一成不变的，而是由有限到无限，由相对到绝对，由现象到本质的辩证过程，看到了由感性直观到思维、概念的发展过程是一个越来越深入地把握对象的真理性的过程，所有这些合理的思想，我们都应该予以肯定。⑤ 但是，黑格尔根本取消了

① 《大逻辑》，见《黑格尔全集》，格洛克纳本，第 5 卷，25 页。

② 同上书，24 页。

③ 同上书，25 页。

④ 同上书，20 页。

⑤ 参见《黑格尔〈逻辑学〉一书摘要》，见《列宁全集》，中文 1 版，第 38 卷，181、183 页。

康德的“自在之物”，他把感性对象和客观存在的本质或真理性归结成了思维和概念。康德的看法是：事物、现象的本质和真理性在思维和概念所达不到的彼岸。黑格尔的看法是：思维和概念即是事物、现象自身的本质和真理性。可以看到，黑格尔的思维与存在同一说，是比康德哲学更加彻底的唯心主义。我们主张本质即在事物、现象之中，本质即是事物、现象自身的本质，但我们反对把反映客观事物之本质的思维、概念也看做是在事物之中，看做是事物的本质。黑格尔把客观事物的本质和反映客观事物之本质的思维、概念混为一谈，制定了思维、概念是客观存在之本质和基础的唯心主义原则，把由存在到思维，由客观到主观的过程看成是由不真实到真实的过程，于是最主观的东西变成了最真实的，最客观的东西反而成了最不真实的。这完全是本末倒置。其次，黑格尔把只在认识中发生的过程，错误地看成了客观事物本身发生的过程。我们知道，由直观多样性到多样性的统一，由表面现象到深刻的本质这一过程，只是发生在我们对客观事物的认识中，而不是发生在客观事物本身中。我们在认识过程中可以先认识事物的现象，然后由此进而认识到事物的本质，可以先获得直观多样性，然后由此进而把握多样性的统一；但客观事物本身总是多样性的统一，总是本质和现象的统一，它决不是随着我们人的认识由感性直观到思维概念的发展过程，而由现象的东西发展到本质的东西，由非真实的东西发展到真实的东西。黑格尔对这个问题的认识恰恰相反，他基于思维、概念是客观事物的本质和真理的基本原则，认为由直观多样性到多样性统一的认识过程也就是客观事物获得自己的本质和真实性的过程。这就使“黑格尔陷入幻觉，把实在理解为自我综合、自我深化与自我运动的思维之结果”①。就是说，黑格尔把客观事物理解成了思维、认识的产物：思维、认识愈是向前进展，客观事物本身的真实性也愈益增加。这当然是唯心主义的。

三、“凡是合理的就是实在的，凡是实在的就是合理的”

黑格尔所谓“凡是合理的就是实在的，凡是实在的就是合理

① 马克思：《〈政治经济学批判〉导言》，见《马克思恩格斯全集》，中文1版，第12卷，751页，北京，人民出版社，1962。

的”（“实在的”又可译作“现实的”）著名原理，是他的唯心主义的思维与存在同一说的一个重要内容，这里专门提出来谈一谈。

这个原理最初见于《法哲学原理》的《序言》，黑格尔提出这个原理原来是为当时的德国国家制度作辩护的。黑格尔在《法哲学原理》中明白说道：国家“自身是一种理性的东西”①。又说：“国家应是一种合理性的表现，国家是精神为自己所创造的世界，因此，国家具有特定的、自在自为地存在的进程。……人们必须崇敬国家，把它看做地上的神物。”② 显然，黑格尔在讲国家理论时提出“凡是合理的就是实在的，凡是实在的就是合理的”这一原理，其目的就是要从哲学上论证：现存的普鲁士王国的存在是必然的、实在的和合理的。恩格斯指出：“这显然是把现存的一切神圣化，是在哲学上替专制制度、替警察国家、替王室司法、替书报检查制度祝福。”③

黑格尔在《小逻辑》再版时，曾补引了这个原理，他在《小逻辑》第 6 节和第 142 节中曾对这个原理的思想内容作了比较具体的解释和发挥。他强调指出，这个原理中所谓“实在”并不是指任何存在着的东西。“实在”不同于“飘忽即逝没有意义的现象”④ 或“偶然的存在”⑤，它是真实的东西，是必然的存在，是本质与现象、内与外的统一。⑥ 黑格尔说：“就存在的总体而论，一部分是现象，仅有一部分是实在。在日常生活中，任何幻想、错误、罪恶以及一切坏东西，与夫一切腐败幻灭的存在，虽常有人随便叫做实在，但是，即使在平常的感觉里，也会觉得一个偶然的存在，不配享受实在的美名。因为所谓偶然的存在，只是一个没有什么价值的、可能的存在，亦即是可有可无的东西。”⑦

一般人之所以把实在和思想、概念对立起来，是因为他们把思想了解为单纯主观的，把实在了解为偶然的存在，或者用黑格尔自

---

① 黑格尔：《法哲学原理》，12 页。

② 同上书，285 页。

③ 恩格斯：《路德维希·费尔巴哈和德国古典哲学的终结》，见《马克思恩格斯选集》，1 版，第 4 卷，211 页。

④ 黑格尔：《小逻辑》，55 页。

⑤ 同上书，56 页。

⑥ 参见上书，302～304、307 页。

⑦ 同上书，56 页。

己的话来说，是因为他们“一方面认为思想与主观观念、计划、意向等同义，另一方面又认为实在与外在的感官存在同义”①。

黑格尔认为，只因为“实在”是指真实的东西，而不是指偶然的存在或飘忽即逝的现象，所以才能说，凡是实在的就一定是合理的。黑格尔说：“就实在之有别于仅仅的现象而言，并就其本来为内外的统一而言，实在并不居于与理性对立的地位，而乃是彻头彻尾地合理的。任何不合理的事物，即因其不合理，便不得认作实在。”② 例如我们平常说某人是一个真正的、实在的诗人，那就是因为他符合诗人的概念，“合乎”诗人之“理”。反之，对于一个不符合诗人的概念的人，我们便不能承认他是真正的、实在的诗人。③ 这个例子很清楚地说明了为什么“凡是实在的就是合理的”。

关于“凡是合理的就是实在的”，黑格尔也有自己的解释。黑格尔认为“概念”并不仅仅是主观的东西，它是客观事物的本质。一个仅仅存在于人的头脑中的主观观念，的确难以在实际中实现出来，但是，一个作为客观事物之本质的概念，则“不会薄弱无力到永远只是应当如此，而不是真实如此的程度”④，不会“薄弱无力以致它自身的实现和不实现，均须得依赖人的意愿”⑤。反之，它是“绝对能动并且绝对真实的”⑥。

黑格尔的这个原理尽管是唯心主义的，但也包含着合理的思想成分。因为按照这个原理，既然不是任何存在着的东西都是实在的，而只有真实的、必然的东西才是实在的，那么，当一件事物、一种政治制度失去了自己存在的必然性时，它也就不再是实在的，因而也就不再是合理的了。这样看来，黑格尔的这一原理本身就具有革命的辩证的因素。恩格斯指出：“根据黑格尔的意见，现实性决不是某种社会制度或政治制度在一切环境和一切时代所固有的属性。恰恰相反，罗马共和国是现实的，但是把它排斥掉的罗马帝国也是现实的。法国的君主制在 1789 年已经变得如此不现实，即如此丧失了任何必然性，如此不合理，以致必须由大革命（黑格尔谈论这次革命时总是兴高采烈的）来把它消灭掉。所以，在这里，君主制是不现实的，革命是现实的。同样，在发展的进程中，以前的一切现实

---

① 黑格尔：《小逻辑》，303 页。
②③ 同上书，304 页。
④ 同上书，57 页。
⑤⑥ 同上书，303 页。

的东西都会成为不现实的，都会丧失自己的必然性、自己存在的权利、自己的合理性；一种新的、富有生命力的现实的东西就会起来代替正在衰亡的现实的东西——如果旧的东西足够理智，不加抵抗即行死亡，那就和平地代替；如果旧的东西抵抗这种必然性，那就通过暴力来代替。这样一来，黑格尔的这个命题，由于黑格尔的辩证法本身，就转化为自己的反面：凡在人类历史领域中是现实的，随着时间的推移，都会成为不合理的，因而按其本性来说已经是不合理的，一开始就包含着不合理性；凡在人们头脑中是合理的，都注定要成为现实的，不管它和现存的、表面的现实多么矛盾。按照黑格尔的思维方法的一切规则，凡是现实的都是合理的这个命题，就变为另一个命题：凡是现存的，都是应当灭亡的。”① “历史上依次更替的一切社会制度都只是人类社会由低级到高级的无穷发展进程中的一些暂时阶段。……这种辩证哲学推翻了一切关于最终的绝对真理和与之相应的人类绝对状态的想法。在它面前，不存在任何最终的、绝对的、神圣的东西；它指出所有一切事物的暂时性；在它面前，除了发生和消灭、无止境地由低级上升到高级的不断的过程，什么都不存在。”②

19 世纪初德国资产阶级激进民主派、杰出的诗人和政论家海涅，在 1833 年至 1834 年所写的《论德国宗教和哲学的历史》一书中，已经看到了康德、黑格尔等人的迂腐晦涩的言辞后面，隐藏着革命的思想。③ 关于这里所说的黑格尔的命题，海涅在 1844 年所写的《论述德国的书信》中，有这样一段话：“我有一天对于‘凡是现实的都是合理的’这句话感到不高兴时，他（指黑格尔——引者）怪笑了一笑，然后对我说：‘也可以这么说：凡是合理的必然都是现实的。’他连忙转过身来看看，马上也就放心了，因为只有亨利希·贝尔（黑格尔的朋友——引者）听到了这句话。只是在稍后我才懂得他这套话的意思。”④ 从海涅的这段话里，可以看到，黑格尔本人已经多少意识到这个哲学命题本身所包含的革命意义。但是，无论如何，黑格尔的原理中所包含的辩证思想毕竟是隐蔽的。“黑格尔并没

① 恩格斯：《路德维希·费尔巴哈和德国古典哲学的终结》，见《马克思恩格斯选集》，1 版，第 4 卷，211～212 页。

② 同上书，212～213 页。

③ 参见上书，210～211 页。

④ 海涅：《论德国宗教和哲学的历史》，161 页，北京，商务印书馆，1974。

有这样清楚地作出如上的阐述。这是他的方法必然要得出的结论，但是他本人从来没有这样明确地作出这个结论。原因很简单，因为他不得不去建立一个体系，而按照传统的要求，哲学体系是一定要以某种绝对真理来完成的。”①

① 恩格斯：《路德维希·费尔巴哈和德国古典哲学的终结》，见《马克思恩格斯选集》，1版，第4卷，213页。

第四章
黑格尔逻辑学的 研究对象——“纯粹概念”

黑格尔说：“纯概念是对象的核心与命脉。”① “经验中的事实”是“原始的完全自主的思想活动的说明和表现”②，“思想”“统摄这一切而为这一切的基础”③。黑格尔这几句话的意思就是说，“纯概念”、“纯思想”是第一性的，它包括一切具体事物，是它们的“基础”、“核心”或本质，而一切具体事物则是它的表现。正是根据这个观点，黑格尔认为逻辑学以研究“纯概念”、“纯思想”为自己的目的。他说：“逻辑学是以纯思想或纯思想规定（‘思想规定’原译作‘思想型式’——引者）为研究的对象。”④ “逻辑学是研究纯粹理念的科学。”⑤

什么叫“纯思想”、“纯概念”？为什么它是第一性的？请看黑格尔的论证。

一、“用思想的唯心主义代替感觉的唯心主义”

黑格尔认为，宇宙间包含无数个别事物，但作为这些事物之基础和本质的东西，却不能是“个别的东西”，而只能是“普遍的东西”。由于“感觉之物具有个别性”⑥，而“普遍原则或共相即是事

① 《大逻辑》，见《黑格尔全集》，格洛克纳本，第4卷，28页。

② 黑格尔：《小逻辑》，66页。

③ 同上书，91页。

④ 同上书，93页。

⑤ 同上书，74页。

⑥ 同上书，81页。

物的本质和真理所在，不是感官所能把握的”①，所以不能像主观唯心主义者贝克莱那样把感觉看成是世界的基础。个别事物的本质或共相“须借反思才能知道”②，换言之，只有通过思想、概念，才能“寻求那固定的、长住的、自身确定的、统摄(‘统摄’就是包括的意思——引者）特殊的普遍原则”③，所以，只有“思想”、“概念”才是世界的本质和基础。黑格尔自己的原话：“反思既能揭示出事物的真性质，而此种思想亦即我的活动，如是则事物的真性质亦可说是我的心灵的产物，就我之为能思的主体，就我之为我的单纯的共相而言的产物，亦可认作纯粹自在的我或我的自由的产物。”④“任何对象，外在的自然和内心的本性，举凡一切事物，其自身的真相，必然是思想所思的那样，所以思想即在于揭示出对象的真理（此句直译应作‘故思想为任何对象的真理’——译者)。”⑤就是说，思想是任何东西的本质。——这就是黑格尔对于“纯概念”、“纯思想”是第一性的第一个论证。

毛泽东同志指出：“概念这种东西已经不是事物的现象，不是事物的各个片面，不是它们的外部联系，而是抓着事物的本质，事物的全体，事物的内部联系了。概念同感觉，不但是数量上的差别，而且有了性质上的差别。”⑥黑格尔看到了本质的东西、普遍的东西不能单纯通过感官来认识，而要通过思想、概念才能把握。这一点是对的。黑格尔想避免主观唯心主义者贝克莱因否认本质、普遍所遭受的攻击，这从唯心主义哲学发展史的角度来看，也的确比贝克莱以感觉为世界之基础的学说要高明得多。同时，就黑格尔看到了本质的东西、普遍的东西之重要性这一点来说，我们也应该承认，黑格尔对贝克莱主观唯心主义的批评有其积极的意义：贝克莱的主观唯心主义，特别是现代资产阶级哲学的各种主观唯心主义派别(如马赫主义、新实证主义、新实在论、实用主义，等等)，它们用个别的东西代替普遍的东西，用现象代替本质，它们根本否认规律，从而挖空了科学的墙脚。黑格尔批评主观唯心主义，尊重普遍的、

① 黑格尔：《小逻辑》，87页。

② 同上书，86页。

③ 同上书，87页。

④ 同上书，89页。

⑤ 同上书，88页。“故思想为任何对象的真理”一句的原文是“daβ also das Denken die Wahrheit des Gegenständlichen seh”(《黑格尔全集》，格洛克纳本，第8卷，81页)。

⑥ 《实践论》，见《毛泽东选集》，第1卷，262页，北京，人民出版社，1966。

本质的东西，乃是他的哲学中的积极因素。

不过，黑格尔在这里也犯了贝克莱所犯的错误。贝克莱从一切事物都要通过感觉才能被认识的观点出发，主张一切事物就是感觉，他把我们认识客观事物的途径（即感觉）和我们所认识的客观事物本身混为一谈。黑格尔从本质的东西需要通过思想、概念才能被认识的观点出发，主张事物的本质就是思想、概念，因此，黑格尔也是把我们认识客观事物的途径（即思想）和我们所认识的客观事物本身混为一谈。就这一点说，黑格尔论证自己的唯心主义的方法和贝克莱论证的方法没有什么不同，其荒谬性也一样。所以列宁说："黑格尔用思想的唯心主义来代替感觉的唯心主义，但仍然是用唯心主义。"① 其实，本质的东西固然只有通过思想、概念才能把握，但我们绝不能由此得出结论，认为思想、概念即是事物的本质。这是不同的两回事，不容混淆。客观事物及其本质，始终是在人的感觉和思想之外独立存在着的，人的感觉和思想只是它们的反映，而它们本身绝非感觉和思想的产物。马克思在驳斥黑格尔的唯心主义时说得好："实在主体仍然是在头脑之外保持着它的独立性；只要这个头脑还仅仅是思辨地、理论地活动着。"② 这是一个非常浅显的科学真理，然而任何按照唯心主义思想的头脑却无法了解。无论像贝克莱那样的主观唯心主义者，或者像黑格尔那样的客观唯心主义者，归根结底，他们总以为当头脑只是直观地或思辨地同事物发生关系时，就可以创造事物，总以为事物既然需要通过感觉、思想才能被认识，那就意味着事物本身即是感觉或思想。这是十分错误的。

二、用"逻辑上在先"的先验论否认物质存在是第一性的唯物论

黑格尔承认，从具体的人的认识过程来说，感性事物是在认识活动之先就独立存在的，他说："通常意识总以为那与己对立，感官可以觉察的，如这个动物、这个星宿等，是本身存在，独立不依

① 《黑格尔〈哲学史讲演录〉一书摘要》，见《列宁全集》，中文1版，第38卷，319页。
② 马克思：《〈政治经济学批判〉导言》，见《马克思恩格斯全集》，中文1版，第12卷，752页。

的。”① 他还承认人的思想在感觉、表象之后，他说：“依时间的次序，人的意识对于对象已经先形成表象，后方形成概念（‘概念’原译作‘总念’——引者），而且唯有经过表象，凭借表象，人的能思的心灵方进而达到对于事物之思维地认识与把握。”② 还说：“直观或存在，按其本性说，的确对于‘概念’言是第一的东西或条件（‘存在’原译作‘有’，‘本性’原译作‘生性’——引者）。”③ 但是，黑格尔认为，这种看法只是一种“通常意识”④、一种普通常识，只是“关于发生的东西之叙述”⑤，即对于事实的简单陈述，只是“以一当下直接的事物作为开端”⑥，而这种开端不过是“一个假定”⑦。他认为哲学是讲“真理”、讲“逻辑”、讲“道理”的，哲学“不可接受”⑧那种以感性存在、以直观表象为开端的“假定和论断”，“哲学不应当是关于发生的东西之叙述，而应当是对于其中真理的东西之认识”⑨，应当是“对于事物之思想的考察”⑩，即“对于思想的对象之存在及其性质”“加以证明”⑪，也就是说，要找出事物、对象的根据，而黑格尔认为一切事物、对象的根据都是思想、概念。所以黑格尔说：“真正讲来，那感官可以觉察之物才是真正附属的，无独立存在的，而思想乃正是原始的，真正独立自存的。”⑫“以为构成我们表象内容的那些对象首先存在，而我们主观的活动方随之而起，借……抽象手续，并概括各种对象的共同之点而形成概念。——这种想法乃是错误的。反之，宁可说概念才是真正的在先的。事物之所以是事物全凭内在于事物并借事物而显示其自身的概念的活动。”⑬ ——这是黑格尔对他的“纯思想”、“纯概念”第一性说的另一个论证。

这个论证就是一般唯心主义哲学家所谓的“逻辑在先”说。例如斯退士在谈到黑格尔的“绝对理念”到自然的过渡时就说过：“绝

① 黑格尔：《小逻辑》，130页。
② 同上书，40页。
③ 《大逻辑》，见《黑格尔全集》，格洛克纳本，第5卷，21页。
④ 黑格尔：《小逻辑》，130页。
⑤ 《大逻辑》，见《黑格尔全集》，格洛克纳本，第5卷，21页。
⑥⑦⑧ 黑格尔：《小逻辑》，50页。
⑨ 《大逻辑》，见《黑格尔全集》，格洛克纳本，第5卷，21页。
⑩ 黑格尔：《小逻辑》，50页。
⑪ 同上书，40页。
⑫ 同上书，130页。
⑬ 同上书，339～340页。

对与世界的关系是逻辑的关系而不是时间关系。”① 在谈到黑格尔哲学与希腊唯心主义的亲缘关系时，斯退士说得更明确。他认为这类哲学家都主张“客观思想是第一原理或终极的存在，是绝对，它是一切事物的来源，宇宙必须由它那里获得说明。这个第一原理是第一的，意思只是说，它对于一切事物来说是逻辑上在先。它并非时间上第一”②。

诚然，按照黑格尔的说法，“纯思想”或“客观思想”与现实存在的关系不是时间上一先一后的关系，而是理由与结论、基础与表现的关系。但问题在于，“逻辑在先”说主张“纯思想”或“客观思想”是现实存在的理由或基础，而这就是唯心论的先验论。

我们认为，客观事物的本质、规律是决定事物、现象的基础，它是最根本、最重要的；我们主张，哲学理论决不应当是对事实的简单记录和陈述，而应当探索事物的本质和规律。不过我们认为，事物的本质离开“思想”、“概念”而独立存在于客观事物之中，“思想”、“概念”是对客观事物的本质的反映，决不是什么客观事物中“最根本、最重要”的“基础”，决不是什么“逻辑上在先”的、“独立自存”的东西，它们只能是第二性的。

也许有人会说：黑格尔所讲的“纯概念”不是指特殊事物的概念，例如“桌子”的概念、“椅子”的概念、“红”的概念、“方”的概念，等等。黑格尔说：“理念本身不可认作任一事物的理念，同样，概念亦不可仅认作一特定的概念。”③ 黑格尔所谓的“纯概念”是指“从直接性和外在的具体性中解脱以后”的“纯知识”、“纯本质”④，是“解脱了一切感觉具体性的单纯本质”⑤，具体些说，也就是指“有”、“无”、“一”、“多”、“质”、“量”等等“最简单最初步的，而且也是人人所最熟知的”“思想规定”⑥。黑格尔之所以称这样一些概念为“纯概念”，一个重要原因是因为它们不像“红”、“方”等等概念那样还包含有感性的杂质，是因为它们是“一切事物之绝对真实的基础”⑦。黑格尔说：“就思想的通常意义言，我们总

① 斯退士：《黑格尔哲学》，302～303 页，伦敦，1924。
② 同上书，30 页。
③ 黑格尔：《小逻辑》，399 页。
④ 《大逻辑》，见《黑格尔全集》，格洛克纳本，第 4 卷，18 页。
⑤ 同上书，57 页。
⑥ 黑格尔：《小逻辑》，75 页。
⑦ 同上书，95 页。

以为不仅是指纯粹的思想，因为我们总以为经过思想之物，它的内容或材料必是经验的。而逻辑学中所承认的思想则不然，除了属于思想自身，由于思想自己所产生的思想外，它不能另以别的意义的思想为内容。所以，逻辑学中所说的思想是指纯思想而言。”① “逻辑科学的内容一般讲来，乃是超感官的世界。”② “我们应当把逻辑理解为纯粹理性的体系，理解为纯粹思维的王国。这个王国就是赤裸裸的自在自为着的真理本身。人们因此可以说这个内容阐述了上帝在创造自然和一个有限精神以前的永恒的本质。”③ 在黑格尔看来，没有“桌子”、“椅子”、“红”、“方”等等概念，世界的存在仍然是可以设想的，但如没有“有”、“无”、“一”、“多”等等“纯概念”，那么，世界的存在就不可设想。因此，黑格尔所讲的“纯概念”是“逻辑上在先”的。

这种辩解，也是站不住脚的。黑格尔所研究的思想规定诚然不是“桌子”、“椅子”、“红”、“方”之类的概念，而是“有”、“无”、“一”、“多”之类的概念；但是，“有”、“无”、“一”、“多”等概念之不同于“桌子”、“椅子”、“红”、“方”等概念的地方，只在于后者是一些特殊的概念，而前者是最一般的概念；后者所反映的规定性只是某些特殊范围内的事物所具有的，而前者则是世界上一切事物所共同具有的。但就它们是客观事物的反映来说，两者都是一样的，它们都是通过思想从客观事物中抽引出来的，因而都是第二性的。所以，“有”、“无”、“一”、“多”等等概念实际上也是以经验材料为内容的，它们并不如黑格尔所说的那样是“纯粹的”。我们固然不能设想世界上任何一件具体的事物可以缺少“有”、“无”、“一”、“多”、“质”、“量”等等最一般的规定性还能存在，正像我们不能设想红的东西可以缺少“红”的规定性还能作为红的东西存在一样，但我们决不能由此得出结论，说反映客观事物中这些规定性的概念是“逻辑上在先”的。没有客观事物及其规定性，哪会有反映它们的概念?!“没有被反映者，就不能有反映，被反映者是不依赖于反映者而存在的。”④ 这是再明白不过的道理。所谓“上帝在创造自然和一个有限精神以前的永恒的本质”，所谓在客观具体事物之先独立

① 黑格尔：《小逻辑》，93～94页。

② 同上书，78页。

③ 《大逻辑》，见《黑格尔全集》，格洛克纳本，第4卷，45页。

④ 列宁：《唯物主义和经验批判主义》，57页。

存在着的“纯概念”，完全是黑格尔的虚构。列宁在摘引了黑格尔“逻辑是纯科学，也就是全面发展中的纯粹的知识”的论断之后，指出：关于“发展”的看法“是天才的”，关于“纯粹的”看法“是荒谬的”①。资产阶级学者瓦莱士却不加分析地说，黑格尔把逻辑看成“纯思想自我发展的系统”是黑格尔的“独特的成就”②。这说明他没有区分黑格尔哲学的精华与糟粕。

“逻辑在先”说，是唯心论的先验论。在黑格尔以前，康德是此说的一个代表人物。他承认知识从“自在之物”刺激感官，引起“感觉”开始，但他认为“感觉”只是一种混沌的心理状态，还不是知识。只有经过人的头脑里固有的普遍性、必然性“形式”的整理，才能形成他所谓的“科学知识”。“先天的”普遍性、必然性是形成认识活动和认识对象的先决条件，没有这个先决条件，就没有任何知识。知识必然是“先天的”。因此，在康德看来，“先天的”普遍性、必然性“形式”是“逻辑上在先”的。康德是欧洲哲学史上第一个给自己的认识论公开挂上“先验论”招牌的哲学家。“先验”这个词在他那里，主要就是指“先天的”东西是形成经验、知识的先决条件的意思。毛泽东同志指出：“人的正确思想是从哪里来的？是从天上掉下来的吗？不是。是自己头脑里固有的吗？不是。人的正确思想，只能从社会实践中来，只能从社会的生产斗争、阶级斗争和科学实验这三项实践中来。”③ 康德把思想、概念看成是人的头脑里固有的，黑格尔把思想、概念看成是“上帝的永恒的本质”，即从天上掉下来的。康德和黑格尔都主张思想、概念是“逻辑上在先”的，都是唯心论的先验论者。

三、用“绝对唯心主义”代替康德的主观唯心主义

黑格尔认为，作为他的哲学最高原则的“纯思想”、“纯概念”，并不是我们现实的有血有肉的人的思想和概念，而是他所谓的“客观思想”、“客观概念”，亦即独立于人的思想之外而又体现于自然和人的思想之中的思想和概念。在他看来，我们固然应该把现实的人

---

① 《黑格尔〈逻辑学〉一书摘要》，见《列宁全集》，中文1版，第38卷，103页。
② 瓦莱士：《黑格尔哲学及其逻辑学研究导论》，288页，伦敦，1894。
③ 毛泽东：《人的正确思想是从哪里来的？》，见《毛主席的五篇哲学著作》，225页。

的思想、概念看做是第二性的，但是，“客观思想”、“客观概念”却可以说是事物的基础，是第一性的。——这是黑格尔所谓“纯思想”、“纯概念”是第一性的又一个论证。

的确，黑格尔批评过康德，说康德所讲的概念、范畴虽然也是最一般的，但康德把概念看成是人的主观概念，因而陷入了割裂思想与事物的二元论和主观唯心主义的泥坑。黑格尔认为他自己所讲的“客观思想”，则不仅是我们的思想，同时又是事物的本身，是事物的本质。我们人的思想和作为自然事物之内在本质的思想，都是同一个“客观思想”或“纯思想”的体现；自然事物之不同于人，只在于“自然是一个没有意识的思想系统”、“一冥顽化的理智”①而已。黑格尔虽然有时也说事物的真性质是我们人的思想的产物，但在黑格尔看来，这只是就我们人的思想也是“客观思想”或“纯思想”的体现而言，和主观唯心主义者的看法有所不同。正因为如此，黑格尔的唯心主义不叫做主观唯心主义，而叫做客观唯心主义或“绝对唯心论”②。黑格尔认为康德的主观唯心主义，“认构成我们意识内容的事物，只是我们的，只是我们主观建立的，无怪乎会引起素朴意识的抗议”③。他认为他的“绝对唯心主义”把事物看成是“普遍神圣的理念”（即“客观概念”、“客观思想”）④所建立起来的，而不简单地是我们人的思想所建立起来的，这样，他就既可避免所谓“素朴意识的抗议”，又可同样维护唯心主义的基本原则，因为“这种对于事物的看法，同样亦是唯心论”⑤。黑格尔所谓“素朴意识的抗议”，实际上就是唯物主义对唯心主义的驳斥。黑格尔保卫唯心主义的手法的确比康德高明得多！看起来，他的客观唯心主义也真像是避免了“素朴意识的抗议”，但实际上却不然。黑格尔的“绝对唯心主义”和康德的主观唯心主义一样，逃脱不了科学唯物主义的驳斥。马克思恩格斯在他们合著的《神圣家族》一书中指出：“如果我从现实的苹果、梨、草莓、扁桃中得出‘果实’这个一般的概念，如果再进一步想象我从现实的果实中得到的‘果实’〔die Frucht〕这个抽象观念就是存在于我身外的一种本质，而且是梨、苹果等等的真正的本质，那么我就宣布（用思辨的话说）‘果实’是

---

① 黑格尔：《小逻辑》，90 页。

② 同上书，139 页。

③ 同上书，138 页。

④⑤ 同上书，139 页。

梨、苹果、扁桃等等的'实体'……作为它们的本质的并不是它们那种可以感触得到的实际的定在，而是我从它们中抽象出来又硬给它们塞进去的本质，即我的观念中的本质——'果实'。于是我就宣布：苹果、梨、扁桃等等是'果实'的简单的存在形式，是它的样态。"① 从马克思恩格斯的形象而生动的批判分析中可以看得很清楚，黑格尔的"客观思想"、"客观概念"，也只是我们人的头脑从客观现实事物中"抽象出来又硬给它们塞进去"当做它们的本质的"一般观念"，只是被我们"想象"为"存在于我身外的一种本质"，并非真正地是客观事物的本质，这也就是说，黑格尔所谓"逻辑上在先"的"客观概念"，完全不是独立于人的思想之外的真正客观的东西，而是十足的人的主观思维的产物。黑格尔硬把只存在于人的思想中的东西"想象"成为客观事物的本质或世界的创造主，这就表明黑格尔的客观唯心主义归根结底还是"认构成我们意识内容的事物，只是我们的，只是我们主观建立的"，因此最终必然还是要遭到唯物主义的谴责。

不仅如此，一切唯心主义，不管其形式如何不同，它们同样都否认普遍的东西能存在于客观物质世界之中。贝克莱、休谟、康德是如此，黑格尔也是这样。贝克莱、休谟主张一切都是感觉，根本否认有普遍的东西。康德虽然主张有普遍的东西，但他认为普遍的东西只能是主观的，是人的头脑里固有的，黑格尔虽然比康德更进一步，他赋予普遍以"客观"的意义，但他所谓的"客观"并不是指独立于思想以外而客观存在的物质世界，而是指从天上掉下来的"客观思想"，他认为离开了思想的事物是不真实的，普遍性只能是思想、概念。他说："共相就它真正的赅括的意义说乃是思想。"② 这样，黑格尔终究还是否认了普遍的东西能存在于不以思想、意识为转移的客观物质世界之中。康德哲学比起贝克莱、休谟的哲学来要高明得多，因为康德哲学毕竟还承认有普遍的东西；黑格尔哲学又比康德哲学高明得多，因为康德主张普遍的东西是主观的，而黑格尔则主张普遍的东西是"客观的"。所以这里我们应该承认，在康德对休谟的批评中和在黑格尔对康德的批评中，都有合理的东西。不过，无论如何，就康德、黑格尔都否认普遍的东西存在于客观物

① 马克思·恩格斯：《神圣家族》，见《马克思恩格斯全集》，中文1版，第2卷，70～71页。

② 黑格尔：《小逻辑》，338页。

质世界之中这一点来说，康德并未摆脱贝克莱、休谟的观点，黑格尔并未摆脱康德的观点。黑格尔虽然用“客观思想”代替了康德的“主观思想”，但终究没有使普遍的东西成为真正客观的，其原因就在于黑格尔哲学的最高原则是唯心主义。所以，就唯心主义的根本观点来看，就否认普遍性存在于客观物质世界之中的观点来看，黑格尔和贝克莱、休谟、康德归根结底是一丘之貉。正如列宁所指出的：黑格尔把普遍的东西看成只是思想，这就表明“他重复了他经常称之为‘坏的’唯心主义的那种主观唯心主义的错误”①。

① 《黑格尔〈哲学史讲演录〉一书摘要》，见《列宁全集》，中文1版，第38卷，308页。

第五章
黑格尔逻辑学中关于概念、真理是具体的思想

上一章讲的是，黑格尔逻辑学的研究对象——“概念”是“纯粹的”，这一章要说的是，“概念”是“具体的”。

一、“具体概念”的意义及其在逻辑学中的地位

在我们日常用语中，所谓“具体”，有时是指感性存在，指可以感触得到的东西而言；所谓“抽象”，有时是指非感性存在，指不能感触的东西而言。黑格尔说：“当然，概念仍可以说是抽象的，如果我们所了解的具体是指感觉中的具体事物或一般的当下的知觉而言。概念之为概念是不能用手去把捉的。”① 这段话里所说的“具体”和“抽象”，都是就上述的意义来说的。在这种意义下，的确有如黑格尔所说，概念乃是最抽象、最不具体的东西，因为谁也不可能用手摸到概念，或用鼻子嗅到概念。

“具体概念”是“不同规定的统一”

黑格尔所谓“具体概念”的“具体”不是指的上述那种意义，而是指多样性的有机联系的整体，指一种“包含多样性于自身之内”② 的东西，“包含不同规定的一种东西”③，“一种综合的统一”④，“包含有殊异于其自身”⑤ 的同一，一句话，指“不同的规定

① 黑格尔：《小逻辑》，334 页。

② 《大逻辑》，见《黑格尔全集》，格洛克纳本，第 4 卷，79 页。

③ 同上书，83 页。

④ 同上书，79 页。

⑤ 黑格尔：《小逻辑》，258 页。

之统一”[①]。和这里的“具体”相对立的“抽象”，是指纷然杂陈、互相分离、没有内在联系的东西。换言之，这里的具体，就是整体、联系、统一、丰富、“亦此亦彼”的意思，抽象就是孤立、片面、割裂、空洞、“非此即彼”的意思。[②]

黑格尔在《谁在抽象地思维》[③] 一文中举了很多生动的例子说明什么叫具体真理，什么叫抽象思维。一位女顾客对一个女商贩说：“喂，老太婆，你卖的蛋是臭的呀！”女商贩恼火了，就大骂这位女顾客一顿：“什么？我的蛋是臭的?！你自己才臭哩！……你爸爸吃了虱子，你妈妈跟法国人相好吧？你奶奶死在养老院里了吧？……像你这样的女人，只配坐监牢！最好你还是补补袜子上的窟窿去吧！”总之，她把这位女顾客骂得一无是处。黑格尔认为这位女商贩就是一个抽象思维的人，因为她不知道任何一件事物都是具体的，是多方面的统一，她对顾客的情况并不了解，仅仅因为顾客说了一句她的蛋是臭的，就抽象地把女顾客当做一个坏人，从头到脚，从本人到亲属骂得全都沾上了臭蛋的气味。这位女商贩的思想方法正是一种以一概全、抓住一个片面就当成全部真理的思想方法，这种方法就是“抽象思维”的方法。黑格尔还举了另外一个例子：做“仆人”的人，他实际上不仅仅是“仆人”而已，他同时也是一个一般的人，他可以和普通人一样地发表议论，一样地了解新闻，一样地想出很好的主意；但是普通人总是在“仆人”面前摆架子，他们把“仆人”仅只当做“仆人”来看待，而抹煞“仆人”的其他许许多多方面的特性。黑格尔认为这里的“普通人”也是在抽象地思维，而不是把“仆人”看成具体的、多方面的。在《哲学史讲演录》的《导言》中，黑格尔也举了不少例子说明“具体”的意义，例如一朵花，它就是具有多样性的，如香、味、形状、颜色，等等。但一朵花并不是这些规定性的偶然堆集，它是一个整体；在它之中，这些规定性是彼此有机地联系着的。我们之所以说一朵花是一个具体物，就因为它是这样一些不同规定性的统一体。

黑格尔举的这些例子，都是要说明这样一个论断：“事实上无论在天上或地上，无论在精神界或自然界，绝没有像知性所固执的那

---

① 黑格尔：《哲学史讲演录》，第 1 卷，29 页，北京，生活·读书·新知三联书店，1956。

② 参见黑格尔：《小逻辑》，267 页。

③ 载《学习译丛》，1957（2）。

种‘非此即彼’的抽象事物。无论什么说得上存在的东西，必定是具体的，包含有区别和对立于其自身。”① “任何事物一孤立起来便显得狭隘而无意义。”②

黑格尔认为，“纯概念”必然也是“具体概念”——“具体真理”，即是说“纯概念”包含许多环节或规定性，它们是有机地统一在一起的。他说：“概念是彻底具体的东西。”③ “理念（即‘纯概念’或‘真理’——引者）自身本质上是具体的，是不同的规定之统一。……如果真理是抽象的，则它就是不真的。……哲学是最敌视抽象的，它引导我们回复到具体。”④ “真理既是具体的……必是联系的谐和的统一体，换言之，真理必是一全体。”⑤

“具体概念”是“包含特殊的普遍”

根据“具体概念”是“多样性的统一”的观点，黑格尔断言，“具体概念”包含三个环节：（一）普遍性，（二）特殊性，（三）个体性。三者既有区别，又不可分离地结合成一个整体。

所谓普遍性，就是指概念在它自己所表现的多样性或特殊性中仍然保持“自我同一性”。黑格尔说：“概念首先是绝对的自我同一性，而同一性只是作为否定之否定，或者作为否定性的无限自我统一，而成为自我同一性。作为通过否定性而建立自身的这种概念的纯粹自我关系，就是概念的普遍性。”⑥ “普遍性——这是指概念在它的特性里与它自身有自由的同等性。”⑦ 黑格尔这些话的意思无非是说，普遍性就是不同中之同：特殊性、否定性是不同，自我同一、否定之否定是在特殊性、否定性中仍然继续保持着的同。所以黑格尔又说：“普遍者，即使它把自己建立于一种规定性之中，仍然在这个规定中保持着它自己。它是它所寓于其中的具体物的灵魂，它在具体物的多样性和变化中通行无阻并且自我等同。”⑧

所谓特殊性，就是概念所表现出来的多样性，是“概念的规定

① 黑格尔：《小逻辑》，266～267页。
② 同上书，422页。
③ 同上书，340页。
④ 黑格尔：《哲学史讲演录》，第1卷，29页。
⑤ 黑格尔：《小逻辑》，67页。
⑥ 《大逻辑》，见《黑格尔全集》，格洛克纳本，第5卷，37页。
⑦ 黑格尔：《小逻辑》，337页。
⑧ 《大逻辑》，见《黑格尔全集》，格洛克纳本，第5卷，38～39页。

性”①，“它乃是普遍者的特有的内在环节，因此，普遍者在特殊性中并不是和一个别物在一起，而正是和自身在一起”②。这就是说，特殊性不在普遍性之外，它就是普遍性自身的构成环节或组成部分。

黑格尔认为，“具体概念”的特点就在于它是普遍性和特殊性的有机统一：普遍性是特殊性的灵魂，特殊性是普遍性的外部显现。“特殊者包含普遍性，普遍性构成特殊者的实体……特殊者通过普遍者的规定性而把普遍者展示出来……特殊者是普遍者之显露于外。”③“概念的普遍性并不仅是代表一与独立自存的特殊事物相对立的共同性，而乃是自身特殊化，在它的对方里仍明朗地保持它自身。”④就因为普遍性包含特殊性，所以当黑格尔还只是谈到普遍性时，就必然要涉及特殊性。黑格尔自己也明白谈到了这一点，他说：“在谈到普遍性时就会涉及规定性，此规定性更进一步说就是特殊性和个体性。因为在其绝对否定性中，普遍性包含特殊性和个体性于自身之内，因此，如果在谈普遍性时谈到了规定性，这规定性却也并不是从外面输入的。”⑤

所谓个体性，就是普遍性和特殊性的统一。“个体性是由特殊性建立起来的，这种特殊性是规定的普遍性。”⑥“普遍性和特殊性一方面显得是个体性之生成的环节（‘生成的环节’就是构成环节或组成部分的意思——引者），不过，我们已经表示过，它们本身也就是整个概念，因此，它们在个体性中并不是过渡到一个别物……”⑦可以看到，黑格尔在这里所讲的个体性，实际上就是整个“具体概念”。“个体性不可以了解为只是直接的个体性，如我们所说个体事物或个人那样。……概念的每一环节（指普遍性、特殊性、个体性三个环节——引者）本身即是整个概念，但个体或主体，是被建立为全体的概念。”⑧

关于“具体概念”不是和特殊性对立的普遍性，而是包含特殊性在内的普遍性这一点，黑格尔曾举文法做例子来说明：文法是一

---

① 《大逻辑》，见《黑格尔全集》，格洛克纳本，第5卷，42页。

② 同上书，42～43页。

③ 同上书，43页。

④ 黑格尔：《小逻辑》，338页。

⑤ 《大逻辑》，见《黑格尔全集》，格洛克纳本，第5卷，40页。

⑥⑦ 同上书，60页。

⑧ 黑格尔：《小逻辑》，338页。

个“具体概念”，它本来寓于具体语言的特殊性即多样性之中，但对于初学一种语言的人来说，文法乃是一个脱离了特殊性的普遍性，脱离了多样性的统一，亦即脱离了具体内容的结论和原则。因为他还没有学具体的语言，文法对于他还是一个**抽象**概念，是僵死的、空洞的骨骼。但是等到已经学习了该种语言之后，再回头来温习一下初学时老师所教的同样一些文法，那时，他就会对这些文法有比较深刻的体会，就会觉得这些文法很具体，换言之，文法对于他不再是一个抽象概念，而是一个具体概念。为什么同样的文法在初学时觉得它很抽象、很陌生，而在学习了具体语言之后，又觉得它很具体、很亲切呢？这就是由于，在前一种状况下，它是脱离了特殊性（具体语言）的普遍性，脱离了多样性的统一，而在后一种状况下，它则是包含了特殊性在内的普遍性，是包含了多样性在内的统一。

黑格尔在举上述这个比喻时说道，他的逻辑学所讲的普遍或“概念”“不是仅仅抽象的普遍，而是自身包含着丰富的特殊东西的普遍”①。

黑格尔逻辑学的“唯一目标”，就是把握“具体概念”

我们在前面已经说过，作为黑格尔逻辑学研究目的和对象的“纯概念”，是指“有”、“无”、“一”、“多”、“质”、“量”、“必然”、“偶然”等等所谓不包含丝毫“感性杂质”的概念。本章所谈的“具体概念”的意思，实际上就是说，“有”、“无”、“一”、“多”、“质”、“量”等等“纯概念”（或最一般的规定性）是内在地联系在一起、有机地统一在一起的。黑格尔把这些逻辑规定性的统一体叫做“具体概念”，而各个逻辑规定性则是“具体概念”的组成因素和环节。黑格尔说：“存在”和“本质”等各个阶段，“它们是构成理念的有机成分”②。又说：“概念同时亦可说是真正的具体的。盖因概念是‘有’与‘本质’的统一，而且包含这两个范围中全部丰富的内容在内。”③ 这里所谓“存在”和“本质”的各个阶段以及“这两个范围中全部丰富的内容”，即指“有”、“无”、“一”、“多”、“质”、“量”、“必然”、“偶然”等等逻辑规定；这里所谓“理念”、“概念”，即指“具体概念”。正如我们说“纯概念”是

① 《大逻辑》，见《黑格尔全集》，格洛克纳本，第4卷，57页。
② 黑格尔：《小逻辑》，401页。
③ 同上书，334页。

黑格尔逻辑学的研究对象一样，我们也可以说，“具体概念”是黑格尔逻辑学的研究对象。因此，黑格尔逻辑学的全部内容，就是关于“具体概念”的各个环节（亦即“有”、“无”、“质”、“量”等等逻辑规定）间如何必然联系、相互转化以及如何有机地统一起来的阐述和说明。不理解这一点，就无法理解黑格尔逻辑学中概念与概念之间相互转化和推移的线索和意义。黑格尔逻辑学的对象只有一个，即“概念”。“哲学是把握概念的知识。”① “达到概念的概念……便是哲学唯一的目标、工作和鹄的。”②“纯概念”是就“概念”的“纯粹性”而言的，“具体概念”是就“概念”的“具体性”而言的。黑格尔把“概念”的纯粹性和具体性紧密结合在一起，因此，他的“概念”既有纯粹性，又有具体性。正如列宁所说，前者是“荒谬的”，后者是“天才的”③。

黑格尔认为，要最后认识和把握“具体概念”（黑格尔唯心主义地认为这种“认识”和“把握”，是“具体概念”的“自我认识”和“自我把握”），那还需经过一段长期的过程，这个过程（亦即“具体概念”自身所包含的各个规定性、各个环节自我开展的过程）是一种由抽象到具体的过程。黑格尔曾明白指出：“逻辑理念的发展是由抽象进展到具体。”④“认识是从内容进展到内容。首先这个前进运动的特征就是：它从一些简单的规定性开始，而在这些规定性之后的规定性就愈来愈丰富，愈来愈具体。因为结果包含着自己的开端，而开端的运动用某种新的规定性丰富了它。……在继续规定的每一个阶段上，普遍的东西不断提高它以前的全部内容，它不仅没有因其辩证的前进运动而丧失了什么，丢下了什么，而且还带着一切收获物，使自己的内部不断丰富和充实起来。”⑤又说：“那在开端中由于其一般的抽象性和直接性而只是片面的东西，在这种进展中消失。”⑥ 黑格尔这些话的意思就是说，“具体概念”——许多规定的统一体，是认识的目标，是认识所要达到的结果；但在认识、把握“具体概念”的过程的开始时，却只能认识一些“简单的规定性”，这些“简单的规定性”是一种抽象的、孤

---

① 黑格尔：《小逻辑》，333 页。

② 同上书，71 页。

③ 《黑格尔〈逻辑学〉一书摘要》，见《列宁全集》，中文 1 版，第 38 卷，103 页。

④ 黑格尔：《小逻辑》，200 页。

⑤ 《大逻辑》，见《黑格尔全集》，格洛克纳本，第 5 卷，349 页。

⑥ 同上书，第 4 卷，75 页。

立的、片面的东西，因而是不真实的，或者说，是“没有真理”的东西。① 随着认识的前进，随着逻辑概念的发展，愈是在后的概念，其所包含的方面和环节也愈多，因此，愈是在后的概念，其内容愈是丰富，愈是具体，其片面性也愈加“消失”；反之，愈是在前的概念，则愈是孤立的、“片面的东西”，因而也愈是抽象。

资产阶级学者根本不懂得黑格尔的“概念”的具体性及其在整个逻辑学中的意义。例如麦克塔加尔特在其所著《黑格尔逻辑学评注》中对黑格尔的“概念”的解释就非常肤浅，他只是很一般地把“普遍概念”解释为一事物和其他事物的共同之点，把“特殊概念”解释为一事物和其他事物的不同之点，他根本不明白黑格尔的“概念”是具体的，是“不同规定之统一”这一特点。② 库诺·费舍虽然指出了黑格尔所谓“真正普遍性”很不同于单纯的共同之点，指出了他所谓“概念”不是抽象的，而是具体的③，但他主要地只是大段引证《小逻辑》中关于“普遍性的真正意义是思想”，关于“概念才是真正的在先的”这样一类话来阐述他的“概念”的唯心主义性质④，而对于“概念”的具体性并没有着重加以发挥；至于黑格尔逻辑学以阐述“具体概念”所包含的各种规定或环节间的相互联系、转化和推移为其全部内容这一点，库诺·费舍则完全没有向读者指出来。所以列宁说，库诺·费舍把黑格尔关于“概念”的议论“阐述得极糟”⑤，他只是“从《哲学全书》（这里是指《小逻辑》——引者）中抓出一些比较容易的东西——实例”，而“没有向读者指出如何去找出理解黑格尔的抽象概念中那些难懂的转化、微差、推移、变幻的钥匙”⑥。此外，瓦莱士虽然指出了黑格尔的“概念”是具体的⑦，但他也没有向读者指出“具体概念”所包含的各个环节的展开和转化是黑格尔逻辑学的全部内容。资产阶级学者在讲述黑格尔逻辑学时，根本没有把握住黑格尔逻辑学的要领。

---

① 参见黑格尔：《小逻辑》，110、115、192、398、401 页。

② 参见麦克塔加尔特：《黑格尔逻辑学评注》，193 页，剑桥，1910。

③ 参见库诺·费舍：《近代哲学史》，第 8 卷，530 页。

④ 参见上书；并参阅《小逻辑》，338 页。

⑤⑥ 列宁：《黑格尔〈逻辑学〉一书摘要》，见《列宁全集》，中文 1 版，第 38 卷，187 页。

⑦ 参见瓦莱士：《黑格尔哲学及其逻辑学研究导论》，233 页。

二、黑格尔“具体概念”说的“合理内核”及其唯心主义本质

黑格尔看到了真理的具体性，但他唯心主义地把真理看成是存在符合于概念

黑格尔关于真理是具体的这一论断，是正确而深刻的辩证法思想。世界上的任何事物，确如黑格尔所说，都是多方面的统一体，绝对单纯的和孤立的东西都是抽象的，在现实世界是不存在的。马克思在《〈政治经济学批判〉导言》中曾以“人口”为例说明事物的具体性。他指出，“人口”是一个现实的具体事物，它是许多规定性、许多因素的有机联系着的统一体，它包括譬如阶级、雇佣劳动、资本、交换、分工等等复杂的规定在内。“如果我抛开构成人口的阶级，人口就是一个抽象。如果我不知道这些阶级所依据的因素，如雇佣劳动、资本等等，阶级又是一句空话。而这些因素是以交换、分工、价格等等为前提的。比如资本，如果没有雇佣劳动、价值、货币、价格等等，它就什么也不是。”① 必须具体分析构成人口的这一切因素，弄清它们之间的内在联系，然后，人们头脑中关于人口的“混沌表象”才能变成“一个具有许多规定和关系的丰富的总体”②。人口如此，其他任何具体事物也莫不皆然，它们都是“许多规定的总结”或“多样性的统一”③。

真理是对客观事物的正确反映，客观事物的具体性，经过一个认识过程，在人的头脑中再现出来，就成为真理的具体性。“没有抽象的真理，真理总是具体的”，这是列宁所再三强调的真理观。列宁说：“真理是全面的。”④ 毛泽东同志在论述认识过程时说：“论理的认识则推进了一大步……到达了暴露周围世界的内在的矛盾，因而能在周围世界的总体上，在周围世界一切方面的内部联系上去把握周围世界的发展。”⑤ 毛泽东同志在这里所说的“论理的认识”，也可以说就是对于具体真理的把握。

---

①② 马克思：《〈政治经济学批判〉导言》，见《马克思恩格斯全集》，中文1版，第12卷，750页。

③ 同上书，751页。

④ 《黑格尔〈逻辑学〉一书摘要》，见《列宁全集》，中文1版，第38卷，212页。

⑤ 《实践论》，见《毛泽东选集》，第1卷，263页。

在黑格尔以前，传统逻辑形成概念的方法，只不过是通过分析、归纳把某一些对象中共同的东西抽取出来，而撇开这些对象的特殊方面。例如就颜色的概念或植物、动物的概念来说，传统逻辑认为对于它们的概念之形成“系由于排除足以区别各种颜色，植物，动物等的特殊部分，而坚持其共同之点”①。黑格尔称这样形成的概念为“抽象概念”。“抽象概念”“只是一抽象的概括性”②，是脱离特殊性的一种抽象的共同性，是“与独立自存的特殊事物相对立的共同性”③。由于这种共同性是孤立于特殊性、差别性之外的，因此，这种概念不可能把握事物的本质。事物的本质不是许多共同点的机械总和，它只能在不同规定性的有机统一和内部联系中去寻找，这也就是说，只有“具体概念”才能把握事物的本质。黑格尔在哲学史上是第一个在唯心主义基础上提出“具体概念”以区别于“抽象概念”的哲学家。他打破了传统逻辑关于概念不可能有具体性，而只可能是孤立于特殊东西之外的普遍性的形而上学观点，他不再把“概念”单纯理解为例如人、房子、动物等等“单纯的名词和抽象的观念”④，而把“概念”理解为深刻的、具体的真理，从而提出了概念是具体的，是“自身包含着丰富的特殊东西的普遍”的辩证观点。这就成了黑格尔在哲学史上的一个历史功绩。列宁曾称赞黑格尔的“文法”的比喻“微妙而深刻”，并且称赞黑格尔关于多样性的统一或包含特殊的普遍的概括是一个“绝妙的公式”⑤。从列宁的摘录和批语中可以看到，简单接受了一个现成的正确原则或结论，还不等于是真正把握了具体真理。要真正把握具体真理，必须把正确的原则或结论同包含在这个原则或结论中的具体内容结合起来。我们平常说的对某一个论断理解得很抽象，那就是因为我们还不知道这个论断（普遍性、统一性）所包含的实际内容（特殊性、多样性）；当我们说对某一个论断理解得很具体时，那就是因为我们已经知道这个论断所包含的实际内容了。

常常被大家提起的列宁读拉萨尔的《爱非斯的晦涩哲人赫拉克利特的哲学》一书的事，也说明了这个道理。原来在列宁以前，马克思已经读过拉萨尔的这部著作，马克思认为它是“‘小学生的’作

①②③ 黑格尔：《小逻辑》，338页。

④ 同上书，341页。

⑤ 《黑格尔〈逻辑学〉一书摘要》，见《列宁全集》，中文1版，第38卷，98页。

文”，“不值得一读”①。尽管马克思的结论本身是从拉萨尔原书的实际内容中抽取出来的，但当列宁尚未读原书时，马克思的结论对他来说，就是一个脱离多样性的统一，脱离特殊性的普遍，列宁对这个结论的理解还是抽象的。因此，当他认为在思想战线上有必要时，他便不辞劳苦地去仔细阅读拉萨尔那本又臭又长的书，并作了摘要。虽然他在读完这本书之后所得的结论和马克思的一样，即认为“拉萨尔的这本书不值得一读”，但这个结论现在对列宁来说，已经不是抽象的，而是一个经历了多样性的统一，一个包含着特殊性的普遍，一个包含着具体内容的结论。

现代资产阶级唯心主义哲学流派，如新实在论、逻辑实证论，它们反对黑格尔的“具体概念”说的合理之处，反对关于内部联系和有机统一的学说，主张只有外在关系和抽象概念；在它们看来，世界上仿佛可以有绝对单纯的、孤立的东西存在，整个世界不过是一盘散沙。这种观点是很荒谬的。针对这种思潮，我们倒是值得强调一下黑格尔“具体概念”说的合理之处。

尽管如此，黑格尔的“具体概念”说是唯心主义的，他所讲的“具体概念”，同时是“纯粹概念”。黑格尔说：“理念（概念——引者）即是真理，因为真理即是客观性对于理念之符合……一切真实的事物，就它们之为真理而言，即是理念。换言之，一切真实事物之所以为真的，即仅由于理念的力量。一个个体的存在只表示理念的某一方面，因此，它尚需要别的实在，而这些别的实在同样好像有它们的独立存在似的。唯有在这些个别的实在之结合里和关系里，理念方实现其自身。那孤立的个体事物是不能符合它的理念的，它的存在之局限，构成它的有限性和它的毁灭。”② 这段话一方面清楚地表明了黑格尔的“具体概念”说的正确之处，即关于一切事物都是内在地联系着的思想；但另一方面，也清楚地表现了他的“具体概念”说的唯心主义性质，即不把“具体概念”看做真实事物在人脑中的反映，而把“一切真实事物”看成“即是理念”（概念），认为“一切真实事物之所以为真的，即由于理念（概念——引者）的力量”。黑格尔这段话是他把辩证法和唯心主义紧密结合在一起的一个明显的例子。列宁在《黑格尔〈逻辑学〉一书摘要》中摘录了这段

① 《拉萨尔〈爱非斯的晦涩哲人赫拉克利特的哲学〉一书摘要》，见《列宁全集》，中文1版，第38卷，385、402页。

② 黑格尔：《小逻辑》，399页。

话，他看到了黑格尔这段话的合理部分，解说了黑格尔的深刻思想，说："单个的存在（对象、现象等等）（仅仅）是理念（真理）的一个方面。真理还需要现实的其他方面，这些方面也只是好像独立的和单个的（独自存在着的）。真理只是在它们的总和（Zusammen）中以及在它的关系（Beziehung）中才会实现。"列宁断言："真理就是由现象、现实的一切方面的总和以及它们的（相互）关系构成的。"并且说："黑格尔在概念的辩证法中天才地猜测到了事物（现象、世界、自然界）的辩证法。"① 不过另一方面，列宁也指出了黑格尔这段话的唯心主义方面，认为"概念"不应当像黑格尔所说的那样是第一性的，而应该是相反。列宁说："这些概念（及其关系、转化、矛盾）是作为客观世界的反映而被表现出来的。事物的辩证法创造观念的辩证法，而不是相反。"②

和列宁这种科学的态度相反，帝国主义时期的反动哲学流派新黑格尔主义，采取反科学的态度，竭力赞扬和宣传黑格尔"具体概念"说的唯心主义方面，抹煞其合理部分。美国新黑格尔主义者鲁埃士虽然也注意到黑格尔的"矛盾法"，但他更着重的是称赞黑格尔的"绝对精神"或"自我意识"。他说："通观黑氏学说，似以他对于自我意识之分析为最有永久显明之价值。"③ 鲁埃士在他的著作《近代哲学之精神》关于黑格尔的一讲中，用了最主要的篇幅来宣扬黑格尔的"绝对精神"或"自我意识"如何如何"深奥"，如何如何"崇高"。新黑格尔主义者把黑格尔哲学的糟粕——唯心主义视为"有永久价值"，完全是颠倒黑白。

> 黑格尔看到了认识是一个由抽象到具体的过程，但他唯心主义地把愈是具体的看成愈是主观的

黑格尔关于"具体概念"是一个由抽象到具体的发展过程的理论，也有其合理成分，它实际上反映了一个客观事实，这就是，我们在形成具体概念之前，在把握事物的许多规定的统一之前，也的确要经过"抽象活动"的阶段。

客观的具体事物作为"一个丰富的、由许多规定和关系形成的总体"，摆在认识的主体——人的面前。人在实践中必然要对它进行认识活动，它是认识的出发点。人在认识过程中，首先通过生动的直观，认识到关

---

①② 《黑格尔〈逻辑学〉一书摘要》，见《列宁全集》，中文1版，第38卷，210页。

③ 鲁埃士：《近代哲学之精神》，上卷，230页。

于这个具体事物的表面的、现象的东西，用马克思的话来说，就是关于这个具体事物的整体的“混沌表象”①。这时，人对具体事物的认识，还只是处于感性阶段。具体事物还远未能作为“多样性的统一”，即未能作为全体的、本质的、内部联系的东西呈现于人脑之中。

为了使我们的认识向着把握“多样性的统一”这一目标接近，就不能停滞在感性阶段，而必须发展到把握住事物的全体、本质、内部联系的理性阶段。这首先就需要进行“抽象活动”，也就是说，需要对生动直观中所得到的东西加以分析，以便把它分解为个别的、简单的部分或方面，单独地、逐一地加以考察。还是以马克思所举的人口一例来说明。马克思指出，我们对人口的认识，在开始时是很空洞的，对人口所由以构成的各种规定性，如阶级、雇佣劳动、资本等等，还一无所知。为了使我们的认识向着把握人口这一作为“多样性的统一”的具体事物的目标接近，我们就得进行“抽象活动”，对我们关于人口整体的“混沌表象”加以分析，分析出构成人口的上述各种规定性；随着这种分析活动的进行，我们所把握到的事物的诸规定就越来越浅显，越来越简单。

但是，仅仅停留在这种“抽象活动”的阶段，还不可能达到把握具体事物的目标。因为任何一个具体事物，决不是一些简单规定的偶然堆集，而是作为“许多规定的总结”的整体，而“抽象活动”则不过是从这个整体中逐一地抽取其一部分，使它脱离和该整体其余部分的错综复杂的联系，单独地对它加以考察。当然，我们所进行的“抽象活动”，与形而上学意义上的“抽象”是有区别的。形而上学意义上的“抽象”是把事物看成是孤立的、片面的、互相割裂的东西。而我们则是把“抽象活动”当做认识过程中的一个阶段。如果我们停留在“抽象活动”的阶段，即是说，只是对具体事物进行分解，将其各个规定或方面分别地、单独地加以考察，那么，我们不仅不可能对具体事物的整体具有全面的、深刻的认识，而且，由于尚未从这一方面与别的方面的联系与关系中去考察某一方面，因而也就难免对一个方面在整体中所处的地位认识不清，也就难免产生某种程度的形而上学见解。所以，为要把握具体事物，我们还必须再进一步把“抽象活动”中所得到的简单规定，按照它们在客

① 马克思：《〈政治经济学批判〉导言》，见《马克思恩格斯全集》，中文1版，第12卷，750页，北京，人民出版社，1962。

观事物中本来的复杂关系，如实地结合起来、统一起来，即进行综合，使具体事物的整体呈现于头脑之中；可是这次呈现于头脑之中的整体，不再像认识开始时那样只是一个“混沌表象”，而是“一个丰富的、由许多规定和关系形成的总体”了。至此，我们就可以说达到对于具体事物的深刻的、具体的认识了。

毛泽东同志在《关于农村调查》一文中，用生动的例子，简要地概括了上述的认识过程。他指出：“当我们观察一件事物时，第一步的观察只能看到这件事物的大体轮廓，形成一般概念。好比一个初来延安的人，开始他对延安的认识只是一般的、笼统的。可是当他参观了抗大、女大以及延安的各机关学校之后，他采取了第二个步骤，用分析方法把延安的各部分有秩序地加以细细的研究和分析。然后第三步再用综合法把对各部分的分析加以综合，得出整体的延安。这时认识的延安就与初来时认识的延安不同，他开始看的是整个的延安，现在看见的也是整个的延安，但与开始的了解不同了，现在他对延安就有了科学的认识和具体的了解。”①

我们的认识从抽象到具体、从最简单的规定到具体事物作为“许多规定的总结”呈现于头脑之中，乃是一个逐步进行的过程。在“抽象活动”中所得出的最简单的规定，是和具体事物的整体中的其余诸规定隔离开来的，因而是最抽象的。以后，我们便逐步地使一个规定同越来越多的其余的规定按照实际情况结合起来。这样结合起来的方面越多，我们对该具体事物的概念就越具体。

上面所说的对“混沌表象”进行分析的活动，以及将分析出的简单抽象规定加以结合与统一的活动，即综合的活动，都是思维活动。我们所说的理性认识阶段，实际上也就是包含这两种活动在内的思维活动。思维活动，从一方面来说，不像生动直观那样与客观具体事物发生直接接触，而是“离开”了具体事物；但另一方面，正是这种思维活动，使我们接近和把握具体真理，使具体事物呈现于人脑之中。所以这种“离开”，又是以一种迂回曲折的方式向具体事物接近。列宁说：“当思维从具体的东西上升到抽象的东西时，它不是离开——如果它是正确的（注意）……真理，而是接近真理。物质的抽象，自然规律的抽象，价值的抽象及其他等等，一句话，那一切科学的（正确的、郑重的、不是荒唐的）抽象，都更深刻、

① 毛泽东：《关于农村调查》，载《人民日报》，1978-12-13。

更正确、更完全地反映着自然。从生动的直观到抽象的思维，并从抽象的思维到实践，这就是认识真理、认识客观实在的辩证的途径。”①

列宁这里所说的“抽象”，是指相对于生动直观的整个思维活动，亦即相对于感性认识阶段的整个理性认识阶段；他所说的“科学的抽象”，就是指的不脱离实际内容、不抛弃多样性的抽象。与“科学的抽象”相对立的，还有形而上学的抽象，即把分析和综合割裂开来，孤立地、片面地、静止地观察事物的方法。这种形而上学的“抽象思维”，是认识真理的障碍。列宁之所以强调“科学的抽象”，就是要我们在思维活动中，把分析和综合统一起来，对许多不同的规定加以总结，从多样性中抽引出它们所固有的统一性。所以，只有科学的抽象才能更加接近具体真理，而不是“离开”具体真理，才能使具体事物作为“许多规定的总结”呈现于头脑之中，从而让我们“更深刻、更正确、更完全地反映着自然”。

应当指出的是，黑格尔虽然看到了我们对具体真理的认识是一个由抽象到具体的过程，但他却又唯心主义地把它理解为客观具体事物产生的过程，他把愈是具体的东西看成愈是主观的。

本来，由抽象到具体，正如马克思所说，仅仅是我们人的思维掌握客观事物，使原来是不同规定之统一的具体物再现于人脑的途径和方法，而绝非客观事物本身产生的过程。但是，由于黑格尔把“具体概念”不看做是客观事物在人脑中的反映，而看做是客观事物的本质本身，于是由抽象到具体这一“只是思维用来掌握具体”②的过程，就成了客观具体事物本身被创造和被产生的过程。二者错误地被等同起来了。这一点，我们在前面批判黑格尔的思维与存在的同一说时，已经指出过。这里所要着重指出的是：在黑格尔那里，愈是具体的东西愈被看成是主观的。照科学的唯物主义看来，由抽象到具体既然是我们人的认识再现客观具体物的过程，那么，我们愈是接近具体概念，我们也就愈能反映客观、深入客观。孤立看问题，片面看问题，这种抽象的认识是主观的；只有从联系中看问题，从整体上看问题，这种具体的认识才是客观的。所以由抽象到具体的过程，也可以说是我们的认识由主观、片面走向客观、深入的过

---

① 《黑格尔〈逻辑学〉一书摘要》，见《列宁全集》，中文1版，第38卷，181页。

② 马克思：《〈政治经济学批判〉导言》，见《马克思恩格斯全集》，中文1版，第12卷，751页。

程。但是黑格尔恰恰相反，他把从抽象到具体、从杂多到统一、从非本质到本质的过程，看成是一种由客观到主观的过程。这样一来，愈是走向“具体概念”，就愈是走向主观；或者反过来说也一样，愈是主观的才愈是具体的，愈是客观的则愈是抽象的。用黑格尔自己的话说：“最丰富的是最具体的和最主观的。……最高点和最尖端的地方（指‘具体概念’发展的最高点——‘绝对理念’，它是最具体的‘具体概念’——引者）是单纯的人格。”① “‘物质’在本质上是复合的，它的各个组成部分是互相排斥的。它追求它的‘统一’；所以它总显得要毁灭自己，以趋向于它的反对物。假如它竟然能够获得了这一点，它也就不再是物质了，它将消灭。它努力追求着它的‘理想性’，因为在‘统一’之中，它总是理想的。”② “绝对具体的就是精神”③ ——把最具体、最具有统一性的东西看成是“最主观的”“精神”和“人格”，把最客观的东西和物质看成是最缺乏统一性和具体性的，这就充分表明，由抽象到具体的过程，在黑格尔那里，完全不是用来作为反映客观的方法和道路，而是用来证明最主观的东西（“概念”）是最高级的。

当然，我们并不否认，我们的思维愈深入，概念愈具体，我们所认识和把握的事物内容也愈丰富而具体，仅仅凭零星的感觉，不能认识和把握客观事物的丰富内容和具体性；但这并不是说单纯主观的东西和精神性的东西本身是丰富的和具体的，而客观的和物质性的东西反而贫乏而不具体。事实上，具体概念的丰富内容和具体性只能是客观事物的丰富内容和具体性的反映，并且，不管我们的思维（主观）多么深入，概念（主观）多么具体，我们永远也不可能穷尽事物（客观）的丰富内容和具体性，“我们永远不会完全认识具体事物”④。只有客观的东西，其内容才是最丰富、最具体的，所以我们的认识只能无限地接近它。黑格尔把愈是丰富和愈是具体的东西说成愈是主观的和精神性的，这种说法，就其认识论根源来说，是由于他歪曲了客观事物的丰富内容和具体性只有通过愈益具体的概念和愈益深入的思维（在感性认识的基础上）才愈能为我们所反

---

① 《大逻辑》，见《黑格尔全集》，格洛克纳本，第 5 卷，349 页。

② 黑格尔：《历史哲学》，55～56 页。

③ 黑格尔：《小逻辑》，341 页。

④ 《黑格尔〈哲学史讲演录〉一书摘要》，见《列宁全集》，中文 1 版，第 38 卷，310 页。

映这一客观事实，夸大了思维和概念的作用。

其次，黑格尔把从抽象到具体这一形成“具体概念”的过程看成是概念的纯逻辑推演过程，这也是唯心主义的。黑格尔说，逻辑学所研究的“思想规定”和“法则”“是思想自身建立的”①，整个逻辑学的概念系列都是“从思想的本身将思想的型式推演出来”②的。如前所述，由抽象到具体的过程，本来是把感性直观中的经验材料加以分析和综合，加以改造和总结的过程；离开了客观存在和感性直观，不可能形成真正科学的“具体概念”。当然，在形成具体概念的过程中，在由抽象到具体的过程中，也应该有概念与概念之间的逻辑必然联系；马克思的《资本论》就有着从一个经济范畴到另一个经济范畴的逻辑推演。但是，马克思的每一步推演同时都是以大量的事实材料为根据的，这就和黑格尔单纯从思想自身中进行先验推演有天壤之别。

芬德莱反对把黑格尔的观点看成是先验论，其主要论点之一是，黑格尔的逻辑学和精神现象学是从“存在”，从“感性确定性”开始的。芬德莱说：“认为黑格尔是超验的玄学家……对于这种看法的最好的反驳或许简单地就是浏览一下黑格尔的两部系统著作的内容，这两部著作就是《精神现象学》和《哲学全书》。二者都开始于‘直接的东西’，并且是尽可能远离最终的、‘绝对的’东西——前者开始于直接的感觉经验的确定性，后者开始于‘存在’的抽象概念。——二者都同样以‘绝对的东西’结束，前者结束于哲学的‘绝对认识’，后者结束于‘绝对精神’的三种形式即艺术、宗教和哲学。从这两者看来，毫无疑义，黑格尔并没有把‘绝对’看成是超出人的经验和活动之外的东西。”③ 黑格尔的“绝对”诚然不像康德所主张的那样是超验的“彼岸世界”，但根据这一点就否认黑格尔作先验的推演，乃是错误的。关于这个问题，费尔巴哈作过唯物主义的分析和批判：

费尔巴哈在他同黑格尔唯心主义彻底决裂的第一本著作《黑格尔哲学批判》中指出：黑格尔逻辑学的第一个概念“纯存在”是一个抽象的“纯概念”，它完全不是客观物质存在的反映。他说，黑格尔的“不确定的、纯粹的存在只是一个抽象的东西，与实在的存在

---

① 黑格尔：《小逻辑》，74 页。

② 同上书，95 页。

③ 芬德莱：《黑格尔再考察》，20 页。

完全不符合”①，只有感性的存在才是真实的，“感性的、个别的存在的实在性，对于我们来说，是一个用我们的鲜血来打图章担保的真理”②。“黑格尔是从存在开始，也就是说，是从存在的概念或抽象的存在开始。为什么我就不能从存在本身，亦即从现实的存在开始呢?”③ 一个否认感性存在、感性具体的真实性的逻辑学，始终只能在主观的范围内绕圈子，只能“自己证明自己是真实的”④。所以费尔巴哈说：如果“不理会直观的呼声”⑤，那么，逻辑就成了逻辑“自己的案子的审判者”⑥。

能否因为黑格尔在《精神现象学》第一章谈到“感性的确定性”，就可以断言黑格尔的认识论是从感性存在出发的呢？费尔巴哈正确地指出，也不能这样说。感性存在在黑格尔整个哲学中是被当做“思想的外化”来看待的，它并不被当做真正客观的物质存在。“所以现象学（即指《精神现象学》——引者）或者逻辑学——因为这是一样的——也从直接假定自身开始——因而也就从与感性意识直接矛盾、绝对分离开始。因为它像我们说过的那样，并不是从思想的对方开始，而是从关于思想的对方的思想开始。”⑦ 我们的认识从感性存在出发，这是一个铁的事实，唯心主义者黑格尔也不能简单地否认，他甚至还不得不承认在形成概念之前要经过直观表象，但是，他把感性存在说成是“思想的外化”，这就表明他对感性存在是认识的出发点这一客观事实，作了唯心主义的曲解。

① 《黑格尔哲学批判》，见《费尔巴哈哲学著作选集》，上卷，62页。
② 同上书，68页。
③ 同上书，51页。
④ 同上书，63页。
⑤⑥ 同上书，62页。
⑦ 同上书，70页。

第六章
黑格尔逻辑学中关于对立面的同一和矛盾的思想

如前所述，黑格尔认为逻辑学所要把握的唯一目标是“具体概念”，即“不同的规定之统一”。不过，这许多“不同的规定”决不是平等并列、纷然杂陈的。在黑格尔看来，这许多“不同的规定”又可归结为许多彼此对立的规定，“具体概念”就是由许多对立面构成的，它既可以说是“不同规定的统一”，又可以说是“对立面的统一”。

一、对立面的同一和矛盾的思想贯穿于黑格尔的整个逻辑学

黑格尔的逻辑学的三部分“存在论”、“本质论”、“概念论”，不仅是《逻辑学》这一著作的目录区分，同时也表示了逻辑学的研究对象——“具体概念”自我发展和自我认识过程中的三个阶段或环节。黑格尔关于对立面的同一和矛盾的思想，虽然主要是在第二部分“本质论”中专门论述的，但实际上贯穿于三个部分，它是黑格尔逻辑学的整个指导思想。

“具体概念”是按照由抽象到具体、由简单到复杂和由肯定（正）到否定（反）以至否定之否定（合）的途径而发展着的，因此，逻辑学的三部分也是按照这个途径而顺序排列起来的。

“存在论”是逻辑学的第一部分。“存在”是“具体概念”自我发展和自我认识过程中的“正”的阶段，其中的范畴在整个逻辑学的三部分中是最抽象、最简单的。“存在”的阶段相当于我们现实的人对于客观事物的表面的、直接的认识阶段，在这个阶段里，认识

尚未进入事物的背后和深处。不过，黑格尔所讲的认识过程，不是指现实的人对客观物质世界的认识过程，而是指的“纯概念”或“具体概念”自我认识的过程。

“本质论”是逻辑学的第二部分。“本质”是“具体概念”自我发展和自我认识过程中的“反”的阶段，“本质论”中的范畴比较具体而复杂。“本质论”的阶段相当于我们现实的人对于客观事物的内部的、间接的认识阶段，在这个阶段里，认识达到了事物的背后和深处。关于“存在”和“本质”两阶段的这种关系和区别，黑格尔在《大逻辑》中曾经说了一段很透彻的话：“存在的真理是本质。存在是直接的东西。由于知识要认识存在之自在自为的真理，它就不停滞于直接的东西及其规定上，而是带着这样一个预见，透过到它里面，即预见在存在的背后还有某种异于存在本身的东西，预见这个背后的根据构成存在的真理。这种认识是一种经过中介的［间接的］知识，因为这个认识不是直接地处于本质那边和处于本质之中，而是从一个他物即从存在开始，并且，这个认识有一条先行的道路，即超出存在之外或者毋宁说进入存在之内的道路。只因知识从直接的存在中出来回想自己，它才通过这种中介发现本质。”① 这段话很清楚地表明，“存在”是直接的、表面的认识阶段，“本质”则是间接的、内部的认识阶段。在后一阶段里，认识不只是一个表层，而是由表层深入到里层，所以这种认识也可以说是“双层的”。黑格尔说：“在存在里，一切都是直接的，在本质里，一切都是相对的。”② 这里的“相对”，有成双、成对的意思。“存在论”中的范畴，“质”、“量”、“度”等等，在黑格尔看来，都是直接的范畴，它们好像彼此独立自在而不互相依赖。例如，“质”和“量”就是如此，表面上彼此各自独立、互不相干，说到某物是水（质），表面上不必涉及它的温度（量）。而“本质论”中的范畴，如“本质”和“现象”、“同一”和“差别”、“内”和“外”、“原因”和“结果”，等等，则都是相对的，它们即使在表面上看来，也是彼此不可分离地结合在一起的。说到“本质”，立刻就要涉及

① 《大逻辑》，见《黑格尔全集》，格洛克纳本，第4卷，481页。

② 黑格尔：《小逻辑》，249页。恩格斯在《自然辩证法》中引用了这里的后面一句话。恩格斯说：“本质的各个规定的真实性质，黑格尔自己已经表明了（《全书》第1部，第111节，附释）：‘在本质中一切都是相对的。’（例如，正和负，它们就只是在自己的相互关系中才有意义，而每一个对自己说来是没有意义的）”（《自然辩证法》，见《马克思恩格斯选集》，1版，第3卷，536页）

"现象"，说到"内"，立刻就要涉及"外"，如此等等。它们就像配偶似的总是成双成对地出现。因此，黑格尔说，在"存在论"中的范畴是"过渡的"（übergehende），"在'存在'的范围里，当某物成为别物时，则某物便消逝了"①。而在"本质"的范围里，"我们没有真正的别物，但只有殊异，一个范畴与它的对方的联系"②。"在本质的阶段里的各范畴已不复过渡，而只是相互联系。"③意思就是说，在"存在论"中，从一个范畴到另一个范畴，表面上是从一个东西"过渡"到另一个东西，因为另一范畴同自己是不相干的"别物"；在"本质论"中，从一个范畴到另一个范畴，则是更进一步说明自己，而不是"过渡"到另一个东西，因为对立面是同自己紧密联系的。

但是，对"存在论"中的范畴的这种看法只是表面的，实际上，"存在论"中的一切范畴和其他部分的范畴一样，都是互相联系的，其中一个必然因内在矛盾而转化为另一个。所不同者，只是"在'存在'的范围里，各范畴间的联系只是潜伏的"④，其间的矛盾亦是"潜伏着的"⑤；在"本质"的范围里，范畴间的联系和矛盾，则不再是"潜在的"，而是"便明白地建立起来了"⑥。例如，没有"本质"则很"明白地"无所谓"现象"；没有"外"，则很"明白地"无所谓"内"；没有"结果"则很"明白地"无所谓"原因"；如此等等。反之亦然。所以，"本质论"里的范畴，要了解其一，很"明白地"必然要涉及其对方。

逻辑学的第三部分，亦即最后一部分，是"概念论"。"概念"亦即"具体概念"；至此，"具体概念"发展到了自己的最高阶段——"否定之否定"（合）。"概念"是前两个阶段"存在"和"本质"的对立统一。在"本质"的阶段里，此一范畴必然转化为其对方；在"概念"的阶段里，对方即是自身，对方与自身同一；换言之，在"概念"的阶段里，对立面的同一达到了最后完成的地步。

恩格斯说："对立的相互渗透的规律""占据了他的《逻辑学》的整个第二部分"⑦。这并不是说，第一部分"存在论"与第三部

---

①②③ 黑格尔：《小逻辑》，248页。

④ 同上书，249页。

⑤ 同上书，255页。

⑥ 同上书，249、255页。

⑦ 恩格斯：《自然辩证法》，见《马克思恩格斯选集》，1版，第3卷，484页。

分“概念论”没有运用这一规律。在第一部分中，范畴间的对立、矛盾和联系虽然是“潜在的”，但无论如何是实际存在着的：“存在”和“无”、“质”和“量”等等范畴，实际上是互相对立的，其中一个和另一个内在地联系着，也必然地由于内在矛盾而向另一个转化。在第三部分“概念论”中，一方面，对方即是自身，另一方面，对方和自身并非没有区别和矛盾。所以，从“存在”经“本质”到“概念”的整个过程，就是一个对立面矛盾同一的过程；亦即由范畴间表面上缺乏内在联系和内在矛盾到对立面的内在联系和内在矛盾之“明白建立”，又到对立面之绝对同一的过程；同时，“存在”、“本质”、“概念”各阶段，又各自成为一对立面矛盾同一的过程。正因为如此，我们在这一章中所讲的内容，就不可能只限于逻辑学的第二部分，它实际上涉及逻辑学的整体。

资产阶级学者如开尔德（E. Caird）、瓦莱士、斯退士等人认为“存在论”是关于素朴意识之研究，“本质论”是关于科学思想之研究，“概念论”是关于哲学思想之研究。例如开尔德说：“存在”的阶段“相当于我们对事物之最简单的和最素朴的意识”，“本质”的阶段“一般相当于科学的或反省的意识”，“概念”的阶段“相当于哲学”①。瓦莱士说：“第一阶段讨论呈现于感官活动之前的素朴思想”，“第二阶段——本质的存在的阶段——讨论科学的、反省的、或间接的思想”，第三阶段相当于“哲学的或玄思的科学”②。斯退士也说：“存在的范畴粗略地说，是常识和不反省的意识运用来认识世界的概念，本质的范畴是科学所运用的概念，概念的范畴是哲学所运用的概念。”③ 他们的这些看法是很不确切的。难道“存在”阶段的范畴如质、量、度等等，以及“本质”阶段的范畴如本质和现象、原因和结果等等，不是哲学概念吗？他们不加分析地把常识、科学和哲学作了形而上学的割裂，他们既没有说明从“存在”到“本质”又到“概念”的整个过程是一个对立面矛盾同一的过程，也不了解这三个阶段中的每一阶段又都各自成为一个对立面矛盾同一的过程，更不懂得对立面矛盾同一的规律贯穿于全部认识过程之中。

---

① 开尔德：《黑格尔》，166 页，伦敦，1883。

② 瓦莱士：《黑格尔哲学及其逻辑学研究导论》，304、306 页。

③ 斯退士：《黑格尔哲学》，129 页。

二、具体概念是对立面的同一

黑格尔认为，“具体概念”就是“对立面的同一”。他在断言“具体的同一”是“包含有差异于其自身”的同一之后，曾对“差异”这个概念进行了分析。《小逻辑》和《大逻辑》对于“差异”所分的三个阶段不完全一致，但这两部著作都同样把“杂多”和“对立”两阶段包含在“差异”之内，并且都同样把“杂多”的阶段列在“对立”阶段之前（像整个逻辑学中各个概念间联系和转化的顺序一样，这里所谓前后，不是指时间上的前后，而是指超时空的纯思维或纯知识的发展的阶段性）。所谓“杂多的差异”就是指不同方面或不同事物间“各自独立，其性质与别物发生关系后互不受影响，而这关系对于双方是外在的”①。所谓“对立的差异”就是指不同的双方是彼此正相反对的两对立面，亦即肯定和否定或正和反两方面的对立；在“对立”中的双方，则不是像在“杂多”阶段那样各自独立，只有外在的关系，而是彼此间保持一种本质的、内在的关系，其中“每一方面均借对方而反映其自身，只由于对方的存在而保持其自身的存在。因此，本质的差异即是‘对立’。在对立中，相异者不是任一别物，而是与它正相反对的别物，这就是说，每一方面只由于与另一方面有了关系方得到它自己的性格，此一方面只有从另一方面反映回来，方能自己照映自己。另一方面亦然。这样每一方面都是对方自己的对方”②。“不可认为对立的任何一方有其本身的自存性，或认为任何一方在其孤立的状态下有其本质性与真实性。”③“上就是非下；上的规定在于它不是下，有上就是因为有下，反过来也是一样；在每一个规定中包含着它的对立面。父亲是儿子的另方，儿子又是父亲的另方……同时每一个规定所以存在只是由于它同另方发生关系。”④ 这里，黑格尔关于“杂多”和“对立”的理论的中心思想就是说：纷然杂陈、彼此外在的诸不同方面（“杂

---

① 黑格尔：《小逻辑》，260 页。

② 同上书，263 页。

③ 同上书，115～116 页。

④ 《大逻辑》，见《黑格尔全集》，格洛克纳本，第 4 卷，70 页。译文引自《黑格尔〈逻辑学〉一书摘要》，见《列宁全集》，中文 1 版，第 38 卷，148 页。

多”）是没有有机联系的，是并不互相依存的，也就是说，它们之间没有“具体的同一性”①。不同方面之间的“具体同一性”，归根结底，就是指对立方面之间的同一性。就因为如此，黑格尔在把“具体概念”界说为“不同的规定之统一”的同时，又进一步把它规定为“对立面的统一”②。他说：“凡一切真实之物都包含有相反的成分于其中。”③“具体者就是有规定性的普遍者，因此包含有它的对方在内。”④“材料，即在一个关系中对立的诸规定。”⑤ 正是根据这一理论，黑格尔一方面比较笼统地断言“具体概念”（亦即“绝对观念”）是存在、无、质、量、本质、现象等许多不同规定的统一体，一方面又进一步把这许多不同的规定归结为一系列的对立面。他说，“概念”是“存在”和“本质”两对立面的统一，“度”是“质”和“量”两对立面的统一，“实在”是“本质”和“现象”两对立面的统一，如此等等。

既然“具体概念”（具体真理）是对立面的统一，那么，认识当然也应该以把握对立面的统一为目标。所以在黑格尔看来，逻辑学的唯一目标也可以说就是认识和把握对立面的统一。“认识甚或把握一个对象，也就是要觉察到此对象为相反的成分之具体的统一。”⑥“玄思思维（指认识的最高阶段，详后——引者）的本性完全在于：在对立环节的统一中把握它们”⑦，“理性的玄思真理即在于将对立的双方统摄在自身之内，作为两个构成的环节。”⑧“玄思的阶段……于概念的对立中认识到它们的统一。”⑨“逻辑指出凡仅仅是主观的主观性，仅仅是有限的有限性，仅仅是无限的无限性以及类似的观念，皆没有真理，且陷于自相矛盾，而需过渡到它们的对方。于是这种过渡和对立的两面之被扬弃为假象或环节的统一，便启示其自身作为它们的真理。”⑩

① 黑格尔：《小逻辑》，263 页。

② 《大逻辑》，见《黑格尔全集》，格洛克纳本，第 4 卷，55、177 页；并参阅《小逻辑》，401 页。

③ 黑格尔：《小逻辑》，144 页。

④ 黑格尔：《哲学史讲演录》，第 1 卷，76 页。

⑤ 《大逻辑》，见《黑格尔全集》，格洛克纳本，第 6 卷，342 页。

⑥ 黑格尔：《小逻辑》，144 页。

⑦ 《大逻辑》，见《黑格尔全集》，格洛克纳本，第 4 卷，177 页。

⑧ 黑格尔：《小逻辑》，195 页。

⑨ 同上书，192 页。

⑩ 同上书，402 页。

这样，黑格尔逻辑学的概念系列，就不仅一般地说，是“具体概念”所包含的许多不同逻辑规定间彼此联系、转化和统一的过程，而且更具体地说，是“具体概念”所包含的两相对立的逻辑规定间彼此联系、转化和统一的过程。

黑格尔关于具体真理都是对立面的统一的思想，得到了马克思列宁主义经典作家的肯定。因为在客观实际世界中，任何具体事物的确都是对立面的统一。列宁说得很明确：“事物（现象等等）是对立面的总和与统一。”① “对立面的同一……就是承认（发现）自然界（精神和社会都在内）的一切现象和过程具有矛盾着的、相互排斥的、对立的倾向。”②

曾经有过这样一种意见，认为马克思主义的同一性原理不能应用于一些彼此对立的现象。主张这种意见的人说，把战争与和平、资产阶级与无产阶级、生和死这样一些现象看成是同一的，就是滥用黑格尔的术语，不是马克思主义，因为这些现象既然彼此对立、互相排斥，那就不能是同一的。

这种看法既没有了解黑格尔哲学的合理内核，也否认了马克思列宁主义经典作家所一再强调的辩证法的“具体的同一”。因为“具体的同一”实际上就是互相排斥、彼此对立的两方面的同一。

“具体的同一”是和“抽象的同一”相对待的。在欧洲哲学史上，黑格尔第一个站在唯心主义立场上系统地表述了这两种同一性，他说：“抽象的同一”（黑格尔有时也称之为“形式的同一”或“知性的同一”）就是“孤立于异之外的同一性”③，它“坚执着固定的特性，和各特性间彼此的分别”④。它要求思想、概念的“坚定性和确定性”⑤。黑格尔认为在一定范围中，这种同一性对于认识是必要的；但是，黑格尔也认为这种同一性只能在一定范围内起作用，它“并非究竟至极之物，而乃是相对有限之物”⑥。如果把这种同一性绝对化——形而上学化，认为世界上各个事物、现象、概念之间都有一种绝对的、不可逾越的鸿沟，认为此物和彼物是绝对不互相依存、互相转化的，这种观点是不正确的。黑格尔认为，现实的任何

① 《黑格尔〈逻辑学〉一书摘要》，见《列宁全集》，中文1版，第38卷，238页。
② 《谈谈辩证法问题》，见《列宁全集》，中文1版，第38卷，407～408页。
③ 黑格尔：《小逻辑》，256页。
④ 同上书，183页。
⑤ 同上书，184页。
⑥ 同上书，187页。

事物都是“具体的同一”，亦即“包含殊异于其自身”的同一或“对立面的同一”。黑格尔主张辩证法的“具体的同一”，反对形而上学的“抽象的同一”。他说：“勿把同一认作抽象的同一，认作排斥一切‘异’的‘同’。这是使得一切坏的哲学有别于那唯一值得称为哲学的哲学之关键。”① 显然，黑格尔所谓“坏的哲学”就是指形而上学，所谓“唯一值得称为哲学的哲学”是指他的唯心主义辩证法。黑格尔在这里关于“抽象同一性”的批评和关于“具体同一性”的主张是合理的，尽管他是在唯心主义基础上论述这个问题的。马克思主义经典作家在驳斥了黑格尔哲学的唯心主义之后，曾吸取黑格尔关于“具体的同一”的基本思想，并第一次提出了唯物主义的“具体的同一”说。恩格斯认为，形而上学的“抽象的同一性”（a=a；反过来说，a不能同时等于a又不等于a）“在有机界中同样是不适用的。植物，动物，每一个细胞，在其生存的每一瞬间，都既和自己同一而又和自己相区别”②。“就是在无机界中，抽象的同一性实际上也是不存在的。”③ “最近自然科学从细节上证明了这样一件事实：真实的具体的同一性包含着差异和变化。”④ （着重号是引者所加）“同一性自身中包含着差异性。”⑤ 列宁在《黑格尔〈逻辑学〉一书摘要》中曾一再摘录黑格尔批评“抽象同一性”的片段，并且往往表示了赞同的态度。举一个例子。列宁在摘录了黑格尔“挖苦”那种“非此即彼”的形而上学同一性思想的一段话之后，写道：“这是机智而正确的。任何具体的东西、任何具体的某物，都是和其余的一切处于相异的并且常常是矛盾的关系中，因此，它往往既是自身又是他物。”⑥ 列宁这段话实际上就是对辩证法的“具体同一性”的说明，这个说明显然吸取了上引黑格尔关于“具体同一性”的界说的合理之处。恩格斯和列宁的意思都是说：任何具体事物都是有差别的两方面的统一体，一方面是它自身，一方面又是和它自身有差别的他物。仅只是自身而不包含“他物”，不以“他物”为自己的组成部分的抽象事物是没有的。所以列宁说：“‘他物’是自己的他物，是向自己的对立面的发展。”⑦

---

① 黑格尔：《小逻辑》，258页。

②③ 恩格斯：《自然辩证法》，见《马克思恩格斯选集》，1版，第3卷，537页。

④ 同上书，538页。

⑤ 同上书，537页。

⑥ 《黑格尔〈逻辑学〉一书摘要》，见《列宁全集》，中文1版，第38卷，144页。

⑦ 《黑格尔〈哲学史讲演录〉一书摘要》，见《列宁全集》，中文1版，第38卷，288页。

能不能认为“杂多的差异”也有具体的同一性呢？不能这样说。互相区别的双方的具体同一，事实上只能是彼此对立、相互排斥的双方的同一；不具有对立关系的其他任何纷然杂陈的相异的东西，是并不互相依存的。例如战争和鸡蛋，父亲和石头，只是些纷然杂陈的东西，是“杂多的差异”，而不是相互对立、相互排斥的两种现象，它们之间没有“同一性”，没有相互依存的性质。难道我们能够设想，没有鸡蛋就没有战争，没有父亲就没有石头吗？这只能是笑话而已。战争和鸡蛋、父亲和石头都是各自独立，互不相关的。反之，像战争与和平、父亲和儿子、资产阶级与无产阶级、生和死、上和下、顺利和困难等等现象则是彼此对立、互相排斥的，但它们同时也是同一的。如果根本没有战争，就没有与战争相对待意义上的和平；如果没有儿子，也就没有父亲，虽然可以有没有儿子的人存在；没有资产阶级，就没有无产阶级，没有无产阶级也没有资产阶级；没有上就没有下，没有下也没有上；没有顺利，无所谓困难，没有困难也无所谓顺利；没有生没有死，没有死也没有生。所有这些现象间的关系都可以归结为正和反、肯定和否定、自身和他物的对立关系。显然，正和反、肯定和否定、自身和他物是相互依存的，这也就是说，它们是具体同一的。总之，纷然杂陈、没有对立关系的相异的东西之间，没有“具体同一性”，只有对立着的双方之间才有“具体同一性”。这是马克思主义辩证法的“具体的同一”说的一个原则。列宁在摘录黑格尔批评形而上学思想不理解单一的东西同时又是普遍的东西的一段话时，在旁注中说：“抽象和对立面的‘具体统一’。绝妙的例子：最简单而又最清楚。”① 列宁在这里正是把“单一”与“普遍”这两个“对立面”的统一当做“具体统一”（统一和同一是一个意思）的“绝妙例子”来看待的。正是在这一点上，黑格尔是正确的。因为黑格尔关于“杂多”和“对立”的理论的中心思想就是要说明：纷然杂陈、彼此外在的不同方面（“杂多”）是没有“具体同一性”的，只有对立着的方面之间才有“具体同一性”。那种认为对立面不能有同一性，认为马克思主义辩证法的同一性原理不能应用于彼此对立的现象的看法，是直接违反马克思列宁主义经典作家对于辩证法同一性的解释的。有这种看法的人，不能理解黑格尔关于“具体概念”是对立面的统一这一学说的合

① 《黑格尔〈逻辑学〉一书摘要》，见《列宁全集》，中文1版，第38卷，213页。

理之处，他们所了解的同一性实际上只是“抽象同一性”，而不是“具体同一性”。

三、离开了对立面的同一，就不可能理解矛盾

黑格尔关于内在矛盾的思想，是和他的“具体的同一”说紧密联系的。

“抽象的同一”既然是排斥了差别和对立面的同一，那就说不上什么内在矛盾，内在矛盾只能是有差别的和对立着的双方之间的矛盾。换言之，只有具有“具体同一性”的双方，只有对立着的双方，才能有内在矛盾。所以黑格尔说：“如果任何事物是和自身同一的，那它就是没有差别的，就是没有对立的，也就没有根据。”① 黑格尔这句话的意思也就是说，如果事物是抽象的同一，那它就没有矛盾（在黑格尔逻辑学中“根据”的概念，是“对立”、“矛盾”的概念发展的必然的、直接的结果）。黑格尔又说：“内部的、固有的自己运动、一般的冲动……不外是由于在同一关系中存在着某物自身和它的空无，即某物自身的否定的一面（这就是‘具体同一性’的意思——引者）。抽象的自我同一，还不是生命力，但因为肯定的东西在自身中就具有否定性，所以它可以超越自身之外，并引起自己的变化。”② 黑格尔这段话更具体地说明了事物的矛盾发展和对立同一之间的不可分离的关系。

是否可以认为任何纷然杂陈、彼此间没有具体同一性的不同现象或方面本身可以有内在矛盾呢？也不能这样看。矛盾只能是两个对立面相矛盾。毛泽东同志说：“一切过程中矛盾着的各方面，本来是互相排斥、互相斗争、互相对立的。”③ 没有具体同一性的双方，或者说，不是对立统一着的双方，其间无所谓矛盾。例如父亲和石头，它们各自独立、互不相干，它们不是对立的两个方面，彼此没有具体同一性，因此，其间也无所谓矛盾。父亲作为父亲，只能和他的对立面——儿子发生矛盾。如果某一个做父亲的人偶然碰着了

① 《大逻辑》，见《黑格尔全集》，格洛克纳本，第4卷，507页。

② 同上书，547页。译文引自《黑格尔〈逻辑学〉一书摘要》，见《列宁全集》，中文1版，第38卷，146页。

③ 《矛盾论》，见《毛泽东选集》，第1卷，302页。

一块石头，我们当然应该承认这两个相异的东西之间发生了矛盾，但这里与石头发生矛盾的东西只是一个块然的物质体，它并不是作为父亲而和石头相矛盾。矛盾的一方是作用，另一方是反作用；作用与反作用这两方面仍然是对立的。我们必须承认，矛盾是普遍的，任何差异都包含有矛盾，但它们二者是作为互相对立的两方面而矛盾着的，而不能是作为两个各自独立、纷然杂陈的现象而矛盾着。我们决不能想象有像战争与鸡蛋、父亲与石头这样一些互不对立、互不相干的现象之间的矛盾。有这样一种意见，认为矛盾不仅发生在对立面之间，而且也发生在不相对立的差别之间。如果这种意见中所谓“对立面”是指“对抗性”，所谓“差别”是指“非对抗性”，那么，说矛盾不仅有对抗性矛盾，而且也有非对抗性矛盾，这个意思是完全正确的，只是用语上不够确切。但如所谓“对立面”只是指现象的“极性”或正反两“端点”，则无论对抗性矛盾或非对抗性矛盾都是对立面之间的矛盾，因为只要是矛盾，总是一方面和另一方面作对，否则就不叫矛盾。

黑格尔关于只有对立面的具体同一才有矛盾发展的思想，关于对立面的矛盾和对立面的统一不可分离的思想，是很深刻的。列宁说：“要认识世界上一切过程的‘自己运动’、自生的发展和蓬勃的生活，就要把这些过程当做对立面的统一来认识。”① 所以，离开了对立面的统一就没有矛盾，我们也不可能理解矛盾。

有一种意见，认为黑格尔在逻辑学中把同一放在差别、对立和矛盾之前，这就表明在黑格尔看来先有一个无矛盾的同一阶段，然后才出现矛盾。这种看法是对于黑格尔逻辑学的误解。事实上，黑格尔虽然把同一放在“差别”、“对立”和“矛盾”之前（《大逻辑》的分法是：A. 同一；B. 差别——a. 绝对差别，b. 杂多，c. 对立；C. 矛盾。《小逻辑》的分法是：A. 同一；B. 差别——a. 直接的差别——杂多，b. 本质的差别——对立，c. 矛盾。《大逻辑》与《小逻辑》的分法不同，不过二者都同样把“同一”放在这几个概念的最前面），但他所主张的同一不是抽象的同一，而是具体的同一，他在讲“同一”时，着重批评了排斥差别和对立的抽象的同一，他把这种同一与包含差别和对立的具体同一尖锐地对立起来，认为世界上的事物都是具体的同一，没有一件事物是按照抽象的同一存在的。

---

① 《谈谈辩证法问题》，见《列宁全集》，中文1版，第38卷，408页。

所以黑格尔虽然是从同一讲起，然后才讲到矛盾，但这并不表示他主张有一个不包含差别、对立和矛盾的先行阶段；反之，从他的“具体的同一”说看来，他从“同一”讲起，实际上正表示他是从处于潜在状态的差别、对立和矛盾出发（在黑格尔逻辑学的概念系列中，大体上讲来，较低的、在前的概念是较高的、在后的概念之潜在，这一点，下章将比较详细地解释）。不潜藏着差别、对立和矛盾的抽象同一性，不可能必然地发展、转化为差别，它决不可能在黑格尔逻辑学的概念系列中占有任何地位。黑格尔说：“如有人问：‘同’如何会发展成‘异’呢？他在这问题里便预先假定了仅仅的同或抽象的同是某种本身自存之物，同时复假定了‘异’也是另一种同等地独立自存之物。这种假定便使得对于上面所提出的问题的解答不可能。……因为对那问如何进展的问题的人，那进展的出发点便不存在。这种问题，试细加考察，将会证明为显然的没有意义的问题……他所认为的同一，其结果乃是毫无内容，而同一对他不过是一空名而已。”① 黑格尔把同一和差别、对立、矛盾密切联系起来，认为在同一中即潜藏着差别、对立、矛盾，差别、对立和矛盾由同一发展而来，这是黑格尔关于对立面的同一和矛盾学说中的合理思想和超过前人之处。把同一和矛盾割裂开来，认为先有同一，然后才有矛盾，这种看法是黑格尔所反对的。谢林的同一哲学就是如此。谢林认为先有“绝对”或“同一”，然后才有矛盾。所以黑格尔说：在谢林那里，“绝对是黑夜，而光明（指差别、矛盾而言——引者）较黑夜晚出；二者的区别一如光明之由黑夜中跨出，是一种绝对的差异——无是第一者，一切存在、有限之物的一切多样性都从无中生出来”②。在《精神现象学》中，黑格尔也曾讽刺谢林的“A＝A”式的、不包含任何差别和矛盾的“同一”或“绝对”是“黑夜”。黑格尔认为区别、矛盾就包含在“同一”或“绝对”之内，不是先有同一，后有区别、矛盾，先有“绝对”，后有有限。所以黑格尔说：“哲学的任务在于把这些前提结合起来，把存在设立在非存在中作为变，把差异设立在绝对中作为它的现象，把有限设立在无限之物之中作为生命。”③ 即是说，哲学的任务是要把存在和非存在、有限和无限等等有差别的现象结合起来，这样的“绝对”才是有生

---

① 黑格尔：《小逻辑》，259页。

②③ 《费希特与谢林哲学系统的差异》，见《黑格尔全集》，格洛克纳本，第1卷，49页。

命的。尽管黑格尔整个体系受了谢林的“同一哲学”的影响，特别是关于矛盾最终调和的思想，但黑格尔反对谢林所谓先行于矛盾的“同一”，这一点也是我们所应当注意的。

资产阶级学者抹煞黑格尔辩证法的“合理内核”，他们完全不能理解黑格尔逻辑学中“矛盾”学说的重要意义，更不懂得黑格尔关于“矛盾”从“同一”（“具体的同一”）发展而来，“同一”（“具体的同一”）中即包含“矛盾”的辩证思想。斯退士在“差别”中列了三个范畴：（一）“杂多”，（二）“相似”和“不相似”，（三）“肯定”和“否定”（指“对立”）。在他看来，“对立就是差别之最后的和完成了的形式，并且，我们现在就可从差别的范围过渡到根据的范围”①。斯退士歪曲了事情的真相，把黑格尔逻辑学中的一个重要范畴“矛盾”完全抹煞了。斯退士是根据《小逻辑》讲黑格尔逻辑学的范畴演绎的，但是黑格尔在《小逻辑》中明明白白地说道：“矛盾是推动整个世界的原则，说矛盾不可设想，那是可笑的。我们只可以正确地说，矛盾并不是究竟至极的，矛盾会扬弃它自己。但这被扬弃的矛盾并不是抽象的同一，因为抽象的同一只是对立者之一面。被建立为矛盾的对立的最近结果是根据。”② 显然，按照黑格尔的原意，“矛盾”由“对立”发展而来，只有发展成为“矛盾”的“对立”，其“最近结果”才是“根据”；“根据”是“被扬弃的矛盾”。所以，仅从黑格尔这段关于从“差别”到“根据”的过渡所说的话，也可以看得很清楚，“差别”中包含有“矛盾”。斯退士完全把“矛盾”从黑格尔逻辑学的概念系列中抹去，足见他根本不理解“矛盾”在黑格尔逻辑学中的重要意义，他当然更不懂得“矛盾”即包含于“同一”（“具体的同一”）和“差别”之中。库诺·费舍在这一点上倒是比斯退士理解得正确些，他认为在《小逻辑》中，“差别”之下所属的范畴包含：（一）“杂多”，（二）“对立”，（三）“矛盾”。把“矛盾”列入逻辑学的概念发展系列，这无疑是对的。但他对于“同一”包含着“差别”、“对立”和“矛盾”，则还是没有认识。他说：由于在《小逻辑》中，“杂多”、“对立”和“矛盾”“这三种形式属于一个组并且构成一个发展着的系列中的环节，而这个系列的共同主题是差别，所以在《百科全书》的逻辑（指《小逻辑》——引者）

① 斯退士：《黑格尔哲学》，188页。

② 《小逻辑》，见《黑格尔全集》，格洛克纳本，第8卷，280页；并参阅《小逻辑》，267页。

中对它们的理解要比在《大逻辑》中正确些，《大逻辑》在自己的安排中，把差别和矛盾彼此分裂了”[①]。库诺·费舍所谓的“分裂”实指《大逻辑》在范畴的安排上不同于《小逻辑》:《大逻辑》不像《小逻辑》那样把“矛盾”列入“差别”之下，而把“矛盾”列为比“差别”更高的另一阶段（《大逻辑》的分法是：A. 同一，B. 差别，C. 矛盾——详细情况见前）。我们很难说明《大逻辑》和《小逻辑》这种在分法上不相同的理由，但无论如何可以肯定一点，即《大逻辑》和《小逻辑》一样主张“同一”是“具体的同一”，在“同一”中即包含有“差别”和“矛盾”，“矛盾”由“差别”发展而来，“差别”由“同一”发展而来。《大逻辑》曾明白指出过这样的思想：如果没有“具体的同一”，就没有“差别”，没有“对立”，没有“矛盾”和“根据”[②]。库诺·费舍显然没有根据黑格尔逻辑学中关于在前的概念潜藏着在后的一切概念的原理来认识“同一”、“差别”和“矛盾”的关系。他仅从形式上看问题，以为《大逻辑》没有像《小逻辑》那样把“矛盾”列入“差别”之内，那就是把二者“分裂”开来了，这种看法是错误的。按照他的理解推论下去，那么，无论在《大逻辑》或《小逻辑》中，“同一”和“差别”也是“分裂”开来的（因为二者在分法上都没有把“差别”列在“同一”之内，而是把它列为比“同一”更高的另一阶段）。这显然是不正确的。从这里，我们也就更可以看清库诺·费舍不懂得黑格尔关于“同一”中即包含“差别”和“矛盾”，以及“同一”发展为“差别”、发展为“矛盾”的辩证思想，尽管他在他的《近代哲学史》中也提到了黑格尔关于“具体的同一”和“抽象的同一”的区分。[③] 另一位资产阶级学者麦克塔加尔特在这方面表现得尤为突出，他竟认为黑格尔的“对立”和“矛盾”两范畴是无效的，他主张范畴的“过渡，应该从‘杂多’直接到‘根据’”[④]。他除作了一些脱离实际的概念分析外，没有举出任何理由。他这样的主张，完全割掉了黑格尔逻辑学中活的合理的东西，而只留下一些按照纯粹概念推演构成的枯死的骨架。从这些例子可以看到资产阶级学者如何抹煞黑格尔“矛盾”学说的重要性，如何不理解黑格尔关于“矛盾”即潜藏于“同一”之中以

---

① 库诺·费舍：《近代哲学史》，第 8 卷，492 页。
② 《大逻辑》，见《黑格尔全集》，格洛克纳本，第 4 卷，507 页。
③ 参见库诺·费舍：《近代哲学史》，第 8 卷，491 页。
④ 麦克塔加尔特：《黑格尔逻辑学评注》，116 页，并参阅 115 页。

及“矛盾”从“同一”发展而来的深刻辩证法！

黑格尔把我们对矛盾的认识分为三个阶段：（一）普通的“表象”（Das Vorstellen）虽然实际上到处都以矛盾为自己的内容，可是它不能意识到矛盾；它所看到的只是“杂多”，它对“杂多的差异”作外在的比较，把相似和不相似这两种规定对立起来，而看不到二者之间的相互转化，从而也看不到这种相互转化中所包含的矛盾，看不到任何差异中都包含有矛盾。（二）“机智的反思”（Die geistreiche Reflexion）虽然比“表象”进了一步，它理解到矛盾，把矛盾表述了出来，但它只是一种主观的往复辩难之术，缺乏真实内容，它还“没有表现事物及其关系的概念”①。（三）只有“思维的理性”（Die denkende Vernunft）才“可以说使杂多物的迟钝的差别尖锐起来，使表象的单纯多样性尖锐起来，让它们达到本质的差别即对立。多样性的东西，只有当推进到矛盾的顶端，才在相互关系中成为活动的和有生命的，才在矛盾中保持否定性，此否定性乃是自我运动和生命力的内在脉搏”②。这就是说，只有辩证法的思想才能从“杂多”中看到“对立”，看到“矛盾”；只看到“杂多”，不能说是看到活生生的东西，只有看到“对立”、“矛盾”，才是看到了活生生的东西。

黑格尔关于一切差异都包含有矛盾的思想，是很深刻的。毛泽东同志说：“世界上的每一差异中就已经包含着矛盾。”③ 列宁在摘录上引黑格尔的话之后写道：“普通的表象所把握的是差别和矛盾，而不是前者向后者的转化，可是这却是最重要的东西。”④ 列宁的意思也是说，差别中包含有矛盾，所以差别可以转化为矛盾。

四、矛盾是一切有限事物自我运动的根源

由于黑格尔的“具体概念”是对立面的统一，是具有内在矛盾的，因此，“具体概念”不是静止的，而是能转化、推移和发展的。

① 《大逻辑》，见《黑格尔全集》，格洛克纳本，第 4 卷，549 页。

② 同上；并参阅《黑格尔〈逻辑学〉一书摘要》，见《列宁全集》，中文 1 版，第 38 卷，149 页。

③ 《矛盾论》，《毛泽东选集》，第 1 卷，282 页。

④ 《黑格尔〈逻辑学〉一书摘要》，见《列宁全集》，中文 1 版，第 38 卷，149 页。

“具体概念”本身是一种运动、一种过程，它是“有生命的”，它“自身冲动，自身发展，所以作为自身具体、自身发展的理念，乃是一个有机的系统，一个全体，包含很多的阶段和环节在它自身内”①。这样，黑格尔逻辑学的全部内容，既可说是对于它所包含的各种不同逻辑规定间如何相互联系、如何有机统一着的情况的描述，也可说是对于这些逻辑规定间相互转化、推移和发展的过程的描述。所以黑格尔说，他的逻辑学、哲学就是对于“具体概念”的这种发展的认识，就是“认识具体事物发展的科学”②。“具体概念”发展的过程，如前所述，是一种由抽象到具体的过程，而内在矛盾就是推动“具体概念”沿着这条途径上升和发展的动力。

举“纯存在”、“无”、“变”这一组概念为例：“纯存在”是逻辑学中最初的一个概念。所谓“纯存在”，就是撇开各个事物或各类事物的任何特点，而仅仅说出一切事物都是存在的这个最一般的共同点，它除了一般地断言“有”（“存在着”）那么一个东西之外，再也“没有任何进一步的规定”③，它是白的还是黑的，是大的还是小的，甚至是生物还是非生物，都无所肯定。本来，“存在”（“有”）这个概念，我们也是承认的，但我们认为它是人的头脑对一切客观事物的一般共同点（一切事物都是存在的）的反映，它是第二性的。黑格尔所讲的“纯存在”则是第一性的所谓“纯粹概念”，至于客观事物的一般共同点，在他看来，不过是“纯存在”这个概念的外部表现。

黑格尔认为，“纯存在”既然没有任何进一步的规定，那它就是“最抽象亦最空疏”④ 的概念，凡是“想对于‘存在’加以进一步较具体的规定的说法，均足以使‘存在’失其为刚才所说的最初的直接性的‘纯存在’”⑤。所以就“存在”之为纯粹无规定性而言，我们正可以说“存在”的特性是“无”⑥，这也就是说，“纯存在”这个概念本身包含着和自己有差别并和自己对立的方面——“无”。所以黑格尔说：“存在之为存在并非固定之物，亦非究竟至极之物，而乃是有矛盾性，要过渡到它的对方的。‘存在’之对方，亦就其直接

①② 黑格尔：《哲学史讲演录》，第1卷，32页。

③ 《大逻辑》，见《黑格尔全集》，格洛克纳本，第4卷，87页。

④ 黑格尔：《小逻辑》，200页。

⑤ 同上书，203页。

⑥ 同上书，202页。

性而言，即是‘无’。”① “纯存在”就这样地由于内在矛盾的推动而过渡到了“无”。“无”并非绝对地没有，它“只是空虚的‘存在’”②。这也就是说，“无”这个概念本身也包含着和自己有差别并和自己对立的方面——“存在”。所以“无”本身亦非究竟至极之物，它的内部也有矛盾。根据上面的分析，黑格尔说：“所以‘存在’中有‘无’，‘无’中有‘存在’，而在‘无’中能保持其自身之‘存在’，即是变易。”③ 这样，由于“存在”和“无”两对立面之间的内在矛盾，黑格尔逻辑学的概念系列就从最抽象的概念——“纯存在”推移到了“第一个具体思想”④——“变”。至于“变”以后的一切概念矛盾发展的过程，大体上讲来，也是如此。

可以看到，黑格尔逻辑学中诸概念的矛盾发展，完全不是对客观物质世界发展过程的反映和总结，而是纯概念的分析和纯逻辑的推演。费尔巴哈在《黑格尔哲学批判》中指出，黑格尔的“纯粹的存在”是没有的，他所说的“无”也是一种“绝对的自我欺骗”⑤，至于存在和无之间的对立、矛盾也不是真实的，而“只存在于表象中”⑥。的确，像黑格尔所主张的那种所谓“纯概念”是没有什么对立和矛盾可言的，概念的矛盾发展只能是客观物质世界的矛盾发展的反映。从这一点看，费尔巴哈对黑格尔的批评可以说是一针见血。可惜费尔巴哈的批评有片面性，他抹煞了黑格尔思想中合理的东西。因为尽管黑格尔所说的是“纯概念”间的矛盾发展，但他在这里却表达了一个重要的思想，即一物（例如“存在”）自身内部包含了自身的否定（例如“无”），因而一物必然因内在矛盾的推动而转化、发展为他物。费尔巴哈在批判黑格尔唯心主义的同时，却不懂得客观事物中的确存在着存在与无之间的统一与矛盾，不懂得从黑格尔的辩证法思想中撷取合理的东西。费尔巴哈说：“无”之出现于我们的表象之中，犹之鬼怪出现于我们的表象中一样，我们不能因此说鬼怪是真实的，同样，我们也不能说“无”是实际的。“‘无’与思辨想象的鬼怪事实上又有什么不同呢?”⑦ 费尔巴哈显然不了解“无”和“鬼怪”毕竟还有区别。“无”事实上也是事物的一个规定

① 黑格尔：《小逻辑》，202 页。

②③④ 黑格尔：《小逻辑》，209 页。

⑤ 《黑格尔哲学批判》，见《费尔巴哈哲学著作选集》，上卷，78 页。

⑥ 同上书，82 页。

⑦ 同上书，80 页。

性，不过是一个否定的规定性罢了。黑格尔说："没有东西不是在存在和无之间的中间状态。"① 这就是说，客观事物都是"存在"和"无"的统一和矛盾。黑格尔的这个思想是辩证的。列宁在《黑格尔〈逻辑学〉一书摘要》中摘录了这句话，并注明了"注意"的字样。② 费尔巴哈显然没有看到这个辩证法。

黑格尔在逻辑学中，用了大量篇幅，说明内在矛盾是事物发展的源泉。在《小逻辑》中，黑格尔说："辩证法……为支配一切事物和整个有限世界的法则。……辩证法乃是一种内在的超越（immanente Hinausgehen），由于这种内在的超越历程，知性概念的片面性和狭隘性的本来面目，换言之，知性概念的自身否定性就表明了。因为，凡有限之物莫不扬弃其自身。这样看来，辩证法构成科学进步之推动的命脉。唯有凭借辩证法，科学内容才能达到内在联系和必然性。……辩证法是实在世界中一切运动，一切生命，一切事业之推动的原则。同样，辩证法又是知识范围内一切真正科学知识的灵魂。……凡有限之物不仅是受外面的限制，而乃为它自己的本性所扬弃，由于自身的活动自己过渡到自己的反面。所以，当我们譬如说，人是要死的，似乎以为人之所以要死，是由于外在的环境，照这样看法，人具有两种特性：有生亦有死。但这事的真正看法应该是说，生命本身即具有死亡的种子。凡有限之物即是自相矛盾的，由于自相矛盾而自己扬弃自己。"③ "举凡环绕着我们的一切事物，均可以认作是矛盾进展（'矛盾进展'和'辩证法'原文是一个词——引者）法则的一个例证。我们知道，一切有限之物并不是坚定不移，究竟至极的，而乃是变灭无常的。而有限事物的变灭无常不是别的，即是有限事物的辩证［或矛盾进展］。有限事物，本来以他物为其自身，由于内在的矛盾，便被迫而超出当下的存在，因而过渡到它的反面。……矛盾是一普遍而无法抵抗的力量，在这个大力之前，无论表面上如何稳定坚固的事物，没有一个能够支持不动摇。"④ "由于内在矛盾，自然被迫而超出其自身。"⑤ 在《大逻辑》中，黑格尔关于内在矛盾是事物发展的源泉的原理说得更为明确。

① 《大逻辑》，见《黑格尔全集》，格洛克纳本，第 4 卷，117 页。

② 参见《黑格尔〈逻辑学〉一书摘要》，见《列宁全集》，中文 1 版，第 38 卷，108 页。

③ 黑格尔：《小逻辑》，187～188 页。

④ 同上书，190 页。

⑤ 同上书，191 页。

他说："一切事物在其自身中都是矛盾的……这一命题……是最能表现事物的真理和本质的。"① "迄今所有的逻辑以及普通的观念的主要偏见之一，就是认为矛盾并不是像同一那样的本质的和内在的规定；而实际上……矛盾是某种更深刻更本质的东西。因为同一和矛盾相反，它只是简单的直接的僵死存在的规定；而矛盾却是一切运动和生命力的根源；事物只因为在本身之中包含着矛盾，所以它才能运动，才具有趋向和活动。"② "不应当认为矛盾只是在某些地方遇到的不正常现象：矛盾是在其本质规定中的否定的东西，它是一切自己运动的原则，而自己运动就是矛盾的表现。"③ 列宁在《黑格尔〈逻辑学〉一书摘要》中摘引了黑格尔《大逻辑》中这些话，并在批注中说："运动和'自己运动'（这一点要注意！自生的［独立的］、天然的、内在必然的运动），'变化'，'运动和生命力'，'一切自己运动的原则'，'运动'和'活动'的'动机'（Trieb）——'僵死存在'的对立面——谁会相信这就是'黑格尔主义'的实质、抽象的和 abstrusen（晦涩的、荒谬的？）黑格尔主义的实质呢？？必须揭发、理解、拯救、解脱、清洗这种实质，马克思和恩格斯就做到了这一点。"④ 列宁在这里一方面赞叹了黑格尔关于"自己运动"、关于"矛盾是一切自己运动的原则"等等辩证的思想，同时，也指出了黑格尔这些辩证法思想的唯心主义、神秘主义性质。他这段话告诉我们，黑格尔关于内在矛盾是事物发展源泉的思想是和他的唯心主义、神秘主义——"抽象的和难解的、晦涩的、荒谬的黑格尔主义。紧密相连的，马克思、恩格斯在对黑格尔辩证法的唯心主义、神秘主义的彻底批判中，"揭发、理解、拯救、解脱、清洗"出了其中的"合理内核"。

这里存在着两种错误的观点。一种是否认矛盾是事物运动发展的源泉，抹煞黑格尔思想的合理部分。例如新托玛斯主义者威特尔在引证了列宁的上面那段批注之后，就大做文章，"证明""变化不包含着存在与不存在之间的实在矛盾"，"证明""运动的源泉不能在

---

① 《大逻辑》，见《黑格尔全集》，格洛克纳本，中文1版，第4卷，545页。译文引自《黑格尔〈逻辑学〉一书摘要》，见《列宁全集》，中文1版，第38卷，144页。

② 同上书，546页。译文引自《黑格尔〈逻辑学〉一书摘要》，见《列宁全集》，中文1版，第38卷，145页。

③ 同上书，547页。译文引自《黑格尔〈逻辑学〉一书摘要》，见《列宁全集》，中文1版，第38卷，146页。

④ 《黑格尔〈逻辑学〉一书摘要》，见《列宁全集》，中文1版，第38卷，147页。

于‘矛盾’”。他把存在与不存在形而上学地割裂开来，说什么“单纯的存在是无限的存在，而无限存在不能变化，因为它不包含它能由之发生（=变化）的不存在；而单纯的不存在是空无，从空无中不能产生任何东西”①。他根本不理解存在与不存在始终是矛盾的统一。

另一种错误的观点是，认为黑格尔的辩证法可以现成地拿过来应用。其实，唯心主义者黑格尔所讲的矛盾发展过程，是完全没有物质基础的，他把矛盾发展过程看做是“纯概念”的自我开展。物质、自然，在黑格尔看来，只是对立统一着和矛盾发展着的“纯概念”或“绝对精神”的“外化”，其本身则没有统一性，因而也没有矛盾发展。黑格尔自己的话：“精神的本质在于它的存在就是它的活动。反之，自然就它本身说来，它的变化因此只是些重复，它的运动只是一个循环的过程。”② 所以黑格尔的矛盾发展学说，就其唯心主义方面来看，是非常荒谬的。事实上，物质，自然，是永远矛盾发展着的，概念的矛盾发展不过是物质、自然矛盾发展过程的反映。黑格尔把物质，自然说成没有矛盾发展，只有“纯概念”才有矛盾发展，这种说法，当然是很错误的。黑格尔见到了世界的矛盾发展，是他的伟大之处，但他把他所见到的东西作了唯心主义的曲解。我们必须站在唯物主义的立场上，才能从其歪曲的形式下，见到他的矛盾学说的“合理内核”。黑格尔说：“通常对事物所抱的温情态度，只关心如何使事物不自相矛盾，却常常忘记这种办法是解决不了矛盾的，它只是把矛盾转移到另外一个地方，即转移到主观的或外在的反思那里……”列宁认为这段话“说得好极了!!”“这种讽刺真妙！（庸俗之辈）对自然界和历史‘抱温情态度’，就是企图从自然界和历史中清除矛盾和斗争。”③ 黑格尔这段话表明他深刻见到了事物中的矛盾，认为不该“抱温情态度”，把矛盾从事物中转移到主观思想中；但是，由于黑格尔的唯心主义观点使他曲解了他所深刻地看到了的东西，使他把客观物质世界本身看成没有矛盾发展，这样，黑格尔自己实际上也成了他所讽刺的那种“抱温情态度”的人，把矛盾从自然界中清除掉了。从这里也就可以看到，唯心主义不可能有彻底的、真正的矛盾发展学说，只有辩证唯物主义才能彻底地主张客观事物内部具有矛盾，才能真正不把矛盾从客观事物中、从自

① 威特尔：《辩证唯物主义》，407 页，维也纳，1960。

② 黑格尔：《哲学史讲演录》，第 1 卷，36 页。

③ 《黑格尔〈逻辑学〉一书摘要》，见《列宁全集》，中文 1 版，第 38 卷，141 页。

然中“转移到另外一个地方”。

不仅如此，黑格尔所讲的矛盾最终是被调和了，平息了。

尽管黑格尔认为最真实的东西——“绝对”是包含矛盾在内的，是正反两方面矛盾转化的过程，但他又认为矛盾转化不是最高的、最真实的东西。在他看来，“绝对”在其自我发展过程中虽然一定要经过矛盾转化的阶段，但它又不能停留在这个阶段，它最终一定要否定和超出对立双方的矛盾转化，而只留下它们的相互依存、相互联系。所以黑格尔说：“矛盾并不是究竟至极的，矛盾会扬弃它自己。”① 又说：辩证法“不足以穷尽神性，或上帝的概念之深邃”②。所谓“神性”或“上帝的概念”，也就是指的“绝对”。黑格尔这些话的意思都是说，矛盾或辩证法在绝对真理发展的过程中，是行将消逝的东西。黑格尔把矛盾转化的阶段放在统一的阶段之前，其目的就是要把统一看成是最高的、最真实的，而矛盾转化是低级的和不真实的。事实上，黑格尔自己也明确说过：矛盾转化或辩证法是“不真实的环节”③。

马克思主义哲学认为，对立双方因矛盾斗争而相互转化，对立的一方克服另一方，从而使矛盾得到解决。但是，一个矛盾解决了，紧接着又会产生另一个新的矛盾；没有矛盾的地方，“超出”矛盾的地方，是根本没有的。黑格尔虽然承认对立双方因矛盾斗争而转化，但他要求在事物矛盾发展过程的最后，有一个安息的顶点，在那里，对立面只是相互依存、相互联系，而不再有矛盾斗争，不再有相互转化，他认为这个顶点达到之日，就是矛盾的“最终解决”之时。

黑格尔说：对立双方通过矛盾而发展，最后就会“扬弃本质的自我矛盾的规定性”，从而把肯定与否定“降低到只是规定性”，“只是环节”，而这就叫做“回到根据”，“解决”矛盾④。黑格尔这些话的意思就是说：在“根据”中，矛盾被“扬弃”了，归根结底是被否定和超出了，肯定与否定双方“只是”相互依存、相互联系的“规定性”和“环节”。所以黑格尔又说：“解决了的矛盾，就是根据，即作为肯定物与否定物的统一的本质。”⑤

① 黑格尔：《小逻辑》，267 页。
② 同上书，190 页。
③ 《大逻辑》，见《黑格尔全集》，格洛克纳本，第 6 卷，345 页。
④ 《大逻辑》，见《黑格尔全集》，格洛克纳本，第 4 卷，539、177 页。
⑤ 同上书，540 页。

大家知道，黑格尔的整个哲学体系，是由一系列越来越大的“正、反、合”组成的。一般地说，每一“正、反、合”中的“合”都是“根据”，即矛盾的“扬弃”，它虽然包含着和保存着矛盾，但又否定了和超出了矛盾，因此，正反两方在“合”中归根结底“只是”相互依存、相互联系的“规定性”与“环节”。这也就是说，“合”归根结底是矛盾的调和或平息。他自己也明白说过：在“否定之否定”（“合”）中，“矛盾不是抽象地消灭了，而是被解决了和被调和了（versöhnt）”①。

当然，在黑格尔看来，说每一较小的“合”都是“根据”，是矛盾的调和，那只是就它本身的范围之内而说的。实际上，每一事物、每一概念都不是孤立的，而是“有限的”，即是说，在它以外，还有别的事物和概念，它不过是“绝对”的一个环节。因此，它还要以更大范围的“合”作为它的“根据”②。这样，作为它自己本身范围之内的“合”，便又成了更大范围之内的“正”，它必然也由于内部矛盾而转化为“反”。所以黑格尔说，每一事物、概念的“整个范围是有限的，而这就意味着它是一个有矛盾的东西”③。“有限事物，本来以他物为其自身，由于内在的矛盾，便被迫而超出当下的存在，因而过渡到它的反面。”④ 但是，有限事物或较小的“正、反、合”的矛盾转化的过程是有止境的，这个止境就是“绝对”，它是最大的、最终的“合”，是前此一切较小“根据”的“根据”，黑格尔把它叫做“最终的根据”，因此，它也是矛盾的最后调和，是转化过程的最终点，如果说每一有限的事物或概念是矛盾的相对调和，那么，“绝对”就是矛盾的绝对调和。黑格尔的错误就在于他要求有一个最终的统一体（“绝对”），要求有一个调和了一切矛盾，平息了一切矛盾的最终点。

五、对立面的同一离不开矛盾斗争；同一不是指共同的东西

关于黑格尔的对立统一学说，还有两点值得重视。

---

① 《大逻辑》，见《黑格尔全集》，格洛克纳本，第4卷，177页。
②③ 同上书，550页。
④ 黑格尔：《小逻辑》，190页。

第一，黑格尔主张对立双方的相互依存和相互转化是同它们的矛盾斗争分不开的。黑格尔说："排斥的反思就是把肯定的东西建立为对他物（指对否定的东西——引者）的排斥，以至于这种建立（指建立肯定的东西，以排斥否定的东西——引者）直接地就是建立了它所排斥的他物。"① 这段话的意思就是说：当肯定方面排斥否定方面时，它也就同时使否定方面得以成立（"建立"）；换言之，否定方面之所以成为否定方面，就是由于被肯定方面所排斥、斗争。不仅如此，黑格尔还认为肯定的方面之所以得以成立，也是由于它对对方的排斥、斗争。他说："肯定的东西建立自身的同一性，它又由于排斥否定的东西而使自己成为某物之否定。"② 黑格尔的这些思想虽然在表述方式上比较抽象、晦涩，但他看到了对立双方的相互依存、相互联系是同它们的矛盾斗争分不开的，看到了对立双方之存在各自依赖于同对方的矛盾斗争。

与此相联系，黑格尔还注意到了对立双方的相互转化与矛盾斗争的关系。他说："转化是本质的东西，并且它包含着矛盾。"③ "假如一个存在物不能在它的肯定的规定性中同时干犯（übergreifen）它的否定的规定性，不能在他方中坚持自己并把矛盾包含在自身之内，那它就不是活生生的统一本身。"④

黑格尔看到了对立双方之间要实现相互转化，就必须通过它们彼此间的斗争（"干犯"）。这个思想也是他超过前人的地方。

第二，黑格尔反对把对立面的同一或不可分离解释为双方之间的共同的东西。黑格尔说："真理既不是存在，也不是无，真理乃在于存在已经转化到了——不是转向——无，无已经转化到了存在。但真理同样不是存在和无没有区别，真理乃在于它们不是同样的，在于它们是有绝对的区别的，但又是不相分离和不可分离的（ungetrennt und untrennbar），并且每一方直接地消失于它的对方之中。所以，存在和无的真理就是一方直接消失于他方的这个运动，即变。"⑤ 仅从这段话也就可以看到，黑格尔在谈到存在和无的"不相分离和不可分离"时，根本不是说的二者之间的"共同的东西"。他明确肯定二者"不是同样的"，而是"有绝对的区别的"，而所谓

①② 《大逻辑》，见《黑格尔全集》，格洛克纳本，第4卷，536页。

③ 同上书，549页。

④ 同上书，547页。

⑤ 同上书，88～89页。

"不相分离和不可分离"，乃是说具有绝对区别的存在和无，同时又具有"不相分离和不可分离的"联系。

在对上引这段话的解说中，黑格尔更明白反对把"不相分离性和不可分离性"或"同一"了解为不同东西中的"共同的东西"。黑格尔说："这里还要特别提一下这个可以说是不幸的字眼：统一（Einheit）。统一比同一（Identität）更是指一种主观的反思，它主要被看成是从比较中、从外在的反思中产生的关系。当外在的反思在两个不同的对象中找到同样的东西时，那就有了统一，而这是以被比较的对象自身对于这种统一采取毫不相干的态度为前提的，于是这个比较和统一毫不涉及对象自身，并且对于对象而言，只是一种外在的活动与规定。因此，统一表达着完全抽象的相同（Dieselbigkeit）；而且，所说的对象越是明白地显示出区别，那么，统一一词听起来也就越生硬而令人诧异。所以，说不分离性和不可分离性，要比统一更好；不过，整体的关系的积极方面没有被表达出来。"①

这里，我们且不管"统一"一词是否如黑格尔所说，只表达"抽象的相同"。但是，黑格尔反对把存在和无两者的"同一"或"不可分离性"形而上学地了解为从"比较"中得来的相同或共同的东西，这一点却是很明确的。他认为把两个不同的对象拿来作"比较"，从而找出其中的相同，这种办法只是我们的主观方面从对象的外部去规定对象，它"不涉及对象自身"，被比较的对象本身并不因这种"外在的活动"（"比较"）而有所损益，它们同这种"比较"的活动"毫不相干"，因此，"比较"只是一种"主观的反思"或"外在的反思"。

黑格尔对"比较"的这种解释和批评，是为了对比他自己所主张的辩证法的"同一"而发的。他认为辩证法的"同一"是说的对立面互相依存、互相联系，离开了这种"同一"，对象本身就不能存在。所以在黑格尔看来，他所主张的"同一"关系与从外在的"比较"中得来的关系根本不同，它不是与对象"毫不相干"的，而是"涉及对象自身"的。黑格尔自己曾明白作过这种对比："肯定物与否定物是同一的。假如外在的反思对这两个规定作出一种比较，则这种表达（指'肯定物与否定物是同一的'——引者）属于外在的反思。但是，正如在别的范畴之间一样，在这两个规定之间应该作

① 《大逻辑》，见《黑格尔全集》，格洛克纳本，第4卷，100页。

出的也不是外在的比较，而应该考察这两个规定本身，即是说，要考察它们自己固有的反思是什么，而在这种自己固有的反思中所表现的正是：每一方本质上就是自己在对方中的反映，而且建立自身也就是建立对方。”① 这段话里所谓“每一方本质上就是自己在对方中的反映，而且建立自身也就是建立对方”，正是说的对立双方互相依存，互相联系；而黑格尔所谓对立双方的“不相分离性和不可分离性”也正是指的这个意思。黑格尔把这个意思叫做对象“自己固有的反思”，而把那种在两个不同的东西中找共同东西的“外在比较”叫做“外在的反思”。他在这段话中明白反对作形而上学的“外在反思”，而主张辩证地考察对立面的相互依存、相互联系（对象“自己固有的反思”）。黑格尔说：“所说的对象越是明白地显示出区别，那么，统一一词听起来也就越生硬而令人诧异。”这句话的意思就是说，当两个东西的区别越是明显的时候，那么，在它们中间找共同东西的做法也就越“生硬而令人诧异”。

把对立面的“同一”了解为两个不同东西中的共同的东西，这种看法乃是英国新黑格尔主义者麦克塔加尔特的臆造。麦克塔加尔特主张取消“对立”、“矛盾”两范畴，认为只要在“杂多的东西”之间找到“相似性”，那就是找到了事物的“根据”，因为“拥有同样根据的一些东西特别会联系在一起”②。新黑格尔主义者抹煞对立和矛盾，要在根本对立的东西中找共同的东西，这是他们的阶级调和论的思想表现。

① 《大逻辑》，见《黑格尔全集》，格洛克纳本，第 4 卷，541 页。

② 麦克塔加尔特：《黑格尔逻辑学评注》，115～116 页。

第七章
黑格尔逻辑学中关于概念的圆圈式发展、关于否定之否定的思想

黑格尔关于概念的圆圈式发展、关于否定之否定的思想，是他的对立面矛盾统一思想的一个组成部分，所以这一章实际上是上一章的继续。

否定之否定的规律，正如恩格斯所说，是黑格尔整个哲学体系构成的基本规律。① 这里只限于讲他哲学体系的第一部分——逻辑学中否定之否定的规律。在逻辑学阶段中，"绝对精神"只是作为超时空的纯思维、纯概念而发展。自然界则"在时间上不能发展，只是在空间中展示自己的多样性"②。在精神哲学阶段中的东西，则既在空间之中，也在时间之中。否定之否定的规律是"绝对精神"在其全部发展过程中所遵循的普遍规律，但在逻辑学中，这一规律仅只表现为超时空的一系列纯概念间相互联系、相互转化的规律，它不像在自然哲学和精神哲学阶段中那样，表现为在时空之中的东西的发展规律，这就是逻辑学中否定之否定规律的特征。

黑格尔除了在《大逻辑》最后一章——"绝对理念"——中较多地对否定之否定的规律作了一些正面的阐述外，主要是在对逻辑概念的推演过程中实际运用了这个规律。（与此不同，质量互变的规律和对立面相互渗透的规律则还在"存在论"和"本质论"中得到了系统的、正面的阐述。③）这一章的目的，就是要从黑格尔对这一

---

① 参见恩格斯：《自然辩证法》，见《马克思恩格斯选集》，1版，第3卷，484页。

② 恩格斯：《路德维希·费尔巴哈和德国古典哲学的终结》，见《马克思恩格斯选集》，1版，第4卷，252页。

③ 参见恩格斯：《自然辩证法》，见《马克思恩格斯选集》，1版，第3卷，484页。

规律的正面阐述和实际运用中，研究、概括他的逻辑学中“否定之否定”思想的主要内容，并加以评论。

“具体概念”是黑格尔逻辑学的基本概念，是它所要把握的唯一目标，因此，说明“具体概念”所包含的各个环节、各个逻辑规定间是如何必然地联系着和相互转化着的，是如何有机地统一在一起的，这就是黑格尔逻辑学的全部内容。但是究竟应该怎样来说明和认识这些逻辑规定间的关系呢？

习惯于形而上学思维的人，往往容易采取一种直线式的方法来说明世界、认识世界，即用甲之外的另一事物——乙以说明甲，用乙之外的另一事物——丙以说明乙，用丙之外的另一事物——丁以说明丙……以此类推。这种方法有两个特征：第一是把甲、乙、丙、丁等等都看做是彼此独立的事物，其间没有内在的、有机的联系。第二是这条直线式的锁链可以推至无穷，永无止境，因为每一个作为理由和根据的端点，其本身还需要另外的理由和根据来说明，还需要另外的端点；如果我们像哲学史上许多哲学家那样不满足于这种无穷推进的情况而假定一个“最初的原因”，则此“最初的原因”本身仍然是一个未加说明的神秘，这样的做法，实际上就是在世界之外寻找一个外在的原因说明世界。黑格尔认为，应用这种方法，不能真正说明和认识世界，不能真正说明和认识“具体概念”，因为“具体概念”是一切事物的真理，是整个世界的真理，它自成一个整体，是一个“大全”，它所包含的各个环节彼此内在地、有机地联系着，并且这种联系是错综复杂的。黑格尔反对直线式的方法①，他认为这种说明方法和认识方法同“具体概念”的本性是根本不相容的②。

黑格尔断言，方法一定要和内容一致，“唯一真正的方法与其对象和内容是没有不同之处的”③。“方法就是逻辑内容的内在自我运动的形式之觉察。”④ 根据这一原则，黑格尔认为，说明和认识“具体概念”的方法，同时也就是对“具体概念”自我展开、自我发展的途径和形式之描述，也就是对它的各个环节、各个逻辑规定间相互联系、相互转化的途径和形式之描述。“具体概念”是怎样，说明和认识它的方法也就怎样。“具体概念”既然自成一个整体，既然是

① 参见《大逻辑》，见《黑格尔全集》，格洛克纳本，第 4 卷，173 页。

② 参见黑格尔：《哲学史讲演录》，第 1 卷，31 页。

③ 《大逻辑》，见《黑格尔全集》，格洛克纳本，第 4 卷，52 页。

④ 同上书，51 页。

它自身所包含的各个环节间内在联系着和相互转化着的统一体，那么，说明和认识“具体概念”的方法也就不应该是前述那种直线式的方法，而应该是一种以自身说明自身的方法。按照这种方法，我们只要阐明了“具体概念”自身所包含的各个环节是如何相互转化的，是如何内在地联系成一个整体的，那也就是说明了和认识了“具体概念”，我们完全用不着假设一个在“具体概念”以外的“他物”来说明“具体概念”。在哲学史上，斯宾诺莎第一个明确认识到，世界的“最高原则”（他认为是“实体”）必须是自我说明的。[①]不过，斯宾诺莎对于自我说明这种方法的内容和特征，并未作进一步的阐发，而且他自己的哲学系统并没有采取这种方法，而是采取几何学的方法。黑格尔较斯宾诺莎前进了很远，他进一步阐发了自我说明这种方法的内容和特征，并且系统地运用了这种方法。

黑格尔逻辑学中自我说明这一方法的内容和特征可以分两层意思来说明：第一，它不是直线式的，而是一种圆圈式的。第二，它是一种“否定之否定”的方法，亦即由“正”经过“反”再到“合”的三段式的方法。这两点不是平等并列的，“否定之否定”不过是圆圈式的说明方法所经历的具体途径。

一、概念的“圆圈”式发展的意义

黑格尔认为“具体概念”（具体真理）是许多逻辑规定的有机统一，因此，我们在说明“具体概念”时，无论以哪一个环节作为开端，这个开端都不会像在直线式的方法中那样是武断的、神秘的，其本身是得不到说明的。“具体概念”的每一环节都是和别的环节保持着不可分割的有机联系的，离开了别的环节，任何一个环节都没有自身独立的存在；任何一个环节，实际上都以别的环节及其相互关系为构成自身的内容。因此，当我们以某一环节作为开端，并从而一步一步地说明了其他各环节及其相互关系之后，我们同时也就是对这个作为开端的环节作了最具体、最深刻的说明。这样，一方面，作为开端的环节是以后各个环节的出发点和根据，没有开端，其后的各个环节无从得到说明；另一方面，作为开端的环节又以其

① 参阅斯宾诺莎《伦理学》界说三：“实体，我理解为在自身内并通过自身而被认识的东西。换言之，形成实体的概念，可以无须借助于他物的概念。”

随后的各个环节为内容，当完成了对最后的环节的说明时，同时也就等于是回过头来对开端的环节作了说明——开端即最后，最后即开端，二者正好形成一个圆圈。黑格尔之所以把自我说明的方法比喻为圆圈，简单说来就是如此。

黑格尔的逻辑学是一个有一定先后次序的概念系列。这一系列概念就是“纯存在”、“有限的存在”、“自为的存在”、“质”、“量”，“度”、“本质”……“绝对理念”，等等。“纯存在”是最初的概念，“绝对理念”是最末的概念。在这一系列概念中，一方面，较低的概念中潜伏着较高的各个概念；另一方面，较高的概念中包含着较低的各个概念。这样，最初的概念就可以说是一个潜伏着的最终概念；最终的概念也就可以说是一个完全展开了的最初概念。黑格尔所谓“科学进展的路线自成一个圆圈”①，正是指这里所说的两方面的意思。

最初的概念是潜伏着的最后的概念

在黑格尔逻辑学中，大体上讲来，较低级的概念潜伏着较高级的概念，最初的概念是潜伏着的最终概念，这一点是很显然的；因为在逻辑概念的系列中，每一个较后的、较高的概念，都是从较前的、较低的概念中推演出来、引申出来的。试举“纯存在”、“无”、“变”三者为例：“纯存在”是逻辑学中最初的、最低的概念，是一个没有任何进一步规定的、毫无内容的概念。这样的“纯存在”实际上也就等于“无”，所以从“纯存在”这一概念中可以推演出“无”；换言之，“无”的概念不是从“存在”的概念之外加入到逻辑学的概念系列之内的，而是从对于“纯存在”的概念的分析中引申出来的，也就是说，在“纯存在”的概念中，潜伏着“无”的概念。不仅“纯存在”可以说是“无”，而且，反过来，我们也可以说，“无”就是“纯存在”；因为当思想到“无”时，也就是思想到一种空虚，而这种空虚毕竟还是一种“存在”，不过是一种“纯存在”罢了。这样，既然“纯存在”可以转化为“无”，“无”又可以转化为“纯存在”，那么我们也就可以推演出一个关于二者相互转化的概念——“变”（或译作“生成”）。因此，我们不但可以说“无”是潜伏在“纯存在”之内的，而且还可以说，“变”也是潜伏在“纯存在”之内的；换言之，“纯存在”也是潜伏着的“变”。从“存在”到“无”到“变”的推演是如此，其他概念的推演过程也都是如此。

---

① 《大逻辑》，见《黑格尔全集》，格洛克纳本，第 4 卷，75 页。

黑格尔说："概念（即'具体概念'——引者）在它的发展里仍保持其自身，且就内容来说，并未增加任何新的东西。"① 又说："概念的体系是在不可遏止的、纯粹的、不借助于外物的过程中完成的。"② 所谓"未增加任何新的东西"和"不借助于外物的过程"，意思就是说，在"具体概念"的整个发展过程中，每一个环节（概念）都不是从外面加入的，都是潜藏在先前的概念之中的。这样，从"纯存在"起到"绝对理念"为止的整个概念系列，便统统都是从"纯存在"推演出来的，都是原来潜伏在"纯存在"之内的。正因为如此，黑格尔在说到由一个概念过渡到另一概念时，不止一次地指出，较前的、较低的概念是较后的、较高的概念的"潜在"。例如，在说到由"量"过渡到"本质"时，他说，"量潜在地亦即是本质"③；在说到由"本质"过渡到"概念"时，他认为"本质"是潜在的"概念"④；在说到"存在"和"概念"的关系时，他说，"'存在'只是潜伏的'概念'，"⑤ 只是潜伏着的"绝对理念"。由此可见，黑格尔逻辑学中由最初一个概念到最末一个概念的转化过程，决不是由一物转化为他物的过程，而是最初的概念把一切潜在于自身内部的各个环节逐步引申、推演出来的一种自我发挥和自我开展的过程。所以黑格尔说："运动不在于推演出一个'他物'或过渡到某真实的'他物'。"⑥"不应当把前进的运动看做从某一'他物'到另一'他物'的流动。"⑦ "哲学推演的历程，如果要有方法性或必然性的话，只是把涵蕴在概念中的道理，加以明白的发挥罢了。"⑧ 总之，"最初"潜在地即是"最终"——这就是黑格尔逻辑学的方法之所以是圆圈式的一方面的说明。

> 最后的概念是完全展开了的最初的概念

为什么说在黑格尔逻辑学中，较高的概念包含较低的概念，最后的概念是完全展开了的最初概念呢？还是举"纯存在"、"无"、"变"三者为例。在这三者之中，"无"包含"纯存在"，而"变"又包

① 黑格尔：《小逻辑》，335 页。
② 《大逻辑》，见《黑格尔全集》，格洛克纳本，第 4 卷，51 页。
③ 黑格尔：《小逻辑》，248 页。
④ 同上书，336 页。
⑤ 同上书，197 页。
⑥ 《大逻辑》，见《黑格尔全集》，格洛克纳本，第 4 卷，75 页。
⑦ 《大逻辑》，见《黑格尔全集》，格洛克纳本，第 5 卷，349 页。
⑧ 黑格尔：《小逻辑》，205 页。

含它们二者。之所以说“无”包含“纯存在”，是因为“无”是对“纯存在”的否定，即是说，是对某一肯定的东西的否定，而不是“零”，不是绝对空虚的“无”，因此，在“无”的概念中必然包含了“纯存在”的环节在内。之所以说“变”包含“纯存在”和“无”二者，是因为“变”这个概念就是“存在”与“无”的统一，就是二者的相互转化。由此可见，在黑格尔逻辑学中，不仅如上所说，在前的、较低的概念包含了在后的、较高的概念，而且反过来，在后的、较高的概念也包含了在前的、较低的概念。不过，这两种情况里所谓的“包含”，是有很大区别的：在前一种情况里，被包含的概念还没有展开、显露出来，也就是说，在前的概念只是潜在地包含着在后的概念。因此，在作为开端的概念中，其所包含的丰富内容是潜在的；作为最初概念的“纯存在”，是潜在的最末概念——“绝对理念”。例如在最低的“纯存在”这一概念中，“无”、“变”等等较高的概念都是有待于推演和引申的概念，都是尚未展开和显露出来的概念。在后一种情况里，被包含的概念则是已经展开、显露出来了的；在后的概念是以展开的形式包含着在前的概念；因而作为最后概念的“绝对理念”是完全展开了的最初概念。也就是说，在“绝对理念”中，它的全部内容，亦即在它以前的一切逻辑概念，都已经展开和显露出来了。所以黑格尔说：“理念的真正内容不是别的，只是我们前此所逐步研究其发展的整个系统。”① ——对于这里所说的两种不同情况，黑格尔常常用两个不同的专门术语来表达：一是“自在”，一是“自为”。恩格斯曾明确解释过黑格尔所说的“自在”和“自为”：“在黑格尔那里，自在包含隐藏在某种事物、某种过程或某种概念之中的尚未发展的对立所具有的原始同一性，而在自为之中，这些隐藏的因素的区别和分离已经显现出来，它们的抗争也开始了。”② 恩格斯的意思简单地讲就是，“自在”即潜藏、潜在的意思，“自为”即显露、展开的意思。列宁对黑格尔的“自在”也持同样的解释：“‘自在’＝潜在，尚未发展，尚未展开。”③ 因此，黑格尔在说到逻辑概念发展的“开端”与“结果”时说：“前者（指开端——引者）是自在的，后者（指结果——引者）则也是自为的。”④ 正因

① 黑格尔：《小逻辑》，422页。
② 恩格斯：《反杜林论》，见《马克思恩格斯选集》，1版，第3卷，56页。
③ 《黑格尔〈逻辑学〉一书摘要》，见《列宁全集》，第38卷，244页。
④ 《大逻辑》，见《黑格尔全集》，格洛克纳本，第5卷，345页。

为这样，黑格尔在他的逻辑学中经常把在前的、低级的概念称为“自在的”概念，把在后的、高级的概念称为“自为的”概念。例如在谈到逻辑学的区分时，他把第一部分“存在论”里所讲的“思想的直接性”称为“概念之自在或潜在性”①，把第二部分“本质论”里所讲的“思想的反映或间接性”称为“概念之自为和映现”②，把第三部分“概念论”里所讲的“思想之回复其自身，思想在自身中的发展”称为“概念之自在自为”③。

关于最初的概念是潜在的最后概念以及最后的概念是展开了的最初概念这一理论，黑格尔曾经用生动的比喻作了说明：“理念的真正内容不是别的，只是我们前此所逐步研究其发展的整个系统。也可以说绝对理念是一共相，但共相并不是与特殊内容相对立的抽象形式，而乃是一绝对的型式，一切的范畴和它所建立的全部充实的内容最后均须回复到这一绝对型式里。依此看来，绝对理念可比拟为一个老年人所说出的格言。这格言虽然小孩子亦同样可以说，但在这老年人却充满着他全部生活所体察到的意义。”④ 黑格尔这段话的意思是说：最初的概念——“纯存在”和最末的概念——“绝对理念”是同一个概念，犹如出自小孩之口和出自老年人之口的格言都是同一句格言一样，但最初概念“纯存在”却是一个内容潜在的、意义空洞的“绝对理念”，犹如出自小孩之口的格言，其内容、意义还是空洞的、潜在的一样，只有出自老年人之口的格言才是内容充实、意义明显的；因为老年人已经经历了漫长的人世风霜，格言的具体内容已经完全展开。同样也只有在最末的概念——“绝对理念”中，概念（具体概念）的内容才是丰富的，其意义才是深刻的，因为“绝对理念”已经历了漫长的逻辑概念的转化过程，其所包含的各个环节、内容和意义是已经完全展开了的。

黑格尔的这个比喻，意义非常深刻。“绝对理念”是全部逻辑学中整个概念系列的总结。总结必然是普遍性的东西，但这个普遍性又不是离开了先前一系列特殊概念的普遍性。黑格尔把离开特殊性的普遍叫做“抽象的普遍”，把包含特殊性在内的普遍叫做“具体的普遍”。前者犹如出自小孩之口的格言，后者犹如出自老年人之口的格言。列宁说这是一个“绝妙的比较!”⑤“很好的比较（唯物主义

①②③ 黑格尔：《小逻辑》，196页。

④ 同上书，422页。

⑤ 《黑格尔〈逻辑学〉一书摘要》，见《列宁全集》，中文1版，第38卷，256页。

的）”①。黑格尔的比喻启发我们，普遍性一定要与特殊性相结合，总结不能脱离具体内容。

概念的“前进”过程，就是“倒退”式地更深切、更具体地说明开端的过程

现在可以看得很清楚，黑格尔逻辑学的全部概念系列的转化过程，一方面是从较低的、在前的概念出发，引申和推演出较高的、在后的概念的过程，一方面又是较高的、在后的概念更展开地说明和发挥较低的、在前的概念的过程。这样，在黑格尔逻辑学中，最初的概念是说明以后的概念以至最末概念的出发点和前提：“最初者是根据，最后者是推演出的东西。”② 同时，这作为开端和出发点的最初概念，其本身又完全不是一武断的、假定的、无从说明的神秘物，它在以后一系列概念以至最末的概念中得到了展开的说明，得到了充分的根据和基础：“正因为结果作为绝对根据而出现，所以这种认识的进展不是某种暂定的、有问题的或假设的东西；……这种开端既非武断的，亦非暂时承认的东西……”③ 概念“扩展（亦即继续规定）的每一个新的阶段也是一种深化，并且更大的扩展也是更高度的深化”④。这也就是说，概念每向前发展一步，就是对作为开端的概念作了更深化的说明。因此，黑格尔在他的逻辑学中经常把较高的概念指明为较低的概念的说明和根据；如果用他自己的术语来说，即，较高的概念是较低的概念的“真理”。“真理”一词在这里包含有“根据”和“说明”的意思。例如黑格尔说：“存在、无的真理是变”⑤，“存在的真理是本质”⑥，“概念是‘存在’和‘本质’的真理”⑦，“交互关系无疑地是由因果关系直接发展出来的真理，亦可说是因果关系之切近的真理”⑧，如此等等，以至于最后、最高的概念——“绝对理念”则是“全部真理”⑨，是前此一切概念以至最初概念——“纯存在”的真理。所以黑格尔说：“绝对真理的东西必定是一种结

① 《黑格尔〈逻辑学〉一书摘要》，见《列宁全集》，中文1版，第38卷，98页。
② 《大逻辑》，见《黑格尔全集》，格洛克纳本，第4卷，75页。
③ 同上书，76页。
④ 《大逻辑》，见《黑格尔全集》，格洛克纳本，第5卷，349页。
⑤ 《大逻辑》，见《黑格尔全集》，格洛克纳本，第4卷，89页。
⑥ 同上书，481页。
⑦ 黑格尔：《小逻辑》，196页。
⑧ 同上书，327页。
⑨ 《大逻辑》，见《黑格尔全集》，格洛克纳本，第5卷，328页。

果……哲学中的进展实际上是回溯和论证，其结果表明开端并非武断的。”① “进展即是回到根据，回到开端所依据并由之而发生的基源和真理。……作为直接者而出现的最初者正是起源于这个最后者，起源于根据……科学自身在其整体中形成了一个圆圈，其中最初者就是最后者，最后者也是最初者。”② “绝对理念，这就是逻辑发展过程的最末一阶段，同时又表明其为真正的最初。”③ 这也就是说，从一方面看，固然最初的概念是最后概念的出发点（根据），但从另一方面看，最后的概念又是真正地、深入地说明了最初的概念，是最初概念的根据。正因为如此，黑格尔又把他的逻辑学中自最初的概念起至最后的概念止的整个概念发展的“前进”过程同时叫做“倒退”的过程。④ 之所以这样说，是因为在前的、较低的概念，作为分析和推论之开端的第一个前提，总是显得不明确、不完全、有待于说明，因此，就需要对它加以论证，加以说明；而实际上，在它以后的一系列概念，也就是一步一步地对它作了论证和说明；这种论证开端和说明开端的过程，正像是一种“倒退”的过程。所以黑格尔在谈到逻辑学的一系列概念发展过程时又说：“正因为这样，前进的运动每向前一步，每一个继续的规定都是同没有规定的开端越离越远，但同时又是越来越近地向开端返回，因而最初看来似乎是相异的过程——倒退回论证开端，和向前继续规定它——都是汇合为一的，都是同一的。这样，方法就形成了一个圆圈……”⑤ 这里所谓在概念发展过程中，“每向前一步，都是同没有规定的开端越离越远”，意思是指从开端的概念到最末的概念的“前进”发展过程而言；这里所谓“越来越近地向开端返回”，就是指“倒退”式地对于开端的内容和意义作了越来越“深化”的论证和说明，就是指开端的概念越来越深入于其自身。所以黑格尔又说：“及当概念一经证明为存在与本质的真理，而两者皆于概念里回复到根据时，则相反地，概念乃是自‘存在’中发展出来，而以‘存在’为它的根据。前一方面的进展可认作‘存在’之深入于它自身，借进展的历程而揭示它的内在本性。后一方面的进展可认作完满的自不完满的提高出来。”⑥

①② 《大逻辑》，见《黑格尔全集》，格洛克纳本，第 4 卷，74 页。

③ 黑格尔：《小逻辑》，404 页。

④ 参见《大逻辑》，见《黑格尔全集》，格洛克纳本，第 5 卷，347 页。

⑤ 同上书，350 页。

⑥ 黑格尔：《小逻辑》，330 页。

黑格尔由此得出结论："哲学开端所采取的当下直接的观点，必须在哲学系统发挥的过程里，转变成为终点，亦即成为最后的结论。及哲学达到此终点时，即是哲学重新达到其起点而回复到它自身之时。这样一来，哲学就俨然一自成起结的圆圈……所以哲学上的起点，只是就研究哲学的主体的方便而言，方可以这样说；至于哲学本身却无所谓起点。换句话说，哲学的概念，我们据以开始的概念，必须由哲学本身加以把握。"①

黑格尔关于概念的"圆圈"式发展的思想，还可以从他所谓最初概念是最抽象的，最后概念是最具体的理论来说明。

黑格尔逻辑学的概念发展过程，是一个由抽象到具体的过程。越是在前的概念越是抽象、片面、空洞，越是在后的概念，由于它所包含的环节越多，因而也越具体、全面、丰富。部分依赖于整体，整体是部分的根据，因此，在前的概念的根据和真理，存在于较后的概念之中，而最后的概念则是前此一切概念的总根据和最后的真理。例如，"纯存在"这一概念如果离开了"无"，就是抽象的、片面的，是"没有真理"的东西；因为现实中绝没有离开了"无"的"纯存在"，现实中的东西总是"存在"和"无"的统一体。所以"纯存在"这一最初的概念，其真实性和真理依赖于它和"无"的关系，依赖于在它之后的概念——"变"。"变"是"存在"和"无"两个规定性的统一；相对地讲，它是一个整体，是"第一个具体思想"②。不过，"进一层就变易的自身来说，仍然是一个高度贫乏的范畴"③，它仍然具有很大的片面性、抽象性，它不能离开"具体概念"的其他方面和环节而独存，所以"变"这一概念还须继续向前发展，以至最后达到"绝对理念"。"绝对理念"集前此一切概念、规定性之大成，是一切规定性的统一；前此每一概念都还具有片面性，只有这最后的概念——"绝对理念"，其片面性方达到完全消失的地步；因此，"绝对理念"是最具体的真理，是前此任何一个概念以至最初概念的终极的根据、终极的真理；它是真正的"最初者"。终点说明开端，返回到开端——这正是一个"圆圈"式的过程。

---

① 黑格尔：《小逻辑》，71页。

② 同上书，209页。

③ 同上书，210页。

二、“否定之否定”是“圆圈”式发展的具体途径

黑格尔逻辑学中概念的圆圈式发展，具体讲来，就是“正、反、合”即“否定之否定”。

“具体概念”既是“不同规定的统一”，也是“对立面的统一”。所以黑格尔逻辑学的整个概念系列，既是“具体概念”所包含的许多不同规定间彼此联系、转化和统一的过程，也是它所包含的一系列对立面彼此联系、转化和统一的过程，是从“具体概念”之“正”的方面到“反”的方面以至“正”、“反”两者具体统一（合）的进展过程和推演过程。“正”是这一过程的开端，“反”是其中间环节，“合”则是其终结。

> 由“正”经过“反”到“合”，既是离开“正”的过程，又是“正”之“深入于其自身”和“具体化”的过程

为什么从“具体概念”的一个方面——“正”有可能推演出它的另一方面——“反”以及二者的统一呢？如果“具体概念”的此一方面与彼一方面是没有联系、彼此孤立、彼此隔绝的，如果“甲”只是“甲”，而不能同时也是“乙”，或者说不能“潜藏着”“乙”，那么，显然，从“甲”不可能推演出“乙”，从“正”不可能推演出“反”。但是，“甲只是甲”这种“抽象的同一性”是黑格尔所反对的，黑格尔主张“具体的同一性”①。根据“具体的同一性”，“甲”不仅是“甲”，而且同时也是与它自身相异和相对立的“乙”；绝对孤立、绝对单纯的“甲”是没有的。黑格尔说：“一种自在自为地看来是普遍的第一个东西（指‘正’——引者），乃是它自身的他物（指‘反’——引者）。”② 正因为如此，所以，从“具体概念”的一个方面、一个规定中就完全有可能推演出另一个与之相对立的方面或规定，就完全有可能从“正”推演出“反”。

根据上述的原理，黑格尔逻辑学中最初的概念——“纯存在”（正），按其本性来说，就不是离开它的“反”面——“无”的概念

---

① 《大逻辑》，见《黑格尔全集》，格洛克纳本，第4卷，508页；并参阅《小逻辑》，256页。

② 《大逻辑》，见《黑格尔全集》，格洛克纳本，第5卷，340页；并参阅《黑格尔〈逻辑学〉一书摘要》，见《列宁全集》，中文1版，第38卷，243页。

而孤立存在的；“纯存在”（正）这一概念本身中“潜藏”着它的对立面——“无”（反）的性格，它以“无”为自己的构成因素；也正因为这个缘故，所以从对“纯存在”（正）这一概念的本性的分析中，就可以推演出它的对立面——“无”（反）以及二者的统一——“变”（合）。同理，从“存在”（正）可以推演出其对立面——“本质”（反）以及二者的统一——“概念”（合），如此等等。——整个黑格尔逻辑学就是这样一个由“正”而“反”而“合”的推演系列。由于这个系列的开端（正）“潜藏”着它的对立面（反）以及二者的统一（合），由于它的本性和内容依赖于“反”与“合”，所以黑格尔认为，从“正”到“反”到“合”，并不是由某一物到它之外的他物，而是同一物的本性和内容之自我开展、自我发挥和自我认识：一方面，开端（正）即是终结（合），不过它是终结（合）的“潜在”而已；另一方面，终结（合）也即是开端（正），不过它是开端（正）的“展开”而已。所以黑格尔说：“第一项或直接的东西（指‘正’——引者）是自在的概念”①，第三项则“也是自为的”②。“……在每一正反合的方式中……第一范畴表示那范围内之单纯性质，而第三范畴则表示由分化（指第二范畴——引者）而回复到单纯自我相关。”③ 这样，每一组“正、反、合”也就自成一个圆圈。由“正”而“反”而“合”的过程，一方面是一种离开“正”或者说从“正”“分化”④出去的过程，但同时也是返回或回复到“正”，使“正”的内容得到充分开展和发挥的过程。孤立的、单纯的、离开了自己的“反”面的“正”，是缺乏内容的；但是经过了“反”以后而得到的“合”，即“正”“反”二者的统一，则是丰富的、深刻的、全面的“正”；所以这种过程是一种“回复”的过程，亦即“正”之“向内回复”⑤ 或“正”之“深入于其自身”⑥ 的过程。

黑格尔认为由“正”到“反”又到“合”的过程，同时也是一种由抽象到具体的过程。“正”是片面的、无规定性的，亦即抽象的，“合”是全面的、富于规定性的，亦即具体的。

黑格尔断言，离开了“反”面的“正”，是没有规定性的，是无

---

① 《大逻辑》，见《黑格尔全集》，格洛克纳本，第5卷，340页；并参阅《黑格尔〈逻辑学〉一书摘要》，见《列宁全集》，中文1版，第38卷，341页。

② 《大逻辑》，见《黑格尔全集》，格洛克纳本，第5卷，345页。

③④ 同上书，197页。

⑤⑥ 黑格尔：《小逻辑》，197页。

所肯定的。如果要对“正”有所规定，有所肯定，那就要将“正”加以否定，将“正”和“反”联系起来、统一起来（合）。对一物不加否定，不把“反”和“正”联系起来、统一起来，那也就无从对该物加以规定。例如，光明（正）离开了黑暗（反）就不成为光明。黑格尔把“没有任何进一步的规定”的概念称为“纯存在”，“纯存在”的意思就是表示一物单纯地“是”（Sein，可译作“存在”，又可译作“是”），至于“是”什么，“是”怎样，则毫无规定和肯定。如果用一句话或一个公式来表示“纯存在”，那就是：“某物（正）是。”这句话的意思就是说：确有（是）某物，但对该物的特性、规定性丝毫没有说明；之所以如此，就因为这里只有孤立的、单纯的“正”，这里没有把“正”和“反”联系起来，统一起来（合）。因此，单纯的、孤立的、片面的“正”是无规定性的，是抽象的；要对某物（正）作“进一步的规定”，那就必须对某物“是”什么，“是”怎样有所说明，有所肯定；而要这样做，那也就要对它加以否定，要将它和“反”联系起来、统一起来（合）。例如，当我们说“某甲是人”、“某物是红的”等等，这些句子中的主词是单一的东西，宾词是普遍的东西。宾词是对主词的规定和肯定，而这里的宾词“普遍”与主词“单一”却是相反的；“普遍”对“单一”是一种否定。这就说明：要对某物（例如“单一”）（正）有所规定和肯定，那就等于是要对它加以否定（例如“普遍”）（反），等于是要把它和它的“反”面用系词“是”字联系起来（合）。[①] ——同理，“无”（反）既是对“纯存在”（正）的否定，但同时也是对“纯存在”这一概念的一种规定和肯定；“现象”（反）既是对“本质”（正）的否定，但同时也是对“本质”这一概念的一种规定和肯定；如此等等。黑格尔由此得出结论说：“一种规定性本身就是一种否定。”[②]“‘规定性就是否定’……是一具有无限重要意义的命题。”[③]“一规定的东西包含着对最初者（指‘正’，指‘肯定’——引者）说是别物（指‘反’，指‘否定’——引者）的东西。”[④]“否定也同样是肯定。”[⑤]“如果某物被规定为肯定的东西，那么，从这个基础出发继

① 参见黑格尔：《小逻辑》，402 页；并参阅《黑格尔〈逻辑学〉一书摘要》，见《列宁全集》，中文 1 版，第 38 卷，213 页。

② 《大逻辑》，见《黑格尔全集》，格洛克纳本，第 4 卷，114 页。

③ 同上书，127 页。

④ 同上书，176 页。

⑤ 同上书，51 页。

续前进，它立刻就会直接转化为否定的东西；反过来，被规定为否定的东西也会直接转化为肯定的东西。”① ——由此可见，在“正、反、合”这一三段式中，“正”（肯定）离开了“反”（否定）是片面的，因而是无规定性的，是抽象的；“反”是对“正”之规定和肯定；将“正”（肯定）和“反”（否定）联系起来，统一起来（合），就是使“正”具体化。换言之，“合”就是具体的“正”，末项就是具体的初项，就是初项的“真理”。因此，由“正”到“反”到“合”，是由片面走向整体，由抽象走向具体；如前所述，这个途径正好像一个圆圈。

“形式的否定”和“辩证的否定”

黑格尔把“正、反、合”这个三段式，分为两次否定的过程：第一次否定是由“正”到“反”，第二次否定是由“反”到“合”。第一次否定是将“正”、“反”二者对立，将“反”看成是对“正”之单纯否定。例如在“纯存在、无、变”这一组“正、反、合”中，“无”是“纯存在”之对立面和否定；在“本质、现象、现实”这一组“正、反、合”中，“现象”是“本质”之对立面和否定；在“存在、本质、概念”这一组“正、反、合”中，“本质”是“存在”之对立面和否定；如此等等。因此，黑格尔把第一次否定称为“抽象的否定性”②、“形式的否定”③ 或“单纯的否定”④。在这里，“正”、“反”二者是互相排斥、互相矛盾的。⑤ 显然，仅仅这样来看待“正”、“反”二者的关系，那是不真实的，因为“具体概念”都是对立面的统一。因此，要把握真实的东西，把握具体的东西，就不能停留于第一次否定，即是说，不能停留于把“反”看做是对“正”之单纯否定，而应该由此更进一步，否定此种“单纯的否定”，从而认识到“反”是“正”的构成环节和组成部分，是对“正”之进一步的规定和肯定，是“正”之具体化和深刻化。——“正”、“反”二者的这种关系（“对立面的统一”，即“合”）是对“单纯的否定”（第一次否定）加以否定的结果。对“单纯的否定”加以否定，就叫做“否定之否定”或“第二次否定”。所以黑格尔逻辑学中的“否定

① 《大逻辑》，见《黑格尔全集》，格洛克纳本，第4卷，541页。
② 同上书，130页。
③ 《大逻辑》，见《黑格尔全集》，格洛克纳本，第5卷，343页。
④ 黑格尔：《小逻辑》，192页。
⑤ 参见上书，187页。

之否定”的意思，不过是说，要否定那种把否定单纯看成是否定的看法，而要把否定同时也看做是肯定。如果说第一次否定的过程是一种离开“正”的过程，那么，第二次否定的过程，就是一种回复到“正”的过程（当然，这并不是一种简单的回复，而是对“正”之提高），“否定之否定”正如一个圆圈。拿前面所说的“单一（正）是普遍（反）”这一命题为例：这个命题表明，“反”（普遍）不是单纯与“正”（单一）相对立的，不是对“正”（单一）之单纯否定；这个命题表明，“反”（普遍）是对“正”（单一）之进一步规定和肯定，是“正”（单一）之具体化和深刻化。在这个命题中，“反”（普遍）之所以能以系词“是”字和“正”（单一）联系起来，统一起来（合），就是因为上述的“否定之否定”的结果；反之，如果只停留在第一次否定上，单纯地把“普遍”看做对“单一”之“单纯否定”，则根本不可能将二者用系词“是”字联系起来，统一起来。①同理，将“无”和“纯存在”联系起来，统一起来而得到的“变”的概念，也不是单纯把“无”（反）看成“纯存在”（正）之“单纯否定”的结果，而是对这种“单纯否定”加以否定的结果，是“否定之否定”的结果，如此等等。总之，每一“正、反、合”中的“合”都是对“单纯的否定”（第一次否定）加以否定（第二次否定）的结果。这也就是说，要获得“具体概念”、具体真理（即“合”——“对立面之统一”），就必须通过“否定之否定”（第二次否定）的过程。正因为如此，黑格尔称“否定之否定”为“绝对的否定”或“具体的否定”②。

也许有人会说：在黑格尔逻辑学中，“反”中包含有“正”，“正”中包含有“反”，因此，认为“反”（第一次否定）是对“正”之“单纯否定”的看法，是不符合黑格尔的原意的。这种说法貌似有理，其实不然。当黑格尔说“反”中包含有“正”，“正”中包含有“反”时，这已经是就思维达到了对“具体概念”的具体认识的阶段（即否定之否定的阶段）而说的；因为，“具体概念”总是对立面的统一，总是“正”中包含有“反”，“反”中包含有“正”的。但在未达到这种具体的认识之前，思维过程却须经过一段抽象的阶段，在抽象的认识阶段里，思维将“正”、“反”二者认作是彼此对

① 参见《大逻辑》，见《黑格尔全集》，格洛克纳本，第5卷，341页；并参阅《黑格尔〈逻辑学〉一书摘要》，见《列宁全集》，中文1版，第38卷，213、244页。

② 《大逻辑》，见《黑格尔全集》，格洛克纳本，第4卷，130页；第5卷，343页。

立、互相排斥的，黑格尔的逻辑学是要将思维由抽象到具体的全部过程加以描绘，而把“反”看做是对“正”之“单纯否定”的看法，正是描绘了思维的抽象阶段。我们在前面已经指出过，黑格尔逻辑学中概念的转化，是超时空地进行的，因此，逻辑学中的第一次否定和第二次否定，并不是在时空中先后不同阶段的两个现实物，而只是思维、认识（黑格尔唯心主义地把思维、认识理解为超时空的所谓“纯思维”和“纯思维”的“自我认识”，而不是现实的、活生生的人的思维、认识）的两个阶段。对于同一个“反”（否定），如果思维只把它认作是“正”之对立物，这就是“第一次否定”（对“正”之“单纯否定”）阶段中的认识。如果思维能更进一步把它认作是对“正”之进一步肯定和规定，这就是“第二次否定”（“具体否定”）阶段中的认识，在这个阶段里，思维对“具体概念”有了具体的认识。

黑格尔的逻辑学是由许多“否定之否定”（即“正、反、合”）组成的，因此，黑格尔的整个逻辑学也就是由许多小圆圈构成的一个大圆圈。由最初的概念——“纯存在”（正）到最后的概念——“绝对理念”（合）是一个大圆圈，其中所包含的许多组“正、反、合”则是一个包含一个、一个比一个更大的圆圈的系列。

黑格尔经常把辩证的“否定”和“形式的思维”[①] 所谓的“否定”加以区别。黑格尔在逻辑学中认为，辩证的“否定”不是别的，其意义只是说：不要把否定看成是“单纯的否定”，而要进一步把否定看成是肯定，所以，辩证的“否定”实际上也就是指的“否定之否定”。仅仅“第一次否定”，即是说，仅仅把否定（反）看成是对“正”之“单纯的否定”，那恰恰是“形式的思维”方法所谓的“否定”，而根本不是辩证的“否定”。“形式的思维”把“否定”看成是简单地离开“正”，它所谓“否定”不是圆圈式的。这两种否定观的区别还可以从下面两方面来说明。

第一，“形式的思维”所谓的“否定”既然是和“肯定”单纯对立的，因而也就是不包含在肯定（正）之内的一种“外在的否定”。黑格尔所说的辩证的“否定”，则是包含在肯定（正）之内的否定，是一种“内在的否定”。正因为这个缘故，概念运动、转化的源泉才存在于概念的内部，而不是在它之外。黑格尔说，“内在的否定性”是概念“自己运动的灵魂”，是“一切物质生活和精神生活之原则”[②]。

---

① 《大逻辑》，见《黑格尔全集》，格洛克纳本，第 5 卷，342 页。

② 《大逻辑》，见《黑格尔全集》，格洛克纳本，第 4 卷，54 页。

"内部的、固有的自己运动、一般的冲动（单子的能动性或冲力，绝对单纯的本质的隐德来希），不外是由于在同一关系中存在着某物自身和它的空无，即某物自身的否定的一面。……肯定的东西在自身中就具有否定性，所以它可以超越自身之外，并引起自己的变化。可见某物之所以是有生命的，只是因为它本身包含着矛盾……"①"否定性，形成概念运动中的转折点。这个否定性是自身的否定关系的一个单纯之点，是一切活动的内在源泉，是生命的和精神的自己运动的内在源泉，是辩证法的灵魂，而所有真理的东西本身都含有这种辩证法的灵魂……"②

第二，"形式的思维"所谓的"否定"，既是和"肯定"（正）单纯对立的，因此，它也就不包含"肯定"在内。它是对"肯定"的简单抛弃，因此，这种"否定"的结果是"空无"③。反之，辩证的"否定"则包含"肯定"在内。黑格尔说："这个他物（指"否定"，指"反"——引者）在本质上不是空洞的否定的，不是那通常被当做辩证法的结果的无，而是第一个东西的他物……因而，它……一般说来在其内部包含着第一个东西的规定（即包含着"肯定"的意思——引者）。所以，第一个东西本质上也潜藏和保存在他物之中。保持肯定的东西于它的否定的东西之中，保持前提的内容于它的结果中，这就是理性认识中的最重要的东西。"④由此可见，黑格尔所讲的辩证的"否定"完全不是抛弃"肯定的东西"（正），而是包含"肯定的东西"（正）在内，却又超出了"肯定的东西"（正）。所以黑格尔又说："这种否定并非一切的否定，而是自己消解着自己的某种特定的东西的否定，因而是一种特定的否定；这样，结果在本质上包含着它的来由。……它是一种特定的否定，它具有内容。它乃是一个新的概念，不过是一较前更高、更丰富的概念，因为它由于在前的概念的否定或对立而丰富起来了，因而它包含着在前的概念，不过比在前的概念更多一些，它是它和它的对立面的统一。——概念的体系一般说就是按照这个途径构成的——并且是在不可遏止的、纯粹的、不借助于外物的过程中完成的。"⑤黑格尔在他的逻辑学中经常运用的一个术语"扬弃"（Aufheben），实际上就是辩证的"否

① 《大逻辑》，见《黑格尔全集》，格洛克纳本，第4卷，547页。
② 《大逻辑》，见《黑格尔全集》，格洛克纳本，第5卷，342页。
③④ 同上书，340页。
⑤ 《大逻辑》，见《黑格尔全集》，格洛克纳本，第4卷，51页。

定”，亦即“否定之否定”的意思。黑格尔说：“扬弃有双重意义，它既意味着保持或保存，也意味着停止、终结。”① 这就是说，“扬弃”不是简单的否定，不是简单的“停止”和“终结”，它同时也是将被扬弃的东西“保持”和“保存”下来，是被扬弃的东西的一种提高。所以“扬弃”也就是辩证意义上的“否定”，“扬弃”的过程就是“否定之否定”的过程，其结果就是对立面的统一。所以黑格尔说：“一物只是在达到和它的对立物相统一时，才是被扬弃了。”②

在扬弃的过程中，究竟如何“保存”原来的东西（正）呢？究竟“停止”什么，“终结”什么呢？黑格尔说：“保存包含有否定的因素，某物为了要被保存下来，就要去掉其直接性，从而去掉一种可受外部影响的‘有限的存在’。——这样，被扬弃的东西也就是被保存的，只不过是失去了它的直接性而已，但它却并未因此而消灭。”③ 这就是说，在扬弃的过程中，被扬弃的东西（“正”）不是原封不动按原来的形式被“保存”下来的。它在扬弃中失去了它的“直接性”，它是作为新东西（“合”）的一个因素或环节而“保存”着的；所以黑格尔说：“在这种精细的规定中，它作为某种被反思的东西，可以恰当地被称为因素（‘因素’亦可译作‘环节’——引者）。”④ 黑格尔还以“纯存在、无、变”这一组“正、反、合”为例，说明了在扬弃过程中如何“保存”以及“终止”什么的问题。他说：“在以‘存在’、‘无’为因素时，‘存在’和‘无’所接受的更精确的意义和表达乃是由于考察了它们在其中被保存下来的统一体这种‘有限的存在’而得来的。存在是存在，无是无，这仅仅是就它们彼此区别而言；但是真正说来，就它们间的统一说来，它们就不成其为这些规定了，而是某种别的东西了。‘存在’和‘无’是同一了，但正因为它们是同一的，所以它们不再是‘存在’和‘无’，而有着一种不同的规定。在‘变’中，它们乃是‘产生’和‘消灭’……”⑤黑格尔这几段话，清楚地说明了他所谓“扬弃”或“否定之否定”就是：改造旧有的东西，“去掉其直接性”，使其成为新东西的构成因素（环节）而被保存下来，也就是说，使旧东西在

① 《大逻辑》，见《黑格尔全集》，格洛克纳本，第4卷，120页。

② 同上书，121页。

③ 同上书，120页。

④⑤ 同上书，121页。

其自身的发展中不断得到提高，内容不断丰富和具体化。这也就更清楚地说明了为什么在“正、反、合”中，“合”的概念总是较“正”的概念更具体、更丰富、更高级；为什么就整个逻辑学的概念系列而言，愈是在后的“合”的概念愈具体、愈丰富、愈高级；为什么黑格尔逻辑学中的“圆圈”并不意味着简单的循环和简单的回复。

知性思维、消极理性、积极理性

黑格尔按照“正、反、合”三段式，将人类把握“具体概念”（亦即“对立面的统一”）的思维能力分为三个阶段或三个方面。他说：“逻辑思想就形式而论有三方面：（a）抽象的或知性的方面，（b）辩证的或消极理性的方面，（c）玄思的或积极理性的方面。”①黑格尔认为在“正、反、合”三段式中，“正”是“知性思维”的结果。“知性思维”，就是形式逻辑的思想方法。“知性坚执着固定的性质和各性质间彼此的分别。知性式的思想将每一有限的抽象概念当做本身自存或存在的东西。”②“知性的定律为同一律。”③故“知性思维”的结果只能是片面的、“分离和抽象的”④、“非此即彼”的东西，它只能断言某物是某物，而不能指明某物同时是他物；它只能断言“正”，而不能指明“正”中包含有“反”；它只能孤立地肯定某一概念，而不能指出其转化，不能从概念的分析中推演出另一概念。所以思维不能老是停滞在“知性”的阶段，否则，就是形而上学。“正、反、合”中的第二项，“反”，是“消极理性”的结果。其所以是“理性的”，是因为黑格尔认为“理性”的原则不是“知性”的抽象的同一律，而是“具体的同一”⑤——“对立面的同一”；而思想之所以能从“正”推演到“反”，就是由于根据“理性”的“具体的同一”原则，认识到了“正”中必然包含有“反”的缘故。反之，如果根据“知性”的原则，某物只能是某物，那就根本不可能从“正”中推演出“反”。黑格尔在《大逻辑》中说：“知性作出规定并坚执着规定，理性是消极的和辩证的，因为它把知性的规定消解为无。”⑥这里的意思就是说，“辩证的理性”（亦即“消极的理性”）将“正”（“知性”作出的规定）加以否定，使“正”转化为

①② 黑格尔：《小逻辑》，183页。

③④ 同上书，184页。

⑤ 同上书，195页。

⑥ 《大逻辑》，见《黑格尔全集》，格洛克纳本，第4卷，17页。

“反”；所以黑格尔在《小逻辑》中说：“在辩证的阶段，这些有限的概念（有限的概念指‘正’阶段的概念——引者）扬弃它们自身，并且过渡到它们的反面。”① “辩证法乃是一种内在的超越，由于这种内在的超越历程，知性概念的片面性和狭隘性的本来面目，换言之，知性概念的自身否定性就表明了。”② 如前所述，从“正”推演出来的“反”，在这个阶段中，只是被当做与“正”对立的，当做对“正”之单纯否定，因此，黑格尔又认为，在这个阶段中，思维认识到的，是“正”、“反”二者互相排斥、互相对立、互相矛盾，并由于矛盾而转化为“反”。所以黑格尔说：“有限事物，本来以他物为其自身，由于内在的矛盾，便被迫而超出当下的存在（指超出‘正’——引者），因而过渡到它的反面。”③ 以上说的是第二阶段。黑格尔认为，“理性”不能满足于这个阶段。“哲学不能……仅滞留在矛盾辩证的消极结果。”④ 因为思维在这阶段中把否定仅只看成是“单纯的否定”，这是“消极的”。而实际上，否定同时也是肯定，因此，“消极理性”的阶段必须过渡到“积极理性”的阶段；只有“积极的（或称“玄思的”）理性”才能“于概念的对立中而认识到它们的统一，或于对立双方的分离和过渡中，而认识它们包含的肯定”⑤。所以“正、反、合”中的第三阶段“合”——对立面的统一，乃是“积极理性”的产物。这个阶段之所以是“积极的”，是因为在这里，“反”不再像在第二阶段那样只是对“正”之单纯的否定，而是回过头来对“正”作了积极的规定。说得更明白些，“积极理性”就是把对立双方看成是同一个统一体的不可分离的两个组成部分。所以黑格尔说：“理性是积极的，因为它是包括了殊相于其内的共相之源泉（‘殊相’即特殊的东西，‘共相’即普遍的东西——引者）。”⑥ “辩证法具有积极的结果，因为它有确定的内容，或因为它的结果不是空的、抽象的虚无，而乃是对于某种特定概念的否定，而这些被否定的概念亦复包含在结果中，因为这结果乃是一结果而不是直接的虚无。”⑦ 黑格尔认为这三个阶段是有密切联系的，前两个阶段都是达到第三阶段所必经的，第三阶段是思想的最高阶段，

①② 黑格尔：《小逻辑》，187 页。
③ 同上书，190 页。
④⑤ 同上书，192 页。
⑥ 《大逻辑》，见《黑格尔全集》，格洛克纳本，第 4 卷，17 页。
⑦ 黑格尔：《小逻辑》，192～193 页。

只有到了这个阶段，才能全面地、具体地、深刻地把握事物。他之所以把这个阶段又称为“玄思的理性”阶段，就因为他所谓“玄思的”一词包含着“最高的理性”原则——对立面统一的原则。黑格尔称他自己的哲学为“玄思的”哲学，因为“玄思的哲学”是以对立面的统一为最高原则的哲学，而在黑格尔看来，这就是最好的哲学。

黑格尔所说的“知性”、“消极理性”和“积极理性”，都相当于我们所说的理性认识阶段。他关于思维能力的这个三分法，是对康德思想的发展。康德把人的理性认识阶段分为“知性”和“理性”，他明确地看到，理性认识的初级阶段（“知性”）还只是形式逻辑的认识，而在理性认识的高级阶段（“理性”）里，则必然出现矛盾。黑格尔很赞赏这一点，说：“康德是最初确定提出知性与理性的区别的人”，他指出“知性”的思想方法不能认识事物的本质，“这不能不说是康德哲学之一重大结果”①。但是康德认为矛盾是不正常的，他只承认“理性”中出现矛盾，而否认事物本身有矛盾。黑格尔则进一步认为事物本质上就是矛盾的，“理性”中的矛盾和客观存在的矛盾是一致的。他进一步把“理性”又分为“消极理性”和“积极理性”，表明他看到了矛盾双方既有互相排斥、互相转化的一面，又有互相联系、互相统一的一面。在他看来，只认识“非此即彼”的东西固属低级的思维阶段，即使是认识到对立双方相互排斥、相互转化，也还不能算作是达到最高级的思维阶段；最困难而又最高级的思维，是能够认识到相互排斥、相互转化的两个对立面是不可分离地结合在同一个统一体之内的。正是根据这个基本观点，黑格尔不仅批评了“知性”形而上学，而且分析批评了怀疑主义，他认为怀疑主义就是停滞于“消极理性”阶段的思想方法。他说：“真正的怀疑主义”“对于知性所执著为坚定不移者加以完全彻底的怀疑”，乃是哲学“自身之一环节”，诚属“高尚”，但是，“哲学不能如怀疑主义那样，仅滞留在矛盾辩证的消极结果。怀疑主义没有认清它自己的真价值，它坚持以为怀疑的结果只是单纯的否定”②。“积极的理性”包括“知性”与“消极理性”在内，它既认识到正反两面界限分明，又扬弃这种界限，不为它所囿；既认识到正面必因矛盾而转化为自己的反面，又能把反面看做是正面的进一步规定和深入，

① 黑格尔：《小逻辑》，137～138 页。

② 同上书，192 页。

使“被否定的东西包含在结果中”，而不致采取怀疑主义的态度：今天用这一面简单否定另一面，明天又用另一面简单否定这一面。“积极理性”所走的道路乃是一条否定之否定的道路。

三、黑格尔关于“圆圈”式发展的理论的合理成分与错误

“科学是圆圈的圆圈”

黑格尔关于概念的圆圈式发展的思想是很深刻的，黑格尔的这个理论反映了人类实际认识的进程。我们知道，世界上任何事物都是具体的，都是不同规定的统一，所以，对于任何一具体事物的认识（或任何一门真正的科学）实际上都是以研究该具体事物（或该门科学所研究的那个现象领域）的各种规定，并进而把握这些规定的统一为目标的。然而人对于具体事物的认识和把握，决不是一下子就可以完成的，人要认识和把握一具体事物的不同规定的统一，必须经过“抽象活动”的阶段，在这一阶段中，认识从最抽象的、最简单的规定出发，然后一步一步地使愈来愈多的规定结合起来，以至最后使具体事物的复杂规定的统一体如实地再现于认识之中。因此，任何一门真正的科学，都可以说是一种由最简单、最抽象的概念（规定）进展到最复杂、最具体的概念体系（马克思的《资本论》就是这样一种由抽象到具体、由简单到复杂的概念进展的科学体系——当然，这只是就大体上而言），在这个体系中，作为结果的最后概念，就是该门科学所研究的那个现象领域的整体，它包含着在它之前的一切概念，以它们为自己的内容。① 这样，在一门科学体系中，一方面，较前的概念是达到较后概念的前提和出发点，是构成较后概念的内容，如果不说明、不认识在前的概念，就不能认识和说明在后的概念；另一方面，较前的概念是比较片面的、抽象的东西，离开了在后的概念，它本身就得不到充分的、完全的说明和认识，它实际上依存于在后的概念，依存于整体，它的根据存在于在后的概念以至最后的整体中，因此，只有认识了最后的概念，即是说，只有对一门科学所研究的那个现象领域有了整个的认识，那才是最充分、最

① 参见《黑格尔〈逻辑学〉一书摘要》，见《列宁全集》，中文1版，第38卷，249页；马克思：《〈政治经济学批判〉导言》，见《马克思恩格斯全集》，中文1版，第12卷，751页。

完全地认识和说明了最初的、最简单的概念。把这两方面结合起来，就是说，从最初者出发以说明最后者，而最后者同时也是最初者的根据，也是最深刻地说明了最初者。——这种情况正好形成科学认识途径上的一个完整的过程，我们可以恰当地把它比喻为一个圆圈。所以，只要不把“具体概念”像黑格尔那样作唯心主义的理解，而把它看成是思维对存在（对客观存在着的具体物）的反映，那么，关于概念的圆圈式进展的思想，便具有科学的意义。黑格尔逻辑学中关于纯粹概念的圆圈式发展的思想，反映了我们的实际科学认识的途径。所以列宁在《黑格尔〈逻辑学〉一书摘要》中摘录了黑格尔的这样一段话：“科学是一种自身封闭的圆圈，这个圆圈的末端通过中介而同这个圆圈的开端，即简单的根据连接在一起；同时这个圆圈是圆圈的圆圈……这一链条的各环节便是各门科学。”① 列宁在这段话的旁注中明白表示了自己的看法，他同意把科学看成一个圆圈，说：“科学是圆圈的圆圈。”② 此外，列宁也特别注意了黑格尔关于“把哲学史比作圆圈”③ 的一段话：“这种具体的运动（指思维活动——引者）乃是一系列的发展，并非像一条直线抽象地向着无穷发展，必须认作像一个圆圈那样，乃是回复到自身的发展。这个圆圈又是许多圆圈所构成；而那整体乃是许多自己回复到自己的发展过程所构成的。”④ 列宁认为这是“一个非常深刻而确切的比喻!!”⑤ 他说：“每一种思想＝整个人类思想发展的大圆圈（螺旋）上的一个圆圈。”⑥ 他还说：“人的认识不是直线（也就是说，不是沿着直线进行的），而是无限地近似于一串圆圈、近似于螺旋的曲线。”⑦ 列宁之所以认为每一门科学或每一种思想是大圆圈中的一个小圆圈，是因为每一具体事物或每一门科学所研究的那个特殊现象领域，都是整个世界的一个环节、一个构成部分；对于整个世界的认识途径犹如一个大圆圈，对于每一具体事物的认识，或每一门特殊的科学，则是大圆圈中的一个小圆圈。同理，如果把某一门科学整个儿看做

①② 《黑格尔〈逻辑学〉一书摘要》，见《列宁全集》，中文 1 版，第 38 卷，251 页。

③ 《黑格尔〈哲学史讲演录〉一书摘要》，见《列宁全集》，中文 1 版，第 38 卷，271 页。

④ 黑格尔：《哲学史讲演录》，第 1 卷，31 页。

⑤⑥ 《黑格尔〈哲学史讲演录〉一书摘要》，见《列宁全集》，中文 1 版，第 38 卷，271 页。

⑦ 《谈谈辩证法问题》，见《列宁全集》，中文 1 版，第 38 卷，411 页。

是一个完整的体系或大圆圈，那么，其中的某一部分又是一个小体系或小圆圈。大圆圈和小圆圈的关系实即“大全”和“小全”的关系，这样比喻的目的，都在于说明科学认识应是一个有机联系的整体。把“圆圈”这个比喻理解为简单的循环，那既不合黑格尔的原意，更不合列宁的原意。所以列宁虽然在好些地方都沿用“圆圈”这一术语，但他同时也在好些地方改用“螺旋”一词作比喻。

> 从肯定到否定，从否定到与肯定的东西的统一——这就是认识的辩证法

在黑格尔看来，思维对于具体真理，在开始时只能认识它的正面，然后，才进而分析出它所包含的反面，最后才能在对立面的统一中认识和把握该事物（合）。这里，黑格尔也看到了一个客观事实：在客观实际世界中，任何具体事物都是对立面的统一，我们现实的人在认识和把握具体事物的过程中，首先也只是接触和认识到该事物的直接的、正的方面，然后才进一步看出该事物所包含的相反的方面，把该事物当做对立面的矛盾统一来把握。所以列宁说：“对于简单的和最初的‘第一个’肯定的论断、论点等等，‘辩证的环节’，即科学的考察，要求指出差别、联系、转化。否则，简单的、肯定的论断就是不完全的、无生命的、僵死的。对于‘第二个’否定的论点，‘辩证的环节’要求指出‘统一’，也就是指出否定的东西和肯定的东西的联系，指出这个肯定的东西存在于否定的东西之中。从肯定到否定——从否定到与肯定的东西的‘统一’——否则，辩证法就要成为空洞的否定，成为游戏或怀疑论。”①

恩格斯在谈到黑格尔逻辑学中关于否定之否定等几个规律的错误时指出：“错误在于：这些规律是作为思维规律强加于自然界和历史的，而不是从它们当中抽引出来的。从这里就产生出整个牵强的并且常常是可怕的虚构：世界，不管它愿意与否，必须符合于一种思想体系，而这种思想体系自身又只是人类思维某一特定发展阶段的产物。”②

> “否定之否定”是“纯理性”“运动的纯粹逻辑公式”

黑格尔所谓“圆圈”式或“否定之否定”，是关于超时空的“纯概念”自我发展和自我认识的途径的理论。“绝对概念不仅是从来就存在的（不知在哪里？），而且是全部现存世界的真

---

① 《黑格尔〈逻辑学〉一书摘要》，见《列宁全集》，中文1版，第38卷，244页。

② 恩格斯：《自然辩证法》，见《马克思恩格斯选集》，1版，第3卷，484页。

正的活的灵魂。……在自然界中和历史上所显露出来的辩证的发展……在黑格尔那里，只是概念的自己运动的翻版，而这种概念的自己运动是从来就有的、不知道在什么地方发生的，但无论如何是同任何能思维的人脑无关的。”① 因此，在黑格尔逻辑学中按“否定之否定”的途径发展着的主体（概念），完全不是实际存在着的客观物质世界的反映，而是一种脱离现实的抽象思维，是一种“纯粹的、永恒的、无人身的理性”②。

按照科学的唯物主义的理解，思维中概念的发展是客观物质世界的反映，因此，这种发展是有客观物质世界作为自己的根据的。但是，黑格尔逻辑学中的概念既是一种“纯粹的、永恒的、无人身的理性”，那么，这种“纯理性”以什么为根据来发展为一系列的思想、概念呢？马克思在《哲学的贫困》一书中分析了这个问题。③ 他的分析告诉我们，黑格尔的“纯理性”既然是脱离现实诸关系的“无人身的理性”，这就决定了这种“理性”没有任何根据、任何“地盘”来产生和发展出这一系列的思想、概念。这样，对于唯心主义者黑格尔就发生了这个理性“怎样造成这些思想”④ 的问题。黑格尔对这个问题作了反科学的唯心主义的解决。在他看来，“理性”可以不依靠客观物质世界这个“地盘”，它可以绝对独立地自己从自己本身中分化出一系列的思想、概念。所以马克思说：黑格尔的“理性在自身中把自己和自身区分开来。这是什么意思呢？因为无人身的理性在自身之外既没有可以安置自己的地盘（着重号是引者所加），又没有可与自己对置的客体，也没有自己可与之结合的主体，所以它只得把自己颠来倒去：安置自己，把自己跟自己对置起来，自己跟自己结合——安置、对置、结合，用希腊语来说，这就是：正题、反题、合题。对于不懂黑格尔语言的读者，我们将告诉他们一个神圣的公式：肯定、否定、否定的否定。这就是措辞的含意……是脱离了个体的纯理性的语言。这里看到的不是一个用普通方式说话和思考的普通个体，而是没有个体的纯粹普通方式”⑤。马克思这段话的意思就是说，黑格尔的“否定之否定”，是“没有地盘”的“纯理性”自己从自己里面纯逻辑地推演出一系列概念的一种

---

① 恩格斯：《路德维希·费尔巴哈和德国古典哲学的终结》，见《马克思恩格斯选集》，1版，第4卷，238～239页。

②③④⑤ 马克思：《哲学的贫困》，见《马克思恩格斯全集》，中文1版，第4卷，140页。

途径，是“运动的纯粹逻辑公式”①，是“纯理性”所用以产生一系列概念的一种“办法”。

是否可以因为黑格尔主张逻辑和历史的一致性，就认为他的逻辑概念的“否定之否定”不是与现实界脱离的呢？显然不能这样看。黑格尔之所以把逻辑的东西看成和历史的东西一致，并不是像辩证唯物主义所主张的那样，由于逻辑的东西是历史的东西的反映；相反，黑格尔的逻辑概念是“原始的”、“独立自存的”、“完全自主的”，而历史的东西则不过是“附属的”，是“概念的自己运动的翻版”。所以黑格尔的逻辑概念的“否定之否定”，实质上仍然是完全脱离现实界的。马克思说：“黑格尔认为，世界上过去发生的一切和现在还在发生的一切，就是他自己的思维中发生的一切。因此，历史的哲学仅仅是哲学的历史，即他自己的哲学的历史。没有‘适应时间次序的历史’，只有‘观念在理性中的顺序’。”② 也正因为如此，黑格尔自然哲学和精神哲学中的一系列三段式，按其现成形式来说，就完全不是对自然事物和人类实际历史发展的科学概括，而只不过是把纯逻辑概念的发展规律机械地套用到自然和历史上的结果。

三段式的形式主义

由于逻辑学中“否定之否定”的规律只是“纯理性”自己在自己内部产生出一系列概念的一种“办法”，因此，在黑格尔逻辑学中，由这一概念到另一概念以及由这一组“正、反、合”到另一组“正、反、合”的转化，实际上只是一种纯粹逻辑分析的过程，是脱离实际地按照三段式进行的纯概念的推演过程。这样一来，尽管黑格尔本人明确指责过对于三段式的形式主义的玩弄③，尽管他声称三段式不过是“认识方式的一个完全表面的外在的方面”④（他说：由于第一次否定本身是第二项，那么，第二次否定［即第三项］也可以算作是第四项，这样，三段式也可以叫做四段式），但实际上，黑格尔为了追求形式，却硬把他的逻辑概念体系形式主义地按三段式加以排列，并且在许多地方，捏造事实来填充这个公式。黑格尔的体系中之所

---

① 马克思：《哲学的贫困》，见《马克思恩格斯全集》，中文1版，第4卷，142页。

② 同上书，143页。

③ 参见《大逻辑》，见《黑格尔全集》，格洛克纳本，第5卷，344页；并参阅《黑格尔〈逻辑学〉一书摘要》，见《列宁全集》，中文1版，第38卷，248页。

④ 《大逻辑》，见《黑格尔全集》，格洛克纳本，第5卷，344页。

以有很多牵强附会、胡说八道的东西，其主要原因在此。恩格斯在致康·施米特的信中曾以“矛盾”到“根据”的过渡为例，揭露了这一点。恩格斯指出：“千万不要像巴尔特先生那样读黑格尔的著作，就是在黑格尔的著作中寻找作为他建立体系的杠杆的那些谬误的推论和牵强附会之处。……例如，从一个范畴过渡到另一个范畴，或者从一个对立面过渡到另一个对立面，几乎总是随意的，经常是通过俏皮的说法表述的，比如，肯定和否定（第120节）二者‘灭亡了’，黑格尔就可以转到‘根据’的范畴上去。在这方面思考过多，简直是浪费时间。”① 和黑格尔的逻辑学相反，唯物的辩证逻辑学则应该在坚实的科学基础上着重阐明对立的概念、范畴间是如何统一着、如何矛盾发展着的，而不应该脱离实际地、形式主义地按三段式去从事概念的排列。

三段式最终否定了矛盾发展的永恒性

列宁指出：现实的方面是无限多的，其发展是无止境的，“……我们永远不会完全认识具体事物。一般概念、规律等等的无限总和才提供完全的具体事物”②。“认识是思维对客体的永远的、没有止境的接近。”③ 黑格尔却持相反的看法。在逻辑学的一系列三段式中，“绝对理念”是最大的、最后的“合”。在“绝对理念”中，我们再也不能分析出和自身对立的反面和矛盾（就逻辑学的范围本身来说）。“绝对理念……没有过渡。”④ 它已经包罗了和穷尽了“具体概念”的一切方面，它是“绝对和全部的真理”⑤。黑格尔的这种看法，完全否认了具体真理是永恒矛盾、永恒发展的。

概念的“圆圈”式发展，是为唯心主义的思维和存在同一说作论证的

黑格尔把“存在”和“本质”说成是“绝对理念”的“潜在”，把“绝对理念”说成是“存在”和“本质”之“展开”，这表明黑格尔关于概念的圆圈式发展的思想，实际上是用来为他的唯心主义的思维与存在的同一说作论证的：“存在”和“本质”属于“客观逻辑”，是关于存在方面的范畴，“绝对理念”属于“主观逻辑”，是关于思维方面的范

① 恩格斯：《致康·施米特（1891年11月1日）》，见《马克思恩格斯选集》，1版，第4卷，493～494页。

② 《黑格尔〈哲学史讲演录〉一书摘要》，见《列宁全集》，中文1版，第38卷，310页。

③ 《黑格尔〈逻辑学〉一书摘要》，见《列宁全集》，中文1版，第38卷，208页。

④⑤ 黑格尔：《小逻辑》，421页。

畴；黑格尔认为前者是后者的“潜在”，后者是前者的“展开”，是前者的“真理”或“根据”，这就无异把存在宣布为思维的表现，离开了思维，存在便没有“真理”，没有“根据”。费尔巴哈很生动地讽刺了黑格尔的这种唯心主义。他指出：黑格尔既把“存在”看做“开端”，把“理念”看做“终结”，那么，按照他的“开端就是终结，终结就是开端”的思想，“存在不是别的，就是具有直接性的理念；因此理念对于自己的开端的无知是一种在理念的意义上仅具有讽刺意味的无知。理念所说的和所想的不同。它说：存在，它说：本质，但是它所在想的却只是它自己。只有在终结的时候，它说的才和想的一样；不过这时它也撤回了它在开端时所说的话，并且说：您在开端和过程中一直认为是另一个东西的，您瞧！这就是我自己。存在、本质就是理念……”① 费尔巴哈这段话，形象地揭露了黑格尔关于概念按圆圈式发展的思想的唯心主义性质，揭露了黑格尔这一思想的目的无非是要论证：“存在”不过是“理念”（思维）。费尔巴哈指出：黑格尔虽然也说“存在”、“本质”，但他说“存在”、“本质”时，所指的实际上只是“理念”；他把“存在”、“本质”当做“理念”、“思维”来看待，“理念”、“思维”对于“存在”、“本质”来说并不是“另一个东西”，而是同一个东西。总之，“存在（开端）即思维（终结），思维（终结）即存在（开端）”——这就是黑格尔所谓概念的圆圈式发展所要达到的结论！

① 《黑格尔哲学批判》，见《费尔巴哈哲学著作选集》，上卷，66页。

第八章
黑格尔逻辑学中关于辩证法与诡辩论的分歧的思想

黑格尔以他的“具体概念”说和对立统一说为武器，尖锐地指出了诡辩论和辩证法的分歧，着重揭露了诡辩论的形而上学实质。这项工作主要是在他的《逻辑学》中进行的。

在欧洲哲学史上，第一批明确而系统地表述了诡辩论的哲学思想本质，并实际运用了诡辩术的哲学家，是古希腊的诡辩学派。“诡辩学派”这个词的希腊文原义是“智者”的意思。诡辩学派是公元前5世纪开始出现的一些职业教师，他们教人演讲术和辩论术，帮助人参加政治活动。诡辩学派的思想学说虽然并不统一，有早期和后期、进步和反动之分，但是，总起来说，诡辩学派都在不同程度上抱有主观唯心主义和相对主义的哲学观点，他们的诡辩术就是建立在主观唯心主义和相对主义的哲学基础之上的。

在马克思主义以前的西方哲学史上，黑格尔是站在客观唯心主义立场上最系统、最深刻地批判了诡辩论的一个哲学家。他所批判的具体对象主要是欧洲哲学史上诡辩论的祖师——古希腊的诡辩学派。

黑格尔认为：“诡辩派之出现乃在希腊人不复满意于宗教上和道德上的权威和传统的时代，他们感觉到一种需要，即凡他们所承认有效准的事物必须是经过思想证明过的。”① 黑格尔指出：诡辩学派教人运用自己的思想去判断一切事物，而不满足于神谕，教人从根据出发进行推理，而不盲目地受权威的统治，这表示“反思的要求在希腊似乎已经觉醒了”②；此外，他们把一切都看成不是固定不移

① 黑格尔：《小逻辑》，272页。

② 黑格尔：《哲学史讲演录》，第2卷，9页，北京，生活·读书·新知三联书店，1957。

的，存在与非存在都是消逝着的环节，这个思想包含着辩证法的因素①。

尽管如此，黑格尔对古希腊的诡辩学派，仍然着重进行了批判。

一、诡辩论的哲学基础是主观唯心主义

黑格尔看到了诡辩论和主观唯心主义的联系。列宁指出，在《哲学史讲演录》中，当“讲到普罗塔哥拉（古希腊诡辩学派早期的最大代表——引者）及其有名的论题（人是万物的尺度）时，黑格尔把康德和他联系起来”②，黑格尔说：“人是万物的尺度——因而人是一般的主体；因而，存在物不是单独地存在着，而是对我的知识来说存在着；意识按其实质乃是能在对象中产生内容的东西，主观的思维在这里进行着最重要的活动。这一思想一直传到了最新的哲学中。康德说，我们认识的只是现象，就是说，对于那种我们以为是客观的、实在的东西，只应该从它对意识的关系来考察，没有这种关系它就不存在。”③列宁在《黑格尔〈哲学史讲演录〉一书摘要》中摘录了黑格尔的这段话，以及关于康德把现象看成主观感觉和思维规定的另一段话，并在旁注中写道：“普罗塔哥拉和康德”，“康德和诡辩学派以及马赫式的现象论”④。——从黑格尔的这些话以及列宁的批语中可以看到，黑格尔清楚地认识到了诡辩论与主观唯心主义的密切联系，认识到了古希腊诡辩学派所谓“人是万物的尺度”这一主观唯心主义的哲学观点“一直传到了最新的哲学中”。的确，无论是古希腊诡辩学派以及近代德国哲学家康德所主张的主观唯心主义，或者是黑格尔以后现代资产阶级哲学流派如马赫主义所主张的主观唯心主义，它们都认为一切事物不过是相对于有意识的主体而存在的，一切主观唯心主义都是和古希腊诡辩学派的主观唯心主义一脉相通的，它们都可以直接地或间接地导致诡辩论。

黑格尔认为，不能像诡辩学派的主观唯心主义和相对主义那样，去断言一物在一种主观的观点下是如此，在另一种主观的观点下又

---

① 参见《黑格尔〈哲学史讲演录〉一书摘要》，见《列宁全集》，中文1版，第38卷，301页。

②③ 同上书，299页。

④ 同上书，299～300页。

如彼，一物之如此如彼，完全相对于人的主观意识，没有任何客观性。他站在客观唯心主义的立场，主张按照客观的观点去指明一物是此物，同时也是他物，主张根据“客观思想”的观点去理解对立面的统一。他在《大逻辑》中说：“人们常常把辩证法看做一种技艺，好像它是基于某种主观的才能，而不是属于概念的客观性。”[①] 所谓“基于某种主观的才能”、“技艺”，就是指建立在主观唯心主义基础上的诡辩术，所谓“属于概念的客观性”的辩证法，就是指黑格尔自己的客观唯心主义的纯概念的辩证法。在黑格尔看来，诡辩论的哲学基本思想是主观唯心主义，而辩证法则只能建立在客观唯心主义的基础之上，这就是辩证法同诡辩论的重要分歧之一。

二、诡辩论随意抽取一个片面作为论辩的根据

黑格尔是欧洲哲学史上第一个运用“具体概念”说批判诡辩论的哲学家。如前所述，所谓“具体”就是“多样性的统一”或“不同规定的统一”。黑格尔认为辩证法坚持主张事物是具体的，而诡辩论却是从具体事物中任意抽取一个片面、一个规定，就把它当做事物的根据。由于具体事物中的任何一个片面、一个规定都可以被孤立地抽取出来当做根据，于是同一事物就可以被诡辩论者时而说成是这样，时而又说成是那样；换言之，诡辩论者对同一事物可以时而提出赞成的论据，时而又可以提出反对的论据。至于从具体事物的许多方面、许多规定中抽取哪一个片面、哪一个规定当做根据，则诡辩论者可以“自由选择”[②]；这样一来，诡辩论者的“寻找理由和申述理由［根据］（论辩［合理化，Raisonnement］主要地在于寻找理由和申述理由）就成了不包含究竟至极的规定性的一种无止境的随意徘徊”[③]。诡辩论者因而也就可以“不深究所需辩护者之真理的内容，他只求说出根据的形式，凭借这些理由或根据，他可以为一切辩护，但同时也可以反对一切”；他也就可以“对于任何事物，

① 《大逻辑》，见《黑格尔全集》，格洛克纳本，第5卷，336～337页。

② 《大逻辑》，见《黑格尔全集》，格洛克纳本，第4卷，577页。译文引自《黑格尔〈逻辑学〉一书摘要》，见《列宁全集》，中文1版，第38卷，240页。

③ 《大逻辑》，见《黑格尔全集》，格洛克纳本，第4卷，581页。

即使最坏或最无理之事物说出一些好的理由”①。所以黑格尔说：“辩证法切不可与诡辩相混淆。诡辩的本质乃在于承认孤立的片面的抽象原则本身即是对的，只要这原则能够适合个人当时特殊情形下的利益。”②

黑格尔曾经举过很多例子来说明诡辩论的这种形而上学性和主观任意性：

房子这一具体事物，本来是房子的重量、目的、设备等等规定的统一。但是，诡辩论者却可以随意抽取其中一个规定例如重量作为房子的根据，从而把房子说成就是重量。黑格尔指出，房子之成为房子而非其他任何事物，并不在于它的重量，重量是立着的房子的根据，也是一块坠落的石头的根据，重量对于房子之为房子而言，是外在的，房子并不只是重量。③

又如偷窃“这一事实便可区分为许多方面”，如“侵犯他人的财产权”，偷窃者是为“获得满足他的急需的财物”④，等等。偷窃就是这许许多多方面的有机统一。但诡辩论者可以不从辩证法出发，他们不是“就事物本身的存在和过程加以客观的考察，借以揭示出片面的知性范畴的有限性”⑤。他们却相反地从这有机统一着的许多方面中随意抽取一个片面，例如偷窃犯要“维持生存”⑥，要求“获得满足他的急需的财物”，于是为偷窃犯辩护，说他有理由（根据）偷窃，说他“可以偷窃别人的物品”⑦。

黑格尔把上述诸例中所说的“根据”（理由）叫做“形式的根据”⑧，而“只寻求形式的根据乃是诡辩派的立场和原则”⑨。黑格尔指出：诡辩论者所寻求的根据，“并不包括事情的全部，因而是片面的根据，而其他特殊的诸方面又有特殊的根据；但是没有一个穷尽

① 黑格尔：《小逻辑》，272 页。

② 同上书，188 页。

③ 参见《大逻辑》，见《黑格尔全集》，格洛克纳本，第 4 卷，577 页。

④ 黑格尔：《小逻辑》，270 页。

⑤ 同上书，189 页。

⑥⑦ 同上书，188 页。

⑧ 《小逻辑》把这种根据叫做“形式的根据”。在《大逻辑》中，“形式的根据”一词专指根据与被根据的东西具有同一个内容，说出被根据的东西的根据不过是一种同语反复。《小逻辑》中所说的“形式的根据”在《大逻辑》中叫做“现实的根据”。不过黑格尔在《大逻辑》中也指出过：“现实的根据”也是“形式主义的”。诡辩论者所寻求的就是这种根据。

⑨ 黑格尔：《小逻辑》，271 页。

了那构成诸方面的联系和包含它们全体的事情本身，没有一个是充足的根据，即概念”①。这里所谓“概念”，是指作为“多样性之统一”的“具体概念”。黑格尔这段话的意思很清楚：辩证法从事物的诸方面的联系和有机统一中看事物，把作为“多样性的统一”的“具体概念”看成是事物的真正根据；诡辩论与此相反，它从事物的“多样性的统一”中随意抽取一个片面作为论辩的根据，用我们平常的话来说，叫做“攻其一点，不及其余”。这就是辩证法同诡辩论的另一个重要分歧。

列宁对黑格尔的这一分析作了肯定的评价：“诡辩家抓住‘论据’之中的一个，但是黑格尔说得很对，人们完全可以替宇宙万物找出‘论据’。”② 列宁还进一步对这种诡辩术作了驳斥，指出：“在社会现象方面，没有比胡乱抽出一些个别事实和玩弄实例更普遍更站不住脚的方法了。……在具体的历史情况下，一切事情都有它个别的情况。如果从事实的全部总和、从事实的联系去掌握事实，那么，事实不仅是‘胜于雄辩的东西’，而且是证据确凿的东西。如果不是从全部总和、不是从联系中去掌握事实，而是片断的和随便挑出来的，那么事实就只能是一种儿戏，或者甚至连儿戏也不如。”③在国际共产主义运动史上，修正主义者攻击马克思主义便经常使用这种诡辩术。

三、诡辩论玩弄“抽象的否定”

黑格尔不仅从“具体概念”是“多样性的统一”的角度，而且更进一步从“具体概念”是“对立面的统一”的角度反对了诡辩论。

黑格尔认为，诡辩论者根本不理解对立面的统一，他们把否定看成是“抽象的”、“单纯的”、“空洞的”否定。因为，根据他们的看法，当按照一种主观的观点去断言某物是“如此”时，就完全否定了该物同时是“如彼”的一面；当按照另一种主观的观点去断言

---

① 《大逻辑》，见《黑格尔全集》，格洛克纳本，第4卷，581页。

② 《第二国际的破产》，见《列宁全集》，中文1版，第21卷，194页，北京，人民出版社，1959。

③ 《统计学和社会学》，见《列宁全集》，中文1版，第23卷，279页，北京，人民出版社，1958。

某物是“如彼”时，又完全否定了该物同时是“如此”的一面。总之，“公说公有理，婆说婆有理”，我可以抓住事情的这一面去否定那一面，你可以抓住事情的那一面去否定这一面。甚至同一个人，也可以今天用这一面否定那一面，明天用那一面否定这一面。这样，诡辩论者的主观唯心主义和相对主义实际上是把对立的双方割裂开来了，而不是把对立面真正统一起来。所以黑格尔在批判那种把存在和非存在割裂开来的形而上学观点时说道：“这种错误地假设存在与非存在的绝对分离并停留在这种假设上的论辩，不应该叫做辩证法，而应该叫做诡辩。因为诡辩是依据未加批判和反复思考的毫无根据的假设而发的议论。而我们所说的辩证法是高级的理性运动，在这种运动中，那些看起来似乎是完全分开的规定通过它们本身，自己相互转化，而假设（指把这些规定绝对分离开来的假设——引者）则被扬弃。”① 列宁在《黑格尔〈逻辑学〉一书摘要》中摘录了这段话，并在旁注中写了“诡辩和辩证法”的字样。列宁还进一步指出：“机智而且聪明！对通常看起来似乎是僵死的概念，黑格尔作了分析并指出：它们之中有着运动。有限的？——就是说，向终极运动着的！某物？——就是说，不是他物。一般存在？——就是说，是这样的非规定性，以致存在＝非存在。概念的全面的普遍的灵活性，达到了对立面同一的灵活性，——这就是问题的实质所在。这种灵活性，如果加以主观的应用＝折衷主义与诡辩。客观地应用的灵活性，即反映物质过程的全面性及其统一的灵活性，就是辩证法，就是世界的永恒发展的正确反映。”② 列宁所说的对“概念的灵活性”“加以主观的应用”，就是指诡辩论者抓住正面或反面，完全由主观方面“灵活运用”。所谓“客观地应用的灵活性”，就是指唯物辩证法按照客观事物本来面貌，看到事物中矛盾双方的相互联系、相互依存，并因一定条件相互转化。

在黑格尔以前，柏拉图就已经揭露过诡辩论割裂对立双方的实质。柏拉图说，像诡辩学派那样，根据不同的主观的观点指出一物是他物，或者，他物是此物，或者大的是小的，或者相似的是不相似的，并且以总是找出这种相反的一面为高兴，这并不是真正的反

---

① 《大逻辑》，见《黑格尔全集》，格洛克纳本，第 4 卷，117～118 页。自“因为”以下，译文引自《黑格尔〈逻辑学〉一书摘要》，见《列宁全集》，中文 1 版，第 38 卷，108 页。这里的“论辩”与“议论”的原文都是 raisonnement。

② 《黑格尔〈逻辑学〉一书摘要》，见《列宁全集》，中文 1 版，第 38 卷，112 页。

驳，而显然只是开始接触存在的问题的新生婴儿，是企图把对立双方割裂开来；这样的割裂“乃是一种缺乏文化，并且完全不配称为一种有教育的或哲学的心灵”①。柏拉图认为诡辩学派之所以割裂了对立的双方，就因为它的主观唯心主义和相对主义观点使对立双方各自处在完全不同的关系之中。和诡辩学派相反，柏拉图主张：只有按照唯一客观的观点去指明一物是此物同时也是他物，这才是真正把对立面结合起来。他说：“困难而真实的工作在于揭示出另一物就是同一物，而同一物也就是另一物，并且是在同样的观点之下；按照同一立场去指出事物中有了某一规定，它们就有着另一规定（这就是说，同一物就是另一物，另一物就是同一物）。”② 这里所说“同样的观点”就是指的唯一客观的观点（当然是在客观唯心主义的理解下的“客观”）。列宁摘录了黑格尔《哲学史讲演录》中所引柏拉图的上述思想和原文③，并写下了“注意”、“空洞的辩证法”等字样以及下面的批语：“在分析柏拉图的辩证法时，黑格尔再一次力图指出主观的、诡辩的辩证法与客观的辩证法之间的区别。”④

黑格尔接受并发挥和发展了柏拉图对诡辩论的分析和批判。黑格尔进一步指出，诡辩论主张按照一种主观的观点，一物是此物，按照另一种主观的观点，一物是他物，这种“空洞的辩证法”实际上使得一物什么也不是。黑格尔说：“通常人们把辩证法看成一种不属于事情本身的外在的和否定的行为，认为这种行为的根据在于单纯的虚浮，在于想动摇和取消稳固的和真实的东西的主观欲望，或者认为这种行为至少是除了把辩证地考察的对象化为空虚而外，只会一事无成。”⑤ 这里所谓“通常”理解下的“辩证法”，就是指的“空洞的辩证法”，就是指的诡辩论。

与此相反，黑格尔认为，按照真正的辩证法的观点，“这个他物（指否定的方面——引者）本质上不是空洞的否定的东西，不是被当做辩证法的通常结果的无，而是第一个东西（指肯定的方面——引者）的他物，是直接东西的否定物；因而，它被规定为间接物，一般说来在其内部包含着第一个东西的规定。所以，第一个东西本质

① 柏拉图：《诡辩学派》，见焦威特：《柏拉图对话录》，英译本，第 4 卷，395 页，1892；并参阅黑格尔：《哲学史讲演录》，第 2 卷，209～210 页。

② 转引自黑格尔：《哲学史讲演录》第 2 卷，209 页。

③④ 参见《黑格尔〈哲学史讲演录〉一书摘要》，见《列宁全集》，中文 1 版，第 38 卷，310～311 页。（这里所引的译文与《哲学史讲演录》的译文略有不同。）

⑤ 《大逻辑》，见《黑格尔全集》，格洛克纳本，第 5 卷，53 页。

上也潜藏和保存在他物之中。——保持肯定的东西于它的否定的东西中，保持前提的内容于它的结果中，这就是理性认识中的最重要的东西”①。这段话的意思简单说来就是：按照诡辩论，否定就是单纯的、空洞的否定，这种否定的结果使一物成为无。按照辩证法，肯定的东西本身内部就包含有否定的方面，而否定的东西也保存着肯定的东西；否定不但不使一物成为无，而且使它成为更丰富、更具体的东西。列宁在《黑格尔〈逻辑学〉一书摘要》中摘录了这段话，并在旁注中写道：“这对于辩证法的理解是非常重要的。”②

总之，按照诡辩论的观点，否定就是单纯的否定，否定和肯定是分离开来的。按照辩证法的观点，肯定本身包含着否定，否定中包含着肯定，因此，否定和肯定是真正统一起来的。——在黑格尔看来，这就是辩证法同诡辩论的又一个重要分歧。

四、诡辩论用抽象的帷幕隐藏具体的东西

黑格尔在逻辑学中一再强调普遍性与特殊性相结合，反对脱离特殊性的“抽象的普遍”。与此相反，古希腊就有一种诡辩论，用“抽象的普遍”掩盖具体的特殊的东西。黑格尔在《哲学史讲演录》中，运用逻辑学中的原则分析批判了这种诡辩论。黑格尔说，麦加拉学派的诡辩家欧布里德制造过这样一个诡辩。诡辩家问某人：“你认识你父亲吗?”某人答曰：“认识。”然后，诡辩家把某人的父亲偷偷隐藏在一张帷幕后面，再问某人：“你认识他吗?”某人一时受蒙蔽，匆匆答曰：“不认识。”诡辩家随即令某人的父亲走出帷幕，并对某人说：“所以你是不认识你父亲的。”

这个诡辩手法诚如黑格尔所说，是“很肤浅的”。但是，黑格尔却从哲学上对这个手法作了分析。他说：“当儿子看见父亲的时候，也就是说，当父亲对儿子来说是一个这个人的时候，儿子认识父亲；但是当父亲隐藏起来的时候，他对儿子便不是一个这个人，而是一个被扬弃了的这个人了。隐藏者既作为一个在观念中的这个人，就

① 《大逻辑》，见《黑格尔全集》，格洛克纳本，第5卷，340页。

② 《黑格尔〈逻辑学〉一书摘要》，见《列宁全集》，中文1版，第38卷，243页。

变成了一个普遍的人，并且失去了他的感性存在。”① 黑格尔所说的“这个人”，是指一个确定的、具体的人，亦即某人的父亲这个独一无二的人；所谓“被扬弃了的这个人”，是指一个笼统的、抽象的、普遍的人，因为当某人的父亲被隐藏在帷幕后面时，他对某人来说，便不再是某一确定的、具体的人，他可以是某人的父亲，也可以不是某人的父亲。这里，诡辩家所设立的帷幕起了迷惑人的作用：他用“抽象的普遍”掩盖了具体的、特殊的东西，从而诱使人不去对具体事物作具体分析。某人之所以上了诡辩家的当，被诡辩家说成不认识自己的父亲，就因为他没有事先揭开这张抽象的帷幕，看看隐藏在他背后的具体的人究竟是谁，便遽尔作了“不认识”的回答。

也许我们会觉得欧布里德所制造的这个诡辩太幼稚了，黑格尔所作的分析未免小题大做。因为除了白痴之外，任何一个头脑正常的人，都不会不事先揭开帷幕，就回答说“不认识”的；相反，他一定会反驳诡辩家说：“你把他隐藏在帷幕背后，我怎么知道我认识他还是不认识他呢？”

不过，事情也并不这么简单。我们在遇到许多实际问题时，就往往和某人一样幼稚，不知道揭开抽象的帷幕，看看它背后所隐藏的具体东西是什么。黑格尔对欧布里德的诡辩手法的分析，正好启发了我们，要我们不为抽象的帷幕所迷惑，经常注意揭开这种帷幕，对具体事物作具体分析。

举例来说，资产阶级所鼓吹的“超阶级的”“人性论”，就是一种抽象的帷幕。他们标榜他们所讲的人性是没有具体阶级内容的，但是，在这种抽象的普遍的人性背后，实际上却隐藏着一种非常具体的、特殊的人性，即资产阶级的人性，这种人性就是资产阶级的个人主义，就是剥削和压迫无产阶级。毛泽东同志说：“有没有人性这种东西？当然有的。但是只有具体的人性，没有抽象的人性。在阶级社会里就是只有带着阶级性的人性，而没有什么超阶级的人性。”② 资产阶级之所以需要标榜他们的人性是“超阶级的”、“共同的”，就因为他们的具体人性是十分丑恶的，因而不得不用抽象的人性论作帷幕把它隐藏起来。

① 黑格尔：《哲学史讲演录》，第 2 卷，123～124 页。

② 《在延安文艺座谈会上的讲话》，见《毛泽东选集》，第 3 卷，827 页，北京，人民出版社，1966。

第九章
黑格尔逻辑学中关于逻辑、认识论、本体论三者一致的思想

逻辑、认识论、本体论是哲学的三个部门。逻辑是关于思维的规律和形式的学说，认识论是关于认识的学说。本体论是关于存在的本质的学说。本体论这个词，是旧哲学的术语，现在已经不通用了。这三个部门在古代哲学中就都已经有了，不过，在黑格尔以前，还没有一个哲学家把这三者统一起来。亚里士多德是古希腊最伟大的哲学家和传统逻辑的创始人，他的逻辑并不是纯粹形式的，但他的逻辑中的各种形式，一般说还是没有相互联系和相互转化的，他的逻辑并没有把思维形式和认识的深化过程紧密结合起来，它主要地还是撇开认识的生动内容而只着重研究一些现成的、固定的思维形式。因此，我们还不能说亚里士多德的逻辑是和本体论、认识论统一的。使这三者分离得最为明显的是康德哲学：本体论，用康德哲学的术语来说，是关于“自在之物”的学说，可是康德哲学的一个基本原理是“自在之物”不可知，因此，在康德看来，本体论本身就是独断的，因而是不可能的。这样，康德的逻辑就很自然地变成了一种根本不适用于客观存在的、脱离任何实在内容的主观空洞之物；在他的逻辑中，思维不是把主体（人）和事物结合起来，而是把二者分隔开来。① 康德哲学的主要部分是认识论。他为自己提出一个任务，要在认识过程进行之前，先考察认识的能力。黑格尔曾正确地批评他这种做法之可笑，实无异于要一个人“在没有学会游泳以前，切勿冒险下水”②。正是由于康德不懂得“执行考察知识

---

① 参见《黑格尔〈逻辑学〉一书摘要》，见《列宁全集》，中文1版，第38卷，88页。

② 黑格尔：《小逻辑》，62、129页。

的工作，却仅能即在认识的活动历程里方可实施”①，不懂得“考察思想型式已竟是一种知识历程了”②，所以他没有像黑格尔那样把逻辑范畴的推演过程看成就是认识的过程，他所讲的范畴或思维形式是同认识过程相脱离的。康德哲学就这样把逻辑学、认识论、本体论三者分裂开来了。

一、逻辑学和本体论的一致

黑格尔在哲学史上是第一个在唯心主义基础上把逻辑、认识论、本体论三者统一起来的哲学家。他的这一思想是根据他的思维与存在同一说，在批评康德分裂三者的形而上学思想的过程中提出的。他说：康德的批判哲学“由于害怕客体，竟给予逻辑规定以一种本质上主观的意义”③。在黑格尔看来，思维和存在脱节，是康德分裂本体论和逻辑、认识论的根源：在康德那里，既然思想或逻辑规定（“思”）只是主观的，和客体或事物自身（“有”）间有不可逾越的鸿沟，那么，关于思维的学说（逻辑学）和关于存在的学说（本体论）之间当然也有不可逾越的鸿沟。与此相反，黑格尔的唯心主义思维与存在同一说既然认为思维不仅是我们的思维，同时又是事物或对象的本质，那么，关于思维的学说（逻辑学）当然同时也就是关于事物或对象的学说（本体论）。黑格尔自己就曾明明白白地这样讲过。他在阐述了思想同时是事物自身的本质与真理之后接着说：“照这种解释的思想自可说是客观的思想了。而且即那些在普通形式逻辑里惯于只认作意识着的思想形式，亦可以算作客观的形式了。因此逻辑学便与形而上学（此处的‘形而上学’即指‘本体论’——引者）合流了。形而上学乃是研究思想所把握住的事物的科学，而思想乃是足以表示事物的本质的。”④

黑格尔不仅明确提出了逻辑学和本体论合流的原理，而且在自己的逻辑学中具体贯彻了这一原理：黑格尔在《大逻辑》中曾把自己的逻辑学明白划分为两大部分：一曰“客观逻辑”，二曰“主观逻

① 黑格尔：《小逻辑》，62 页。

② 同上书，129 页。

③ 《大逻辑》，见《黑格尔全集》，格洛克纳本，第 4 卷，47 页。

④ 黑格尔：《小逻辑》，90 页。

辑”。前者包括“存在论”与“本质论”，后者就是“概念论”。《小逻辑》虽然没有明白提出“客观逻辑”和“主观逻辑”之名作为标题，但从内容上看，同《大逻辑》无异。黑格尔的逻辑学和普通的形式逻辑有一个很明显的不同点：普通的形式逻辑只讲黑格尔“主观逻辑”中的一部分（即关于概念、判断、推论的理论）以及“客观逻辑”中所讨论的思想定律，至于黑格尔“客观逻辑”的基本内容，如“质”、“量”、“度”、“本质”、“现象”、“实在”、“必然和偶然”、“形式和内容”、“原因和结果”等等范畴，则非形式逻辑的研究对象。黑格尔认为既然思维和存在同一，既然逻辑学和本体论一致，那就应该把存在或事物的一切规定性都包括在自己的逻辑学内。在黑格尔看来，“质”、“量”、“度”、“本质”、“现象”、“实在”等等，不仅是存在的规定，而且是思维的形式，不仅是本体论的对象，而且是逻辑学的对象。也就因为这个缘故，黑格尔说他的“客观逻辑取得了以往形而上学的地位，作为对于世界的科学的构造，它是仅只由思想建筑起来的。……为客观逻辑所代替的本体论——形而上学的这一部分，是应该考察一般的 Ens 之本性的，Ens 包括‘存在’和‘本质’。……其次，客观逻辑也包括形而上学的其余部分，只要后者寻求以纯粹的思维形式来把握特殊的、首先来自表象的实体，如灵魂、世界、上帝，并且思维规定构成考察方式中本质的东西”①。认为逻辑学不仅仅是逻辑学，而且同时是本体论，这是黑格尔以前的人所没有做过的事；传统的形式逻辑没有这样做，因为它把“质”、“量”、“度”、“本质”、“现象”、“实在”、“必然和偶然”、“原因和结果”等等这样一些属于事物的最普遍的规定都撇开不论。康德的先验逻辑虽然讨论了“量”、“质”、“关系”和“样态”四类十二个范畴（黑格尔说他自己的“客观逻辑部分地相应于康德的先验逻辑”②），但康德所讨论的这些范畴都是和事物本身不相干的，并且，这些范畴是直接从形式逻辑那里搬来的，各范畴之间没有内部的联系和发展；康德事实上取消了本体论，更谈不上做什么使逻辑学同本体论一致的工作。黑格尔要把关于“质”、“量”、“度”、“本质”、“现象”、“实在”等范畴的理论变成既是本体论，又是逻辑学，那他的工作就只有从头做起。所以黑格尔说：“前两部分（指“客观逻辑”所包括的“存在论”与“本质论”两部分——引者），

① 《大逻辑》，见《黑格尔全集》，格洛克纳本，第 4 卷，65 页。

② 同上书，62 页。

我缺乏已经做过的、可以供给我以出发点、材料和线索的工作”①，那里的困难好比“在一个荒漠的地上建造起一座新的城市”②。

当然，这决不是说，只有“客观逻辑”的部分才表现了黑格尔逻辑学和本体论一致的原理，事实上这个原理贯穿于他的整个逻辑学。“客观逻辑”如此，“主观逻辑”亦然。所不同者只是，对于建立同本体论一致的逻辑学而言，“客观逻辑”部分缺少前人的先行工作，因为，它是以前的逻辑所不曾有过的一部分；“主观逻辑”部分所讨论的概念、判断、推论是黑格尔以前所有逻辑学都研究的对象，因此，这一部分似乎不是什么新颖的东西。不过，这只是事情的一方面。事情的另一方面是，为要建立和本体论一致的逻辑学，黑格尔在“主观逻辑”部分必须费很大的气力作一番改造旧有逻辑材料的工作。在旧逻辑中，概念、判断、推论等思维形式，都是撇开了具体内容的，因而都是僵死的形式，“没有各部分之间的‘内在的必然的联系’，也没有某些部分向另一些部分的‘转化’”③。黑格尔为要根据逻辑和本体论一致的原理，使概念、判断、推论等思维形式不是僵死的、固定的，而是和认识内容的深化过程相一致的，就必须把旧逻辑中的形式加以改造。所以黑格尔说：在写“主观逻辑”时，他面对着已有的“硬化了的材料，这里的任务就在于使这些材料变成生动的，并在这样一些死的素材中重新燃起活生生的概念的火花”④。因此，黑格尔说这一部分工作的困难好比“要给予一座古老的、建筑强固的、从来就有占有者和居民的城市以一个新的规划”⑤。黑格尔“主观逻辑”中所讲的概念、判断、推论等思维形式之所以是具有内在联系和发展的，就是由于黑格尔按照“新的规划”，即按照逻辑和本体论一致的原理，将旧逻辑材料加以改造的结果。

总之，黑格尔的逻辑学，不论就“客观逻辑”部分说，还是就“主观逻辑”部分说，都贯穿了逻辑和本体论一致的原理，都既是本体论，又是逻辑学。这就是黑格尔逻辑学之不同于他以前一切旧逻辑的根本之点。某些资产阶级学者对黑格尔的逻辑学有这样一种意见，认为他的逻辑学根本不是逻辑学，而只是本体论。他们特别否认黑格尔的“客观逻辑”部分是逻辑学，甚至以研究黑格尔著称的

---

①② 《大逻辑》，见《黑格尔全集》，格洛克纳本，第5卷，3页。

③ 《黑格尔〈逻辑学〉一书摘要》，见《列宁全集》，中文1版，第38卷，95页。

④⑤ 《大逻辑》，见《黑格尔全集》，格洛克纳本，第5卷，3页。

瓦莱士也说黑格尔逻辑学的“客观逻辑”部分只是“形而上学”（指“本体论”），而不是严格意义的逻辑。① 显然，这些资产阶级学者心目中的逻辑学，只是脱离了客观内容的、专讲空洞形式的逻辑学。在他们看来，黑格尔的逻辑学既然讲了存在或事物本身的规定，既然把思维形式和事物的规定紧密联系起来，那就不能算作真正的逻辑。他们根本不懂得逻辑和本体论的一致性，也根本不懂得除了形式逻辑之外，还有辩证逻辑。他们把黑格尔的逻辑学排斥于逻辑科学之外，是完全错误的。实际上，黑格尔逻辑学的错误并不在于它同本体论一致，并不在于它讲了许多关于存在或事物本身的理论。相反，黑格尔抛弃了逻辑和本体论分裂的观点而揭示了逻辑范畴的具体实在的内容，这正是黑格尔在逻辑史和哲学史上的一个功绩。列宁对黑格尔关于逻辑和本体论统一的原理曾给予很高的评价，他说：“关于联系和转化［联系也就是转化］的阐述，这就是黑格尔的任务。黑格尔确实证明了：逻辑形式和逻辑规律不是空洞的外壳，而是客观世界的反映。更正确些说，不是证明了，而是天才地猜测到了。”② 列宁这段话的意思当然不是说黑格尔把逻辑思维唯物主义地理解成了客观世界的反映。列宁的意思不过是说，黑格尔的逻辑范畴有着客观内容，他的逻辑学中诸范畴间的联系和转化表明他的确看到了客观事物中某些规定的性质及其相互间的联系和转化。但是，黑格尔认为逻辑和本体论的一致不是由于逻辑形式和逻辑规律是客观事物的反映，而是由于思维是客观事物的本质和真理，这样，他就把他所深刻看到了的客观事物间的联系和转化曲解成了思维的“外在化”和表现，把逻辑范畴间的联系和转化曲解成了由思想自身推演出来的。黑格尔这种唯心主义观点当然是我们所不能同意的。也就因为这个缘故，列宁才在上引那段话的后半段着重声明道：“更正确些说，不是证明了，而是天才地猜测到了。”

二、逻辑学和认识论的一致

黑格尔既认为思维形式和存在的规定一致，逻辑范畴不是空洞的外壳，而是具有实在内容的，那么，在他看来，这种思维当然同

① 参见瓦莱士：《黑格尔哲学及其逻辑学研究导论》，297页。

② 《黑格尔〈逻辑学〉一书摘要》，见《列宁全集》，中文1版，第38卷，192页。

时也就是认识，逻辑学当然同时也就是认识论："认识的本性是逻辑科学内所考察的。"① 认识总是有对象、有内容的，没有对象、没有内容的思维，不是真正的认识。这就是说，在黑格尔那里，逻辑和认识论一致的原理也是建立在唯心主义的思维与存在同一说的基础之上的。没有思维与存在的同一，也就没有逻辑学和认识论的一致。列宁说："'逻辑学'第 2 部（'主观逻辑'）第 3 篇（'观念'）的导言（全集第 5 卷第 236～243 页）以及'哲学全书'中相应的各节（第 213～215 节），差不多是关于辩证法的最好的阐述。就在这里，可说是特别天才地指明了逻辑和认识论的一致。"② 黑格尔在这几处所谈的主要是反对康德把思维和存在割裂，把逻辑范畴看成是纯粹主观的，以及黑格尔自己关于思维与存在同一，关于"理念"（Die Idee）是概念和客观性的统一，真理和认识是客观性对概念之一致的原理。在《黑格尔〈逻辑学〉一书摘要》的另一处，列宁也摘录了黑格尔关于逻辑是思维形式和真理的符合的原理以及反对康德逻辑观点的几段话，并着重指出："逻辑学＝关于真理的问题。""按照这种理解，逻辑学是和认识论一致的。"③ 列宁还说："逻辑学是关于认识的学说，是认识的理论。"④ 从列宁的这些摘录和批示可以看到，只有根据思维与存在同一的原则，才能理解他的逻辑学和认识论的一致。黑格尔把自己的逻辑学看成同时是认识论的思想，是很深刻的。当然，唯心主义者黑格尔不可能像列宁那样主张"认识是人对自然界的反映"⑤。他不是把逻辑范畴的发展或转化过程看成同人对客观世界的认识或反映过程相一致，而是把逻辑范畴的发展或转化过程看成是"纯思维"、"纯概念"自我认识的过程，这种看法当然是荒谬的。

黑格尔按照认识由抽象到具体、由肤浅到深刻的过程，安排了各个逻辑范畴不断发展和转化顺序，建立了他的逻辑学的全部结构。例如，认识的开始是直接性的认识，然后才通过直接性达到对本质之认识，换言之，对本质的认识比起直接性的认识来，更为具体、更为深刻。认识上的这种情况，表现在逻辑上，就是直接性的范畴——"存在"在前，而间接性的范畴——"本质"则在后。认识

① 《大逻辑》，见《黑格尔全集》，格洛克纳本，第 4 卷，71 页。

② 《黑格尔〈逻辑学〉一书摘要》，见《列宁全集》，中文 1 版，第 38 卷，205 页。

③ 同上书，186 页。

④⑤ 同上书，194 页。

的最高阶段是把握对立面的统一，因此，表现对立面统一的范畴（亦即表示直接认识和间接认识之统一的范畴）——“概念”就成了黑格尔逻辑学三大范畴（“存在”、“本质”、“概念”）中最高的阶段。黑格尔关于判断和推论的分类是他逻辑学中范畴转化顺序和认识深化过程相一致的最明显的表现。这一点下面还要专门论述。总之，在黑格尔逻辑学中，逻辑范畴发展的顺序同认识之由浅入深、由抽象到具体的过程是一致的。我们认为，虽然黑格尔把逻辑范畴发展的体系唯心主义地理解为纯概念自我认识的过程，并且他的范畴发展的体系有许多牵强附会甚至胡说八道之处，但总的来讲，他的范畴发展的顺序还是符合于实际的人类认识发展进程的，因为实际上人类对客观事物的认识也是从直接的表面的认识开始，然后才进到间接的、本质的认识。列宁在摘录了黑格尔《小逻辑》的目录（这个目录同时也是他的逻辑范畴发展的序列）之后说：“概念（认识）在存在中（在直接的现象中）揭露本质（因果律、同一、差别等等）——整个人类认识（全部科学）的真正的一般进程就是如此。自然科学和政治经济学［以及历史］的进程也是如此。所以，黑格尔的辩证法是思想史的概括。”[①] 资产阶级学者库诺·费舍把黑格尔逻辑学的第一部分——“存在论”说成是关于发展着的“某物”（Etwas 或 das Was，亦可译作“何者”）的学说，把第二部分——“本质论”说成是关于“何由”（das Woraus，亦可译作“何出”、“何从”）的学说，把第三部分——“概念论”说成是关于发展的目的（das Wozu，亦可译作“何为”）的学说。[②] 库诺·费舍的这种看法，表明他片面宣扬黑格尔逻辑学的目的论，不懂得黑格尔逻辑学的三大部分即是同一认识过程由浅入深、由抽象到具体的不同发展阶段，不理解黑格尔逻辑范畴发展的顺序基本上符合人类认识的一般进程。

根据逻辑和认识论一致的原则，黑格尔逻辑学的每一概念、范畴实际上也就成了认识深化过程的一个阶段、一个步骤。例如“存在”是认识过程中的初级阶段，而“本质”则是较“存在”高一级的认识阶段，如此等等。黑格尔曾经在他的逻辑学中把关于概念、范畴是认识过程中的一些阶段和步骤的思想，作了这样一种唯心主义的表述。他说：“一切进一步的规定和发展（指他逻辑学中自‘存

---

① 《黑格尔辩证法〈逻辑学〉的纲要》，见《列宁全集》，中文1版，第38卷，355页。

② 库诺·费舍：《近代哲学史》，第8卷，443页。

在’以后的一切概念——引者）都只是对于‘绝对’的更确定、更丰富的界说。”① 例如，“绝对之第一界说为：‘绝对’就是‘存在’。这就是（在思想中）纯全最初的界说，最抽象亦最空疏”②。“度，一如其他各阶段的存在，亦可被认作对于绝对之一界说。”③ 当然，这个界说要比上面所说的“存在”更具体些、更丰富些。同样，“本质”也是对于“绝对”的一个界说：“绝对是本质”④。不过这一界说又比前面的界说高一些，如此等等。总之，黑格尔逻辑学中的每一概念、范畴都是对于“绝对”或“绝对理念”的一个界说，愈是在前的、较低的概念，愈是代表“绝对理念”自我认识过程的低级阶段，愈是在后的、较高的概念，则愈是代表“绝对理念”自我认识过程的高级阶段。黑格尔关于一切概念都是“绝对”之一界说的思想，只要我们驳斥了它的唯心主义，用唯物主义观点来读它，把“绝对理念”倒立为反映客观事物的“具体真理”，那我们立刻就可以看到，它的“合理内核”就在于它看到了各个逻辑概念、范畴都是我们人获得“具体真理”的过程中一个一个的阶段和步骤。列宁曾经告诉我们：“范畴是区分过程中的一些小阶段，即认识世界的过程中的一些小阶段，是帮助我们认识和掌握自然现象之网的网上纽结。”⑤ 在摘录了黑格尔关于逻辑学中“理念”以前的一切概念都是“理念”的各个环节的一段话⑥之后，列宁也曾着重指出：“人对自然界的认识（=‘观念’）的各个环节，就是逻辑的范畴。”⑦

如何具体地使逻辑范畴发展的顺序同认识之不断深化和具体化的过程一致起来呢？究竟哪些范畴处于认识过程的较低阶段？哪些范畴处于较高阶段？认识过程中各个阶段间的具体关系如何？对于这些问题的回答本来只有根据人类实际的认识史。因为思维以客观存在为依据，逻辑的东西以历史的东西为依据，这是任何人都不能违背的铁的规律。黑格尔在具体制定他的逻辑范畴体系和安排逻辑范畴发展的先后顺序时，实际上也是考察了历史的东西，并以历史的东西为依据的。这里所说的历史的东西是指的认识史，说得更具

① 《大逻辑》，见《黑格尔全集》，格洛克纳本，第4卷，79页。

② 黑格尔：《小逻辑》，200页。

③ 同上书，243页。

④ 同上书，250页。

⑤ 《黑格尔〈逻辑学〉一书摘要》，见《列宁全集》，中文1版，第38卷，90页。

⑥ 参见上书，211页。

⑦ 同上书，212页。

体些，是指的哲学史。黑格尔逻辑学中概念、范畴发展的顺序之所以能在大体上同哲学发展史相对应，就是由于黑格尔对历史的东西，即对哲学史，作过细致的研究。但是，黑格尔对哲学史作过细致研究是一回事，而他对自己研究的成果所作的哲学上的解释则又是一回事。他在哲学史的研究中得出了哲学史是按照由抽象到具体的途径而发展的结论，他的逻辑学中诸范畴发展的顺序也就是根据这条途径来安排的；但他对哲学史之由抽象到具体的发展这一结论却作了完全唯心主义的解释。他说："几千年来，这哲学工程之建筑师，乃即是那唯一的活跃的精神，它的本性即是思想，即在于使它自己意识到它自身是什么。"① "在哲学史上逻辑理念的不同阶段，以前后相继的不同的哲学系统之姿态而出现，而其中每一系统皆基于对绝对之一特殊的界说。正如逻辑理念的发展是由抽象进展到具体，同样，在哲学史上那最早的系统也是最抽象的，因而亦是最贫乏的。"② 黑格尔这些话的意思就是说，逻辑的东西不是历史的东西的反映，而是历史东西的"建筑师"；不是逻辑范畴由抽象到具体的发展过程反映着哲学史由抽象到具体的发展过程，而是前者以后者的"姿态出现"。根据这种唯心主义的历史和逻辑一致的原则，黑格尔把逻辑范畴发展的顺序和哲学史上各哲学体系出现的顺序作了大体上两相对应的安排：逻辑上的范畴"存在"是逻辑学中最初的、最抽象的、最贫乏的范畴，在哲学史上与之对应的是巴门尼德的哲学。黑格尔说："哲学史开始于伊里亚学派，或确切点说，开始于巴门尼德的哲学。因为巴门尼德认'存在'为'绝对'，他说：唯'存在'在，'无'不在。"③ "变"是比"存在"更高的逻辑范畴，"在哲学史上，赫拉克利特的系统约相当于这个阶段的逻辑理念。当赫拉克利特说'一切皆在流转'时，他已经道出了变易是万有的基本性质了"④。哲学史上同逻辑范畴"自为的存在"相对应的，是原子论的哲学："原子论的哲学就是这种学说，将绝对界说为自为的存在。"⑤ 哲学史上同逻辑范畴"实体"相对应的，是斯宾诺莎的哲学。黑格尔说："在哲学史里我们看见'实体'或'本体'为斯宾诺莎哲学的

① 《小逻辑》，见《黑格尔全集》，格洛克纳本，第 8 卷，59 页；并参阅《小逻辑》，66 页。

② 同上书，204～205 页；并参阅《小逻辑》，200 页。

③ 黑格尔：《小逻辑》，201 页。

④ 同上书，209 页。

⑤ 同上书，224 页。

原则。"① 如此等等。

黑格尔为了论证他自己这种唯心主义的历史和逻辑一致的原则，曾削足适履地臆造了许多牵强附会、歪曲史实的说法。我们在读黑格尔的逻辑学和哲学史时，一定要抛弃黑格尔哲学中这类"糟粕"。列宁在《黑格尔〈哲学史讲演录〉一书摘要》中摘录了黑格尔的这样一句话："哲学在历史中的发展应当符合于逻辑哲学的发展。"黑格尔在这句话里明白宣布了他的历史和逻辑一致的原则是唯心主义的：不是逻辑的东西符合历史的东西，而是相反。列宁对黑格尔这句话的旁注是："哲学在历史中的发展'应当符合于'（??）逻辑哲学的发展。"② 列宁之所以在"应当符合于"几个字的后面打上两个问号，显然是表示反对黑格尔把历史看成符合于逻辑的唯心主义观点。

不过，黑格尔看到认识领域里历史和逻辑的一致，这一点在哲学史上仍然是一个贡献。在黑格尔以前，人们都只把哲学史看成各种哲学观点的偶然堆集，黑格尔的逻辑和历史一致的原则第一次把哲学史看成具有内在的逻辑的规律性。黑格尔说："在哲学历史上所表现的思想进展的历程与在哲学系统里所发挥的思想进展的历程，原是相同的，不过在哲学系统里，解脱了历史的外在性或偶然性，而纯从思想的本质去发挥思想进展的逻辑历程罢了。"③ "我认为：如果我们能够对哲学史里面出现的各个系统的基本概念，完全剥掉它们的外在形态和特殊应用，我们就可以得到理念自身发展的各个不同的阶段的逻辑理念了。反之，如果我们掌握了逻辑的进程，我们亦可从它里面的各主要环节得到历史现象的进程。不过我们当然必须善于从历史形态所包含的内容里去认识这些纯粹概念。"④ 这些话一方面表明黑格尔把哲学史（历史的东西）唯心主义地看成了逻辑理念（逻辑的东西）的"外在形态和特殊应用"，但另一方面也表明黑格尔看到了哲学史的发展是一个"逻辑的进程"，而不是哲学上不同观点的杂凑。黑格尔的这个见解是正确而深刻的。所以列宁一方面对黑格尔所谓哲学史"应当符合于"逻辑的唯心主义观点打了

① 黑格尔：《小逻辑》，320 页。

② 《黑格尔〈哲学史讲演录〉一书摘要》，见《列宁全集》，中文 1 版，第 38 卷，292 页。

③ 黑格尔：《小逻辑》，67 页。

④ 黑格尔：《哲学史讲演录》，第 1 卷，34 页。

两个问号，一方面又说："这里有一个非常深刻、正确、实质上是唯物主义的思想（现实的历史是意识所追随的基础、根据、存在）。"①列宁这句批语告诉我们，黑格尔关于逻辑和历史一致的思想有其"合理内核"，即现实的历史中存在着逻辑。

尽管黑格尔逻辑学中关于逻辑、认识论、本体论三者统一的思想包含了不少合理的东西，但是他犯了把逻辑、认识论同本体论等同起来的错误。

本来，逻辑思维和认识是客观世界的反映，概念、范畴的联系和转化应该是客观事物的联系和转化的反映。这也就是说，概念的辩证法和认识的辩证法反映着客观事物的辩证法，逻辑和认识论同本体论一致。但这并不是说，在认识中和在逻辑思维中发生的一切过程，都同时是客观事物中发生的过程，并不是说，逻辑、认识论同本体论没有任何区别。可是黑格尔根据他的唯心主义的思维与存在同一说，认为由抽象到具体、由直观多样性到多样性的统一、由表面直接的东西到深刻的本质的东西这一过程，就是存在获得自己的本质和真理性的过程；这样一来，黑格尔整个逻辑学的概念发展系列，就不仅是一种认识过程，而且也是存在自身产生和发展的过程。② 逻辑、认识论于是完全和本体论等同起来了。

诚然，马克思主义辩证法也主张事物的发展是一个由简单到复杂的过程，主张简单的范畴在历史上一般存在于比较复杂的范畴之先，并且，复杂的范畴包括简单的范畴在内。因此，马克思说："在这个限度内，从最简单上升到复杂这个抽象思维的进程符合现实的历史过程。"③ 但这并不是说，现实事物由简单到复杂的发展过程，同黑格尔所描述的那种由抽象到具体、由表面直接到深刻本质、由非真实到真实的认识过程是一回事。

① 《黑格尔〈哲学史讲演录〉一书摘要》，见《列宁全集》，中文1版，第38卷，292页。

② 参阅本书第三章第二节最后一段。

③ 马克思：《〈政治经济学批判〉导言》，见《马克思恩格斯全集》，中文1版，第12卷，753页。

第十章
黑格尔逻辑学的第一部分——“存在论”

逻辑科学为何以“纯存在”为开端

黑格尔的精神现象学是逻辑学的前导。精神现象学所描述的是人的具体意识由低级的感性认识一步一步到达“绝对知识”即概念的漫长过程；逻辑学所描述的则是概念本身推移转化的过程，前者是“从经验的、感性的意识出发”① 的；后者是从前者的结论出发的，是“以作为纯知的理念为前提”② 的。所以，从这个意义来说，“逻辑学的开端是间接的”③，就是说，逻辑学是以精神现象学的最后阶段作为开端的。

现在的问题是，就逻辑学的范围本身来说，究竟应以什么作为开端？或者用黑格尔自己的话说：“这里只需考虑，逻辑的开端如何出现。”④ 黑格尔的回答是：以“纯存在”的概念为开端。为什么？

黑格尔认为，逻辑学是研究思维的，而在思维过程中，最初所碰到的就是“没有任何进一步规定的”、“具有直接性的”“纯存在”，“纯存在”是思维活动中最基本的东西。承认“纯存在”，并不需要预先假定别的东西作为前提，因此，“纯存在”可以作为开端。反之，如果以“有规定性的”、“有中介的”亦即“有间接性的”具体物作为开端，则这种具体物还需要别的东西来说明，需要以别的东西为前提，这样，它就不成其为开端。《大逻辑》说：“所以，开端必须是绝对的开端，或者用同样意义的话来说，必须是抽象的开端；

---

① 《大逻辑》，见《黑格尔全集》，格洛克纳本，第4卷，71页。
② 同上书，72页。
③ 同上书，71页。
④ 同上书，70页。

因此，它没有任何东西作前提，决不要任何东西作中介，也没有根据；毋宁说，它自身就应该是全部科学的根据。所以它根本上就是一个直接性的东西，或者毋宁说，只是直接性的东西本身。……因此，开端就是纯存在。”① “作为开端的东西，不能是一个具体物，不能是包含一种关系在自身之内的东西。……因此，构成开端的东西，开端本身，就其单纯的、未被充实的直接性而言，必须被看成是一个不可分析的东西，从而被看成是存在，被看成是完全空无的东西。”②《小逻辑》说得更简洁：“以纯存在作为逻辑学的开端，因为纯存在既是纯思，又是不确定的单纯的直接性，而最初的开端不能为任何有间接性之物，亦不能为可更进一步予以规定之物。”③“当思想开始时，除了纯粹无确定性的思想外，没有别的了，因为在确定性中已包含有‘其一’与‘其他’；但在开始时，我们尚没有‘其他’。这里我们所有的无确定性的思想乃是一种直接性，不是间接的无确定性；不是一切确定性的扬弃，而是无确定性的直接性，先于一切确定性之直接性、最原始的无确定性。这就是我们所说的‘存在’。”④

当然，黑格尔自己也清楚地意识到，按照概念的圆圈式发展的思想，“纯存在”实际上并不是完全空无的，它潜藏着后继的一切概念范畴，并以它们为自己的根据，“从这一方面来说，这个纯存在既是绝对直接的东西，同样也是绝对地有间接性的东西”⑤。但是，黑格尔认为，作为开端来看的“纯存在”，却只能看成是毫无规定性的直接之物，所以他又说：“但同样很本质的是仅仅片面地把纯存在看成是纯粹直接性的东西，正因为纯存在在这里是作为开端来看待的。”⑥

也许还会有人提出问题：“存在”离开了“本质”是片面的、不真实的，逻辑学“为什么要从不真的阶段开始，而不直接从真的阶段开始呢?”黑格尔在《小逻辑》中明确提出了并回答了这个问题：“真理既是真理，必须证实其自身为真理，此种证实，这里单就逻辑学范围之内来说，乃在于证明概念乃是自己凭借自己，自己与自己相关联的间接性，换言之，证明概念同时乃是真正的直接性。”⑦

---

① 《大逻辑》，见《黑格尔全集》，格洛克纳本，第4卷，73页。

② 同上书，80页。

③ 黑格尔：《小逻辑》，199页。

④ 同上书，200页。

⑤⑥ 《大逻辑》，见《黑格尔全集》，格洛克纳本，第4卷，76页。

⑦ 黑格尔：《小逻辑》，196页。

质与量的定义和先后问题

黑格尔逻辑学第一部分——“存在论”——的三个主要范畴是“质”、“量”、“度”。从量转化为质和从质转化为量的规律，正如恩格斯所说，就是在这一部分中阐明的。①

什么叫做“质”？什么叫做“量”？黑格尔在《大逻辑》和《小逻辑》中都作过比较明确的解释。“质是与存在同一之直接的规定性，与即将讨论的量不同，量虽亦同样是存在之规定性，但不复是直接与存在同一，而乃是与存在不相干，且外在于存在的规定性（‘规定性’原译作‘性格’——引者）。——某物之成为某物，乃由于其质，如失掉其质，便会停止其为某物。”② “量是不复与存在同一的规定性，而是与存在分开了的；它是被扬弃的和转化成毫无所谓的质。它包含存在之变动不居，而事情本身，即存在（量是存在的一个规定性），并不因它而遭受变动。反之，质的规定性则与存在为一；它既不会达不到存在，亦不会超过存在，它是存在的直接的限度。因此，质是直接的规定性，并在量之先，它必须构成开端。”③ “我们观察事物首先从它们的质的观点去看……然后……我们进一步去观察量。”④

黑格尔这几段话不但给“质”和“量”下了定义，而且说明了他之所以把“质”放在“量”之前的理由。

黑格尔关于“质”、“量”的定义诚然抓到了一些事实，有其合理之处，因为一事物之为此一事物而非彼一事物，正是该事物之质有以使然；一物失掉了质，就不成为该物，故一物之质与其存在“同一”。反之，量之大小对一物之存在则“无所谓”（当然要在一定限度之内），大屋小屋，其为屋则一。但是另一方面，我们也应该指出，黑格尔所说的“质”、“量”，和他逻辑学中的其他概念、范畴一样，完全不是指客观物质世界中的事物所具有的规定性，而是一种绝对化了的纯粹概念。

说到“质”、“量”两范畴的先后顺序问题，应该指出，黑格尔把“质”放在“量”之前，这个做法是有意义的。康德的范畴是从

① 恩格斯：《自然辩证法》，见《马克思恩格斯选集》，1版，第3卷，484页。

② 黑格尔：《小逻辑》，212页。

③ 《大逻辑》，见《黑格尔全集》，格洛克纳本，第4卷，85页。

④ 《小逻辑》，见《黑格尔全集》，格洛克纳本，第8卷，234页；并参阅《小逻辑》，226页。

判断表硬搬过来的，在他的范畴表中，“量”先于“质”。黑格尔的范畴是“具体概念”按照从抽象到具体、从简单到复杂的必然途径而自我发展、自我认识的漫长过程中的阶段或环节。之所以在他的范畴中“质”先于“量”，就因为“质”是直接的、抽象的、简单的规定性，而“量”则是比较间接的、具体的、复杂的规定性。黑格尔把“质”放在“量”之前，这个思想是符合人类实际认识过程的，因为一般说来，我们实际上是先认识“质”，然后才认识“量”，对于“量”的知识比对于“质”的知识要更困难些。

一、“质”

“质”的发展分为三个阶段：（一）“纯存在”，（二）“有限的存在”，（三）“自为的存在”。

“纯存在”是无规定的“存在”。“纯存在”和“无”的统一是“变”。① 黑格尔在这里批评了“无不能生有，有不能变无”的形而上学思想，认为“天地间没有任何东西不在自身中包含存在和无二者”②。黑格尔还特别强调，有与无的统一不是“在时间中各自分开的”，不是“在时间中先后交替”，而是“本身同一的”。

如何由“变”过渡到“有限的存在”？黑格尔说：“变”“包含有某种东西由变易而产生出来的意思，所以变易必有结果。……但变易过程的结果并不是空虚的无，而是与否定性同一之存在，我们称之为有限的存在（“有限的存在”原译作“限有”——引者）”③。所以黑格尔又把“有限的存在”叫做“变的静止的结果”④。

“有限的存在”是具有质的规定性的“存在”，是**如此而非如彼**之“存在”。在某一“有限的存在”之外尚有“别物”（das Andere）限制着自己，所以在“有限的存在”中，既包含有肯定，也包含有否定。黑格尔说它是“与否定性同一之存在”，就是这个意思。例如说某物是黑的（肯定），那就等于说它不是白的（否定）。由于“有限的存在”存在着内在矛盾，它必然要超出它的限度而变成“别

① 参阅本书第六章第四节第二、三段和第七章第二节第六段。

② 《大逻辑》，见《黑格尔全集》，格洛克纳本，第4卷，91页。

③ 黑格尔：《小逻辑》，211页。

④ 《大逻辑》，见《黑格尔全集》，格洛克纳本，第4卷，119页。

物”；有限的和可变的，是“有限的存在”的两个不可分离的特点。列宁对黑格尔的这个重要思想作了摘录，并在旁注中写了“注意”的字样。列宁认为黑格尔把“存在”和“非存在”、“某物”和“别物”统一起来，是“机智而且聪明”① 的。

在第一个“有限的存在”之外，有第二个“有限的存在”，第二个“有限的存在”又会超出自己而成为第三个“有限的存在”……如此递进，以至无穷，这样，“有限的存在”就陷入了一种“无穷进展”之中。黑格尔把这种“无穷进展”叫做“坏的无限”②。“这种无限是空虚的，只是有限之否定，而有限性仍然重复发生，还是没有被扬弃。……这种无限乃是互相转化的某物与别物两项彼此交互往复之无穷进展。”③ 例如当我们谈到空间的无限性时，如果我们把这种无限性想象成甲物之外有乙物，乙物之外有丙物，丙物之外有丁物，则无论我们想象得多么遥远，“某物”之外仍有“别物”存在，因此，它还是一个有限之物，而无限却仍然在这个“有限的存在”之外，有限性还是没有被扬弃。在这种“无穷进展”中，我们实际上是“先立定一个限度，于是我们又超出这限度。其次我们又立一限度，继又超出这限度，如此递进，以至无穷。凡此种种，除了表面上的变换外，没有别的了。在这种过程中，我们从来没有离掉有限的范围”④。显然，“无穷进展”是“坏的无限”，不是“真正的无限”。列宁曾经把黑格尔所描写的“坏的无限”作了摘要和概括：“坏的无限”“是这样一种无限性，它是在质上和有限性对立的，是和有限性没有联系的、和有限性隔绝的，似乎有限是此岸的，而无限则是彼岸的，似乎无限是站在有限之上，是在有限之外”⑤。

黑格尔主张有限和无限是有机地统一起来的，所以，“真正的无限”是包含有限在内的，不是对“有限的存在”的单纯否定，而是对这种否定之否定⑥；即是说，不是单纯地把“别物”（某一“有限的存在”之外的另一“有限的存在”）看做在此物之外，而且把它看做在此物之内，这样，“当某物过渡到别物时，只是和它自身在一起罢了”⑦。

① 《黑格尔〈逻辑学〉一书摘要》，见《列宁全集》，中文1版，第38卷，112页。

②③ 黑格尔：《小逻辑》，216页。

④ 同上书，217页。

⑤ 《黑格尔〈逻辑学〉一书摘要》，见《列宁全集》，中文1版，第38卷，114页。

⑥ 参见黑格尔：《小逻辑》，217～218页。

⑦ 同上书，218页。

所以，“真正的无限”也就是“此”和“彼”的矛盾统一，是有限和无限的矛盾统一。黑格尔说，“真正的无限乃包含‘在别物中即在自己中’，或从过程方面来说，‘在别物中回复到自己’”①。“无限，正如实际存在的那样，乃是过程”。“无限，正像它的两个环节一样，本质上毋宁只是作为变易而存在……作为无限，它以有限和无限作为环节，而这两个环节本身就是变化的过程”②。黑格尔区分“坏无限”和“真正无限”的中心意思，就是告诉我们，不要把无限理解为某一“有限存在”之外的另一“有限存在”，而应该把无限理解为包含有限在内，无限即在有限之中，理解为有限之物的不断矛盾发展的过程。

黑格尔关于真无限是有限与无限的统一，是具有矛盾性的过程的思想，是很深刻的。恩格斯给予他肯定的评价，指出：“无限序列（指‘无穷进展’这样的无限性——引者）一移到空间，就是从某一点起按一定方向延伸到无限的线。这样，空间的无限性是不是哪怕模模糊糊地表现出来了呢？刚刚相反。”③ 无论从时间上或者从空间上说，真正的无限是“没有一个方向是有终点的，不论是向前或向后，向上或向下，向左或向右。这种无限性和无限序列的无限性完全不同”④。“无限性是一个矛盾，而且充满种种矛盾。无限纯粹是由有限组成的，这已经是矛盾，可是事情就是这样。……正因为无限性是矛盾，所以它是无限的、在时间上和空间上无止境地展开的过程。如果矛盾消灭了，那就是无限性的终结。黑格尔已经完全正确地看到了这一点，所以他以应有的轻蔑态度来对待那些空谈这种矛盾的先生们。”⑤ 列宁在摘录了黑格尔关于无限包含有限，有限又包含无限的一段话之后写道：“应用于原子和电子的关系。总之就是物质的深远的无限性。”⑥ 列宁在这里告诉我们，物质的深远的无限性，不仅仅有“至大无外”的意义，而且有“至小无内”的意义，即是说，在眼前有限的东西之中，就有着无限，因为任何东西都是可以无限分割的，从原子到电子，一直分割下去，也是永远不可穷尽的。

“自为的存在”是“质”的第三个阶段。它是“存在”和“有限的存在”的统一，它“消融”了它的“别物”。“在自为的存在中，

---

① 黑格尔：《小逻辑》，217 页。

② 《大逻辑》，见《黑格尔全集》，格洛克纳本，第 4 卷，172～173 页。

③④ 恩格斯：《反杜林论》，见《马克思恩格斯选集》，1 版，第 3 卷，89 页。

⑤ 同上书，90～91 页。

⑥ 《黑格尔〈逻辑学〉一书摘要》，见《列宁全集》，中文 1 版，第 38 卷，114～115 页。

‘他物’只是作为一种已经扬弃了的东西或作为它的环节”①，“当某物过渡到别物时，只是和它自身在一起罢了。而这种在过渡中，在别物中而达到的自我关联，就是真正的无限”②。所以，“自为的存在是无限的存在”③，是“自我决定”④，它不为“别物”所限定和决定，因为它的“别物”已被吸收到它自身之内。就这一点而论，“自为的存在”即是“一”。“一”就是自己和自己相关，在自己之外再没有外在于自己的东西的意思，所以黑格尔说：“一是自为的存在与自己的单纯关联。”⑤ 但这个“一”不是空洞的一，而是一种“否定的自身关系”⑥，即自身同被自身所否定并吸收到自身之内的“他物”间的关系，因此，在这个“一”之内，仍有“此”与“彼”的分别。这就是说，一中包含有多。“一”中之“多”彼此“不相融”，彼此互相区别，黑格尔把这一方面的情况比喻为“排斥”（Repulsion，《小逻辑》中译本译作“抗力”）。黑格尔的原话是：“自为的存在（‘自为的存在’原译作‘自有’——引者）乃是自身的关系，而此种自身关系却是否定的关系。因此一显得是一个纯全自己与自己不相融，自己反抗自己之物，而它自己所竭力建立者，即是多。我们可以用一个比喻式的名词‘排斥’以表示自为的存在这一方面的历程”⑦。简言之，“排斥”就是“多数的一彼此相互的否定态度”⑧。但另一方面，当多数的单位相互排斥、相互否定时，“同时亦即主要地表示它们的相互关系”⑨。多中的这种同一的关系，黑格尔把它比喻为“吸引”（Attraktion，亦可译作“引力”）。这样，多之间的关系既是同一的，又是有差别的，换言之，既是“吸引”，又是“排斥”。因此，“一”（同一）和“多”（差别）、“吸引”和“排斥”也是同一的。黑格尔称“一”和“多”或“吸引”和“排斥”的这种统一体为“量”。这样，黑格尔的逻辑学就从“质”这一概念的“顶点”——“自为的存在”——转化到了“量”的概念。⑩ 黑格尔说：“‘自为的

① 《大逻辑》，见《黑格尔全集》，格洛克纳本，第 4 卷，184 页。

② 黑格尔：《小逻辑》，218 页。

③ 《大逻辑》，见《黑格尔全集》，第 4 卷，格洛克纳本，183 页。

④ 同上书，193 页。

⑤ 同上书，192 页。

⑥⑦ 黑格尔：《小逻辑》，223 页。

⑧⑨ 同上书，224 页。

⑩ 参见《大逻辑》，见《黑格尔全集》，格洛克纳本，第 4 卷，183 页；并参阅《小逻辑》，226 页。

存在'最后表明为于其［矛盾发展］过程的两面，排斥与吸引，扬弃其自身，因而在其全部发展阶段里扬弃其质。但这被扬弃了的质既非一抽象的无物，亦非一同样抽象且无任何规定性之存在，而乃只是中立于任何规定性的存在。这种形式的存在，在我们通常的表象里，就叫做量。"[①] 这里所谓"中立于任何规定性"，亦即对任何规定性都"无所谓"。这段话的意思就是说，"自为的存在"发展到了"排斥"和"吸引"的阶段，就达到了"质"的顶点，从而扬弃"质"，过渡到"量"；"量"是对任何规定"无所谓的"。因此，黑格尔又称"量"是"扬弃了的质"[②]，或"扬弃了的自为的存在"[③]。关于这一点，黑格尔在《大逻辑》中有一段话说得稍微明白些：他说，"自为的存在"中所包含的"此物"与"彼物""同时是作为无所谓的、内部反射的、无关系的限定而存在的，因此，规定性就一般地成为在自身之外的东西，成为一种单纯外在于它自身的东西和同样外在的某物；这样一个限定，即它自己对于自己以及某物对于它的无所谓的态度，构成了自为的存在的量的规定性"[④]。从这段话可以看到，把"自为的存在"中所包含的"此物"和"彼物"间的质的差别加以扬弃，使它们彼此之间持一种"无所谓的态度"，这样，在黑格尔看来，就可以得到"量"的概念。

显然，在黑格尔逻辑学中，从"质"到"量"的转化是凭空臆造出来的。我们知道，任何一物，既有其质，亦有其量；没有无质之量，亦没有无量之质。这是客观世界中铁的事实。质、量两概念间的必然联系，就是客观事物本身所固有的质、量间的必然联系的反映。可是唯心主义者黑格尔却完全脱离实际地把"量"的概念从"质"的概念中推演出来，他把"自为的存在"分为"一"、"多"、"吸引"和"排斥"等概念，他以为作了这样一番烦琐的纯粹概念的分析之后，就算是说明了从"质"到"量"的联系和转化的必然性。列宁曾讥讽黑格尔说："为什么自为的存在是一，我不明白。依我看来，在这里黑格尔是非常晦涩难懂的。"又说："一般说来，黑格尔之所以用得着自为的存在这一套东西，想必也是为了引申出'质是如何转化为量的'——质是规定性，自为的规定性、设定的东西，

---

① 黑格尔：《小逻辑》，226 页。

② 同上书，224 页。

③ 《大逻辑》，见《黑格尔全集》，格洛克纳本，第 4 卷，222 页。

④ 同上书，219 页。

是单位——这些东西给人一种非常勉强而又空洞的印象。”①

不过，单就黑格尔把“量”看成是“一”和“多”的统一这一点而论，我们应该肯定这个思想是正确的。事实上，“量”既不是单纯的“一”，也不是单纯的“多”，“量”实际上是“一中之多”或“多中之一”。例如1尺长的东西，就整体而言，它是“一”，但就它包含10寸来说，这就是“多”；1尺长的东西就是这“一”和“多”的统一。再如“5”这一个数，它一方面是一个总和，一个整体，就这一点来说，它是“一”（显然，这决不是指5=1的意思）；但另一方面，它是5个一，或者说5个单元（1×5），就这方面说，它又是“多”。可见“5”这个数也是“一”和“多”的统一。总之，任何“量”都是许多单元（“多”）的一个总和（“一”），“许多单元”是“多”，“一个总和”是“一”，因此，任何“量”都是“多”和“一”的统一。

二、“量”

在阐述了从“质”到“量”的转化之后，黑格尔的逻辑学即进入到了对“量”本身的说明。这里，值得我们特别提出的一点，就是黑格尔对所谓“极端数学观点”（Ausschlieβlich Mathematische Standpunkt；“Ausschlieβlich”一字即“排他”之意，《小逻辑》中译本译作“极端”，也可以解释为“排他”。所谓“极端数学观点”，就是对一切都用数学来解释，排斥一切其他解释的一种观点）的批评。黑格尔指出，极端数学观点把一切都用数学、用量来解释，这种观点“陷于夸张它（指‘量’——引者）的效准的范围，或且甚至于将它提高到绝对范畴的地位”②，认为“只有那些科学，其对象可以容许数学的计算，方得称为严密的科学……这对于我们知识将有不小的害处，如果类似自由、法律、道德、甚或上帝这些对象，因为它们是无法衡量，不可计算，不能用数学的公式表达的，皆被认作非严密的知识所能达到，于是我们便须以模糊的表象为满足，而让它们详细特殊的内容，听任每一个人的高兴，加以任意的揣测

① 《黑格尔〈逻辑学〉一书摘要》，见《列宁全集》，中文1版，第38卷，116、118页。

② 黑格尔：《小逻辑》，228页。

或玄想”①。“我们必须指出，那惯于仅在量的规定里去寻求事物的一切区别和一切性质的办法，乃是一个最有害的成见。无疑，心灵较多于自然，动物较多于植物，但如果我们以求得较多较少的量的知识为满足，不进而去把握它们之特有的，亦即质的性格，则我们对于这些对象和其区别所在的了解，亦复异常之少。”② 黑格尔在这里指责了那种把一切归结为量的观点，他正确地指出，这种观点抹煞了质的区别，因而也就不能了解这些具有质的差别的对象的本质。例如，精神和自然有质的差别，“精神不只是自然”；如果把精神看成同自然只有量的差别，那就不可能了解精神的本质。黑格尔正确地指出，这种观点的危害性在于阻碍了那些不能把自己的对象单纯归结为量的规定的科学的发展。

黑格尔对所谓“极端数学观点”的批评，是针对17、18世纪的机械观点而发的。在17、18世纪的自然科学中，力学起主导作用，其他科学一般都是用力学的尺度即用“量”来解释自然界各种现象。“力学上只有量”③。黑格尔在批评“极端数学观点”时，就曾经明白指责了那种单纯把力学当做“最严密科学”的机械观点。④ 恩格斯对于这种机械观曾经作过明确的概括和批评，他说：机械观“用位置移动来说明一切变化，用量的差异来说明一切质的差异，同时忽视了质和量的关系是相互的，忽视了量可以转变为质，质也可以转变为量，忽视了这里所发生的恰好是相互作用”⑤。恩格斯指出，这种机械观“大大妨碍了对各种过程的清楚的理解”⑥。因为固然“一切运动都包含有物质的较大或较小部分的机械运动，即位置变动，而认识这些机械运动乃是科学的第一个任务，然而也只是它的第一个任务。但是这些机械运动并没有把所有的运动包括无遗。运动不仅仅是位置移动，在高于力学的领域中它也是质变”⑦。例如，“终有一天我们可以用实验的方法把思维‘归结’为脑子中的分子的和化学的运动；但是难道这样一来就把思维的本质包括无遗

① 黑格尔：《小逻辑》，228～229页。

② 同上书，230页。

③ 恩格斯：《自然辩证法》，230页，北京，人民出版社，1971。

④ 参见黑格尔：《小逻辑》，230页；并参阅《大逻辑》，见《黑格尔全集》，格洛克纳本，第4卷，411～412页。

⑤ 恩格斯：《自然辩证法》，231页。

⑥ 同上书，225页。

⑦ 同上书，230～231页。

了吗?"①——从恩格斯的上述理论中可以看到，黑格尔关于不能把质的差异简单归结为量的差异的思想是辩证的。列宁在《黑格尔〈逻辑学〉一书摘要》中摘录了黑格尔《大逻辑》中这样一段话："思想的规定性愈丰富，因而它的关系也愈丰富，于是，思想通过数这种形式表述出来时，一方面就会愈加混乱，另一方面就会愈加随便和没有意义。"列宁说这是"一句中肯的评语"②。黑格尔这段话是在批评毕达哥拉斯派把"数"理解为事物的本质的学说时说的。③列宁的批语显然是指黑格尔关于不能把一切仅仅归结为数的思想而言。恩格斯也曾说过：把一切简单归结为数或量的规定的观点，"退回到毕达哥拉斯那里去了"④。

但是这里必须着重指出的是，黑格尔对机械观的批评是和他对唯物主义的攻击分不开的，或者说得更确切些，是被利用来攻击唯物主义的。黑格尔从他的绝对唯心主义出发，认为"质"和"量"都不是客观事物本身的规定性，而是"绝对理念"或"纯概念"发展的一个阶段、一个环节：所谓"极端数学观点"，在黑格尔看来，只不过是"将逻辑理念之一特殊阶段，量的概念，认作与逻辑理念本身为同一之物的观点"⑤。他还公然认为，这种观点"不是别的，而只是唯物论的观点。这样的唯物论，在科学思想史里，特别在上世纪（指18世纪——引者）中叶的法国，可以找到充分的证明"⑥。黑格尔这种看法，正如恩格斯所指出的，是把唯物主义和机械观点混同起来，并借此来贬低唯物主义。⑦其实，唯物主义并不必然是机械观，机械观正是18世纪法国唯物主义的缺点；黑格尔借批评法国机械唯物主义的缺点，攻击唯物主义的基本观点，这是"最滑稽可笑的"⑧。恩格斯从辩证唯物主义的观点对机械观所作的唯一科学的批评与分析，彻底击败了黑格尔对唯物主义基本观点的污蔑。

黑格尔关于"量"的分法，《大逻辑》与《小逻辑》不尽相同。在

---

① 恩格斯：《自然辩证法》，226页。

② 《黑格尔〈逻辑学〉一书摘要》，见《列宁全集》，中文1版，第38卷，120页。

③ 参见《大逻辑》，见《黑格尔全集》，格洛克纳本，第4卷，256页；并参阅《小逻辑》，238页。

④ 恩格斯：《自然辩证法》，233页。

⑤ 黑格尔：《小逻辑》，229页。

⑥ 《小逻辑》，见《黑格尔全集》，格洛克纳本，第8卷，237页；并参阅《小逻辑》，229页。

⑦⑧ 参见恩格斯：《自然辩证法》，212页。

《小逻辑》中，黑格尔把“量”分为（一）“纯量”（Die reine Quantität），（二）“限量”（Das Quantum），（三）“等级”（Das Grad）三个阶段或环节。《大逻辑》的分法是：（一）“量”，（二）“限量”，（三）“量的比例”（Das quantitätive Verhältniss）。其中第二、第三两阶段所属的诸概念，也和《小逻辑》有所不同；不过，在《小逻辑》的“等级”的最后，也是关于“比例”的讨论；这就是说，从“量”到“度”，无论在《大逻辑》还是在《小逻辑》中，都是经过“比例”的阶段而转化的。这里拟以《大逻辑》为主并参考《小逻辑》来加以说明。

（一）“量”：这里又细分为“纯量”、“连续量与非连续量”、“量的限制”三个阶段。

所谓“纯量”，是指还未确定的量。“纯量尚没有限定”①，它不过是“延展和复多，它们乃是一种超出自身的过程，是一种流动”②。和“纯量”相对立的是“限量”，“限量”是确定的量，“限量有一种限定”③。例如空间一般是“纯量”，但如从空间中取一确定的线段，譬如说，10 里或 5 尺，这就是一“限量”。时间一般也是“纯量”，但 10 小时或 5 小时就是“限量”。又如函数 f（x）的微分（即 dy 或 df（x））是“纯量”，但不是“限量”④。

量有两个环节，一是连续的方面，一是分离的方面。“连续性乃是单纯的、自我等同的自我关系，它不为限制和排斥物所截断，不过，它不是直接的统一性，而是自为存在着的各个一的统一性”⑤；而分离性（非连续性）则是就量所包含的一个一个的一或单位而言⑥。黑格尔认为连续性与分离性是统一的：“量”“既是连续的又是分离的。这两个成分中的每一成分都包含另一成分于其中，因此没有只是连续的量，亦没有只是分离的量”⑦。“连续的量亦是分离的，因为它只是多之连续性；而分离的量亦仍是连续的，它的连续性是作为多数的单位之同一的一，是统一。”⑧

---

① 《大逻辑》，见《黑格尔全集》，格洛克纳本，第 4 卷，225 页。

② 同上书，223 页。

③ 同上书，242 页。

④ 同上书，310～311 页。

⑤ 同上书，222 页。

⑥ 参见上书，222～223 页；并参阅《小逻辑》，230 页。

⑦ 黑格尔：《小逻辑》，231 页。

⑧ 《小逻辑》，见《黑格尔全集》，格洛克纳本，第 8 卷，239 页；并参阅《小逻辑》，230 页。

根据上述理论，黑格尔批评了那些把连续性和分离性割裂开来的思想。他认为，“把连续性变成一种结合，亦即变成诸单位彼此间的一种外在关系”①，这不过是一种“没有概念的想象”②。他指出：“数学拒绝这样一种形而上学，这种形而上学竟承认时间是由诸时间点构成的，空间一般（或者，首先，线）是由诸空间点构成的，面是由诸线构成的，而整个空间是由诸面构成的；数学不承认这样一些不连续的诸单位的有效性。虽然（举例说）它也规定一个面的量是由无数条线的总和构成的，但是这种非连续性只不过是作为一种暂时的想象而已。”③黑格尔这段话所批评的“想象”，就是那种见不到连续性，而把“量”或“纯量”片面归结为非连续性的看法。

黑格尔说：“关于空间、时间、或物质的矛盾理论（Antinomie），所讨论的关于认它们可以无限分割，或认它们为决不可分割的单位所构成的问题，其实不过是有时持量为连续的，有时持量为分离的看法之不同罢了。如果我们假设空间、时间、物质等仅具有连续之量的性格，则它们便可分割至无穷，如果我们假设它们仅具有分离之量的性格，则它们本身便是已经分割了的，而为不可分割的单位所构成。两说皆同样偏于一面。”④ 黑格尔这段话不仅批判了康德关于世界可分不可分的“二律背反”（Antinomie），而且批判了古希腊哲学家芝诺所遗留下来的关于空间、时间等可分不可分的矛盾理论。黑格尔在这里正确地指出了这些矛盾理论的弊病都在于把“量”或则看成连续的，或则看成分离的，而没有把“量”看成既是连续的，又是分离的。列宁在《黑格尔〈逻辑学〉一书摘要》中，肯定了黑格尔关于量的连续性与分离性不可割裂的思想，他摘录了《大逻辑》中这样一段话：“这两个规定（指连续性与分离性——引者），如果单独来看，没有一个是真的，只有二者的统一才是真的。这就是对这两个规定的真正辩证的看法，也是它们的真正结果。”列宁在这段话的旁注中说黑格尔这段话是“真正的辩证法”⑤。

“量”的第三个阶段是“量的限制”。这个范畴是把非连续量和

---

①②③ 《大逻辑》，见《黑格尔全集》，格洛克纳本，第4卷，223～224页。

④ 黑格尔：《小逻辑》，231页；并参阅《大逻辑》，见《黑格尔全集》，格洛克纳本，第4卷，226页。

⑤ 《黑格尔〈逻辑学〉一书摘要》，见《列宁全集》，中文1版，第38卷，119页。

连续量统一起来考察的结果。黑格尔说："非连续的量本身不是直接地被限制的。"① 因为孤单的非连续量，它的最后一个单位，谈不上是以前诸单位的限制；只有把非连续量和连续量统一起来考察，把最后一个单位不仅看做是和以前诸单位相分离的，而且看做是和它们相连续的，然后才可以说这最后一个单位是整个量的限制。所以黑格尔说："作为限制的一或单位把非连续量的各个一或各个单位都包含在自身之内，因此，这个限制也就把它们作为被扬弃了的东西而建立在此单位之内。它乃是对于连续性本身的限制，因此，连续量同非连续量的区别在这里就成为无关紧要的了。"②

（二）"限量"：这是指"具有一种规定性或一般限度的量"③，它"具有排他的性格"④。例如 10 里或 5 尺，都是"限量"，是确定的量，一个"限量"既是 10 里就不是 9 里，既是 5 尺就不是 6 尺，它具有排他性。"限量"又细分为"数"、"外延量与内包量"、"量的无限"三个阶段。

1. "数"。黑格尔认为"数"只是量的许多环节之一，数学所处理的不仅仅是数，而且是包括数在内的整个量。黑格尔关于数和量的这种看法是正确的。

"限量"是确定的量。一确定的量由于有连续性而自成一个统一体；同时，每一确定的量本身又是一复多体；此外，每一确定的量又由于有限度而与另一确定量相区别。这样，"限量"也就是"数"。没有"数"的量，不可能是"限量"。所以黑格尔说："限量在其完全的规定性中是'数'。"⑤

"数"有两个环节：一是总计，一是单位，前者是就非连续性而说的，后者是就连续性而说的。黑格尔的原话是："包含在一个限度以内的诸一，乃是一个确定的堆集——一个总计，这是数中的非连续性，因此，它的对方便是单位，是其连续性。总计（Anzahl）和单位（Einheit）构成数的环节。"⑥ 例如"十"这个数，如以"一"为单位，则它是十个一的总计；因此，"十"是由总计和单位两个环节构成的。

---

① 《大逻辑》，见《黑格尔全集》，格洛克纳本，第 4 卷，241 页。

② 同上书，241～242 页。

③ 同上书，242 页。

④ 黑格尔：《小逻辑》，232 页。

⑤ 《大逻辑》，见《黑格尔全集》，格洛克纳本，第 4 卷，242 页。

⑥ 同上书，244 页。

黑格尔认为："算术毋宁说并不思想数和数码，而只是运用它们，因为数是无所谓的规定性，是迟钝的，我们必须从外面来激动它和使它进入关系之中。"① 其实，数并不是完全无所谓的规定性，数也有质的差异，例如奇数和偶数便有质的差异。恩格斯曾经针对黑格尔这段话进行了批评，他说："数是我们所知道的最纯粹的量的规定。但是它却充满了质的差异。（1）黑格尔，数目和单位，乘和除，乘方和开方。通过这些就可得出黑格尔所没有着重指出的质的差异：质数和乘积，简单的根和幂。……所以黑格尔（'量'，第237页）关于算术没有思想性的说法是不正确的"②。不过，恩格斯在这段话之后还接着写了"但是参看'度量'"这样一句话。这是因为黑格尔在讨论"度"时说过这样一段话："自然数列已经指示出了这样一条质的诸环节的关节线，这些环节表现于单纯外在的进展之中。一方面有着一种单纯的量的摆动，一种不断的增减，以致每一个数对于在前和在后的数的算术关系与这在前和在后的数对于自己的前面的和后面的数的算术关系相同，如此等等。不过，这样得到的诸数和在前或在后的其余诸数之间，也有一种特殊的关系，这种关系或者使它们成为它们之一的一个倍数，如同一个整数所表达的那样，或者使它们成为乘方和根。"③ 黑格尔在这里承认了数有质的差异。恩格斯看到了这一点，所以他在批评了黑格尔关于算术没有思想的那段话之后，又补上一句，要我们参看黑格尔在论"度"时所讲的这一段话。

黑格尔认为："既然我们已经看到，构成数的规定性的质的差别是单位和总计之间的差别，那么，发生在计算方法中的一切概念的规定性便都归结为这种差别。"④ 根据这个看法，黑格尔对各种计算法，都从单位和总计之间的关系的角度作了说明。⑤

加法和减法：加法是将不同的数外在地集合在一起，相加的诸数一般是不相等的。减法的情形也是如此，只不过加法是"正面的"计算法，而减法则是"反面的"计算法。⑥

乘法和除法：乘法是彼此相等的几个数的相加，正是这种相等

① 《大逻辑》，见《黑格尔全集》，格洛克纳本，第4卷，246页。

② 恩格斯：《自然辩证法》，236页。

③ 《大逻辑》，见《黑格尔全集》，格洛克纳本，第4卷，458页。

④ 同上书，247页。

⑤ 参见上书，247～254页；并参阅《小逻辑》，233～234页。

⑥ 参见上书，248、252页。

性使它们成为一个单位。乘法便是把许多单位（每个单位本身就是一个总计）作出总计；至于相乘的两数，何者看做是总计，何者看做是单位，则无所谓。例如当我们说3的4倍时，3是一个单位，而4则是总计；反之，当我们说4的3倍时，4是一个单位，而3则是总计。除法的情形类此，只不过它是一种“反面的”计算法。①

乘方和开方：在乘法和除法中，单位和总计一般是不相等的，而乘方，首先是平方，则是二者的相等。例如在3×3中，如以任何一个3为单位，则另一个3是总计，单位与总计相等。如果要使一个数达到比平方更高的次方，则只需继续自乘下去。如果这种高次方是偶次方，例如4次方、6次方、8次方，则它不过是平方的重复，因此，单位与总计仍然相等。但如这种高次方是奇次方，例如3次方、5次方、7次方，则单位与总计又回到了不相等，因为，例如在3×3×3中，如以3为单位，则3×3是总计，单位与总计不相等。因此，黑格尔认为只有平方才包含着“绝对的规定性”于其自身。黑格尔关于平方由于单位与总计相等而包含着“绝对的规定性”的说法是非常晦涩的，在《小逻辑》中，他没有再提奇次方同偶次方的区别问题。开方的情况和乘方类似，只不过开方是一种“反面的”计算法。

2.“外延量和内包量”。黑格尔认为“外延量和内包量”不同于“连续量和非连续量”，前者只是“限量”，是量的限度的规定性，后者是量本身或一般的量的规定性。②

所谓“外延量”，乃是就一限量所包含的诸单位彼此外在而言；所谓“内包量”，乃是就一限量所包含的诸单位都内在于最后起限定作用的那一个单位而言。例如“10里”便是一“外延量”，“第10里”便是一“内包量”。“10里”中的每一单位是彼此平等的，它们彼此间的秩序是可以互换的；但是在“第10里”中，这第10里的地位就不同于其余诸单位，它们间的秩序是一定的。不仅像“第几”这样的量是“内包量”，一般的“等级”（der Grad）都是“内包量”。“内包量”只不过是“更多”的意思。③“例如当我们说10度或20度时，这拥有那么多度的‘限量’乃是第10度或第20度，而不是它们的总计和总和，否则，那就成了外延的；然而它只是一度，即第

① 参见《大逻辑》，见《黑格尔全集》，格洛克纳本，第4卷，252、253页。

② 参见上书，262页。

③ 参见上书，264页。

10度或第20度。”①

“外延量”和“内包量”并非两种不同的量，二者是统一的，凡“外延量”都是“内包量”，凡“内包量”都是“外延量”。例如10或100，作为外延量，是一个总计、总和，但它也是一个整个的单元，是一个“10”或一个“100”，因此，它也就有内包的特性；“10”或“100”在数的系列中也是“第10”或“第100”。② 反之，“内包量”也必然包含“外延量”的特性，例如第20度就包含20于其自身，它不仅被规定为与第19、第21或别的度相区别，而且，它的规定性也在于它的总计。③

黑格尔还举了其他一些实际的例子来说明“外延量”与“内包量”的统一。一块物质，作为重量，具有“外延量”的特性，因为它是（例如）100磅的总和；然而就它造成一定的压力言，它是一“内包量”，压力的量是一个轻重的等级。又如温度第10度或第20度同时也是一个外延量10度或20度。④

因此，黑格尔反对把“内包量”和“外延量”分割开来，反对在计算中把“内包量”归结为“外延量”。

3. “量的无限”。黑格尔认为“限量”的概念在“等级”（“内包量”）的阶段已经明白建立起来了，因为“内包量”（“等级”）比“外延量”更鲜明地表明了“限量”必然超出自身或否定自身的矛盾。一个“限量”必然处在和另一“限量”的连续关系中，因此，它必然要改变自身，进到另一“限量”。这样，“限量”就发展到自己的最后阶段——“量的无限”。《小逻辑》不像《大逻辑》那样把“内包量”和“量的无限”隶属在“限量”之下，而把它们放在和“限量”平行的“等级”之内，在分法上有所不同，但在许多具体看法上是一致的。我们这里且引证《小逻辑》中一段关于从“内包量”或“等级”过渡到“量的无限”的话。“在等级里限量的概念便建立起来了。限量就是独自中立而且单纯的量，但这样一来，使量之所以成为限量的特性，便完全在它的外面，在别的量里了。在这种矛盾里，那独立存在的中立的限度便是绝对的外在性，而无限的量的进展便建立起来了。”⑤

---

① 《大逻辑》，见《黑格尔全集》，格洛克纳本，第4卷，264页。

② 参见上书，269页。

③ 参见上书，266页。

④ 参见上书，269～270页。

⑤ 黑格尔：《小逻辑》，236页。

所谓“量的无限”，就是指量的不受限制的特性。“限量”从一方面说是有限的，因为它是有限度的量，是确定的量；但是从另一方面说，它也是无限的，因为它会否定这种限制，超出这种限制。“限量”就是这样一种自我矛盾着的东西。①

“量的无限”首先表现为“量的无穷进展”。所谓“量的无穷进展”，即指一限量超出自身达到另一限量，此另一限量又超出自身达到第三个限量，如此递进，以至无穷，例如1到2，又到3，以至无穷。“无穷进展一般说乃是那包含在量的有限或限量一般中的矛盾的表现”②，不过“无穷进展”并不能解决这个矛盾。③它超出一个限度，又立一新的限度；在此过程中，一限量超出自身之后所达到的新的量，即无限，其本身仍然是一限量。④ 黑格尔认为，“无穷进展”是“知性”所坚持的无限性，它没有超出“应当”，它实际上仍然陷入有限。黑格尔把这种无限性叫做“量的坏的无限性”⑤。对于这种无限性，凡“我们前面论质的无限进展时，所曾说过的话，亦一样可以适用”⑥。“正如质的坏的无限性一样，量的坏的无限性乃是一个永续的矛盾的两项间的无穷更替，从限度过渡到它的对方，复从对方再一次回到限度。……因此，这种进展不是一种前进，而是建立、扬弃、再建立、再扬弃的不断重复。”⑦

量的“无穷进展”的特性是“限量”的本性所决定的，是“限量”的本性的明白表现。只要是“限量”，就具有“无穷进展”的特性；反之，“无穷进展”的量只不过是“限量”，而不是真正的无限。无论多么大或多么小的量，只要是一个确定的量（限量），它就会陷入“无穷进展”。所以，把“无限”想象成“无穷进展”，那并不是真正的无限；要达到“真正的无限”，就必须放弃“无穷进展”⑧。“真正的无限”就是“既扬弃限量也扬弃限量的别方，因而也就是对限量的否定以及对这个否定的否定”⑨。这也就是说，在“真正的无限”中，当某一限量过渡到另一限量（即“别方”）时，只不过是回

① 参见《大逻辑》，见《黑格尔全集》，格洛克纳本，第4卷，273页。

②③ 同上书，274页。

④ 参见上书，275页。

⑤ 同上书，276～277页；并参阅《小逻辑》，237页。

⑥ 黑格尔：《小逻辑》，237页。

⑦ 《大逻辑》，见《黑格尔全集》，格洛克纳本，第4卷，276～277页。

⑧ 同上书，279、289、290页。

⑨ 同上书，290页。

复到它自己。由某一限量过渡到另一限量，这是对该限量的否定，而把这种过渡看做回复到自身，这便是否定之否定。举一个例子，就一个单独的数“2”来说，它可以进展到3，4，以至无穷。但如把“2”这个限量放在它和“3”这个限量的关系（即2∶3的比例关系）中来看，则“2”不能单独进展为其他的限量，否则，就会影响它和“3”的关系。在这里，“2”正是在和它的“别方”——“3”的关系中建立自己。黑格尔所说“量的真正的无限”，实际上就是指的比例关系，他认为在比例关系中的量不致陷入“无穷进展”。“限量”就是这样通过自己的最后阶段，“真正的无限”，而发展为另一新范畴——“量的比例”的。

黑格尔断言，在“量的真正无限”或“量的比例”中，质的观念又开始出现了。据我的揣测，黑格尔的意思大概是说：在比例关系中的任何一项稍有变动，就会改变整个关系；在这里，量原来在一定限度内虽有改变而不影响质的那种特点，已经开始减少，量又开始具有质的性质。① 黑格尔说：在“真正的无限”中，“外在性（指一限量的‘别方’——引者）是它自己的对方，它被建立为量本身的一个环节，限量通过它的非有的中介，亦即通过无限的中介而被建立为在另一限量中具有自己的规定性，这也就是说，限量具有质的性质”②。关于这一点，《小逻辑》中也说过：“限量之外在化、之在其自为的特性里便构成它的质。在它的外在性，它就是它自己，自己与自己相关。在限量里，外在性亦即量；自为性，亦即质，得一联合。限量这样地建立其自身，便是量的比例。”③ 黑格尔关于在“量的真正无限”中又开始出现质的观念的说法，是很牵强，很难理解的。列宁的《黑格尔〈逻辑学〉一书摘要》中有这样一段评语：“对于从量到质的转化所作的抽象理论的说明是如此的晦涩，竟令人莫名其妙。回头再看!!”④

在《大逻辑》“限量”部分的最后，黑格尔用了近一百页的篇幅专门讨论数学上的无限性问题，他以此来注释“真正的无限”。这里只挑其中最重要的一部分来谈谈。

黑格尔指出，自从无限性概念被引入数学后，数学扩大了范围，

① 参见《大逻辑》，见《黑格尔全集》，格洛克纳本，第4卷，291～293页。
② 同上书，291页。
③ 黑格尔：《小逻辑》，240～241页。
④ 《黑格尔〈逻辑学〉一书摘要》，见《列宁全集》，中文1版，第38卷，121页。

并获得了重要的成就。但是，数学对无限性的运用的证明只是建立在“结果的正确性”的基础之上，而不是建立在“对象的明显性”的基础之上，不是建立在“产生结果的过程的明显性”的基础之上。这本身是一个缺点。不过，无论如何，从哲学的角度来看，数学的无限事实上是以“真正的无限性”概念为基础的，它比“坏的无限”要高级得多。①

数学上的无限，一般被规定为一个没有比它更大（就其为无限大而言）或比它更小（就其为无限小而言）的量。黑格尔指出，在这个定义中，无限性概念的真正意义并没有表达出来，这个定义使无限性仍然陷入“无穷进展”，因为它终究把无限看成了一个确定的量——“限量”。黑格尔认为，实际上，无限大或无限小虽然保存着量的规定性，但不是一个“限量”，因为在数学上，“限量”是可增可减的东西，或者用黑格尔的术语来说，是“一个无所谓的限制”(eine gleichgültige grehze)，然而无限大或无限小则是既不能增也不能减的。

数学上的无限，作为一个“非限量”，作为一个“真正的无限”，首先包含了“外在性”于自身之内，然后，又包含了对这种“外在性”的否定，它是“在质的形式下的一种量的规定”(eine Gröβebestimmtheit in qualitative Form)②，它与它的“别方”合而为一，它的意义只存在于它和它的“别方”的关系之中，离开了这种关系，它就是无物。黑格尔曾举$\frac{2}{7}$为例来说明这一点。$\frac{2}{7}$不同于1、2、3之类的“限量”，它是由另外两个数（即2和7）来规定的。2和7是整个$\frac{2}{7}$的构成部分。这里，2和7如果互相分裂开来，都没有意义，它们的意义只存在于它们的相互关系之中：每一方都包含“别方”（“外在性”）于自身之内，同时又是对“别方”的否定。由于2和7在这里并不具有独立的意义，并不是一个单纯的“限量”，所以在2和7的位置上，我们可以代之以4和14、6和21、8和28等等而不影响$\frac{2}{7}$之为$\frac{2}{7}$的值。说$\frac{2}{7}$具有质的形式或者说它具有“无限性”的因素，这个意思也就是说，这里的2和7所表示的是4和

---

① 参见《大逻辑》，见《黑格尔全集》，格洛克纳本，第4卷，293页。

② 同上书，299页。

14、6 和 21、8 和 28 等等的这样一种关系，而不是作为“无所谓的限制”的“限量”；即使无限别的数（如 4 和 14、6 和 21、8 和 28，等等）代替 2 和 7 的位置，可是$\frac{2}{7}$的值丝毫不变。①

在黑格尔看来，$\frac{2}{7}$或其他的比例如$\frac{1}{1-a}$的无限性，还可以从另一个角度来说明：$\frac{2}{7}$可以表述为 0.285 714……，$\frac{1}{1-a}$可以表述为$1+a+a^2+a^3+\cdots\cdots$。在这两种表述方式中，一种是分式、比例，即$\frac{2}{7}$或$\frac{1}{1-a}$，一种是无穷系列或无穷级数，即 0.285 714……或$1+a+a^2+a^3+\cdots\cdots$。这里，分式、比例是对于无穷级数的一个有限的表述，无穷级数则是把分式、比例表述为一个总计。黑格尔指出，无穷级数的无限性是“坏的无限性”，它把具有质的特征的关系表述成了一种不在关系中的东西，表述成了一种“无穷进展”的“限量”（$1+a+a^2+a^3+\cdots\cdots$或循环小数 0.285 714……都是“无穷进展”）。无穷级数无论延续到多么遥远，它总不能把它所要表达的数值表达到最完全的地步，它只能是“应该”，它总是遗留了什么东西在它自身以外。之所以如此，就因为无穷级数所表达的东西，分式、比例，是具有质的特征的量，而要想把一个具有质的特征的东西表达为“限量”，则永远是一个矛盾。因此，在黑格尔看来，无穷级数作为一种表述方式，比分式或比例低级，无穷级数的项数无论多么大，它所包含的内容总是有限的，反之，分式或比例则把自己所要表达的东西都表达无遗，它充分包括了无穷级数所只能追求而不能达到的值。在无穷级数中，否定的方面在它的诸项数之外，这些项数（无论多么大）只能是总计的部分而非全体，反之，在分式或比例中，否定的方面内在于比例双方的相互规定之中，否定的方面不是单纯地在自身之外，而是包含在自身之内，因此，比例是“否定之否定”，它包含着无限性的环节。——这样，分式或比例虽然看来是一种有限的表述方式，而实际上却是真正的无限的表述，反之，无穷级数虽然看来是一种无限的表述方式，而实际上却是一种有限的表述方式。“无穷级数是一种不完全的总和，它基本上缺乏某种东西。按其实际内容，它是一个限量，同时也是

① 《大逻辑》，见《黑格尔全集》，格洛克纳本，第 4 卷，300 页。

一个比它所应是的要少的限量……在无穷级数中，无穷（无限）这个词一般享受崇高的、可尊敬的美誉，这乃是一种迷信，一种知性的迷信。”①

黑格尔关于比例$\frac{2}{7}$或$\frac{1}{1-a}$的表达方式优于0. 285 714……或$1+a+a^2+a^3+$……的表达方式的思想，实际上是一种“极限”的概念：“0. 285 714……”或“$1+a+a^2+a^3$……”以$\frac{2}{7}$或$\frac{1}{1-a}$为“极限”。黑格尔把$\frac{2}{7}$或$\frac{1}{1-a}$叫做“真正的无限”并加以称赞，这表明他看到了数学上“极限”概念的重要：“极限”$\frac{2}{7}$或$\frac{1}{1-a}$能说明“0. 285 714……”或“$1+a+a^2+a^3+$……”的意义。

不过，像上述的两个例子，只不过是“数学无限”的低级阶段。“数学无限”的特性在黑格尔看来，还有更高的表现，这就是微积分学。在上述两个例子中，7和2、1和1—a，就其本身而言，仍然是一种“限量”（尽管如前所述，7和2，或1和1—a，作为比例的环节，并不是单纯的“限量”），但在微积分学中，dx和dy则完全不是“限量”，它们决不像7和2或1和1—a那样除了作为比例（关系）的环节外，尚可单独存在，它们只能在二者的相互关系中存在，只能作为一种关系的两个环节才有意义。它们既不是确定的量，也不是有限的差异，但它们也不是无物或零。它们仅只是微分系数的两个规定。黑格尔认为只有在这种无限的概念中，“限量”才完全被扬弃，无限才真正被建立。② 关于这种无限的数学——微积分学，能使一种规定性同自己的对立面同一起来，例如使一条曲线转化为直线，或者使一个圆转化为多边形。③

有一种意见，认为不应该把dy和dx看成是既非“限量”又非“无物”的正在消失过程中的量，因为这种居于“存在”和“无”之间的状态是不存在的。黑格尔指出，这种意见是错误的。他认为实际上没有什么东西不是处于“存在”和“无”之间，只有形而上学思想方法（亦即黑格尔所谓“知性”），才不理解这种无限小量既不是在消失之前的量，也不是在消失之后的量，而是正处于消失过程

① 《大逻辑》，见《黑格尔全集》，格洛克纳本，第4卷，304页。

② 参见上书，310页。

③ 参见上书，311页。

中的量。①

还有一种错误的意见，认为诸无限之间是不能比较的，因此不能说它们之间有比例关系。黑格尔指出，这种意见基于一种观念，即只有“限量”才能比较，而“非限量”则没有比例关系；他认为实际情况正好与此相反，“限量”是一种离开了比例关系仍然有独立存在的量，只有仅仅存在于比例关系中的量才是“非限量”。“那些无限的量不仅是可以比较的，而且只有作为比较或比例的环节而存在。”② 孤立的 dy 或孤立的 dx 都是没有意义的。

牛顿在《自然哲学之数学原理》中说过：当他把量看做由极微的部分所组成时，他的意思不是说把这些极微部分当做不可分的部分，而是说把它们当做将成为零的（正在消失中的）小部分；不是说把它们当做诸确定部分的总和与比例，而是说把它们当做总和与比例之极限。他推想，也许有人会批评他说，将成为零的（正在消失中的）量，是没有最后的比例的，因为在它们成为零之前，比例不是最后的，而在它们成为零之后，则比例又不复存在。牛顿反驳了这种批评，他认为，所谓将成为零的诸量之间的最后比例，不是指它们在成为零之前或之后的比例，而是指它们按此比例而成为零，或者说，按此比例而消失，所谓方产生的诸量之间的最先比例，也只是说它们按此比例而产生。③ ——黑格尔引述了牛顿的这段话④，尽管他认为牛顿的说明从哲学的角度来看尚嫌不够，但他基本上称赞了牛顿的观点。黑格尔对牛顿的称赞是正确的。事实上，的确不是两个确定量之间的比例，而是两个无限小量按之成为零或者说按之消失的比例之极限。

黑格尔把无限的量看成不仅是可以比较的，而且只作为比较或比例的环节而存在，这是一个很重要的数学观点，数学家们在黑格尔之后将近一个世纪才明确陈述出来，但至今还在研究中。

（三）“量的比例”：这是《量论》的最后一个大阶段，它的意义已经在上面谈过了。“量的比例”又分为“正比”、“反比”、“乘方的

---

① 参见《大逻辑》，见《黑格尔全集》，格洛克纳本，第 4 卷，117、311 页；并参阅《黑格尔〈逻辑学〉一书摘要》，见《列宁全集》，中文 1 版，第 38 卷，108 页。

② 《大逻辑》，见《黑格尔全集》，格洛克纳本，第 4 卷，312 页。这段话的原文是“Jene unendlichen Größen sind daher nicht nur vergleichbar，sondern sind nur als Momente der Vergleichung，des Verhältnisses”。

③ 参见牛顿：《自然哲学之数学原理》，60～61 页，北京，商务印书馆，1957。

④ 参见《大逻辑》，见《黑格尔全集》，格洛克纳本，第 4 卷，312～313 页。

比"等三个小阶段。这一部分的篇幅虽然很小，但是正如列宁针对这一部分所说的，"关于比例概念的发挥是非常晦涩的"①。值得特别提出的一点是，黑格尔在这里着重指出："比例"具有"质"的性质。因为如前所述，凡不在"比例"中的"限量"，如1、2、3等等总是"无穷进展"的"限量"，而在"比例"中的量如$\frac{2}{7}$中的2和7所表示的，则是4和14、6和21、8和28等等这样一种关系，这里的2和7不同于作为一般"限量"的2和7。黑格尔所谓"比例"具有"质"的特征，就是指的这个意思。他之所以把"比例"放在《量论》的最后，也就是为了要表明："量"本身在其发展的最后阶段已具有"质"的性质，这样，就可以过渡到质量的统一——"度"。

三、"度"

《存在论》的最高范畴是"度"。"度"并不是外在于"质"和"量"的另一范畴，它是"质"和"量"的统一，它以"质"和"量"为构成自身的环节，所以前面在讲"质"或"量"时，也就是在讲"度"。黑格尔曾举例说明"度"的意义："我们把确知量的规定及关系称为度量（Messen）。例如我们衡量在振动中的不同弦的长度，而着眼于知道各弦的振动所引起的与弦的长度相应的音调之质的差异。同样，在化学里我们设法去确知各种质料相化合的量，借以求出决定这些化合物的度或比例，这就是说，去知道那些产生确定的质之量。"② 所以"度"是关于"质"依赖于"量"的一种概念；换言之，"度"也是一种"量"，不过，此"量"非单纯的"量"，非独立外在于"质"之"量"，而是为"质"所依赖之"量"，此"量"之变化能决定或引起事物之"质"的变化。所以，黑格尔给"度"下的定义是："度（'度'原译作'尺度'——引者）是有质的限量。"

黑格尔深刻地看到了世界上任何事物，无论其属于自然界或精神界，有机界或无机界，都有其"度"，过了"度"，该事物就不成

① 《黑格尔〈逻辑学〉一书摘要》，见《列宁全集》，中文1版，第38卷，122页。

② 《小逻辑》，见《黑格尔全集》，格洛克纳本，第8卷，252页；并参阅《小逻辑》，242页。

其为该事物。黑格尔的原话："度，一如其他各阶段的存在，亦可被认作对于绝对之一界说。因此有人便说，上帝是万物之度。这种看法亦是构成许多古代希伯来颂诗的基调，这些颂诗大体上认上帝的光荣即在于它能赋予一切事物以度——赋予海洋与大陆，河流与山岳，并且赋予各式各样的植物与动物以度。在希腊人的宗教意识里，度之神圣性，特别在社会伦理方面的神圣性，便被想象为一个司公正复仇之纳美西斯（Nemesis）女神。在这个观念里包含有一个一般的信念，即举凡一切人世间的事物——财富、荣誉、权力，甚至快乐、痛苦等——皆有其确定的度，超越这度就会招致毁灭。"① "一切存在着的东西，都有一个度。一切规定的存在都有一个量，而这个量属于某物本身之本性，它构成某物之特性，是它的内在的东西。某物对此量并不是无所谓的。不是当量有了变化，而某物依然如故，而是量的变化会改变某物之质。"② 尽管黑格尔把事物的"度"唯心主义地曲解为上帝所赋予的，但他关于一切事物皆有"度"，过了"度"就使事物变质的思想，却是很正确的。

《大逻辑》把"度"分为（一）"特殊的量"，（二）"实在的度"，（三）"本质之变"三个环节。

（一）"特殊的量"。这里又细分为三个小的环节：

1. "特殊的限量"。这是指"一种直接的、特殊的限量"③，此量具有质的意义：一物在此"特殊的限量"范围之内，是此种质，而在此范围之外，则是另一种质。

2. "特殊化的度"。"度"扬弃了"限量"的"毫不相干"的特性，这叫做对"度"的"特殊化"，意思就是使增减着的量限定在某一特殊的质的范围之内，"特殊化的度"实际上还是指的"特殊的限量"。黑格尔这里的分法显得重复而无意义。麦克塔加尔特说得对：从"特殊的限量"到"特殊化的度"，"实际上完全没有进入一个新的范畴"④。"特殊化的度"又分为三个小阶段：第一是"规矩"，指衡量限量的单位，如"磅"、"斤"、"尺"、"寸"，等等，它是人为的、武断的。第二是"特殊化的度"，这个范畴与上一级的范畴同名，但这里是就狭义而言，这是指各种事物接受外物影响的能力各

① 黑格尔：《小逻辑》，243 页。

② 《大逻辑》，见《黑格尔全集》，格洛克纳本，第 4 卷，413 页。

③ 同上书，402 页。

④ 麦克塔加尔特：《黑格尔逻辑学评注》，76 页。

有自己的特殊性，指在同一外源的影响或作用下，不同种类的东西会随着各自的质的差异获得不同的效果。例如在同一温度条件下或同一阳光的照射下（同一个外源），不同的物体并不是具有相同的温度，并不是与外来的温度的变化均匀地、成正比例地变化，而是各有各的容热能力。第三是“作为质的双方之间的关系”，这是就两物双方各有自己的度，各有自己的质而说的相互影响、相互关联。例如在落体运动中，落体通过的空间同消逝的时间的平方成正比（$S=at^2$），这里，时间与空间双方是根与平方的关系，根与平方就是两个不同的质。如果不是落体运动，而是别的运动，则时间与空间不是根与平方的关系。黑格尔在“作为质的双方之间的关系”中讲的是共变关系。

3. “度中的自为之有”。把上述共变关系中的双方作为一个东西的两个因素来考虑，就叫做“度中的自为之有”。例如用时间与空间两因素说明速度，这里的速度就是“度中的自为之有”。

（二）“实在的度”。其中又分为三个小阶段：

1. “独立的诸度的关系”。这里讲的是彼此独立的诸事物间的质与量的关系，主要谈化学元素的化合问题。

2. “度的诸关系的交错线”。这里，黑格尔不是讲两物之间的质量关系，而是讲同一物的质变与量变间不断更迭的关系。

3. “无度之物”。新质对于旧质而言，就叫做“无度”，即是说，超出了旧质的范围。

在“实在的度”这一部分，黑格尔集中阐述了关于量变和质变的理论。黑格尔指出，“度”最初只是“质与量的直接的统一”①，在这种直接的统一中，量变不引起质变，“限有之量的特性可以改变，而不致影响它的质”②。在这里，量和质二者似乎是各自独立的。但这并不能说质和量二者根本没有统一性，只不过是在这个阶段里，“在尺度中所具有的质与量的统一，最初只是潜伏的，尚未显明地实现出来”③ 罢了。不过，“这种不影响质的量之增减亦有其限度，一超出其限度，就会引起质的改变”④。黑格尔在这里举了很多生动的例子。一个农夫在一定限度内加重他的驴子的负担，并不影响驴子的行走，可是当加重到超过一定限度时，驴子就会因负担不起而卧倒。水的温度在一定限度内无论增加或减少，皆不影响其为

①②③ 黑格尔：《小逻辑》，244 页。

④ 同上书，244～245 页。

水，但如增加到超过某一限度时，水就会变成蒸汽；减少到超过某一限度时，就会变成冰。黑格尔指出：这些例子是“富有思想性的”，不能把它们当做玩笑，因为它们生动地显示了发展是从量变转化为根本的质变。黑格尔从唯心主义出发，认为思想、概念躲藏在事物的背后，玩弄“狡计”（又译作“机巧”），它以量变为手段，质变为目的，让事物在“无足轻重”的量变过程中，不知不觉地达到质变。“一种量的变化之发生，最初好像是完全无足轻重似的，但后面却还蕴藏着某种别的事物，使得表面上无足轻重的量的变化，好像是一种机巧，借以把握住质（或引起质的变化）。”① 水因温度增加而变成蒸汽，或因温度降低而变成冰，驴子因加重负担而卧倒，都是这样。黑格尔关于秃头的例子更能形象地说明这一点。一个长满头发的人，不会因为别人拔他几根头发而担心变成秃头，但是，今天拔一根，明天拔一根，如此长期拔下去（量变），总有一天，他揽镜一看，就会惊异自己变成了秃子（质变）。这在黑格尔看来，就是思想、概念玩弄“狡计”，利用量变“无足轻重”的性质，乘一个人在不知不觉之中，使其发生质变。这是黑格尔把唯心主义和辩证法结合在一起的一个最生动的例子。此外，黑格尔在《大逻辑》中还特别着重地举了很多化学方面的例子。“在混合比例逐渐变化的情况下，在化合物中会出现这样一种质的交错点和飞跃，以至于两种物质在混合等级表的特殊点上形成显示出特殊的质的产品。”② “例如氧和氮的化合产生各种氮的氧化物和硝酸，它们仅只出现于混合的一定量的关系中，并且本质上具有不同的质，以至于在居间的混合关系中不发生特殊存在的化合物。”③ 恩格斯针对黑格尔关于化学的例子指出：“黑格尔所发现的自然规律，是在化学领域中取得了最伟大的胜利。化学可以称为研究物体由于量的构成的变化而发生的质变的科学。黑格尔本人已经知道这一点。”④

这里，黑格尔表述了两层重要的意思和思想：一是量变到一定限度引起质变；二是在量变未达到引起质变的限度时，量和质仍然是紧密联系的，是统一的。

曾经有一种意见，认为黑格尔关于“量”是“对存在毫无所谓

---

① 黑格尔：《小逻辑》，245 页。

②③ 《大逻辑》，见《黑格尔全集》，格洛克纳本，第 4 卷，459 页。

④ 恩格斯：《自然辩证法》，49 页；并参阅《黑格尔全集》，格洛克纳本，第 3 卷，433 页。

的、外在于存在的规定性”这一定义，是黑格尔不了解量和质始终紧密联系的表现。其实，对黑格尔的这种指责并不恰当。黑格尔强调一切都是具体的，都是对立面的统一，量和质也是具体地统一在一起的。即使在量变尚未达到引起质变的程度时，量和质也是统一的，只不过这种统一是潜伏的（ansich），尚未实现出来（gesezt）而已。黑格尔所谓“潜伏的统一”，正表明他已经模糊地有了量变为质变作准备的思想。黑格尔把量变比喻为一种“机巧”，说量变在未引起质变时表面上对于质无足轻重（黑格尔所谓“天真”，亦即对于质无足轻重的意思），实际上却在“后面”玩弄“机巧”，对质变起着操纵的作用。从黑格尔这个比喻中也可以看到他关于量变为质变作准备的思想因素。由此可见，说黑格尔不了解量和质始终紧密联系，这种说法是不符合事实的。我们不能从黑格尔所说的“量是对存在毫无所谓的、外在于存在的规定性”这一句话，就推断他不了解量和质的密切联系。黑格尔关于量的这个说法是就“具体概念”的发展过程和统一体中一个抽象的片断或环节来看的。换言之，他是从“具体概念”的发展过程和统一体中，把量这一环节抽象出来，然后，才给它下了这样一个论断，他并不认为在“具体概念”中量对于存在始终是“毫无所谓的”和“外在的”。反之，根据他的“具体概念”说，在“度”这个“具体概念”中，量和质是有机地联系着的。所以，只要不孤立地看待黑格尔给“量”所下的定义，我们就不会得出黑格尔不了解量和质紧密联系的结论。

黑格尔关于量变到一定程度引起质变的思想是针对法国机械唯物主义和当时一般的形而上学思想而发的。机械论者或形而上学者动辄就说“自然界没有飞跃”，“历史不作飞跃”。他们一看到某事物的产生和消灭，或者此一现象转化为另一现象，就觉得不可理解；再不然就是用“渐进性”的观念来理解，即认为“正在产生的东西，是感性地存在着或根本在现实中就已经存在着的，仅仅由于太小而还不能被人感知……非存在或代替正在消失的东西的他物也是存在着的，但还看不出来。——而且，这里所谓存在着并不是指在现存的某物中已经包含他物于自身，而是指他物已是现有的存在，只是还看不出来而已”①。（在《小逻辑》第161节中黑格尔以对植物的看法为例，称这种看法为“原形先蕴的假设”［Einschachtelungs hy-

① 《大逻辑》，见《黑格尔全集》，格洛克纳本，第4卷，461页。译文引自《黑格尔〈逻辑学〉一书摘要》，见《列宁全集》，中文1版，第38卷，128～129页。

pothese]。）黑格尔指出，按照这种看法，则在实际上“发生和消失一般地都被扬弃了，或者换句话说，自在的东西、内部的东西（其中就是还没有达到自己的现有存在的某物）变成微小的外部存在，而本质的差别或概念的差别则变成外部的差别、仅仅是量的差别”①。黑格尔指责这种用渐进性的观念或“原形先蕴的假设”来理解产生和消失的看法是一种“无聊的同语反复，因为那意味着：正在发生或消失的东西，预先就已经是现成的了，而变化则成了外部差别的简单替换，这样，实际上就是同语反复”②。黑格尔在这里明确地反对了形而上学把发展理解为简单增减而不能真正从产生和消失中理解发展的思想。黑格尔的批评是正确的。列宁就曾明白告诉我们：“如果一切都发展着，那么一切就都相互转化，因为发展显然不是简单的、普遍的和永恒的生长、增多（或减少）等等。——既然如此，那就首先必须更确切地理解进化，把它看做一切事物的产生和消灭、互相转化。”③ 黑格尔认为这种形而上学思想方法之所以不能理解产生和消失，其原因就在于，事实和形而上学者的看法正好相反，事实是：“存在的变化从来都不仅是从一个量转化为另一个量，而且是从质转化为量和从量转化为质的，是他物的生成，即渐进过程的中断以及与先前的存在有质的不同的他物。水经过冷却并不是逐渐地变成坚硬的，并不是先成为胶状，然后再逐渐地坚硬到冰的硬度；而是一下子就变成坚硬的。在水已经达到了冰点以后，如果仍旧在静止中，它还能保持液体状态，但是，只要稍微振动一下，就会使它变成固体状态”④。所以，在黑格尔看来，不承认质变或飞跃，就不可能理解产生和消灭，即是说，不能理解发展，因而对于甚至像一粒麦子如何形成一堆麦子，从马尾上拔去一根毛如何形成一条秃的马尾这样一些问题，也不能回答。⑤ 承认质变或飞跃，这是真正从事物的发生、发展和消灭中观察事物的关键。黑格尔抓住了这一点，这在机械论和形而上学思想占统治地位的时代，

①② 《大逻辑》，见《黑格尔全集》，格洛克纳本，第4卷，461页。译文引自《黑格尔〈逻辑学〉一书摘要》，见《列宁全集》，中文1版，第38卷，128～129页。

③ 《黑格尔〈哲学史讲演录〉一书摘要》，见《列宁全集》，中文1版，第38卷，280页。

④ 《大逻辑》，见《黑格尔全集》，格洛克纳本，第4卷，460页。译文引自《黑格尔〈逻辑学〉一书摘要》，见《列宁全集》，中文1版，第38卷，128页。

⑤ 参见黑格尔：《小逻辑》，245页；并参阅《大逻辑》，见《黑格尔全集》，格洛克纳本，第4卷，415页。

具有很大的进步意义。马克思在《资本论》中曾肯定了“黑格尔在他的逻辑中发现的法则的正确性：单纯的量的变化，达一定点，就会转化为质的差别”①。列宁也非常注意黑格尔关于飞跃的思想，他在《黑格尔〈逻辑学〉一书摘要》中大量地摘录了黑格尔有关这方面的话，并在旁注中注了好些“注意”和“飞跃!”的字样。

不过，我们也应当注意到，在黑格尔所反对的法国机械唯物主义派别中，并不是一点发展的思想因素也不存在。狄德罗（1713—1784）在黑格尔之前几十年，就已于《达朗贝和狄德罗的谈话》一文（该文于1769年写定；黑格尔的《大逻辑》写于1812—1816年，《小逻辑》写于1817年）中，对形而上学的“预定论”或“原形先蕴论”作了批判，而且与黑格尔相反，他的批判是从唯物主义的立场出发的。他说，他不相信预先存在着种子的看法，“这是违反经验和理性的：之所以违反经验，是因为人们想在卵和大多数一定年龄以前的动物里面寻找这类种子是徒然的；之所以违反理性，是因为理性告诉我们，物质在理智中虽然可以无穷地加以分割，在自然中却有一个最后的分割限度，是因为理性不能设想，有一头完全成形的象在一个原子里，而在这个原子里又有另一头完全成形的象，这样下去，直到无穷”②。他说这种看法“假定了动物原来就是它现在这个样子。这多么傻啊!”③狄德罗在批判这种形而上学看法的同时，还正面地提出了无机物转化为有机物的思想。他说，把大理石捣成粉末，和上粪土，等它腐烂，然后在这粪土里种上植物，植物在土里吸收养料，就可以生长起来，这样，无机物的大理石块就转化成了有机物。④ 狄德罗的这些看法都是关于发展的思想因素，可惜的是，他还没有用质变或飞跃的观点来解释发展。不过，无论如何，狄德罗在黑格尔之前几十年，而且是站在唯物主义的立场上提出了这样一些思想，这个事实是我们在肯定黑格尔的同时所不应该忘记的。普列汉诺夫在他的著作中曾一再提到“德国思辨哲学”（指以黑格尔为代表的德国古典唯心主义哲学）“在18世纪的唯物论面前是有一种很大的优越性的。它在事物的发展中，在事物的发生和消灭

① 马克思：《资本论》，第1卷，364页，北京，人民出版社，1958。

②③ 《达朗贝和狄德罗的谈话》，见《狄德罗哲学选集》，123页，北京，生活·读书·新知三联书店，1956。

④ 参见上书，121页。

中研究事物”①。上引黑格尔对形而上学观点的批评，其中有些话，普列汉诺夫也曾重复引用。② 普列汉诺夫只是片面强调黑格尔关于质变的思想如何优越于法国18世纪的唯物主义，而对于像狄德罗这样的法国唯物主义哲学家的辩证法思想则不予重视，这是普列汉诺夫对黑格尔哲学评价中的一个缺点。

黑格尔把在一定限度内不引起质变的量变称为“特殊的限量”(Das spezifische Quantum)，但量变总是要继续前进的，“量……是一个不断地超出其自身的趋势”③。因此，量变终归要超出一定的限度，这时，“与它相应的质，亦随之被扬弃了……这一特定的质的地位立即被另一特定的质所代替了”④。这就是说，量变超出一定限度，旧质就被否定了，新质代之而起。黑格尔把新质超出当初的限度叫做“无度之物”(Das Masslose)；但是新质本身仍然有自己的限度，量变超过这个限度，新质又会改变，因此，“无度仍然同样是一种度。这两种过渡，由质过渡到限量，由限量过渡到质，可以表现为无限进展，为度之扬弃其自身成为无度，而又回复其自身成为度的无限进展”⑤。黑格尔说，对于质量互变的这一整个过程，“可以用‘交错线’(die Knotenlinie)作比喻，来帮助我们了解”⑥。“交错线”是由“交错点”(der Knoten)构成的。“交错点”是指量变到一定程度引起质变的那个点。在这个点上，原来表面上对于质是无所谓的量，现在又重新交集在一起，所以这个点叫做“交错点”。在每一个“交错点”的基础上，都会产生一个新的“度”，而联结这些点的线，就叫做“尺度比例交错线”(又可译作“尺度‘关系’交错线”)。这两个术语，是从天文学上借来的。天文学把黄道横截天体椭圆轨道的交点叫做“交错点”，把被太阳中心所吸引的那根联结各“交错点”的线叫“交错线”。

值得注意的是，黑格尔的唯心主义观点使他不可能把质变或飞跃的思想贯彻到底。他虽然看到了自然界和人类社会历史上许多飞

---

① 普列汉诺夫：《唯物论史论丛》，117页，北京，人民出版社，1953；《论一元论历史观之发展》，109页，北京，人民出版社，1957。

② 参见普列汉诺夫：《论一元论历史观之发展》，119页；《唯物论史论丛》，121页；《马克思主义的基本问题》，23页。

③ 黑格尔：《小逻辑》，246页。

④ 同上书，247页。

⑤ 同上书，246页。

⑥ 同上书，247页。

跃的事实（他在《大逻辑》和《小逻辑》中都举了很多自然界和人类社会历史上经常出现的质变或飞跃的事例），但他在对这些事实进行哲学的概括和解释时，却认为客观物质世界的飞跃发展，只不过是唯一能够发展的主体——精神、概念的“外化”或表现而已；至于客观物质世界本身，则是被动的，是没有发展、没有新鲜东西的。根据他对客观事物的这种唯心主义解释，自然界、客观世界本身的飞跃实际上被否认了。马克思、恩格斯在创立辩证唯物主义时，把质变的思想放在唯物主义基础之上，这才真正把这种辩证思想贯彻到底。

（三）“本质之变”。这是“度”的最后一个范畴，其主要内容是关于从“度”到“本质”的过渡问题。黑格尔认为，为了克服由“度”到“无度”，复由“无度”到“度”的“坏的无限”，就得在“度”和“无度”、旧质和新质的背后去寻找不变的“底层”。质变只是“状态”的变化，而不是“底层”或“基层”的变化；质变尽管可以变来变去，“基层”却仍然一样，例如冰变成水，水变成气，其实是同一个东西，只不过是“状态”变化了，所以“基层”对于“状态”的变化是“毫不相干”的，或者说是“无所谓的”。这个不变的“基层”就是“本质”。

第十一章 黑格尔逻辑学的第二部分——“本质论”

“存在论”讲的是直接的认识，“本质论”讲的是透过直接深入到间接的认识。黑格尔把“本质”叫做“过去了的存在”①，意思是说，“本质”不是直接的，而是间接的东西，是直接存在的背后的东西。这里所谓“过去了的”，正如黑格尔自己所说，“不是时间上过去了”②，也就是说，不是时间意义的“过去”，而是指隐藏到背后去了。说“本质是过去了的存在”，意思就是，本质是隐藏到背后去了的存在。恩格斯在《反杜林论》的“自然哲学。时间和空间”一节中，提到“黑格尔的‘在时间以外消逝的存在’（“在时间以外消逝的”又可译作“不是时间上过去了的”——引者）”③，就是指黑格尔所讲的“本质”。

由于“本质”是深入到了直接东西内部的间接的东西，因此，“本质论”中的范畴都是“双层的”，是彼此对立而又互相依存的。甲范畴的本质要在和它对立的乙范畴中才能反映出来，反之亦然。黑格尔曾用光线的反射作比喻：“本质的观点一般地讲来即是反思的观点。反映或反思（Reflexion）这个名词本来是用来讲光的，当光直线式地射出，碰在一个镜面上时，又从这镜面上折回转来，便叫做反映。在这个现象里有两方面，第一方面是一个直接的存在，第二方面同一存在是作为一间接地建立起来的东西。当我们反省或反思一个对象时，情形亦复如此。因为这里我们所欲认识的对象，不是它的直接性，而是它的间接地反映过来的现象。”④ 黑格尔把两个互相对立而

---

①② 《大逻辑》，见《黑格尔全集》，格洛克纳本，第4卷，481页。

③ 恩格斯：《反杜林论》，见《马克思恩格斯选集》，1版，第3卷，91页。

④ 黑格尔：《小逻辑》，251页。

又互相依存、互相反映的概念或规定性，叫做“反映的概念”或“反映的规定”（“反省”、“反映”和“反射”都是同一个字 Reflexion）。

按照“存在”和“本质”间的关系的深浅程度，黑格尔把“本质”的运动过程分为三个阶段：

第一个阶段是“作为自我反映的本质”。在这个阶段里，由于本质尚未表现出来，因此，一切存在都被看成是虚幻的，是“非本质的和不真实的”，也可以说是“无本质的”。这种观点就是怀疑论的观点，怀疑论认为一切皆“假象”，无真实或本质之可言。黑格尔批评怀疑论，他认为没有无本质的东西，“假象”也是“本质”的一个环节，它是“本质”的“反映”，也就是说，“假象”中隐藏着“本质”。列宁概括了黑格尔关于“假象”与“本质”的关系的看法，他写道：“假象的东西是本质的一个规定，本质的一个方面，本质的一个环节。本质具有某种假象。假象是本质自身在自身中的表现（Scheinen）。”①

黑格尔认为：“本质是独立自主的”，“假象是依赖性”②，在“假象”中有着“非存在”的环节。列宁就黑格尔的这个思想指出：“就是说，非本质的东西，假象的东西，表面的东西常常消失，不像‘本质’那样‘扎实’，那样‘稳固’。例如：河水的流动就是泡沫在上面，深流在下面。然而就连泡沫也是本质的表现。”③

黑格尔断言：如果“本质”只是自己在自己内部反映，只是在思想里反映，而不表现于现实的事物之中，那么“本质”就成了虚幻的、抽象的东西。这样的反映，叫做“纯粹的、绝对的反映”④，这样的规定（范畴），叫做“纯反映规定”⑤。在这种反映中，反映之前的“本质”固然是虚幻的，是“无”，即使通过反映之后，“本质”也还是虚幻的，还是“无”，因为反映过去，反映过来，都在它自己内部，都没有超出它自己而达到现实的事物。就因为这个缘故，黑格尔认为这种反映是一种“从无到无的运动”⑥。“本质中的变化，

---

① 《黑格尔〈逻辑学〉一书摘要》，见《列宁全集》，中文1版，第38卷，137页。

② 《大逻辑》，见《黑格尔全集》，格洛克纳本，第4卷，491页。

③ 《黑格尔〈逻辑学〉一书摘要》，见《列宁全集》，中文1版，第38卷，134页。

④ 《大逻辑》，见《黑格尔全集》，格洛克纳本，第4卷，493页。

⑤ 从黑格尔的整个思想来看，《本质论》中的范畴都是“反映的规定”，只有“自身反映”的规定才叫“纯反映规定”。这一点，晚出的《小逻辑》讲得比较明确。《大逻辑》所谓的“反映规定”则往往只是指“自身反映”的“纯反映规定”。

⑥ 《大逻辑》，见《黑格尔全集》，格洛克纳本，第4卷，493页。

它的反映的运动，是从无到无并从而回到自身的运动。过渡或变化在其过渡中扬弃了自身；在这个过渡中产生的他物，并非一个存在的非存在，而是一个无的无；正是对一个无的否定，构成了存在。——存在只不过是无到无的运动，而这就是本质；本质不是在自身之内包含这个运动，本质，作为绝对的假象自身和单纯的否定性，就是这个运动，在它自身以外没有否定它的东西……"① 为什么说"过渡或变化在其过渡中扬弃了自身"？美国学者哈里斯（W. T. Harris）解释说："因为它并没有过渡到或变成为他物。"这个解释是正确的，说明了本质自身在自身内部反映的含义。为什么说"在这个过渡中产生的他物，并非一个存在的非存在，而是一个无的无"？哈里斯的解释是，"变成自我同一的东西，就不是变，而是常住"②。这个意思也是说，在"绝对的假象"即"自身反映"中，不是一方由他方来反映，不是甲由乙来说明，而是自己反映自己，是甲由甲自己来说明，这种反映的运动就等于是"从无到无的运动"。列宁指出：黑格尔的这个思想是"机智而深刻的"③。

第二阶段是"现象"。一切存在都不单纯是"假象"，而是"本质"的表现。"本质"之表现于外就是"现象"。"现象"是"反映他物与自身反映的结合"④，"现象包括有自身反映和反映他物两方面在内"⑤。所谓"反映他物"，是相对于"假象"阶段里的"本质"只在自身内部反映而说的，也就是反映于外或表现于现实的事物之中的意思。

第三阶段是"实在"。"本质"全部表现出来，或者用黑格尔的专门术语来说，"本质""显示"自己就叫做"实在"。"实在"是"本质"与"现象"的统一。在"现象"的阶段里，"反映他物与自身反映的结合""还是不完全的"，而"它们的完全的相互渗透就是实在"⑥。

关于"本质"的区分，黑格尔有一段总括的话："首先，本质在自身之内映现，或者说，本质是反映（Reflexion）；第二，本质表现出来（erscheint）；第三，本质显示（offenbart）自己。本质在自己

① 《大逻辑》，见《黑格尔全集》，格洛克纳本，第4卷，493页。

② 哈里斯：《黑格尔的逻辑学》，316页，芝加哥，1890。

③ 《黑格尔〈逻辑学〉一书摘要》，见《列宁全集》，中文1版，第38卷，138页。

④ 《大逻辑》，见《黑格尔全集》，格洛克纳本，第4卷，598页。

⑤ 黑格尔：《小逻辑》，284页。

⑥ 《大逻辑》，见《黑格尔全集》，格洛克纳本，第4卷，598页。

的运动中依下列的规定性而运动：1. 作为单纯的、在自身内部的规定性中自在的本质；2. 作为进入有限的存在或走向实存与现象的本质；3. 作为与现象合而为一的，即作为实在的本质。”①

黑格尔认为，在哲学史上，怀疑论和康德的唯心主义，都不懂得“假象”或“现象”和“本质”的辩证统一。“怀疑论不肯说出某物存在”，认为“假象根本不应当以任何存在作为基础”；康德的唯心主义也“不肯把认识看做关于自在之物的知识”，认为“自在之物不应当进入人的认识”②。它们把“整个世界的多样的丰富性”或“多样的规定性”看成不过是“假象”或“现象”③，完全否认其客观意义。黑格尔用他关于“假象”、“现象”到“实在”的辩证发展理论，驳斥了怀疑论和康德的唯心主义，说：康德的唯心主义“同怀疑论一样没有超出存在这种规定性、这种直接性的范围”④。列宁很赞赏黑格尔对怀疑论和康德唯心主义的批判。列宁针对怀疑论者和康德尖锐地指出：“你们把世界的全部丰富性都包括在假象里面，而你们又否认假象的客观性!!”⑤列宁指责他们只停留在表面的直接的认识上，“没有更深入一步!”⑥列宁看到了黑格尔比主观唯心主义者康德、休谟和一切马赫主义者高明之处：“黑格尔赞成假象、‘直接的现存的东西’……的‘客观意义’（可以这样说）。较小的哲学家（康德、休谟及一切马赫主义者）在争论：应该用本质或者还是用直接的现存的东西作为基础。黑格尔用以及二字代替了或者，并且说明了‘以及’二字的具体内容。”⑦ 事实的确是这样，休谟和一切马赫主义者，都是片面地把“直接的现存的东西”看成是唯一真实的，而康德则是在“直接的现存的东西”之外片面地坚持一个“抽象的本质”⑧。黑格尔则看到了两者间的辩证统一关系。

一、“作为自身反映的本质”

——黑格尔关于同一、对立、矛盾、根据等范畴的论述和对形式逻辑的思想规律的批评

关于“本质”的第一阶段，《大逻辑》和《小逻辑》的标题和区

---

① 《大逻辑》，见《黑格尔全集》，格洛克纳本，第4卷，484页。

②③④⑤⑥ 同上书，488页。译文引自《黑格尔〈逻辑学〉一书摘要》，见《列宁全集》，第38卷，135、136页。

⑦ 《黑格尔〈逻辑学〉一书摘要》，见《列宁全集》，第38卷，139页。

⑧ 黑格尔：《小逻辑》，284页。

分不完全一致。《小逻辑》把第一阶段的标题改为“本质之为实存的根据”，其中细分为（A）纯反映规定（i. 同一，ii. 差异，iii. 根据），（B）实存，（C）事物。《大逻辑》在“作为自身反映的本质”的标题下，分为（A）假象，（B）反映的规定（i. 同一，ii. 差异，iii. 矛盾），（C）根据。《大逻辑》不同于《小逻辑》的主要之点是，在《小逻辑》的“纯反映规定性”之前增加了“假象”的范畴，并把《小逻辑》的“实存”与“事物”两范畴移到了“本质”的第二阶段“现象”之中。可以看到，《大逻辑》比较突出“假象”只是“自身反映”而还不是“现象”的思想，并在“本质论”的第一阶段中集中讲述“同一”、“差异”、“矛盾”和“根据”等范畴。其实，《小逻辑》讲“实存”和“事物”两范畴的篇幅也是很少的，不过“纯反映的规定”这个范畴的一半。本书依《大逻辑》的分法，把这两个范畴留到“现象”的阶段再讲。

关于“同一”、“差异”（包括“对立”）、“矛盾”、“根据”等范畴，我们在第五、六、七、八章中已经从思想内容上，从方法上作过概括性的评述，这里只打算从形式上，从体系上，按照《大逻辑》的分法，对这些范畴的含义和彼此间的关系作一简单介绍，然后着重论述黑格尔对形式逻辑的四条思想规律的批评。

如前所述，“本质论”的第一阶段“作为自身反映的本质”，又分为（一）“假象”，（二）“反映的规定”，（三）“根据”三个环节，现分述如下。

（一）“假象”

黑格尔在这个环节中所讲的内容，实际上是“本质论”第一阶段的总论。他把这个环节又细分为“本质的东西与非本质的东西”、“假象”和“反映”三个段落，这种分法是很烦琐，很牵强的。麦克塔加尔特在谈到《大逻辑》的分法时说：“假象所属的三个范畴——本质的东西与非本质的东西，假象和反映——在《全书》（指《小逻辑》——引者）中被取消了，在那里，本质论是从同一性范畴开始的。我认为，在这一点上，《全书》比《大逻辑》优越得多。”① 麦克塔加尔特的这个看法值得赞同。

黑格尔在“假象”这个标题下，主要是讲的“本质”、“假象”

① 麦克塔加尔特：《黑格尔逻辑学评注》，99页。

和“反映”的含义，其内容略如上述。此外，他还按照“表层”与“底层”（或称“表面”与“基础”，亦即“非本质的东西”与“本质的东西”）相互反映的各种关系，把“反映”的发展过程分为“设定的反映”、“外在的反映”和“规定的反映”三个阶段。所谓“设定的反映”是指“表层”与“底层”不分，“底层”就是一切，“表层”算不了什么（亦即“自我反映”或“假象”），两者之间的相互反映是虚幻的，是“从无到无的运动”，因为实际上并没有两个相互关系的端项；所谓“外在的反映”是指“表层”与“底层”彼此独立，互不依存，两者之间的反映是外在的；所谓“规定的反映”，是前二者的统一，在这里，“表层”与“底层”既有区别，又有统一，双方都是同一实在的构成部分，因此，它们之间的相互反映是内在的。由“设定的反映”到“规定的反映”，是一个由低级到高级的发展过程。

如前所述，“纯粹的、绝对的反映”是“本质在自身内部的反映”，是“本质”尚未表现于“有限的存在”之中，因此，它也就是“设定的反映”——“从无到无的运动”。只有超出了“纯粹的反映规定”（同一、差异、矛盾），经过“根据”，达到“本质论”的第二大阶段“现象”，这时才完全摆脱“从无到无”的“反映”阶段，而进入“反映”的高级阶段。“根据”的范畴标志着“从无到无的运动”的结束，也是进入“现象”的大门。“外在的反映”和“规定的反映”都不是“从无到无的运动”。黑格尔说：“反映（实际上是指‘纯粹的反映’——引者）是一般的纯粹的中介，根据是本质与自身的真实中介。前者——从无通过无又回到无的运动——是自身在一个他物中的映现；但是在这种反映中，对立尚无独立性，因而它既不是第一项即映现着的东西或者说肯定的方面，也不是被映现的他项即否定的方面。双方都是底层，而且本来只是想象出来的底层；双方都还不是自我相关的东西。纯粹的中介只是没有相关的端项的纯粹关系。的确，规定的反映建立这样的端项，这种端项是自我同一的，同时又只是有规定的关系。反之，根据却是真实的中介，因为它包含着被扬弃了的反映。它是通过它的非存在而回到自身的本质，是建立自身的本质，按照这种被扬弃了的反映的环节，被建立的东西就获得了直接性的规定性，一种离开了它的关系或假象的自我同一的东西。”① 这段话清楚地告诉我们：“本质论”的概念系列

---

① 《大逻辑》，见《黑格尔全集》，格洛克纳本，第4卷，553页。

在没有进到“根据”以前，还只是“从无到无的运动”，相互反映的两个端项都是“底层”，因而实际上是虚幻的，这种反映是“纯粹的中介”，亦即“纯粹的反映”。只有到了“根据”的阶段，相互反映的两个端项才是“真实的”和“自我同一的”，才具有“直接性的规定性”，这种反映乃是“真实的中介”。所谓“根据包含着被扬弃了的反映”就是指“根据”扬弃了“纯粹的反映”，包括扬弃了“规定的反映”，而准备进入“本质论”的第二大阶段“现象”。“根据的中介是纯反映和规定的反映的统一。”① “这种中介，同先行于它和作为它的来源的反映相比来说，首先就不是纯反映。”②

（二）“反映的规定”

黑格尔认为整个“本质论”中的范畴都是“反映”的范畴，超出了“反映”的范围，也就超出了“本质”的范围。但是，他为什么又只把这里所属的几个范畴叫做“反映的规定”，而不把“本质论”中其余的范畴叫做“反映的规定”呢？黑格尔并没有正面解答这个问题。但从他关于“反映”和“根据”的说明来看，他乃是把“根据”以前的“反映”看成是“纯粹的反映”，因此，这里所谓“反映的规定”实际上就是讲的“纯粹的反映规定”，晚出的《小逻辑》就是以此作为标题的。只不过《大逻辑》在这个标题下仅仅列了“同一”、“差异”、“矛盾”等范畴，而把“根据”的范畴放在这个标题之后，《小逻辑》则除了包括“同一”、“差异”、“对立”、“矛盾”等范畴外，也包括“根据”在内；但二者都把“同一”、“差异”、“对立”、“矛盾”等范畴看成是“纯粹的反映规定”，却是一致的。

“反映的规定”（“纯反映规定”）又分为“同一”、“差异”、“矛盾”三个环节。就这三个环节都还只是“本质在自身内部的反映”而言，它们都是“纯粹的、绝对的反映”（“从无到无的运动”）。但就三个环节彼此间的关系而言，又可采取三种态度：一是把“表层”看成即是“底层”，把“差异”看成即是“同一”，这样来看待两者间的关系，乃是“设定的反映”（“从无到无的运动”）态度；二是把二者看成是彼此独立，互不依存的，“同一”就是“同一”，“差异”就是“差异”，这种态度是“外在的反映”③；第三种态度是把二者

---

①② 《大逻辑》，见《黑格尔全集》，格洛克纳本，第4卷，556页。

③ 参阅《大逻辑》关于“同一性”的解说一。

看成既有区别又有统一，双方都是“矛盾”的构成部分，这就是“规定的反映”态度。黑格尔之所以在“纯粹的、绝对的反映”之下又细分为“设定的反映”、“外在的反映”和“规定的反映”①，就是这个意思。

1. “同一”

黑格尔所主张的“同一”是按照“规定的反映”态度建立起来的，是包含“差异”在内的“具体的同一”。

在“存在论”中，不可能出现“同一”的范畴，因为那里只有直接的东西。只是到了“本质论”的范围，有了“表层”与“底层”的概念，这才说得上“同一”：“同一”就是在多样性、差异性的“表层”背后有统一的、常住不变的“底层”，即“本质”。“本质是单纯的自我同一性。”② “同一”的概念不同于“存在论”中的抽象的相同：前者是“底层”中的东西，后者是“表层”中的东西；前者是反映的规定，后者是直接性的规定。由于“同一”是就“表层”与“底层”的关系而言的，所以“同一”必然包含有“差异”。“同一”是“本质”中尚未展开的和最初的范畴，就像“纯存在”是“存在”中尚未展开的和最初的范畴一样。“纯存在”的展开是“质”和“量”等等，“同一”这个范畴的展开就是“差异”、“对立”等等。

2. “差异”

“差异”的第一个小阶段是“绝对的差异”。这是一种“单纯的差异”，这里，“绝对的”就是“单纯的”。“在甲和非甲的绝对差异中，构成差异的东西是单纯的非。”③ 这就是说，只知道甲不是（非）乙，或乙不是（非）甲，至于二者的差异之点何在，并不清楚。

这里的甲和乙，不同于“存在论”中的两个“有限的存在”：在“存在论”中，此一“有限的存在”和彼一“有限的存在”是彼此分离、互相独立的；这里的甲和乙的关系是互相反映的关系，是“反映的差异”。所以在“绝对的差异”中，“差异”和“同一”两者不可分。我们不可能看出一个与众不同的东西而不同时看出它在所有的差异中仍保持类的同一性，例如说某人出类拔萃，这里固然是要

① 《大逻辑》，见《黑格尔全集》，格洛克纳本，第4卷，493页。

② 同上书，508页。

③ 同上书，516页。

着重说某人与同类的人有差异，但这个差异也离不开他和别人之间有类的同一性，不是同类的东西就谈不上出乎其类。黑格尔断言，“同一”中既包含“同一”的环节，也包含“差异”的环节；“差异”中既包含“差异”的环节，也包含“同一”的环节。“差异是全体并且是它自己的环节，正如同一是全体并且是它自己的环节一样。这一点可以看做是反映的本性，是一切活动和自我运动的确定的根源。”① 黑格尔把自我运动看成既是同一又是差异，这个思想是很深刻的。

“差异”的第二个小阶段是“杂多”。如何从“绝对的差异”过渡到“杂多”，黑格尔说得极其晦涩。大概的意思是说：在“绝对的差异”中，“同一”包含“同一”自身和“差异”，“差异”也包含“差异”自身和“同一”，两者各自成为一个整体或全体，这样，两者就成了彼此独立、互不相关的东西，而“杂多”的意思正是指这种彼此毫不相关的差异。这个解释当然是很牵强的，但从“绝对的差异”到“杂多的差异”的过渡，倒是说明了原先在“绝对差异”阶段尚不清楚的差异发展到了明显的阶段：在“绝对差异”中，我们只知道这个不是（非）那个，这种差异是一个肯定的东西（这个）与其单纯否定方面（那个）的差异；在“杂多”中，我们则进一步知道这个是这个，那个是那个，这种差异是一个肯定的东西与另一个肯定的东西之间的差异。

“杂多”是不同事物之间的一种“外在的反映”关系，例如一支铅笔和一头骆驼就是彼此外在、毫不相关的东西杂凑在一起。

将杂多的东西作一比较，就得到“相似”和“不相似”的概念，“相似”是“外在的同一”，“不相似”是“外在的差异”，之所以说是“外在的”，是因为杂多的东西本来就是外在的，这种比较也只能是“外在的比较”，不能深入到事物的内部：说两物相似，总是“就某个方面来说”相似；说两物不相似，也是“就某另一个方面来说”不相似，这“某个方面”或“某另一个方面”是两物以外的一个第三者，而不是两物本身中深刻的东西。

“差异”的第三个小阶段是“对立”。如何从“杂多”过渡到“对立”，《小逻辑》几乎没有论述，《大逻辑》作了两点说明：首先，杂多的东西彼此毫不相关，这就是“无差异”，“无差异”与“差异”

① 《大逻辑》，见《黑格尔全集》，格洛克纳本，第4卷，516～517页。

正是"对立"。"杂多的东西是设定的差异，因而也是无差异的差异，即自身的否定。……杂多的各个毫不相关的方面作为一个否定的统一体，正是它的构成环节，因此，杂多就是对立。"① 其次，任何一个事物本身包含有"相似"与"不相似"两个环节，这种情况就是"对立"。"相似"是"对立"的肯定方面，"不相似"是它的否定方面。黑格尔的这些说明都有些牵强，但他的真正的意思倒是想借此表示"差异"的深刻含义。芬德莱说得不错："关于从单纯的杂多到两极对立的过渡，黑格尔真正的动机在于他不满足于那种没有深入到相关事物之本性的关系，这种关系是由人为的、外在的观点来决定的，终究不是真正的关系。"② 接着，芬德莱引证了《小逻辑》里面的一段话来说明这一点："在对立里，相异者并不是与任何别物相对立，而乃是与它正相反对的别物相对立。通常意识总是把相异的事物认作彼此不相干。譬如，当我们说，我是一个人，并且在我的周围有空气、水、动物和种种别的东西。这样，每一事物都在别的事物之外。但哲学的目的就在扫除这种各不相涉的〔外在性〕，并进而求确知事物的必然性。所以从哲学观点看来，外在的别物便显得是与自己正相对立的自己的别物。"③ 《小逻辑》的这段话和《大逻辑》的思想是一致的。我们不要因为《大逻辑》中一些牵强的解释而忽视黑格尔真正的用心。麦克塔加尔特主张从"杂多"中的"相似"概念直接过渡到"根据"（因为从"相似"中就可以找到联结"杂多的东西"的"根据"），因而可以取消"对立"的范畴，麦克塔加尔特的看法显然比他以后的芬德莱浅薄得多。

黑格尔认为，"对立"是"绝对的差异"和"杂多"的统一：就对立双方都是肯定的东西而言，"对立"包含有"杂多"的成分；就对立双方彼此否定，一方不是（非）另一方而言，"对立"包含有"绝对的差异"的成分。

黑格尔认为，在"对立"中，肯定与否定的关系具有三个特点：第一，"肯定与否定首先是对立的绝对的环节……它们是彼此对立的，或者说，每一方只是另一方的对立面，并不是一方是肯定，另一方是否定，而是双方互相否定。因此一般说，每一方首先都只是就另一方的存在而言才存在，是由于另一方或者说是由于自己的非

① 《大逻辑》，见《黑格尔全集》，格洛克纳本，第4卷，522页。

② 芬德莱：《黑格尔再考察》，192页。

③ 黑格尔：《小逻辑》，266页。

存在而存在；每一方都只是被设定的东西。其次，每一方都只是就另一方不存在而言才存在，是由于另一方的非存在而存在；每一方都是自身反映。”① 简言之，肯定与否定的第一个特点就是，双方都是“对立”的不可分离的构成部分或环节。它们的第二、三两个特点是由第一个特点引申出来的，即：第二，每一方都既包含有自身，也包含有对方；肯定中有肯定与否定两个因素，否定中也有否定与肯定两个因素。因此，双方各自构成一个全体而与对方处于相互独立的地位。第三，双方既是互相联系的，又各有各自肯定的本性。

黑格尔说：“在对立中，规定的反映或差异达到完成的地步。对立是同一性和杂多的统一；对立的诸环节在一个同一性中表现为杂多，因而成为对立的。”② 这句话可以看做是上述三个特点的总括。从这里可以看到，只有在“同一性”中的“杂多”才是“对立”，离开了“同一性”，“杂多”就只能是“杂多”，而不能转化为“对立”。

3. “矛盾”

在“对立”中，每一方只是就另一方的存在而言才存在，就此而言，每一方都包含着另一方，依赖于另一方；但它又是就另一方的非存在而言才存在，就此而言，每一方又都是排斥另一方，独立于另一方。又包含又排斥，又依赖又独立，这就是“矛盾”。“矛盾”是“同一”和“差异”的统一。黑格尔认为这种矛盾已经潜在于“差异”之中：“差异一般已经就是自在的矛盾。”③ 因为“差异”一则是互相不同，互相分离，一则又是不同的、分离的东西的统一；又统一又分离，这也是“矛盾”。肯定与否定的矛盾，乃是“差异”中“自在的矛盾”之展开，是“建立起来的矛盾”。黑格尔看到了“差异”中潜藏着“矛盾”，这个思想是很可贵的。

“矛盾”一节的丰富内容，我们已在第五、六、七章特别是第六章中讲过了，这里主要谈谈从“矛盾”到“根据”的过渡：

“对立中的独立性作为相互排斥的反映，使自己成为被设定的东西，并且又同样扬弃了它；按照这一肯定的方面，对立不是仅仅毁灭了，而是返回到了它的根据。——独立的对立中相互排斥的反映，使得对立成为一种否定的东西，一种仅仅被设定的东西；这样，这种反映就把它原先独立的规定性即肯定与否定降低成了单纯的规定

① 《大逻辑》，见《黑格尔全集》，格洛克纳本，第 4 卷，527 页。

② 同上书，525 页。

③ 同上书，535 页。

性。被设定的东西就这样成了被设定的东西，因而也就一般地回到了它自身的自我同一中：这就是单纯的本质，不过这个本质是作为根据的本质。……独立的对立通过它的矛盾而返回到根据。”① “解决了的矛盾就是根据，亦即作为肯定与否定之统一的本质。在对立中，规定性已经发展成了独立性；而根据则是这种完成了的独立性。……对立及其矛盾在根据中既被扬弃了又被保存了。”② 黑格尔这几段话都是讲的从“对立”、“矛盾”到“根据”的过渡问题。大意是说，对立面相互排斥，反而会使每一方自身成为否定方面，成为被对方所“设定的东西”，亦即成为与对方紧密联系的东西，这样，排斥倒构成了联系；肯定方面与否定方面的相互排斥，独立性与依赖性的相互争夺平息下来了，矛盾“解决了”，双方都成了“本质”的单纯的规定性或单纯的环节，而这样的“本质”就是“根据”。黑格尔说：在对立面互相排斥、互争独立的矛盾中，对立面“走向根据”（geht zur Grunde）。“走向根据”是一个双关语，本是毁灭、堕落的意思。就是说，矛盾的结果，使肯定与否定双方的争执平息下来，使双方都“降低”（即“堕入”、“毁灭”之意）成了“根据”的两个单纯的规定性。不过在“根据”中，双方并非处于平等并列的地位：“根据”是异中之同，是差异中独立不依的东西；“有根据的东西”是同中之异，是依据于“根据”的东西。所以，“根据”也是“同一”和“差异”的统一。如果说“矛盾”是“同”和“异”的不安定的统一，那么，“根据”就是二者的安定的统一。黑格尔把“矛盾”看成是对立双方互争独立，而其结果是一方独立，一方不独立，是一方把对方变成依赖于自身的东西，这个看法包含有矛盾通过一方战胜另一方而获得解决的思想。

黑格尔说：“事物、主体或概念，本身就是这种否定的统一体：它是一种自在地矛盾着的东西，也是解决了的矛盾；它是包含着和支撑着它的诸规定性的根据。事物、主体或概念，就其在自己的范围内自我反映而言，乃是它的解决了的矛盾；但它的全部范围又是特定的、多种多样的，因此，它是有限的，而这就意味着是一种有矛盾的东西；它本身还不是这个较高的矛盾的解决；只是它又以一个更高的范围作为它的否定的统一体或根据。这样，毫不相干的多样性的有限事物，其本身是有矛盾的，是自我分裂的，它们要返回

① 《大逻辑》，见《黑格尔全集》，格洛克纳本，第4卷，539页。

② 同上书，540页。

到自己的根据中。……通常的推断似乎是把有限之物的存在看成是绝对之物的根据：绝对之物之所以存在，是由于有限之物存在。可是实际上，绝对之物之所以存在，恰恰是由于有限之物是自相矛盾的对立，恰恰是由于有限之物不存在。前一种推断是：有限之物的存在构成绝对之物的存在；后一种推断是：有限之物的非存在构成绝对之物的存在。”① 这段话的意思比较清楚：每一事物就它自己的范围来说，即是它自身的“根据”，是“解决了的矛盾”；但每一事物都是有限的，而每一个有限事物都包含在比自己更大更高的范围之内，就此而言，有限之物又都是有矛盾的，当然也就不能算作是“这个较高的矛盾的解决”，它只能以比自己更大更高的范围的事物为“根据”，只有在这更大更高的“根据”中，“这个较高的矛盾”才得到解决。这样，有限之物的矛盾进展，只有到范围最大最高亦即无所不包的“绝对”那里才会达到终点。如果说较小范围的事物是较小的根据，是相对地解决了的矛盾，那么，“绝对”就可以说是一切有限事物的总根据，是最终解决了的矛盾。

（三）“根据”

“根据”分为“绝对的根据”、“确定的根据”和“条件”。

1. “绝对的根据”

“绝对的根据”所讲的，是一般的“根据关系”，即形式与本质、形式与质料、形式与内容的关系。《小逻辑》是在后面的几个范畴中分散论述的，而且比《大逻辑》讲得具体些、深入些，这里只按照《大逻辑》的体系，列举三种“根据关系”的标题，其内容留到以后再讲。

2. “确定的根据”

“确定的根据”不同于一般的“根据关系”，它是一种“有确定内容的根据”②。“确定的根据”又细分为以下三种：

（1）“形式的根据”。“根据”和“有根据的东西”，“底层”和“表层”完全一致，毫无区别，这就是“形式的根据”。例如问一棵树的“根据”是什么，或者问一棵树为什么生长起来，如果回答是，它的根据是生长力，或者说，因为它有生长力，所以它生长起来。这里，“根据”和“有根据的东西”是一回事，回答等于没有回答，

---

① 《大逻辑》，见《黑格尔全集》，格洛克纳本，第 4 卷，550～551 页。

② 同上书，553、568 页。

说明等于没有说明，这就是只说出了一种“形式的根据”。又如问一个人为什么要进城，如果回答是因为城里有吸引他的力量，这种回答也是“形式的根据”。黑格尔批评“形式的根据”说，追问一种现象的根据，本来是要想知道这个表面现象（“表层”、“有根据的东西”）背后的“隐秘的性质”（“底层”、“根据”），后者在内容上本应与前者有所不同，可是形式的回答却没有说出任何新的内容，没有揭示出任何隐秘的东西，它只不过用不同的语言说了一点原来就是人所尽知的表面的东西，这种回答是可笑的，只能算作是“同语反复”。

（2）“现实的根据”。“根据”和“有根据的东西”，“底层”和“表层”不是同一个内容，从“有根据的东西”回复到“根据”以及从后者进展到前者，不是“同语反复”，这就叫做“现实的根据”。“形式的根据”既是“同语反复”，因此，它也可以说是把“有根据的东西”的全部内容毫无遗漏地重复一遍；反之，“现实的根据”则是只说出了事物的一部分内容而非全部内容。例如房子的内容有重量、可以住人，等等，如果只把有重量当做房子的“根据”，那就是只说出了房子的“现实的根据”。这种“根据”显然遗漏了“有根据的东西”中其余许多内容。

黑格尔指出：“现实的根据”比起“形式的根据”来，有所前进，它说出了一点原先未说明的东西，但它也有很大的缺点：

第一，任何一个事物都是多样性的统一，其内容无比丰富，“现实的根据”只挑选一部分内容作为根据，这就可以造成任意性或诡辩：你可以挑这部分内容作为根据，我也可以挑那部分内容作为根据；你可以以此为根据而赞成一件事，我也可以以彼为根据而反对同一件事。① 究竟何者是真正的根据，并无必然性和内在性可言。“在形式的根据中，根据和有根据的东西只是一个内容，这种同一性构成它的必然性，但同时它又是同语反复；现实的根据包含着多种多样的内容，但却因此而使根据关系具有偶然性和外在性。”② 例如把重量当做房子的根据，这就具有外在性，房子固然有重量，可是石头也有重量，重量并不是房子的本质的东西。

第二，“现实的根据”一方面遗漏了一些未说明的内容，给诡辩造成空隙，另一方面，就它所说明的那一部分内容来说，它不过是

① 详见本书第八章。

② 《大逻辑》，见《黑格尔全集》，格洛克纳本，第4卷，577页。

重复了“有根据的东西”中的东西，这仍然是“同语反复”。例如房子的重量本是房子的表面内容之一，把重量说成是房子背后的根据，这就是“同语反复”。这里，“现实的根据”又回复到了“形式的根据”①。

总括以上两点，可见“现实的根据”一则是根本没有说出根据，一则是“形式的根据”。这就迫使“现实根据”一定要过渡到下一个范畴“完全的根据”。

《小逻辑》没有明确写出这三种“根据”的标题，但从叙述的内容和层次来看，实际上还是作了这样的区分，只不过它把《大逻辑》中所谓“现实的根据”或诡辩派所寻求的“根据”叫做“形式的根据”。

（3）“完全的根据”。“现实的根据”只是挑选事物的一部分内容作为“根据”，因此，无论你挑选那一部分，都不能成为“充分的根据”（充足理由）。只有把“现实根据”中已经说出了的一部分内容和没有说出的其余部分内容结合起来，指明它们之间的关系，这才算找到“充分的根据”，这种“根据”就叫做“完全的根据”。“完全的根据”乃是“现实根据”的“根据”，因此，“现实的根据”相对于“完全的根据”来说，倒成了“有根据的东西”。“现实的根据关系毋宁是被扬弃了的根据；它因此而毋宁成为有根据的东西或被设定的东西。……它现在是一个有根据的东西，它自己还有另外的根据。”② 这“另外的根据”就是指“完全的根据”。

“由于现实的根据本身回到了它自己的根据，所以在它那里，又恢复了根据与有根据的东西的同一性，亦即恢复了形式的根据。这样形成的根据关系是完全的，它同时包括形式的根据与现实的根据于自身之内，而且它使原先在现实根据中彼此无联系的内容联系起来。”③ 为什么说“完全的根据”包括“形式的根据”在内呢？黑格尔的解释是：“完全根据”的内容与“现实的根据”中“根据”和“有根据的东西”两个“内容规定性”完全相同，二者只是“形式上有区别”：在“现实根据”中，“根据”和“有根据的东西”的关系是外在的、毫不相干的；而“完全的根据”则是“它们的直接的联系”④。内容相同，只是形式不一样，这正是“形式根据”的特点。

① 《大逻辑》，见《黑格尔全集》，格洛克纳本，第4卷，579页。

②③ 同上书，582页。

④ 同上书，582～583页。

但"完全的根据"毕竟不是"形式的根据"，它不是简单的"同语反复"，它说明了事物中各种内容之间的关系，它以其中"一个独特的内容作为根据"，这就使它又具有"现实根据"的特征；可是它毕竟不是单纯的"现实根据"，因为这个"独特的内容"不是任意挑选的，而是"它们（指全部内容——引者）的同一的基底和它们的关系的基础"，是全部内容中"本质性的东西"①。至于其余的内容和这个"独特内容"之间的关系，则构成一事物的"条件"②。麦克塔加尔特有一段浅显的解释："假如有根据的东西是ABC，而现实的根据是A，那么，补充的根据就是断定A与BC之间的联系。"③"表层的各种因素并非居于同等地位。假如A是现实的根据，那么，表层中的因素A就是有了根据，而别的因素却没有找到根据。这样，BC诸因素对于事物的本性来说，就可以看做是非根本的东西，但同样是必需的东西。这就是说，BC诸因素是条件。于是我们过渡到了根据的最后一个范畴——条件。"④ 这里的A，就是"一个独特的内容"，它和其余的内容BC不是同等并列的，它是事物全部内容的"同一的基底和它们的关系的基础"，至于其余的内容BC，则不是"本质性的东西"，而只是"条件"。

3. "条件"

"条件"又细分为：(a)"相对地无条件的东西"，(b)"绝对地无条件的东西"，(c)"从实质到实存的过渡"。黑格尔的讲述非常烦琐晦涩，这里简单地说一个大意。"条件"既是独立于"根据"的，又是与"根据"不可分离的。(a)就"条件"独立于"根据"，对"根据"毫不相干而言，黑格尔称之为"相对地无条件的东西"。(b)但另一方面，"条件"能给"根据"提供"机缘"，使"根据"发挥作用，它和"根据"构成一个统一体，这个统一体就叫做"绝对地无条件的东西"，因为在这个统一体中，"根据"与"条件"两因素固然互为"条件"，但这个统一体本身则是不受"条件"制约的。(c)黑格尔把联系"条件"来考虑的"根据"称为"实质"，他认为，当"实质"具备了一切"条件"时，那它就进入了下一个范畴——"实存"："实质先于实存"⑤。

---

① 《大逻辑》，见《黑格尔全集》，格洛克纳本，第4卷，583页。

② 同上书，584～585页。

③④ 麦克塔加尔特：《黑格尔逻辑学评注》，124页。

⑤ 《大逻辑》，见《黑格尔全集》，格洛克纳本，第4卷，594～595页。

黑格尔对形式逻辑思想规律的批评

黑格尔在论述“同一”、“对立”、“矛盾”和“根据”等范畴时，着重批评了形式逻辑的四条思想规律。

《本质论》的“纯反映规定”是从“同一”开始的，黑格尔对形式逻辑四条思想规律的批评，也从同一律开始。

黑格尔首先肯定了同一律的作用。他认为同一律能使我们的思想具有“坚定性和确定性”①，使我们“对每一思想”都能“加以充分确切的把握”②，使我们能“把握对象，而得其确定的性质”③。反之，如果一个人不遵守同一律，则其思想必然“游移不定”④，我们“须费许多麻烦才能理解他所讨论的是什么一回事，并促使他集中其视线，专注于所讨论的确定论点”⑤。因此，我们只有“根据这种同一律，知识的历程才能够由一个范畴推到另一个范畴”⑥。

不过，黑格尔着重地批评了同一律。他认为真正的同一是“具体的同一”，即“包含有殊异于其自身”⑦的同一。形式逻辑则承认了“一个错误的假定，认为思想的活动只在于建立抽象的同一”⑧。所谓“抽象的同一”就是把同一“认作排斥一切‘异’的‘同’”⑨。黑格尔说：实际上，“没有任何一种存在依照同一律存在”⑩。这里，首先需要指出的是，黑格尔没有把形式逻辑和形而上学方法区别开来：我们知道，形而上学方法和形式逻辑是有着一定的联系的，但它们之间也有区别。形式逻辑的规律所反映的是事物的孤立的、静止的、抽象的方面，但它决不像形而上学那样根本否认客观现实的运动、变化和发展。形式逻辑虽然不是辩证法，不能表述辩证的思维，然而它决不排斥辩证法和辩证逻辑。只有把形式逻辑的规律加以绝对化，才成为形而上学。只有像过去那种形而上学化甚或经院哲学化了的形式逻辑，才是与辩证法、辩证逻辑**互相排斥**、**根本对立**的。例如就这里所讨论的同一律来说，形式逻辑的同一律只要求我们在思维时所用的概念要保持同一性，这个规律本身并没有断定“任何一种存在依照同一律存在”而永恒不变，并没有排斥现实界的“包含有殊异于其自身”的“具体同一性”，并没有“错误的假定，

① 黑格尔：《小逻辑》，184页。

② 同上书，186页。

③④⑤ 同上书，185页。

⑥ 同上书，184页。

⑦⑧⑨ 同上书，258页。

⑩ 同上书，257页。

认为思想的活动只在于建立抽象的同一”。——所有这些，都是把形式逻辑绝对化或形而上学化的结果，形式逻辑本身并不如此。黑格尔认形式逻辑“实不啻承认了”① 这一“错误的假定”，乃是由于黑格尔没有把形式逻辑与形而上学加以区别的缘故。

黑格尔对同一律的批评中，有其合理因素，这就是他指出了形式逻辑的局限性。他认为形式逻辑的同一律，只能从对象的“抽象同一”中，从对象的静止方面、孤立方面去把握它，而不能从对象的“具体的同一”中去把握它，即是说，不能从其具体性，从其变化、发展和矛盾统一中去把握它。黑格尔在这一点上是完全正确的。黑格尔说：“玄思的逻辑”（黑格尔常常把他的辩证逻辑又叫做“玄思的逻辑”或“理性逻辑”）“揭穿了忽视相异的抽象的形式的知性的同一之虚妄不实”②。又说：同一律“这种定律并非真正的思想定律，而乃只是抽象理智的定律罢了”③。黑格尔这里所谓“真正的思想定律”乃是指“玄思逻辑”即辩证逻辑的规律。黑格尔认为“真正的思想定律”必须从对象的“具体同一”中，从对象的变化、发展、矛盾统一中去把握，而“抽象理智的定律”（同一律）则不能做到这一步，它只能反映对象的一个静止的、孤立的片面。

黑格尔认为，批评了同一律，也就同时批评了矛盾律，因为矛盾律（“甲不是非甲”）不过是同一律的“否定的说法”④，不过是从反面来表示同一（抽象的同一）。不过，黑格尔在《大逻辑》中，对矛盾问题作了专门的论述。黑格尔说：“迄今存在着的逻辑和通常的表象，有一个基本的偏见，认为矛盾不像同一性那样是一个本质的和内在的规定性……通常认为矛盾首先不能存在于事物中，不能存在于存在的东西中和一般的真的东西中，并且断言没有东西是矛盾的；然后就把矛盾移置到主观的反省中，认为只有主观的反省当其进行关联和比较时才会产生矛盾。……的确，无论在实际中和在思想的反省中，矛盾都被看成了一种偶然的现象，一种很快就要消逝的不正常的现象或病的发作。认为矛盾不存在，认为它是非存在，对于这种断语，我们是可以置之不理的。”⑤ 这里，黑格尔批评的也只是形而上学化了的形式逻辑，因为：形式逻辑的矛盾律不容许我

① 黑格尔：《小逻辑》，258 页。

② 同上书，263 页。

③④ 同上书，257 页。

⑤ 《大逻辑》，见《黑格尔全集》，格洛克纳本，第 4 卷，546 页。

们在肯定某一思想时，同时又否定同一思想，这是我们的思维所必须遵守的初步规律；如果违反了矛盾律，那诚然是一种“不正常的现象”。不过，形式逻辑的矛盾律本身，并不否认现实中存在着的实际矛盾。只有把形式逻辑形而上学化，才会断言现实中存在着的事物不能包含矛盾，断言“没有东西是矛盾的”。

黑格尔对矛盾律的批评的合理因素在于他指出了矛盾律的局限性，指出了矛盾律不能把握对象的矛盾统一。“天地间绝没有任何事物，我们不能或不必在它里面指出矛盾或相反的特性。”① 因为“凡有限之物即是自相矛盾的，由于自相矛盾而自己扬弃自己”②。这种矛盾是一种“必然的”、“内在的”矛盾，它与形式逻辑的矛盾律所排除的那种“形式的”、“不可能的”矛盾根本不同，这种“矛盾，比同一性更深刻些，更本质些，因为同一性只是单纯直接的东西或死的存在的规定性，而矛盾则是一切运动和生命的根源，任何东西只是由于它包含矛盾，它才运动，它才有冲动和活动”③。因此，“认识甚或把握一个对象，也就是要觉察到此对象为相反的成分之具体的统一”④。而这个任务只有辩证逻辑才能完成，仅仅运用形式逻辑，是不能成功的。

资产阶级学者之所以抹煞矛盾，否定矛盾，从阶级根源上看，是由于他们害怕和仇视无产阶级对资产阶级的斗争，是适应他们调和阶级矛盾的需要；从思想方法上看，则大多由于他们把形式逻辑的矛盾律所排除的矛盾，同辩证逻辑所讲的矛盾混为一谈。美国实用主义者胡克在这方面表现得比较突出。他说：“辩证法的全部规律的基本前提是相信矛盾‘客观地存在于事物和过程之中’。至少可以说，这是对‘矛盾’一词的奇怪的用法，因为自从亚里士多德的时代以来，认为命题、判断或陈述有矛盾，而不是事物或事情有矛盾，这已经成为逻辑理论的一种老生常谈了。”⑤ 由此可见，胡克只知道形式逻辑的一点“老生常谈”，而根本不懂得辩证法为何物。

形式逻辑的排中律（其公式为“甲或者是乙，或者是非乙”）认为，两相对立的方面“非此即彼”，没有中立。黑格尔说：这是不符

① 黑格尔：《小逻辑》，210 页。

② 同上书，188 页。

③ 《大逻辑》，见《黑格尔全集》，格洛克纳本，第 4 卷，546 页。

④ 同上书，144 页。

⑤ 胡克：《理性、社会神话和民主》，202 页，纽约，1940。

合事实的，“事实上无论在天上或地上，无论在精神界或自然界，绝没有像知性所固执的那种‘非此即彼’的抽象事物。无论什么可以说得上存在的东西，必定是具体的，包含有区别和对立于其自身”①。其实，排中律排斥模棱两可的、模糊不清的思想，乃是正确思维的必要条件。但它并不否认实际事物“是具体的，包含有区别和对立于其自身”，它并不断言有一种“非此即彼的抽象事物”，并不断言当某物作为“此”种状态存在时，就不包含与之相对立的“彼”种状态的因素。只有把排中律加以形而上学化才会有这些看法，形式逻辑本身并不如此。不过，黑格尔对排中律的批评，也有合理因素。他指出了排中律不能从矛盾的统一中把握对象，只有辩证逻辑才能从“此”看到“彼”，从一对象的肯定方面看到其否定方面，只有辩证逻辑才能看到对立面必须在共同的基础上才能成立。

在讲“根据”的范畴时，黑格尔提出了辩证逻辑所讲的充足理由，以区别于形式逻辑所讲的充足理由，并认为前者高于后者。黑格尔指出，形式逻辑充足理由律的最主要的缺点是：形式的理由无论如何都不会充足，“没有根据可以说是充足的”②。譬如，甲以乙为根据（理由），乙以丙为根据，丙以丁为根据，如此递进，以至无穷，永远不会充足。之所以如此，是因为“这种形式的根据并无本身自决的内容，因此并无自我主动性和自我创造性。像这种本身自决，因而自我主动的内容，即是……概念”③。黑格尔认为形式的根据或理由是“知性意义的”，“这种本身自决，因而自我主动的”根据或理由（即概念），是“理性意义的”。前者永远不会充足，后者才是真正充足的理由。黑格尔把纯逻辑的概念看成是充足的理由，这是唯心主义的最露骨的表现。但这里也有合理的部分。形式逻辑的充足理由律是现实现象的因果关系在意识中的表现。关于因果关系，马克思主义辩证法告诉我们，要揭示一个现象之产生的全部复杂性和规律性，决不能停留于寻找它和某另一单个现象的因果关系上，而必须进一步从产生该现象的各种联系的总和中去研究它。因为“人的因果概念总是把自然现象的客观联系稍许简单化了，只是近似地反映这种联系，人为地把一个统一的世界过程的某些方面孤立起来”④。正是因为这个缘故，孤立的、抽象的、直线式的因果系

① 黑格尔：《小逻辑》，266～267 页。

②③ 同上书，271 页。

④ 列宁：《唯物主义和经验批判主义》，149 页。

列是可以无穷推进、永无止境的；而以此为客观基础的形式逻辑所讲的充足理由，也就永远不会充足。可见黑格尔对形式逻辑的局限性的看法是正确的。他把概念当做真正充足的理由，这固然是唯心主义，但这里也表明黑格尔看到了一个事实，即世界上任何一个现象总是和其他一切现象处于错综复杂的相互联系之中，任何一个现象之所以产生的理由，必须到产生该现象的各种联系的总和或整体中去寻找。因为黑格尔所讲的概念是“具体概念”，即多方面之相互联系的有机整体和矛盾发展着的过程。

可以看到，黑格尔对形式逻辑和辩证逻辑的特征都作了比较明确的表述。

形式逻辑的规律所反映的，是事物的孤立的、静止的、抽象的方面，是从相互联系、复杂错综、变动不居的现实中抽取出一个成分或片面（甲），使其和其他成分或片面（非甲）绝缘，把它（甲）当做一个孤立的、静止的、纯粹的、确定不移的东西来把握。用黑格尔自己的话来说，这种思维方式就是“将当前给予的具体对象（黑格尔所谓‘具体对象’就是指相互联系、复杂错综、变动不居的统一体——引者）析碎成许多抽象的成分，并将这些成分孤立起来观察”①。这种思维方式，黑格尔称为“知性”，它在一定的认识范围内和阶段上是适用的，也是必需的。黑格尔说：“知识起始于认识当前的对象而得其确定的区别。”② “要想把握对象，分别作用总是不可少的。”③ 黑格尔的这个见解是正确的。因为现象、对象是可以从其静止的、分离的、孤立的方面来把握的，并且，要真正从联系、发展和矛盾的统一中来把握对象，也只有首先作分别的研究才有可能。

不过，形式逻辑毕竟是有局限性的。按照形式逻辑的思维规律来把握对象，就会把一个有机统一的东西分解成许多孤立的、静止的片面，而无法从其联系、发展和矛盾统一中来把握它。因此，仅仅用形式逻辑的思维方式，不可能说明活生生的、矛盾发展的思维过程的全部复杂性，不可能认识具体的真理。具体的真理，总是一个许多方面的相互联系的总和，是一个复杂的、变动不居的、多样性的有机统一的整体，只有辩证思维才能如实反映它。形式逻辑之

① 黑格尔：《小逻辑》，412 页。
② 同上书，184 页。
③ 同上书，124 页。

不能认识具体真理，不能认识思维过程之全部复杂性，正如仅仅把肉分解为彼此孤立的氮、碳、氢等元素而有失肉的真相一样。“分别仅是认识历程的一方面，主要之点乃在于使分别开了的各分子，复归于联合。”① 黑格尔这里所谓“联合”，就是要进一步从相互联系的整体中，从多样性的有机统一中来把握对象。

黑格尔认为，辩证逻辑的特征就是从对象的相互联系中，从其运动、变化、发展中，从其矛盾统一中去把握它。辩证逻辑不满足于形式逻辑仅仅把握住孤立的、静止的片面，它进一步要求把握多样性之有机统一的整体，把握活生生的、变动不居的发展过程。所以只有辩证逻辑才能真正按照对象本来的面目把握住对象，才能把握住具体真理。正因为如此，黑格尔在评判形式逻辑的各条规律时，处处都从具体真理的观点出发，从整体的观点和矛盾发展的观点出发。他在批评形式逻辑时所用的思想武器，如“具体的同一”、“内在的矛盾”、“对立的统一”、“理性意义上的根据或理由”等，都是建立在这样的观点之上的范畴，它们都是辩证逻辑的范畴。

有人从黑格尔对形式逻辑的批评中得出结论，说黑格尔根本否认了形式逻辑的地位，这种看法是不符合事实的。如前所述，黑格尔在批评形式逻辑时常常提到，从事物的分离的、静止的方面把握事物的“知性思维”，在认识过程中是不可缺少的环节。他还明确说过：“在玄思的哲学里，知性亦应是必不可少的一个‘阶段’。”② “知性”，就是“坚执着固定的特性，和各特性间彼此的分别”③。“知性的定律为同一律”④。“对于此种形式逻辑的研究，无疑地有其用处，可以借此使人头脑清楚，有如一般人所常说，亦可以教人练习集中思想，练习作抽象的思考，而在日常的意识里，我们所应付的大都是些混淆错综的感觉的表象。”⑤ 黑格尔对形式逻辑的作用的这些估价是正确的。

当然，把形式逻辑绝对化，认为可以在形式逻辑那里停滞不前，这是黑格尔所大力反对的。他明确指出，知性虽然是认识活动中必不可少的阶段，“却是不能老停滞不前进的‘阶段’”⑥。黑格尔认

---

① 黑格尔：《小逻辑》，124 页。
② 同上书，120 页。
③ 同上书，183 页。
④ 同上书，184 页。
⑤ 同上书，84 页。
⑥ 同上书，120 页。

为，由“知性”前进，就到了“理性”；由“知性逻辑”（形式逻辑）前进，就到了“理性逻辑”（辩证逻辑）。在谈到这两者间的关系时，黑格尔说：“玄思逻辑内即包含有单纯的知性逻辑，而且从前者即可抽得出后者。我们只消把玄思逻辑中之辩证法的和理性的成分排除掉，便可得到知性逻辑。”① 黑格尔认为辩证逻辑“包含”形式逻辑，并且辩证逻辑之多于形式逻辑的地方就是它的辩证法成分。黑格尔的这段话，已经包含了形式逻辑是初等逻辑，辩证逻辑是高等逻辑的思想。黑格尔的这个思想，在他谈到亚里士多德的逻辑学时，表现得尤其明显：他赞赏亚里士多德的逻辑学，认为亚里士多德许多学说之产生，是由于他超出了形式逻辑而未受到形式逻辑的束缚，“如果他的学说都接受知性的抽象法则的束缚，则他将没有一个学说会产生，或容许产生。亚里士多德对于分类描述和抽象分析，虽说有不少的特有贡献，但他的哲学的中心原则仍永远是玄思的概念，至于他最初曾有了确切表现的三段论式的推论，他决不让它闯进较高的哲学领域里来”②。黑格尔这里所谓“知性的抽象法则”就是指的形式逻辑的规律。黑格尔赞赏亚里士多德限制形式逻辑、三段法式的推论的范围，不使其“闯进较高的哲学领域”而起支配的作用，这是黑格尔把形式逻辑列为初等逻辑的思想表现。

由于黑格尔把形式逻辑和形而上学都同样看成是“知性思维”的产物，他没有对二者作出应有的区别，因此，他在反对形而上学思想方法的同时，对于形式逻辑的许多批评的确有过分之处。例如，他断言形式逻辑否认事物的矛盾发展。他虽然一再肯定形式逻辑是认识活动中的必要环节，有时也肯定学习形式逻辑的用途，但他往往又轻视学习形式逻辑，他不时说这样一类的话：“我们并无须乎先研究解剖学和生理学，然后方能消化和呼吸，同样我们亦并不是须得先研究逻辑（指形式逻辑——引者），然后方可作正确的推论”③。但是，所有这些，在黑格尔逻辑学中，只是次要的。从他的整个逻辑理论看来，形式逻辑并没有被根本否认，而是居于初等的地位。这是黑格尔关于辩证逻辑和形式逻辑的关系问题的基本见解。

① 黑格尔：《小逻辑》，193 页。

② 同上书，368 页。

③ 同上书，364 页。

二、“现象”

——黑格尔关于形式与内容、现象与规律、内与外等范畴的论述

黑格尔在“本质论”的第一阶段“作为自身反映的本质”中，主要是讲的“同一”、“差异”（包括“对立”）、“矛盾”和“根据”等几个范畴。黑格尔之所以把这几个范畴叫做“自身反映的规定”，是因为在这个阶段里，“本质”只是在自己内部反映自己，还没有反映到外部的事物之中。“本质论”的第二阶段“现象”，是“本质”之表现于外。《大逻辑》的“现象”部分开宗明义地说：“本质必然要表现出来。”① “本质”由内部反映到表现于外，由“假象”阶段到“现象”阶段，这是一个发展。黑格尔很重视“现象”的阶段，他认为一个人能看到普通常识以为是独立自存的东西仅仅是表面现象，这是他的认识不停留于表面的结果。近代哲学史上，康德在这方面是“第一个有功绩”的人。但是“康德只走到半路就停住了，因他只把捉住现象之主观的意义，他于现象之外去执著一个抽象的本质——知识所不能达到的‘自在之物’”②。他“把一切经验的东西和自在之物割裂开来”③，丢掉一切经验去理解本质。黑格尔与康德相反，他极力强调：如果不从现象、经验中去理解本质，则对本质一无所知。“当我们认识了现象时，我们因而同时即认识了本质，因为本质并不存留在现象之后或现象之外，而乃即借将世界降低到仅仅的现象的地位，而表现其为本质。”④ 列宁很重视黑格尔的这个思想，指出：“为了要理解，必须从经验上开始理解、研究，从经验升到一般。为了学会游泳，必须钻到水中。”⑤

无论《大逻辑》或《小逻辑》，在论述“自身反映规定”的最后一个范畴“根据”时，都谈到了从“根据”到“实存”、“事物”等范畴的过渡。《小逻辑》把“实存”、“事物”列在“本质论”第一阶段的末了，《大逻辑》把这两个范畴列在第二阶段的开始，但都把它

① 《大逻辑》，见《黑格尔全集》，格洛克纳本，第4卷，597页。

② 黑格尔：《小逻辑》，284页。

③ 《黑格尔〈逻辑学〉一书摘要》，见《列宁全集》，中文1版，第38卷，220页。

④ 黑格尔：《小逻辑》，284～285页。

⑤ 《黑格尔〈逻辑学〉一书摘要》，见《列宁全集》，中文1版，第38卷，221页。

们列在“根据”之后，而且都是为了说明“本质”从“自身反映”到表现于外（反映于外）的过渡。本书按照《大逻辑》的分法，把《大逻辑》与《小逻辑》的内容综合起来论述。

“现象”细分为“实存”、“现象”、“本质的关系”三个小阶段。

（一）“实存”

黑格尔在讲“根据”到“实存”的过渡时说：“如果某一事物具备了一切条件，那它就进入了实存。”① 列宁很赞赏黑格尔关于“根据”与“条件”的辩证思想，指出：“好极了！这跟绝对观念和唯心主义有什么关系呢？”② 在黑格尔看来，光有“根据”，还不足以产生某种“后果”。“后果”必须既有“根据”，又有“条件”，才会发生。“实存”（Die Existenz）就是由“根据”产生出来的“后果”。所以黑格尔说：“实存”“既是根据复是依赖根据的后果”。“当根据扬弃其自身时，由根据之否定而产生出的结果，就是‘实存’（‘实存’原译作‘存在’——引者）。”③ 从“实存”这个范畴起，“本质”就不只是“自身反映”了，而且是“反映他物”亦即表现于外了。因此，黑格尔又认为，“实存是自身反映与他物反映的直接统一”④。

《大逻辑》在“实存”的范畴内集中讲了“物”（“事物”）的范畴，《小逻辑》把“物”列在“实存”之后。《大逻辑》与《小逻辑》在这里都批评了康德的“自在之物”，《大逻辑》尤为着重。

黑格尔认为，任何一“物”，都与他“物”处于相互作用之中，一“物”的“属性”，就是在和他“物”的相互关联、相互作用中产生出来的。“事物具有这样的特性（‘特性’亦可译作‘属性’——引者）：它能在他物中产生出些什么来，并通过特有的方式在自己和其他事物的关系中显露出自己。”⑤ “许多不同的事物通过自己的特性而处于本质的相互作用中；特性就是这种相互作用本身，事物离开特性就什么也不是。”⑥

康德所谓“自在之物”是同“现象”割裂开来的，是“不应具

---

① 《大逻辑》，见《黑格尔全集》，格洛克纳本，第4卷，594页。

② 《黑格尔〈逻辑学〉一书摘要》，见《列宁全集》，中文1版，第38卷，154页。

③④ 黑格尔：《小逻辑》，274页。

⑤ 《大逻辑》，见《黑格尔全集》，格洛克纳本，第4卷，607页。译文引自《黑格尔〈逻辑学〉一书摘要》，见《列宁全集》，中文1版，第38卷，156页。

⑥ 同上书，611页。译文引自《黑格尔〈逻辑学〉一书摘要》，见《列宁全集》，中文1版，第38卷，157页。

有任何确定的多样性”的，是“离开属性”的。在康德看来，“自在之物”只有同主观的“外在的反思”发生关系，才会产生“规定性和多样性”。“自在之物只有同眼睛发生关系，才有颜色；只有与鼻子发生关系，才有气味。如此等等。”① 康德的“先验唯心主义”“把事物的一切规定性”“都转移到意识中去”，“按照这种观点，于是我看见的树叶不是黑的而是绿的，太阳是圆的而不是方的，我尝的糖的滋味是甜的而不是苦的，我确定时钟是按顺序而不是同时敲第一下和第二下，时钟敲第一下不是敲第二下的原因，也不是它的结果，如此等等，就都成为在我身上、在主体之中发生的了”②。黑格尔指出：这种哲学所持的观点，其主要缺点是，“固执地把抽象的自在之物当做某种最终的规定，并且把反思或特性的规定性和多样性同自在之物对立起来；但实际上，自在之物本来在自身中就具有这种外在的反思，它并且把自己确定为某种赋有自身的规定、特性的东西，由此，使事物成为纯粹的自在之物的那个抽象概念，是不真实的规定”③。列宁认为这段话的“实质”是“反对主观主义，反对把自在之物同现象割裂开来”④。当然，黑格尔反对康德的主观唯心主义，也是从客观唯心主义的立场出发的。他认为“自在之物”应该同思想、“反思”结合起来，二者的关系不应该是“外在的”、“对立的”。这实际上就是用他的所谓“客观思想”取代康德的“自在之物”。

《小逻辑》在“物”的范畴内专门讲了“质料与形式”的问题。这个问题，和“形式与本质”、“形式与内容”都有密切关系。《大逻辑》在“根据”部分讲了这三个问题；《小逻辑》为了突出“形式与内容”的地位，把它列为“现象”的第二部分。本书把这三个问题都集中在这里论述。

关于质料与形式的关系问题，古希腊哲学家亚里士多德早已作了系统的阐述。他把形式与质料都看成是个别具体事物的两个不可分割的方面。这个观点是正确的，但亚里士多德没有把这个观点坚持到底。他根据形式和质料的相对性，推论出有所谓“纯形式”和

① 《大逻辑》，见《黑格尔全集》，格洛克纳本，第 4 卷，604 页。

② 同上书，609 页。

③ 同上书，610 页。译文引自《黑格尔〈逻辑学〉一书摘要》，见《列宁全集》，中文 1 版，第 38 卷，157 页。

④ 《黑格尔〈逻辑学〉一书摘要》，见《列宁全集》，中文 1 版，第 38 卷，157 页。

“纯质料”。例如，泥土与砖瓦相比，泥土是“质料”，砖瓦是“形式”；砖瓦与房屋相比，砖瓦是“质料”，房屋是“形式”。如此向两头推论下去，越向质料的一头推论，形式就越简单，最终必然导致有所谓无形式的“纯质料”；反之，越向形式的一头推论，质料的成分就越少，最终必然导致有所谓无质料的“纯形式”。这样，亚里士多德最终还是把形式与质料形而上学地割裂开来了。同时，他还唯心主义地夸大了形式的作用，认为质料是完全消极被动的东西。康德彻底使形式与质料、形式与本质、形式与内容分离开来。他认为构成我们知识的质料、内容是没有形式的，而其形式是人所强加给它们的。

和上述这些观点相反，黑格尔站在唯心主义立场，阐述了形式与本质、形式与质料、形式与内容的辩证法。

黑格尔认为，本质一定具有自己的形式，形式也一定是有本质的。“形式在它自己的同一性中是有本质的，一如本质在其否定的本性中具有绝对形式。因此，不能这样提问题，形式是怎样附着在本质上的；因为形式只是本质在自身中的映现，是本质自己固有的反思。”① 列宁在摘录了这段话之后指出：“形式是本质的。本质是有形式的。不论怎样，形式都还是以本质为转移的……”②

在谈到质料时，黑格尔正确地批评了所谓“热素”说、“电素”说等等，他认为，“其实，这些质素或质料只可认作吾人知性的单纯虚构”③。

关于质料与形式的关系问题，黑格尔认为：“质料必然具有一种形式，形式就是物质的、持续的形式。”④ “质料一概念里彻底地包含有形式一原则在内，而且在经验中再也没有无形式的质料出现。”“反之，就形式之为一全体言，形式即包括有质料原则在内。”（“形式”原译作“型式”）⑤ 把形式与质料割裂开来的观点，认为质料本身是无形式的，但可以接受一切形式。譬如一块大理石，无论把它雕刻成这种像或那种像的形式，甚至刻成柱石的形式，大理石仍然是大理石，形式对于质料是不相干的。黑格尔不同意这种观点，他说：“像大理石这样的质料，只是相对地（就与雕刻家相对而言）与

---

① 《大逻辑》，见《黑格尔全集》，格洛克纳本，第 4 卷，559 页。

② 《黑格尔〈逻辑学〉一书摘要》，见《列宁全集》，中文 1 版，第 38 卷，151 页。

③ 黑格尔：《小逻辑》，279 页。

④ 黑格尔：《大逻辑》，见《黑格尔全集》，格洛克纳本，第 4 卷，564 页。

⑤ 黑格尔：《小逻辑》，281 页。

形式不相干，并不是绝对没有形式。即如矿物学家便把这相对地没有形式的大理石认定为一特种的石，有别于其他确定类型的石如砂石或云斑石。”① 这就是说，大理石仍有其不同于砂石或云斑石的形式，并不是绝对地没有形式。在黑格尔看来，如果抛去某物的一切形式，那么，质料就是无规定性的、纯粹抽象的东西，是看不见、摸不着的。“凡是能够看得见、摸得着的东西，都是有规定性的质料，亦即质料与形式的统一。”② 因此，“把质料孤立出来认作一种无形式的东西，仅是一种抽象理智的看法”③。只有“看出两者的统一性，同时又见到两者的区别性，便可认识质料与形式的真关系”④。

在谈到形式与内容的关系时，黑格尔区别两种形式，一种是与内容不相干的“外在的形式”。譬如一本书，不论是手抄的还是排印的，不论是纸质的还是皮质的，形式不同，书的内容则一。但是，黑格尔指出：“我们并不能因为看见这书有了这种外在的不相干的形式，就说这书的内容本身也是没有形式的。”⑤ 黑格尔认为，任何内容，都有它自己的形式，“内容即具有形式于其自身”⑥。这种形式是内容的“内在的规定”⑦，是形式与内容的统一，黑格尔把这种形式叫做“内在的形式”。他说：“形式与内容之本来的绝对关系”，就是“形式与内容之相互回转，所以内容非他，即形式之回转到内容，形式非他，即内容之回转到形式”⑧。黑格尔认为，不仅他的逻辑学是内容与形式相统一的，“而且在艺术里以及在一切别的领域里，内容的真理和实质主要地乃建筑在内容自身与形式之合一上面”⑨。

黑格尔批评了那种忽视形式，把形式单纯看成消极被动的倾向。例如，在艺术领域里，只有内容与形式彻底统一的作品，才算得是真正的艺术品。没有适当形式的艺术品，不是好的艺术品。一个艺术家，说自己的作品的内容如何如何超绝，只是还缺乏适当的形式，

---

① 黑格尔：《小逻辑》，280 页。

② 《大逻辑》，见《黑格尔全集》，格洛克纳本，第 4 卷，560 页；并参阅《黑格尔〈逻辑学〉一书摘要》，见《列宁全集》，中文 1 版，第 38 卷，151 页。

③ 黑格尔：《小逻辑》，280 页。

④ 同上书，281 页。

⑤ 同上书，287 页。

⑥ 同上书，286 页。

⑦ 同上书，288 页。

⑧ 同上书，286～287 页。

⑨ 同上书，288 页。

这不过是“一个很坏的宽解”[①]。因为这种作品实际上是“很空疏”的。“莎士比亚《罗密欧与朱丽叶》一悲剧的内容，乃由于两姓的仇恨而引起的一对爱人的毁灭，但单是这个故事的内容，尚并不足以造成莎士比亚不朽的悲剧。”[②] 黑格尔指出：“认内容为重要的独立的一面，而认形式为不重要的无独立性的一面”，这是一种“抽象理智”的观点，亦即形而上学的观点。“为纠正此点须得指出的，即事实上，两者皆同等重要。”[③]

（二）“现象”

黑格尔在这里着重讲了“规律”这一范畴及其与“现象”的对立统一。

现象是多种多样和变动不居的，但又具有统一性。“这种统一是现象的规律。因此，规律是现象的中介中的肯定的东西。”[④] “中介”包含有联系的意思。列宁指出：黑格尔在这里“看来也有活的思想：规律的概念是人对于世界过程的统一和联系、相互依赖和整体性的认识的一个阶段”[⑤]。

和康德不同，黑格尔认为规律不是人的头脑里固有的，而是和现象同一的，规律就在现象之中。“现象和规律具有同一个内容。”[⑥] “规律是现象本身的环节。”[⑦] “规律不在现象之外，而是直接地呈现于现象之中。”[⑧]

黑格尔说：“规律的王国是实存世界或现象世界的平静的肖像。”[⑨] “在规律中，现象具有持续的稳定性。”[⑩] “规律是现象与自身同一的反映。”[⑪] “这种同一，是现象的基础，它构成规律。”[⑫] 列宁很赞赏黑格尔的这种看法，指出：“这是极其唯物主义的、极其确切的（从‘平静的’这几个字眼来看）规定。规律把握平静的东西。”列宁提醒我们注意：“规律是现象中巩固的（保存着的）东西。”“规

① 黑格尔：《小逻辑》，287 页。

② 同上书，288 页。

③ 同上书，287 页。

④ 《大逻辑》，见《黑格尔全集》，格洛克纳本，第 4 卷，626 页。译文引自《黑格尔〈逻辑学〉一书摘要》，见《列宁全集》，中文 1 版，第 38 卷，158 页。

⑤ 《黑格尔〈逻辑学〉一书摘要》，见《列宁全集》，中文 1 版，第 38 卷，158 页。

⑥ 《大逻辑》，见《黑格尔全集》，格洛克纳本，第 4 卷，627 页。

⑦⑧⑨ 同上书，628 页。

⑩⑪ 同上书，627 页。

⑫ 同上书，628 页。

律是现象中同一的东西。”①

在黑格尔看来，规律是现象据以发生的根据或基础，抓住了现象的规律，也就是抓住了它的根据和本质。“因此，规律是本质的现象。”② 列宁很重视黑格尔的这个提法，认为“规律和本质是表示人对现象、对世界等等的认识深化的同一类的（同一序列的）概念，或者说得更确切些，是同等程度的概念”③。

规律和现象虽然具有同一个内容，但现象本身是丰富多彩和不断变化的，而规律的王国却只能把握现象的静止的内容，而不能把握多样性和不静止的方面。“现象是许多更细密的规定（“更细密的规定”有细节的意思——引者），它们属于‘这’（“这”指直接具体的东西——引者）或具体的东西，而不包含在规律之中，它们是被别的东西所规定的。”“因此，作为与规律相对立的现象，是一个全体，因为它包含规律，但还包含着更多的东西，即还包含着自我运动的形式的环节。”④ 正因为如此，列宁认为：“现象比规律丰富。”⑤“规律、任何规律都是狭隘的、不完全的、近似的。”⑥ 如果不把某一规律的认识看成只是对内容无比丰富的现象世界认识的一个阶段，而把它当成是最终的、最完全的认识，那就是“把规律的概念绝对化、简单化、偶像化”。列宁特别提醒“现代物理学应该注意这一点!!!”⑦ 就因为它夸大物理学某些规律的作用范围，以致陷入了唯心主义。

在黑格尔看来，规律的内容不及现象丰富，这是一个“缺陷”⑧。不过，黑格尔又认为，事物都是彼此联系在一起的，“现象中的事物都以现象中别的事物为自己的根据和条件”⑨，而现象内部的这种关系，“恰恰就是规律”⑩。“这样，原先是规律的东西，就不再仅仅是整体的一个方面，而现象本身是另一个方面，规律本身就是整体。它是现象的本质的全体。”⑪ “因此，规律的王国也包含着

① 《黑格尔〈逻辑学〉一书摘要》，见《列宁全集》，中文1版，第38卷，159页。
② 《大逻辑》，见《黑格尔全集》，格洛克纳本，第4卷，628页。
③ 《黑格尔〈逻辑学〉一书摘要》，见《列宁全集》，中文1版，第38卷，159页。
④ 《大逻辑》，见《黑格尔全集》，格洛克纳本，第4卷，629页。
⑤ 《黑格尔〈逻辑学〉一书摘要》，见《列宁全集》，中文1版，第38卷，160页。
⑥ 同上书，159页。
⑦ 同上书，158页。
⑧ 黑格尔：《大逻辑》，见《黑格尔全集》，格洛克纳本，第4卷，629页。
⑨⑩ 同上书，631页。
⑪ 同上书，632页。

现存世界的非本质的多样性的环节。"[①] 黑格尔这些话，有抓住规律就能抓住现象的整体，抓住本质就能抓住非本质的环节之意。列宁针对黑格尔的这一思想说：黑格尔在这里，"虽然不很明显但似乎承认，规律能弥补这个缺陷，能把握住否定的方面，把握住现象的整体"[②]。

黑格尔一方面认为规律不是现象的全体，不能把握现象的细节；一方面又看到了规律就是现象界不同事物间的内部关系，把握住了规律，就能把握住现象的整体。这正是黑格尔思想的辩证之处。

黑格尔认为现象界是"感性的世界"，"规律的王国"是"自在自为的世界"，是"超感性的"。二者既是对立的，又是同一的。前者中肯定的东西，在后者中就是否定的东西。"现象世界"的恶，就是"自在自为的世界"中的善，"现象世界"的北极，就是"自在自为的世界"中的南极，如此等等。"但是实际上，两个世界的区别恰好消失在两者的这种对立之中。"[③] 黑格尔在《精神现象学》中举了更多的例子，比较详细地申述了他的思想。他说：现象世界变动不居，"保持着转化和变化的原则"，规律的王国是静止的，"却没有这个原则"（指没有转化和变化的原则），所以两者是互相颠倒的，而"在一定的阶段里会得出这样的结果，即按照第一个世界是甜的东西，在这个颠倒了的自在世界里是酸的，在前一世界里是黑的东西，在后一世界里是白的……"黑格尔认为，之所以会产生这样的结果，是由于"从表面上"看问题，把两个世界看成是彼此外在的。他的原话是："从表面上看来，这个颠倒了的世界正是前一个世界的反面，因为它认为前一世界在它的外面，并且把前一世界从它自身排斥开，并把它当做一个颠倒了的现实世界……这样，试再用上面的例子来说，凡尝着是甜味的东西，真正讲来或者就内在本质说，在事物中是酸的……"黑格尔主张，两个世界不是互相割裂开来的，而是对立的统一："那颠倒了的超感官世界是同时统摄了另一世界的，并且把另一世界包括在自身内。……它是它自己和与它对立的世界在一个统一体中。只有在这个意义上，它才是内在差别的差别或自身差别，或者说它才是无限性。通过无限性我们就看见法则完

---

① 《大逻辑》，见《黑格尔全集》，格洛克纳本，第4卷，633页。

② 《黑格尔〈逻辑学〉一书摘要》，见《列宁全集》，中文1版，第38卷，160页。

③ 《大逻辑》，见《黑格尔全集》，格洛克纳本，第4卷，636页。

成其自身而达到内在必然性，而现象界的一切环节都被吸收到内在世界里面去了。”① ——黑格尔在《精神现象学》中所说的这些话，其中心思想就是强调规律不但不能脱离现象，而且必须把现象包括在自身之内。

正是根据这个基本观点，黑格尔认为，现象和规律二者，各自都是一个包含对方的整体。黑格尔说：“现象世界”是“直接的存在”，“自在自为的世界”是“被反映的存在”，“但是每一个世界都在自己的对方中不断地继续存在，因此在自身就有这两个环节的同一性……这两个世界首先是独立的，不过这只是指它们作为整体而言，只是指每一个世界实际上都在自身中包含着对方这个环节而言”②。从“现象世界”到“自在自为的世界”，是一个认识不断深化的过程。列宁认为，黑格尔“这段话的实质是这样：现象世界和自在世界是人对自然界的认识的各个环节、（认识的）阶段、变化或深化”③。不过，黑格尔把认识的深化过程看做是有止境的（即止于“绝对理念”），所以列宁又说：“自在世界离现象世界愈来愈远的运动——这在黑格尔那里还没有看到。”④ 列宁所说的“自在世界离现象世界愈来愈远的运动”，大概是说，由“现象世界”到“自在世界”的认识过程，是一个永远的、不终止的运动过程。

黑格尔在谈到从“规律”的范畴到“本质关系”的范畴的过渡时认为，“自在自为的世界”和“现象世界”这两个方面相互对立、相互依存的关系，形成“本质的关系”。黑格尔这里的论述也不很清楚，但有一个论断却是比较明确而可取的。他说：“规律是本质的关系。”⑤ 列宁写下了这样的批语：“规律就是关系。关于马赫主义者、其他不可知论者以及康德主义者等等，在这点上是要注意的。本质的关系或本质之间的关系。”⑥ 马赫主义者和一些现代主观唯心主义者都是休谟哲学的变种，他们都否认事物间的必然关系和本质关系，都否认事物的规律性。康德哲学虽然承认有普遍性和必然性，但他否认普遍性和必然性的客观性，认为它们是主观自生的。现代物理

① 黑格尔：《精神现象学》，上卷，106～110页。

② 《大逻辑》，见《黑格尔全集》，格洛克纳本，第4卷，637～638页。译文引自《黑格尔〈逻辑学〉一书摘要》，见《列宁全集》，中文1版，第38卷，161页。

③④ 《黑格尔〈逻辑学〉一书摘要》，见《列宁全集》，中文1版，第38卷，161页。

⑤ 《大逻辑》，见《黑格尔全集》，格洛克纳本，第4卷，438页。

⑥ 《黑格尔〈逻辑学〉一书摘要》，见《列宁全集》，中文1版，第38卷，161页。

学中的唯心主义者，“竟否定了自然界中的一切客观规律性，竟宣称自然规律是单纯的约定、‘对期待的限制’、‘逻辑的必然性’等等”①。所有这些论调，都是十分荒谬的。

（三）“本质的关系”

“本质的相互关系是事物表现其自身所采取的确定的完全普遍的方式。凡一切存在的事物都在相互关系中，而这种相互关系即是每一存在的真实性质。因此，每一存在不是抽象的孤立的，而乃是他在的。”② 诚然，一切事物、一切概念，都在相互关系中，但按照黑格尔的逻辑，“本质论”中的全部范畴，应该都是关系的范畴，为什么“本质关系”的范畴只是在这里才出现呢？黑格尔对这个问题没有作什么解释。他对于从“规律”到“本质关系”的过渡的说明，也只是玩弄了一套概念的游戏，牵强附会，晦涩难懂。“本质关系”包含三对范畴。

1. “全体与部分”

“现象世界”是多样性的，“自在自为的世界”是多样性的统一。多样性被包含在统一性之中。多样性就是部分，统一性就是全体。这样，“一方面是全体，它是构成自在自为的世界的独立性，另一方面是部分，它是作为现象世界的直接的实存”③。——“全体与部分”的范畴，就是这样分析推演出来的。

对于全体与部分的关系的看法，本来可以有两种。一种是有机的看法，认为部分离开全体就失去其为部分的意义，例如人的四肢（部分），离开了整个身体（全体），就不成其为四肢。反之，“将全分裂为许多部分，则全将失其为全”④。另一种是机械的看法，认为全体不过是部分的机械总和，例如一堆糖（全体）是十块糖（部分）的总和。黑格尔所谓的“全体与部分”的范畴，系指后一种意义而言。他的原话是：“全体与部分是没有思想的关系”，“它是一种死板的和机械的总计”⑤。黑格尔认为用这种机械的观点，不足以把握事物的比较深刻的关系。

---

① 列宁：《唯物主义和经验批判主义》，262 页。

② 黑格尔：《小逻辑》，289 页。

③ 《大逻辑》，见《黑格尔全集》，格洛克纳本，第 4 卷，642 页。

④ 黑格尔：《小逻辑》，290 页。

⑤ 《大逻辑》，见《黑格尔全集》，格洛克纳本，第 4 卷，648 页。

机械的观点把全体与部分看成是各自独立、彼此没有内在联系的，当说到全体为部分所组成时，每一个部分又各自成为一个全体，于是又可以细分为许多部分，如此递进，以至无穷。“这种无限性，恰恰在于关系双方的无穷变换”，全体分成为部分，而“部分孤立起来又不是部分，而是全体”①，“因此，这种关系本身就是直接的矛盾，并且是要扬弃它自身的”②。

2.“力与力的表现”

在黑格尔看来，“全体与部分”的范畴之所以有矛盾，就是由于把部分看成是离全体而独立的东西，把全体看成是一个机械的总和。因此，要解决这个矛盾，就要对“全体”与“部分”的关系采取有机的看法，否定“部分”的独立性，而把“部分”看成是“全体”的“自我分化”，把全体看成是有机的统一体。黑格尔把这样的统一体叫做“否定的统一体”，而这就是“力”。“力是否定的统一体，全体和部分的矛盾在这个统一体中得到解决，力是这第一个关系（‘第一个关系’指‘全体与部分’——引者）的真理。”③ 这里的推演，显然又是一种牵强附会的概念游戏。列宁斥责黑格尔说：“类似这样的话在黑格尔的书中不胜枚举，这只是千分之一。……在学校中教这些东西是荒谬的。”④ 不过，黑格尔关于全体是部分的有机统一的看法，却是辩证的。列宁在斥责黑格尔的荒谬的同时，指出：“首先必须从中剥出唯物主义辩证法来，因为这些东西中十之八九都是些外壳、皮屑。”⑤

在论述“力与力的表现”时，黑格尔批评了“外力推动说”。甲力需要乙力推动，乙力又需要丙力推动，“这样我们所得到的，不是复演那无穷的递推，即是推动的力与被推动的力之相互为用。在任何一种情形下，我们都得不到运动的绝对的开始，即因力不像目的因，尚没有内容的自决力”⑥。在黑格尔看来，“力”只能靠外力推动，是“盲目的”、“不自由的”；只有“绝对理念”才是最高的“目的因”，是“运动的绝对的开始”，在这里有真正的自由。这是他把辩证法隐藏在唯心主义外壳里的又一例证。

---

① 《大逻辑》，见《黑格尔全集》，格洛克纳本，第4卷，647页。
② 同上书，642页。
③ 同上书，648页。
④⑤ 《黑格尔〈逻辑学〉一书摘要》，见《列宁全集》，中文1版，第38卷，162页。
⑥ 《大逻辑》，见《黑格尔全集》，格洛克纳本，第4卷，641页。

3. “内与外”

在第一个“本质的关系”——“全体与部分”中，双方的关系是机械的。第二个“本质的关系”——“力与力的表现”比“全体与部分”前进了一步，在这里，二者的关系是有机的，是“否定的统一体”。但黑格尔认为，这第二个关系“还存留着不等同性”①。黑格尔对这个问题的解释，也是非常烦琐抽象的，我们不必在这里多费笔墨。

在黑格尔看来，只有把“力”看成是“内”，把“力的表现”看成是“外”，即是说，只有在第三个“本质的关系”——“内与外”中，关系的双方才真正等同起来了。因为，在这里，双方的“区别完全变成为形式的”②，而在内容上则是同一的。“外与内乃是同一的内容。凡物内面如何，外面亦见得是如何。反之，凡物外面如何，内面亦见得是如何。凡现象所表现的没有不在本质内的。凡在本质内的没有不表现于外的。”③ 另一方面，“一个仅仅还是在内的东西，因而恰恰仅仅是在外的东西；反过来，一个仅仅在外的东西，也因而恰恰仅仅是在内的东西”④。例如，“一株植物的幼芽是内在的植物，一个小孩是内在的人。但是作为幼芽或胚胎的植物或人……是一个外在的东西……一个被动的受外物支配的东西”⑤。

在《小逻辑》中，黑格尔以较多的篇幅，用人的行为与动机为例，说明了“外”与“内”的有机联系，特别是批评了离开“外”而言“内”的形而上学思想：一个人自夸在内心里有善良的动机，而在外部行为上的表现并不与之相符合，那么，他的内心也同样是不实在的。尽管常常在个别情况下，善良的动机不能得到实现，但一般地讲来，“内”与“外”在本质上是统一的。“因此我们必得说：人的行为〔外〕形成他的人格〔内〕。彼以自觉其内在的高超而虚骄自诩的人，可举出福音中一句名言以驳斥他：‘汝须从行为的果实里去认识人。’”⑥ 也有另外一种相反的情形，即对于有伟大成就的人，专门挑剔他们内心的动机如何如何不善良，说他们的事业不过是外在的表现，而他们的内心却充满了虚荣和私欲。黑格尔指出：“须知

①② 《黑格尔〈逻辑学〉一书摘要》，见《列宁全集》，中文1版，第38卷，162页。

③ 黑格尔：《小逻辑》，296页。

④ 《大逻辑》，见《黑格尔全集》，格洛克纳本，第4卷，657页。

⑤ 同上书，660页。

⑥ 黑格尔：《小逻辑》，300页。

偶尔在一两件事情里，可以伪装，可以隐藏，他们却无法遮掩他们全部的内在自我。在整个生活过程里任何人的内心也不可逃避地必得流露出来。所以即在这里我们仍然必得说，人就是他的一串行为所构成的。"[①] 有一些历史学家，采取"实用主义的"历史写法，只注意在英雄人物的伟大成就背后寻找个人的动机，说他们的行为是出于权力欲和虚荣心等等。黑格尔批评这样的历史写法否认了内外统一的根本原则，是"学究式的小聪明"[②]。

黑格尔在《精神现象学》中，也多次从不同角度论述了这个问题。他说："人的真正的存在是他的行为"，"有什么样的行为就有什么样的个人"[③]。他把脱离现实的"良心"叫做"美的灵魂"。"美的灵魂为了保持它的心地的纯洁，而逃避接触现实。"[④] 它变成了一种"品评的意识"，自己不采取行动，却专门从坏的方面品评别人，把伟大人物都看成是坏人，认为他们只不过是为了个人名利。黑格尔指责"美的灵魂"或"品评的意识"是自视清高，实际上亦甚低微。[⑤]

黑格尔在这里批评的，实际上不仅有康德的动机论，而且有旧唯物主义的历史观。18 世纪的一些法国唯物主义者如狄德罗、爱尔维修等人，按照行为的动机把历史人物区分为君子和小人，并认为小人总是以欺骗君子而获胜。这在黑格尔看来，就是把外与内割裂开来的形而上学。恩格斯在批评旧唯物主义的历史观时指出："它的历史观——如果它有某种历史观的话——本质上也是实用主义的……旧唯物主义在历史领域内自己背叛了自己，因为它认为在历史领域中起作用的精神的动力是最终原因，而不去研究隐藏在这些动力后面的是什么，这些动力的动力是什么。"[⑥] 恩格斯认为在阶级社会里，"这些动力的动力"就是阶级斗争。黑格尔把历史发展的动力归之于"客观精神"，这就使他最终也陷入了他自己所谓的重内轻外的形而上学泥坑。客观唯心主义是不可能战胜"实用主义的"历史观的。同时，黑格尔过分强调了内与外的统一，而抹煞了二者的

① 黑格尔：《小逻辑》，300～301 页。

② 同上书，301 页。

③ 黑格尔：《精神现象学》，上卷，213 页。

④ 黑格尔：《精神现象学》，荷夫迈斯特德文本，463 页，1949。

⑤ 参见上书，467 页。

⑥ 恩格斯：《路德维希·费尔巴哈和德国古典哲学的终结》，见《马克思恩格斯选集》，1 版，第 4 卷，244 页。

矛盾斗争，这也是他的一个缺点。

三、“实在”

——黑格尔关于可能性、偶然性和必然性以及实体关系、因果关系和交互关系等范畴的论述

“本质论”的第三阶段是“实在”。“实在是本质和实存的统一；在实在中，无形式的本质和不稳定的现象，或者说，无规定性的稳定性和不稳定的多样性，具有了自己的真理。”① 这就是说，“实在”是尚未表现于外的本质（即“无形式的本质”或“无规定性的稳定性”）和本质之表现于外的现象（即“不稳定的现象”或“不稳定的多样性”）的统一，亦即内与外的统一。前两个阶段，各自具有片面性，是抽象的，现在，二者都“具有了自己的真理”。

(一)“绝对”

“实在”既不同于“存在”，也不同于“实存”，它比二者都高。“存在”是属于“存在论”的范畴，是“最初的直接性”②；“实存”虽然是“本质论”中的范畴，是有根据和条件的东西，但它属于“现象”，还不是“实在”。“实在”是真实的意思。实在的东西，不是指一切存在着的、飘忽即逝的东西，而是指真实的东西。“凡是合理的就是实在的，凡是实在的就是合理的。”因此，在黑格尔看来，“客观逻辑”中的“实在”相当于“主观逻辑”中的“理念”——“绝对”。也就因为这个缘故，《大逻辑》在区分“实在”的阶段时，把第一阶段就叫做“绝对”。但是按照黑格尔的逻辑，“绝对”是整个逻辑学的最高阶段，为什么“绝对”也出现在“客观逻辑”的“本质论”中呢？黑格尔似乎认为，在“实在”阶段中的“绝对”，还不是具有主观性和自由的“绝对理念”。晚出的《小逻辑》关于实在的区分，不同于《大逻辑》，它在这里完全取消了“绝对”这个范畴，却明确地讲述了“凡是合理的就是实在的，凡是实在的就是合理的”这个思想。

---

① 《大逻辑》，见《黑格尔全集》，格洛克纳本，第 4 卷，662 页。

② 同上书，678 页。

（二）“实在本身”

根据《大逻辑》，“实在”的第二阶段是“实在本身”。黑格尔在这里论述了可能性、偶然性和必然性的问题。《小逻辑》中这部分的内容，是在概论“实在”的几节（第142～149节）中讲的。

“实在”也有一个发展过程。当“实在”最初还处于内在的、潜在的状态时，它便只是一种“可能性”。

可能性的最初表现形式，是“形式的可能性”。在这种可能性的意义下，事物的一切关系和内容，都被撇开不管，凡是合乎形式逻辑的同一律的东西，“凡是不自相矛盾的东西，都是可能的；因此，可能性的王国，就是无穷的多样性”①。月亮今晚落到地球上，是可能的；土耳其的皇帝成为罗马教皇，也是可能的。总之，除了像方的圆、木质的铁一类违反同一律的东西之外，任何看似荒诞无稽的事物都是可能的。在黑格尔看来，一个人愈是无知，或者说愈是对于客观事物的确定关系缺乏具体认识，他就愈会陷溺在“形式的可能性”里；这种人只会说这也可能，那也可能，他所说的即使合乎形式逻辑，但都是不着实际的空话和废话。“对于某一事物作这种单纯的形式的陈述——说它是可能的——其肤浅空洞，就同矛盾律和纳入矛盾律的一切内容一样。说甲是可能的，其意义就和说甲是甲一样。”②

由于“形式的可能性”是脱离实际的，所以一旦联系现实事物，联系具体关系和具体条件，这种可能性就要破产。现实事物都是具体的，都包含有正反两面，因此，如果从“形式的可能性”的角度看待事物，那么，你说它是可能的，我也可以说它是不可能的；你说正面是可能的，我也可以说反面是可能的。黑格尔指出：“实在没有比这种关于可能和不可能的说法更空无意义的了。”③

“形式的可能性”是“实在”的单纯内在的阶段，还不是真正实现了的“实在”，所以只是一种内在的实在。当可能性已经实现成为实在，而这种实在又只具有单纯的可能性的价值时，那么，它就是“偶然性”。“偶然性”相对于“形式的可能性”来说，是一种外在的实在。“可能性与实在的统一，就是偶然性。——偶然的东西是一种实在的东西，同时也被规定为只是可能的，它的另一面或反面也同

①② 《大逻辑》，见《黑格尔全集》，格洛克纳本，第4卷，681页。

③ 黑格尔：《小逻辑》，305页。

样是可能的。"① 这就是说，凡是偶然的东西，总是既有这样的可能性，也有那样的可能性。否则，就不是偶然的，而是必然的了。例如一个豌豆荚中可能有五粒豌豆，也可能有四粒或六粒，这是偶然的，不是必然的。

偶然的东西，就其本身而言，是没有根据的；但任何一件事物不能没有根据而产生，因此偶然的东西又是有根据的。"偶然的东西是没有根据的，因为它是偶然的；但同样因为它是偶然的，它又是有根据的。"② 不过它的根据不在自身之内，而在别的东西之中。一个豌豆荚有五粒豌豆而不是四粒或六粒，其根据不在豌豆本身，而在阳光、土壤、水分等等之中。"偶然性一般讲来，即指一物存在之根据不在其自身而在他物而言。实在之呈现于吾人意识前面，最初大都是采取偶然的形式……我们认为偶然性系指一物能存在或不能存在，能这样存在或能那样存在，以及一物之存在或不存在，这样存在或那样存在均不系于自己，而依赖他物。"③

黑格尔反对"将偶然性不应分地予以提高"，认为一味赞美自然现象的丰富多彩和变化多端是无济于事的，必须"进一步达到对自然的内在谐和性和规律性的真切识见"④。列宁指出：黑格尔的这个思想"接近于唯物主义"⑤。

黑格尔也承认"偶然性在客观的世界里仍有其相当的地位"⑥。他着重批评了那种根本否认偶然性的观点。17 世纪荷兰唯物主义哲学家斯宾诺莎宣称："自然中没有任何偶然的东西，反之，一切事物都受神的本性的必然性所决定而以一定方式存在和动作。"⑦ 18 世纪法国唯物主义者霍尔巴赫也明确主张，在自然中"没有偶然"⑧。在这些形而上学者看来，所谓偶然的东西，只不过是由于我们不知道它发生的原因。斯宾诺莎说："之所以说一物是偶然的，除表示我们的知识有了缺陷外，实在没有别的原因。"⑨ 霍尔巴赫也说："事实

① 《大逻辑》，见《黑格尔全集》，格洛克纳本，第 4 卷，683 页。

② 同上书，684 页。

③ 黑格尔：《小逻辑》，308 页。

④ 同上书，309 页。

⑤ 《黑格尔〈逻辑学〉一书摘要》，见《列宁全集》，中文 1 版，第 38 卷，166 页。

⑥ 黑格尔：《小逻辑》，310 页。

⑦ 斯宾诺莎：《伦理学》，27 页，北京，商务印书馆，1958。

⑧ 霍尔巴赫：《自然体系》，转引自《西方古典哲学原著选辑：十八世纪法国哲学》，608 页，北京，商务印书馆，1963。

⑨ 斯宾诺莎：《伦理学》，30 页。

上，我们是把一切看不出与原因有联系的结果归于偶然。因此我们使用偶然一词，乃是为了掩盖自己的无知。”① 黑格尔针对这类形而上学观点指出：无论在自然界还是在精神的领域，都存在着偶然性。“科学，特别哲学的职责，诚属不错，在于从偶然性的假象里去认知潜蕴着的必然性。但这意思并不是说，那偶然的事物仅属于我们主观的表象（意即把偶然的东西归之于主观上的无知——引者），因此，为求得真理起见，只消完全予以排斥就行了。任何科学的研究，如果太片面地采取排斥偶然性单求必然性的趋向，将不免受到空疏的‘把戏’和‘固执的学究’的正当的讥评。”②

任何一个偶然的东西，都在别的东西中具有自己的根据。在这个意义上，我们可以说，偶然的东西也是必然的。

什么叫做“必然性”？黑格尔认为，必然性最初是“实在的可能性”。所谓“实在的可能性”，是和“形式的可能性”相对而言的。后者是完全脱离实际的，是抽象空洞的，前者是联系现实的，是有内容的。黑格尔说：“实在的可能性，本身就是直接的实存……一件事情（‘事情’又可译作‘实质’——引者）的实在的可能性，就是现有的各种与之有关的情况。”③ “当一件事情的所有条件齐备了，它就会进入实在；——条件的齐备就是内容的整体，而事情本身就是这个被规定为既是实在的又是可能的内容。”④ 在黑格尔看来，“实在的可能性”也就是“必然性”：“实在的可能性，由于具有另外一个环节即实在性，已经就是必然性。因此，凡实在可能的东西，就不可能是别的样子；在这样的条件和情况之下，不可能有别种样子的东西实现。这样，实在的可能性和必然性的区别就只是表面的。这是一个尚未变成同一性的同一性，但它已经是预先假定了的，它奠定了一个基础（‘基础’亦译作‘根据’——引者）。所以实在的可能性是充满内容的关系。”⑤ “一个事物之可能与不可能完全系于那一事物的内容，这就是说，系于实在之各环节各阶段的全体，而实在在它的发展过程里证明它自身的必然性。”⑥ 黑格尔所谓“实在

① 霍尔巴赫：《自然体系》，转引自《西方古典哲学原著选辑：十八世纪法国哲学》，605页。

② 黑格尔：《小逻辑》，310页。

③ 《大逻辑》，见《黑格尔全集》，格洛克纳本，第4卷，686～687页。

④ 同上书，688页。

⑤ 同上书，689页。

⑥ 黑格尔：《小逻辑》，307页。

的可能性”就是指一个事物的实质、能力或根据。例如一颗橡树的种子，它是实在的，又是可能的，它具有成为橡树的“实在的可能性”，它“已经是预先假定了”要成为橡树的，它为变成橡树“奠定了一个基础”，如果一切条件齐备，它就会把自己实现出来成为橡树，而不可能实现成为什么别样的东西，因此，“实在的可能性”就是“必然性”。

当必然性还只是“实在的可能性”时，这种必然性是依赖于条件的，因而是相对的，“它有它由之开始的前提，它以偶然的东西为出发点”①。这种“必然性是间接地从前提派生出来的……那仅是间接派生的事物，其存在由于依他，而非自依，因而它仍然仅是偶然的”②。例如，甲的必然性在乙，乙的必然性在丙，如此等等，而它们本身都是偶然的。所以一切偶然的东西所具有的必然性，都是“相对的必然性”。

和“相对的必然性”不同的，是“绝对的必然性”。“绝对的必然性”就是“一物之所以是一物，乃由于其自身”③。在黑格尔看来，世界上有限的事物各自都有偶然性，其必然性只能是相对的，有条件的；只有无限的“绝对”，才能有无条件的“绝对的必然性”。

黑格尔关于偶然的东西既无根据又有根据，以及偶然性有必然性、必然性也有偶然性的思想，对于动摇17、18世纪那种割裂偶然性与必然性或者根本否认偶然性的形而上学观点，有其积极的意义。恩格斯指出：“和这两种观点相对立，黑格尔提出了前所未闻的命题：偶然的东西正因为是偶然的，所以有某种根据，而且正因为是偶然的，所以也就没有根据；偶然的东西是必然的，必然性自己规定自己为偶然性，而另一方面，这种偶然性又宁可说是绝对的必然性……自然科学把这些命题当做奇异的文字游戏、当做自相矛盾的胡说抛在一旁，它自己在理论中一方面保持沃尔夫形而上学的思想空虚，认为一件东西不是偶然的，就是必然的，但是不能同时既是偶然的，又是必然的；另一方面又坚持同样思想空虚的机械的决定论，一般地在口头上否认偶然性，以便在每一个特殊情况下实际上承认偶然性。”④

---

① 《大逻辑》，见《黑格尔全集》，格洛克纳本，第4卷，689～690页。

②③ 黑格尔：《小逻辑》，313页。

④ 恩格斯：《自然辩证法》，见《马克思恩格斯选集》，1版，第3卷，543页。

黑格尔强调“我们所欲达到的必然性”是“绝对的必然性”，“即一物之所以是一物乃由于其自身”。这就告诉我们，要注意寻找事物的内部必然性，而不要停留于事物的外部联系。

黑格尔把条件、实质和活动看成是必然性的三个环节，这也是很有意义的。一个事物的实质不仅需要外在的条件，而且需要活动，才能必然地实现为实在。“活动仅是一种从条件里建立起实质（实质本来是潜伏在条件里）的运动，并且是由扬弃那具有条件的存在，而给予实质以存在的运动。”① 黑格尔把活动列为必然性的环节之一，这就给我们一个启发：必然的东西要经过一个“运动”，才能实现。

黑格尔把他所主张的必然性看成是“绝对”的思想是唯心的。他说：“无论如何我们须认识那认世界为必然性所决定的看法与关于天道或神意的信仰并不是彼此互相排斥的。依思想或理论看来，神圣天道的基础，我们此后即将指出乃系一概念。概念是必然性的真理……必然性是潜在的概念。”② 把必然性和天道、神意等同起来，把概念看成是必然性的根据或真理，这实质上是僧侣主义。

（三）“绝对关系”

“实在”的第三阶段是“绝对关系”。

1. “实体和偶然性的关系”

一切有限之物都是偶然的，只有唯一的无限才具有“绝对的必然性”。无限是有限之物的最终的根据。这样，黑格尔就由“绝对的必然性”推演到了“实体和偶然性的关系”的范畴。“实体”就是“本体”，是包括一切的实在，具有绝对的必然性；“偶性”是指个别的事物，是“实体”的体现，是偶然的东西。“绝对的必然性就是绝对的关系……作为本质和存在的最后统一，实体是一切存在的存在。”③

黑格尔在这里（这里是就《小逻辑》而说的；《大逻辑》对斯宾诺莎“实体观”的论述见于“实在”的第一个范畴“绝对”之中）着重批评了唯物主义哲学家斯宾诺莎的“实体观”。第一，他抹煞斯宾诺莎哲学的无神论思想说：“他乃是认这世界仅是一现象，并不具

① 黑格尔：《小逻辑》，318 页。

② 同上书，314 页。

③ 《大逻辑》，见《黑格尔全集》，格洛克纳本，第 4 卷，697～698 页。

有真实的实在性，所以他的系统并不是无神论。”① “回看那认斯宾诺莎哲学为无神论的批评，我们便可明白看出这种指斥是没有根据的。因为他的哲学不唯不否认上帝，并且承认上帝为唯一的真实存在。”② 其实，斯宾诺莎的“实体”，就是自然；他虽然也把它叫做上帝，那不过是一种掩盖。第二，黑格尔认为斯宾诺莎的“实体”还不是具有自由的“绝对的人格”，不是主体，“不是绝对理念，而乃是理念之尚在被限制的必然性的形式里”③，因此斯宾诺莎的哲学尚属于逻辑概念发展的低级阶段。这是故意贬低斯宾诺莎的唯物主义。第三，斯宾诺莎片面强调无限的“实体”，抹煞有限的个体事物的真实性，“未能将异的原则或有限性给予正当的地位”④。“斯氏的哲学所缺少的，那就是西方世界里的个体性的原则。”⑤ 这一点是正确的。斯宾诺莎的哲学尽管有不少辩证法，但整个说来，占统治地位的仍然是形而上学。他认为“实体”本身是不变的，变化只属于他称之为“样式”的千千万万的个体事物，而不属于“实体”。所以马克思恩格斯指出：斯宾诺莎的“实体”是“形而上学地改了装的、脱离人的自然”⑥。

2. “因果关系”

把“实体”看做产生“偶性”的力量，这就达到了“因果关系”的范畴。原因是具有产生结果的力量的东西，是主动的实体，结果是被产生的，因而是被动的实体。黑格尔关于从“实体关系”到“因果关系”的推演，是很牵强的：按照黑格尔关于“实体”的定义，“实体”既是包括一切的实在，那就只能有一个“实体”，而不能有许多个“实体”，所以，他关于“实体”的多元性的说法是违反他自己的原则的。这里有意义的不是黑格尔关于从“实体关系”到“因果关系”的纯概念的分析和推演，而在于他表述了这样一个思想：“实体只是作为原因，才具有实在。但这种实在……就是效果；因此，实体仅仅在它的效果中，才作为原因具有实在。——这就是作为原因的必然性。——它是实在的实体，因为实体作为力量规定着自己。”⑦ 列宁摘录了这段话的第一句。列宁认为黑格尔的话从认

① 黑格尔：《小逻辑》，150 页。
② 同上书，321 页。
③ 同上书，320 页。
④ 同上书，321 页。
⑤ 同上书，320 页。
⑥ 马克思、恩格斯：《神圣家族》，见《马克思恩格斯全集》，中文 1 版，第 2 卷，177 页。
⑦ 《大逻辑》，见《黑格尔全集》，格洛克纳本，第 4 卷，703 页。

识论的角度来理解就是，“一方面”只有认识了一事物的实体，才便于“探求现象的原因”；“另一方面，真正地认识原因，就是使我们的认识从现象的外在性深入到实体”①。列宁这里所说的“认识实体”、“深入到实体”，就是抓住事物的实质。

黑格尔从普遍联系的观点，阐述了原因和结果的辩证关系：

黑格尔说：“我们说一物为因，仅因其有果，说一物为果，仅因其有因。由此足见因果两者乃是同一的内容，而因果的区别乃原只是假定其一则另一相随的区别。”② “结果并不包含原因中所没有包含的东西。反之，原因也不包含不在结果中的东西。原因之所以是原因，只因它产生结果；原因不过是这样一种规定性，即具有结果，而结果也不过是具有原因。原因本身中有结果，结果本身中有原因。”③ 例如下雨是潮湿的原因，潮湿是下雨的结果，两者的内容是同一的，都是水。黑格尔在这里说明了原因与结果的相互联系、相互依存。同时，黑格尔也指出了原因与结果的相互转化：“正是同一事实，一次表现为原因，另一次则表现为结果，在那里是作为固有的稳定性，在这里是作为在他物中的建立或规定。”④ 列宁肯定了黑格尔关于原因与结果相互依存和相互转化的思想，认为“因果关系的运动”能在这样或那样的广度或深度上把握住物质运动和历史运动的内部联系。⑤ “物理学的唯心主义”继承哲学史上的休谟路线，鼓吹主观唯心主义的经验论，根本否认因果性和必然性，这是错误的。所以列宁又说：“把新经验论（即‘物理学的唯心主义’）的‘挣扎’同黑格尔解决问题的方法，更确切些说，同他的辩证方法加以比较，是极有教益的。”⑥ 不过，列宁又进一步指出：由于结果不包含原因中所没有的东西，原因不包含结果中所没有的东西，这就使得“因果关系”的范畴把一事物的其他因素和其他联系都舍弃掉了，“因此，原因和结果只是各种事件的世界性的相互依存的、（普遍）联系和相互联结的环节，只是物质发展这一链条上的一环”⑦。“因果性只是片面地、断续地、不完全地表现世界联系的全面性和包罗万象的性质。”⑧

---

① 《黑格尔〈逻辑学〉一书摘要》，见《列宁全集》，中文1版，第38卷，167～168页。

② 黑格尔：《小逻辑》，324页。

③ 《大逻辑》，见《黑格尔全集》，格洛克纳本，第4卷，704页。

④ 同上书，705页。

⑤ 参见《黑格尔〈逻辑学〉一书摘要》，见《列宁全集》，中文1版，第38卷，170页。

⑥ 同上书，172页。

⑦⑧ 同上书，168页。

黑格尔自己也看到了单纯因果关系的局限性。任何一个事物，都是许多性质和关系的统一体，因果关系则是片面地抓住一个方面。例如，说一个运动的物体是撞击的原因，这里，物体是绿色的还是黄色的，是石头还是木头，以及其他因素，就是不相干的，因而都不包含在原因之中。① “一个运动着的石头是原因，它的运动是它所具有的一个规定，但是除了这个规定以外，它还具有颜色、形状等等许多其他的规定，而这些规定并不进入石头的因果性。”② 列宁在摘录了黑格尔的这段话之后指出：“我们通常所理解的因果性，只是全宇宙联系的一个极小部分。”同时，列宁还针对黑格尔的唯心主义写道：“然而——唯物主义补充说——这不是主观联系的一小部分，而是客观实在联系的一小部分。”③

黑格尔认为，单纯应用因果关系说明事物，是不行的。例如，“决不容许说食物是血液的原因，或某种食品、寒冷、潮湿是发热的原因等等；同样也决不容许把爱奥尼亚的气候当做荷马作品的原因，或者把恺撒的野心当做罗马共和国制度崩溃的原因”④。黑格尔这里批评的，实际上是指霍尔巴赫等人的形而上学观点。在霍尔巴赫看来，远在利比亚荒原上的暴风雨，很可能是影响某些人的情绪，使他们凭主观意志决定民族命运的原因；某个君王的消化不良，某个女人的怪癖，很可能是挑起一场战争的原因。霍尔巴赫的错误，就在于不懂得辩证法，不懂得任何一个现象都是由许多复杂的关系和因素造成的，他仅仅抓住一点细小的、偶然的、极不重要的因素，就把它当做历史大事的原因。在黑格尔看来，即使承认因果关系，也不能用一点小事来说明重大的历史事变，因为结果是原因的表现，“结果不能比原因更大”⑤。“认为一个大结果会出自细小原因，以及为一件深广的事件提出一点轶事作为第一原因，这已经成为历史上的一个普遍的笑话。这样一个所谓原因，应当被看做不过是一种诱因，是外在的刺激。……因此，把历史作阿拉伯式的描绘，让一个大的形体长在纤细的茎上，这也许是一种精巧的，但也是极其肤浅的处理。”⑥ 黑格尔反对把“诱因”或“外在的刺激”同产生一事物

① 参见《大逻辑》，见《黑格尔全集》，格洛克纳本，第4卷，706页。
② 同上书，710页。
③ 《黑格尔〈逻辑学〉一书摘要》，见《列宁全集》，中文1版，第38卷，170页。
④ 黑格尔：《大逻辑》，见《黑格尔全集》，格洛克纳本，第4卷，707页。
⑤⑥ 同上书，708页。

的真正的原因混为一谈。他认为事物的真正原因是“内在精神”，所谓“内在精神”归根结底也就是“绝对理念”[①]。黑格尔用“内在精神”、“绝对理念”解释历史，当然是唯心主义的，但他区分诱因和内在的原因，要求深入到事物内部去寻找深刻的原因，这一点却是很宝贵的。他对因果关系的理解，比起那些把历史看成偶然事件的堆积的“许许多多‘学者们’”来，要“深刻和丰富千百倍”[②]。

美国新近的新黑格尔主义者布兰夏德（B. Blanshard）提倡所谓“内在关系”说，标榜世界上的事物都是相互联系、相互制约的，但实质上抹煞了事物间的辩证联系，把事物间的各种联系看成机械的并列。布兰夏德说：“每一个存在着的东西都与每一其他的东西有因果关系。”“假如 a 和 x 是宇宙中任何两个事物，则他们彼此之间有因果关系。”[③] 布兰夏德在这里把事物间的本质联系和非本质联系完全混为一谈。诚然，世界上的事物都在普遍联系之中，但在这些联系之中，总是有些联系对于某一事物之产生和发展起着主要的、本质的、决定性的作用，有些联系则起着不重要的、非本质的、非决定性的作用。像布兰夏德那样不分主次，把世界上任何一个微不足道的事物，看成是某事物的原因，那就必然会导致黑格尔所讥讽的“在一根纤细的茎上长出一个大形体”的结论。

3. “交互关系”

在因果关系的系列中，原因作为结果还有原因，结果作为原因还有结果。这样，既可以“依此递进，由果到因，以至无穷”，也可以“如此递退，由因到果，以至无穷”[④]，这是一种“直线式的无穷进展”[⑤]。这是“习于从因果律的观点以观察事物”的“抽象思想”[⑥]。但是，如果对因果关系作进一步的考察，就可以看到，原因同时也是被动的，是结果；结果同时也是主动的，是原因。因为甲之所以能在乙身上产生某种结果，不单纯决定于甲的性质和主动作用，而且也决定于乙的性质和反作用。[⑦] 这样，“因果关系”的范畴就过渡到了作用和反作用或“相互作用”的范畴。“相互作用表现为

① 《大逻辑》，见《黑格尔全集》，格洛克纳本，第 4 卷，708 页。

② 《黑格尔〈逻辑学〉一书摘要》，见《列宁全集》，中文 1 版，第 38 卷，169 页。

③ 布兰夏德：《思想的性质》，第 2 卷，494、516 页，伦敦，1948。

④ 黑格尔：《小逻辑》，324 页。

⑤ 同上书，325 页。

⑥ 同上书，327 页。

⑦ 参见《大逻辑》，见《黑格尔全集》，格洛克纳本，第 4 卷，715～716 页。

互为前提、相互制约的实体间的互为因果；每一个实体对于另一个实体来说，同时既是主动的又是被动的。"[1] 在"相互作用"里，原先的"直线式的无穷进展，得到真正的扬弃，而转为圆圈式的历程而能回复到自己了"[2]。"相互作用"是"因果关系的充分的发展"[3]，也是整个"客观逻辑"的最高范畴。

这里黑格尔看到了"相互作用"的范畴比"因果关系"的范畴更能说明事物的普遍联系，看到了"相互作用"对于解释事物的重要意义。恩格斯指出："自然科学证实了黑格尔曾经说过的话……相互作用是事物的真正的终极原因。我们不能追溯到比对这个相互作用的认识更远的地方，因为正是在它背后没有什么要认识的了。……只有从这个普遍的相互作用出发，我们才能了解现实的因果关系。"[4] 恩格斯说的"不能追溯到比对这个相互作用的认识更远的地方"，是针对有神论来说的。恩格斯在这段话的上文引证了唯物主义哲学家斯宾诺莎关于"实体是自身原因"的学说，意思就是告诉我们，必须在物质世界自身的相互作用中去寻找事物的原因，而不能在它背后去寻找什么超物质、超自然的上帝。

黑格尔也看到了我们的认识不能停留在相互作用的阶段。"假如我们对于任何题材，只依据相互关系的观点去观察，则我们事实上是采取了一个完全无概念的态度，即对于事物的本质缺乏概念式的把握，而我们所得到的仅是一堆干燥的事实。"[5] 譬如，把斯巴达民族的风俗看成是斯巴达社会制度的结果，或者反过来，把斯巴达的社会制度看成是它的风尚的结果，"这种看法当然是不错的。但这种看法不能予人以最后的满足，因为真正讲来，这种看法对于斯巴达民族的风尚和社会制度（'社会制度'原译作'宪法'——引者）均没有把握住"[6]。事实的确是这样，在相互作用、相互影响的诸因素中，总是有的是主要的，有的是次要的，有的起决定性作用，有的不起决定性作用。辩证唯物论反对在物质世界以外去寻找事物的原因，而主张在相互作用的许多因素之中，区别主次，找出决定性的因素；单单谈相互作用，是不能说明问题的。列宁在上引黑格尔那

① 《大逻辑》，见《黑格尔全集》，格洛克纳本，第 4 卷，718 页。

② 黑格尔：《小逻辑》，第 325 页。

③ 同上书，327 页。

④ 恩格斯：《自然辩证法》，见《马克思恩格斯选集》，1 版，第 3 卷，552 页。

⑤ 黑格尔：《小逻辑》，327 页。

⑥ 同上书，328 页。

段话的旁注中写道："单单'相互作用'＝空洞无物。"

黑格尔虽然正确地认识到了相互作用的局限性，但究竟应该怎样进一步去说明事物呢？他对这个问题的解决却是唯心主义的。他认为只有通过比相互作用较高的"第三者"① 即"概念"，才能给予事物以最完满的解释。例如，斯巴达民族的风尚和社会制度以及一切其他方面，都应以斯巴达民族的概念或民族精神去解释。

在黑格尔看来，整个"本质"阶段，属于"必然性的王国"，只有"概念"，才是"自由的王国"。后者比前者更高。"必然性的真理即是自由。"② "本质"阶段的范畴，一方与另一方明显地处于对立之中，彼此互相决定，"互相束缚"，这就是必然；"概念"阶段则是一方在对方中保持其自身同一性，对立双方扬弃彼此间的矛盾而达到统一，在这里，束缚自己、决定自己的对方就是自己，这种自我决定的特性就是自由。可是"本质"阶段的最高范畴"相互作用"已经初具概念的特性，相互作用中的一方既是作用，又是反作用，既是对方，又是自身。所以"相互作用""亦可以说是快走进概念的门阈"③。当然，"本质"阶段中其余诸范畴的对立双方，也不是没有同一性，但是黑格尔认为，"在必然性里显得互相束缚，丧失独立自存性的两方面，虽有同一性，但最初也只是潜在的，尚未能出现在那受必然性支配的事物里"。就是说，在"本质"阶段，对立双方虽互相依存，但尚各有独立性，而在"概念"阶段，对立双方则融解为一个单一的概念，双方成了同一个概念的构成环节，这里，外在性完全得到克服，自由得到充分实现。由"本质"阶段的最初的范畴到最末一个范畴的发展过程，就是必然性发展的过程，亦即对立双方的同一性由潜在到显现的过程，是逐渐"克服它最初所见坚硬的外在性"④ 即逐渐克服最初的僵硬对立的过程，而"相互作用"则是"本质"范围内最大限度地显现了同一性的范畴，它是"发扬了的或实现了的必然性"⑤。

黑格尔反对把自由与必然对立起来的形而上学观点。他说："一种不包含必然性于其自身的自由，或是一种没有自由的纯粹必然性，

---

① 黑格尔：《小逻辑》，327 页。

② 同上书，328 页。

③ 同上书，327 页。

④ 同上书，329 页。

⑤ 同上书，328 页。

只是一些抽象而不真实的范畴罢了。自由本质上是具体的，永远自己决定自己，因此同时又是必然的。一说到必然性，一般人总以为只是从外面去决定之意……但这只是一种外在的必然性，而非真正内在的必然性，因为内在的必然性即是自由。”①

在黑格尔看来，由必然到自由，有一个发展过程。对立双方的同一性越是处于潜在的状态，自由就越抽象，所以在“本质”阶段中，“自由最初亦只是抽象的”②；反之，对立双方的同一性越是明白地显现出来，自由就越具体，所以“本质”阶段的最高范畴“相互作用”已经到达了真正自由的门口。黑格尔说：“由此亦可见得，认自由与必然为彼此互相排斥的看法是如何错误了。无疑地，必然之为必然尚不是自由，但自由以必然为前提，包含必然在内作为扬弃了的成分。”③ “概念是必然性的真理，包含了并扬弃了必然性在内。……只有未经过理解的必然性才是盲目的。”④ 黑格尔举例说，一个人只有认识到他的行为符合必然性，他才不会觉得必然性妨碍了他的自由，甚至可以说，正是由于他有了对这种必然性的认识，他才达到“真正的内容充实的自由”，这种自由是和那种“从刚愎任性而来的空无内容只是单纯可能性的自由”⑤ 根本不同的。“任性却不是自由的本身，而只是一种形式的自由。”⑥ 黑格尔把概念、自由看成是必然性的真理或根据，这当然是唯心主义的，但他关于自由与必然的辩证关系的认识，却是很深刻的。恩格斯说：“黑格尔第一个正确地叙述了自由和必然之间的关系。在他看来，自由是对必然的认识。‘必然只是在它没有被了解的时候才是盲目的。’”⑦ 恩格斯并进一步用唯物主义改造了黑格尔的合理思想，指出：“自由不在于幻想中摆脱自然规律而独立，而在于认识这些规律，从而能够有计划地使自然规律为一定的目的服务。”⑧

① 黑格尔：《小逻辑》，116 页。

②③ 同上书，329 页。

④ 同上书，314 页。

⑤ 同上书，329 页。

⑥ 同上书，309 页。

⑦⑧ 恩格斯：《反杜林论》，见《马克思恩格斯选集》，1 版，第 3 卷，111 页。

第十二章
黑格尔逻辑学的
第三部分——“概念论”

“概念”是黑格尔逻辑学所要把握的唯一目标，它是“存在”和“本质”的统一。“概念集前此一切范畴之大成，并予以扬弃而包含之。”① 所以，逻辑学的前两部分“存在论”和“本质论”，也可以说，就是“概念论”的内容。不过，“概念”又“超出这些充实的内容”②，它比“存在”和“本质”更高。“存在和本质是它（指‘概念’——引者）的生成的环节，而概念则是存在和本质的基础和真理。”③ 把存在和本质看成是概念的构成环节，这当然是唯心主义的。列宁指出：“要倒过来说：概念是人脑（物质的最高产物）的最高产物。”④

按照《大逻辑》，“概念论”分为“主观性”、“客观性”和“理念”三部分。《小逻辑》把前两部分叫做“主观概念”和“客体”，第三部分仍叫“理念”。

一、“主观性”

——黑格尔关于概念、判断和推论的论述

“主观性”的三个环节是概念、判断和推论，都是普通形式逻辑所讨论的内容，但黑格尔运用他的唯心辩证法，对旧逻辑的这些思维形式作了一番改造。

---

①② 黑格尔：《小逻辑》，334 页。

③ 《大逻辑》，见《黑格尔全集》，格洛克纳本，第 5 卷，5 页。

④ 《黑格尔〈逻辑学〉一书摘要》，见《列宁全集》，中文 1 版，第 38 卷，177 页。关于“概念”的性质、意义及其在黑格尔逻辑学中的地位，本书已在前面作了专门论述，请参阅。

黑格尔开创了辩证逻辑的新方向

我们知道，亚里士多德是逻辑科学的奠基人。一方面，他按照思维现象现成的样子，描述了思维的各种形式和它们的结构，从而奠定了形式逻辑这门科学的基础；另一方面，亚里士多德的逻辑学也包含有辩证逻辑的因素，他不时把逻辑的思维形式和认识由浅入深的过程在一定程度上联系起来。所以列宁说："亚里士多德的逻辑学是寻求、探索，它接近于黑格尔的逻辑学……（他到处，在每一步上所提出的问题正是关于辩证法的问题）。"① 不过，亚里士多德并没有分清形式逻辑和辩证逻辑，辩证逻辑在他那里只是到处作为问题被提了出来，他远没有对辩证逻辑作系统的表述，他不曾把逻辑的思维形式同认识中的各个阶段，亦即同认识的具体生动的内容紧密地、系统地结合起来。因此，他的逻辑学中的各种思维形式一般说来还是固定的、彼此没有联系的；他的逻辑学主要还是研究现成的思维形式及其结构，而不是根据认识过程来研究思维形式的产生、发展以及它们间的相互联系和相互转化。简言之，亚里士多德对思维形式的研究，主要是它们的横断面，而不是它们的纵的关系。所以总的说来，亚里士多德的逻辑和黑格尔的辩证逻辑还是不同类的两种逻辑；当然，我们并不否认黑格尔曾继承了亚里士多德逻辑中辩证的因素。亚里士多德以后，斯多噶派曾对他的形式逻辑有所增益，但不出形式逻辑的范围。中世纪的经院哲学和僧侣主义则"抓住了亚里士多德学说中僵死的东西，而不是活生生的东西"②；"亚里士多德的逻辑学却被变成僵死的经院哲学"③，被变成纯粹形式主义的形式逻辑。文艺复兴以后，由于哲学家们研究了归纳法并提出了新的思维规律，逻辑学的内容更加丰富起来了。但是这些发展也没有超出形式逻辑。康德曾明白宣称形式逻辑不管内容，只管形式；他认为他的先验逻辑是管内容的，是要将逻辑运用于对象，运用于经验的，但由于他所讲的概念、范畴是主观的，是同"自在之物"不相干的，因此，他的先验逻辑实际上也是脱离内容的，当然不能算作是辩证逻辑。逻辑学的另一发展方向——辩证逻辑的方向，则是由黑格尔第一次明确提出来的，而这种逻辑思想在亚里士多德那里还只是萌芽而已。

① 《亚里士多德〈形而上学〉一书摘要》，见《列宁全集》，中文1版，第38卷，417页。
② 同上书，416页。
③ 同上书，417页。

辩证逻辑和形式逻辑关于概念、判断和推论的不同观点

辩证逻辑和形式逻辑的区别何在？两者间的关系如何？黑格尔既要对旧逻辑加以“全盘改造”①，并进而创立新的逻辑——辩证逻辑，就不能不对这些问题作出回答。黑格尔说：“如果在逻辑形式中除了思维的形式职能以外，再也看不到什么别的，那么就在这种情况下，思维形式自身符合真理到什么程度也值得研究。不从事这种研究的逻辑，它至多能指望有下述的价值：按照思维现象现成的样子对它们作自然历史的描述。亚里士多德第一个从事这种描述，这是他的一个无限的功绩，这种功绩使我们对他的天才表示极大的尊崇。但是必须更向前进，一则认识系统的联系，一则也认识形式的价值。”② 黑格尔这段话不但表明了他对亚里士多德逻辑学的估计，而且扼要地表明了他对辩证逻辑和形式逻辑的区别的看法：形式逻辑只是“按照思维现象现成的样子”对思维形式“作自然历史的描述”，辩证逻辑则要“更向前进”，“认识系统的联系”，“认识形式的价值”，认识思维形式符合真理、符合内容的程度。——根据这一基本区别，黑格尔着重批评了形式逻辑撇开认识的具体内容考察思维形式的缺点，并提出和详细说明了自己的逻辑学关于思维形式和认识内容一致的原理。黑格尔在谈到他自己的哲学方法时曾明白宣称，他要提出一种新的方法来处理哲学，“这方法，我希望，将会公认为唯一的真正的与内容相一致的方法”③，“这个方法就是要觉察逻辑内容的内在自发运动的形式”④。因此，在黑格尔看来，逻辑的形式是同认识的内容密切联系着的，是同认识的内容相一致的。列宁说：“黑格尔则要求这样的逻辑：其中形式是具有内容的形式，是活生生的实在的内容的形式，是和内容不可分离地联系着的形式。”⑤ 至于形式逻辑，黑格尔认为恰恰和他自己的逻辑相反，它是以形式和内容相脱离为特征的。他自己的话：“到现在为止的逻辑概念是建立在通常意识所始终假定的认识的内容与其形式的分离之上的。”⑥ 黑格尔认为，形式逻辑所讲的思维形式不是随着认识内容的发展而发展着的，它们是现成的、僵死的。

---

① 《大逻辑》，见《黑格尔全集》，格洛克纳本，第4卷，48页。

② 《大逻辑》，见《黑格尔全集》，格洛克纳本，第5卷，30页。

③ 黑格尔：《小逻辑》，17页。

④ 《大逻辑》，见《黑格尔全集》，格洛克纳本，第4卷，50页。

⑤ 《黑格尔〈逻辑学〉一书摘要》，见《列宁全集》，中文1版，第38卷，89页。

⑥ 《大逻辑》，见《黑格尔全集》，格洛克纳本，第4卷，38页。

下面我们具体看看黑格尔如何说明形式逻辑的思维形式是脱离内容的，是僵死的，辩证逻辑的思维形式是与内容紧密结合的，是活生生的。

（一）“概　念”

黑格尔是第一个提出“具体概念”以区别于“抽象概念”的哲学家。他认为形式逻辑所讲的概念是抽象概念，他自己的辩证逻辑所讲的概念是具体概念。① 抽象概念是孤立于特殊性、差别性之外的一些抽象的共同点，是不能有发展，有转化的；它的特征正是要在此概念和彼概念之间划分区别，树立界碑，正是要“对每一思想必须加以充分确切的把握，而决不容许有丝毫空泛和不确定之处”②。黑格尔认为“认识当前的对象而得其确定的区别”③，这是认识之不可缺少的初级阶段，而形式逻辑的抽象概念在思维中所起的作用就在于此，这也就是抽象概念的“权利和优点”④之所在。不过，抽象概念对于认识和把握具体真理而言，总是不够的。现实世界是一个多方面相互联系着的有机整体，是一个不断发展着的过程。对于这样一种活生生的内容，决不是划分鸿沟、“非此即彼”的“抽象概念”的死板形式所能把握的。黑格尔正确地指出，要把握活生生的内容，就必须运用与此内容相一致的思维形式，即“具体概念”。“具体概念”是不同规定的统一，它包含有一切充实的内容于其自身，因此，它不坚持绝对的界限，它不是静止的、孤立的、“非此即彼”的，它的特征就是矛盾发展、互相转化。显然，只有这样的概念才能同认识的内容一致。黑格尔对于抽象概念和具体概念曾作了极其明白扼要的比较。他说：“我们的活动就是或者只停止在概念的否定的和抽象的形式上，或者依据概念的真实本性把概念理解为既肯定又具体的东西。例如：如果我们把自由这个概念看做必然性的抽象的对立面，那么这只是理智的自由概念而已；而真实的和理性的自由概念，其内部包含着被扬弃了的必然性。”⑤ “理智的自由概念”就是指关于自由的“抽象概念”；“理性的自由概念”就是指关于自由的“具体概念”。列宁在《黑格尔〈逻辑学〉一书摘要》中摘录了这段话，并在旁注中写道：

---

① 参见黑格尔：《小逻辑》，333 页。关于具体概念的三个环节，请参阅本书第五章第一节。

② 同上书，186 页。

③④ 同上书，184 页。

⑤ 同上书，363 页。译文引自《黑格尔〈逻辑学〉一书摘要》，见《列宁全集》，中文1版，第38卷，192页。

"抽象的概念和具体的概念。"①

这里可能会发生一个问题：一方面说形式逻辑的抽象概念是在"彼""此"之间划分固定的界限，认为"彼""此"不能互相过渡和转化；另一方面又说辩证逻辑的具体概念是互相转化和彼此过渡的，是"亦此亦彼"的。这是否说辩证逻辑排斥形式逻辑呢？不是。黑格尔没有排斥形式逻辑。他认为具体概念的各个环节虽然是可以互相转化的，是不可分离地联系着的，但这并不是说各环节彼此间的界限模糊不清、没有区别。黑格尔的这个意思，是完全正确的。例如就自由和必然而论：我们说，"真正的自由和必然性是同一的，它包含必然性在内"。这里，"自由"这一概念显然有了转化和过渡，并且也的确只有在这种统一的了解下，才能把握"自由"的真实意义，才能对"自由"获得一具体概念；但这里是不是说"自由"和"必然"的意义就没有区别，以致前者可以用后者来代替呢？果真如此，那就完全不是什么具体概念，什么辩证逻辑，而是模糊与混乱。具体概念要求我们在"自由"与其对立面——"必然"的"统一"中了解"自由"，要求我们不要造成"自由"和"必然"的"脱节"，但它同样也要求我们遵守形式逻辑的规律，要我们的思想保持确定性：自由是自由，必然是必然，"不容许有丝毫空泛和不确定之处"②。

黑格尔在逻辑史上第一次不满足于把判断和推论的各种形式简单地列举出来，而按照联系和发展的观点将它们加以分类。辩证逻辑所要求把握的唯一目标即是具体概念，因此，在黑格尔看来，具体概念之外并不存在着什么和具体概念相平列的别的思维形式；判断和推论等思维形式，也只不过是具体概念之发挥。

（二）"判断"

黑格尔认为："对概念加以内在的区别和规定就是判断。因为下判断就是规定概念。"③ 例如我们要对"自由"的具体概念加以说明，就得下一系列的判断："自由是自己决定自己"，"自由包含必然性在内"，如此等等。所以我们也可以说："判断是概念的区别或特性之陈述"④，"判断就是概念的特殊化。判断对概念的各环节予以区别，由区别而予以联系"⑤。

---

① 《黑格尔〈逻辑学〉一书摘要》，见《列宁全集》，中文1版，第38卷，192页。

② 黑格尔：《小逻辑》，186页。

③ 同上书，342页。

④ 同上书，344页。

⑤ 同上书，342页。

黑格尔在这里批评了形式逻辑。他说，形式逻辑不把判断看做是具体概念的陈述和发挥，而看做是“概念的联结”①，黑格尔认为：“一说到联结就令人错想到那被联结的分子会独立存在于联结之外。……照这种说法，主词便是外在的独立自存之物，而谓词便认作只可在我们脑子内发现。但对于主词与谓词关系的这种看法，却与联结字‘是’字相矛盾。当我们说，‘这玫瑰花是红的’，或说‘这幅画是美的’时，我们所宣称的，并不是说我们从外面去把红加给玫瑰花，把美加给这幅画，而乃是说红、美等乃是这些对象自身固有的性质。”②黑格尔在这里所批评的实际上只是被形而上学和唯心主义所歪曲了的形式逻辑，只有这样的形式逻辑才会认为谓词不是主词或“对象自身固有的性质”，认为谓词是“从外面”“加给主词”的；而科学的形式逻辑本身却并不采取这种看法。但是，黑格尔在这里也确实指出了形式逻辑的一个缺点：形式逻辑并不考虑什么谓词是主词（对象）自身固有的性质，并不考虑什么将谓词与主词联系起来就是对主词（对象）的“区别或特性之陈述”，它的兴趣只是把判断当做两个平等并列的概念之间的外在联结来处理。形式逻辑只是按照思维形式现成的样子来研究它们的结构，而并不研究它们彼此间的必然联系和转化。形式逻辑和辩证逻辑关于概念和判断间的关系的看法简单说来就是：辩证逻辑把判断看为概念之发挥、规定和陈述，形式逻辑把判断看为两个固定概念间的外在联结；辩证逻辑把概念到判断的转化看成是一种必然进展的过程，形式逻辑把判断与概念看成同等平列的外在关系。黑格尔认为，形式逻辑对于判断的这种看法，“对于由概念到判断的进展不能予以证明”③。

形式逻辑和辩证逻辑对于概念和判断的关系的看法，清楚地说明：前者所研究的思维形式是现成的、固定的，后者则是和内容紧密联系的，是活生生的。辩证逻辑所要把握的具体概念，包含充实的内容于其自身，因而“绝对健动，好似一切生命的脉搏，因而自己区别其自身。这种由于概念的自身活动而起的分化作用，将自己区别为它的各环节，就是判断。因此，判断的意义，就可认作概念的特殊化。无疑的，概念已是潜在的特殊性。但在概念本身里，特殊性尚没有显明地发挥出来……”④由此可见，思维形式从概念进展

①②③④ 黑格尔：《小逻辑》，344页。

到判断的过程，是和认识内容的矛盾发展、自我分化（或明白发挥）的过程相一致的。内容怎样，形式也怎样。黑格尔把概念和判断看做是有内在联系的，认为从概念到判断是一种发展和进展的必然过程，这正是辩证逻辑的思维形式与其内容相一致的明显表现。形式逻辑与此相反，它不从内容的内在联系和矛盾发展中看待判断，因此，它只能把判断这一思维形式视为现成的、静止的东西，只能看到判断是两个概念的外在联结，而不能进一步从生动的内容方面看到判断是概念的发挥与“自我分化”。

黑格尔在哲学史上第一次密切结合具体内容对判断作了分类：（一）“存在论”阶段：质的判断；（二）“本质论”阶段：（A）反省的判断，（B）必然的判断；（三）“概念论”阶段：概念的判断。

这些判断在黑格尔看来，是有等级的，其中每一个后面的判断都比在它前面的判断的地位要高一级。“各种不同的判断并不列在同一水平，具有同等价值，而需认作构成有阶段性的次序。”[①] 例如：（1）玫瑰花是红的，（2）玫瑰花是有用的，（3）玫瑰花是植物，（4）这玫瑰花是美的。这四个判断，在形式逻辑看来，都同样具有“主词—谓词”这一共同结构，它完全不考虑这四个判断的谓词在内容上如何各不相同。但在黑格尔的逻辑学——辩证逻辑看来，这四个判断是彼此大不相同的；辩证逻辑从内容上、从“谓词的逻辑意义上”[②]将这些判断作出了高低的区别。概念的发展既然分为“存在”、“本质”、“概念”这样三个阶段，那么，陈述概念的特性和矛盾发展过程的判断，自然也就分为同样的三个阶段[③]；概念的发展既然是由抽象、肤浅到具体、深刻的过程，那么，陈述概念的特性和发展过程的各种判断，自然也应依此而排成为一个由低级到高级的必然进展的系列。这些就是辩证逻辑的“判断的分类系统的内在根据”[④]。因此，黑格尔认为，凡是抽象地、肤浅地“陈述”主词（具体概念）内容的判断，就是低级的判断；凡是比较深刻地、具体地“陈述”主词（具体概念）内容的判断，就是较高级的判断。

按照这种分类法，第一种判断，例如“玫瑰花是红的”，是最低级的。因为从内容上讲，这个判断的谓词只说到了主词的“一抽象

①② 黑格尔：《小逻辑》，349 页。

③ 参见上书，348 页。

④ 同上书，349 页。

的质”[①]，“一直接的，因而是感觉的质”[②]，“要决定是否有这质（‘质’在这里所举的例子中指‘红’——引者），只消当下的知觉即可足用”[③]。这种判断只“陈述”了主词（具体概念）的直接的、抽象的感官性质（“存在”），没有深刻地、具体地“陈述”其内容。黑格尔把这种仅仅陈述主词的感官性质的判断叫做“质的判断”。对于一个只能下这种判断的人，“我们决不迟疑地说他的判断力异常薄弱”[④]，他的认识还是很肤浅、很抽象的。可以说“这类质的判断包含有真理，乃是旧逻辑上的一个主要的成见”[⑤]。黑格尔指出，事实上，“至多可以说：这类判断是‘不错’的”[⑥]。至于事物的深刻的本质或“真理”（黑格尔所说的“真理”实指事物的深刻的本质而言，不过他唯心主义地把事物的深刻的本质看成是“概念”）“在质的判断里是找不着的”[⑦]。这也就是说，形式逻辑所视为真理的判断，在黑格尔看来，并不能揭示事物的真理或其深刻的本质，而最多可以揭示一些虽然“不错”但却很简单、很表面的事实罢了。

第二种判断，例如“玫瑰花是有用的”，黑格尔称之为“反省的判断”。这种判断的谓词所陈述的，不再是一直接的、抽象的质，而是关于主词的某种关系的规定，“主词通过谓词被表明为与另一事物相联系”[⑧]。当我们说玫瑰花是红的时，我们只是陈述了主词本身的直接的性质，而没有在它和别的东西的相互关系中考察它。反之，“反省的判断”如“玫瑰花是有用的”，则涉及了玫瑰花和别一事物（指能利用玫瑰花的事物，例如人）的关系，它从玫瑰花和别的事物的关系中说明了玫瑰花的概念。这种判断相当于概念发展的“本质”阶段，因为“本质”正是指一物在和别物的关系中“反映自身”。这种判断显然比“质的判断”较为深刻地、具体地“陈述”了主词（具体概念）的内容。不过，反省的判断“对于主词的概念却仍未揭示出来。……反省的思想决不能穷尽对象的固有性质，或概念”[⑨]。

第三种判断，例如“玫瑰花是植物”，黑格尔称之为“必然的判断”。这种判断的谓词所陈述的，是主词的“实体的规定性”，它和“反省的判断”同样相当于概念发展的“本质”阶段，不过这种判断

---

① 黑格尔：《小逻辑》，349 页。
② 同上书，350 页。
③④ 同上书，349 页。
⑤⑥⑦ 同上书，350 页。
⑧ 同上书，353 页。
⑨ 同上书，354 页。

比起“反省判断”来，较有必然性，更深刻地、具体地陈述了主词的内容与特性。黑格尔在这里举了另外一个例子来说明这一点。他说：“如果有人将类似黄金是昂贵的（这个判断与‘玫瑰花是有用的’同属‘反省判断’——引者）、黄金是金属（这个判断与‘玫瑰花是植物’同属‘必然判断’——引者）两种判断，认作平列于同一阶段，那就显得那人缺乏逻辑训练。黄金是昂贵的，只涉及黄金与我们的嗜好和需要的外在关系，并涉及要购得黄金的费用以及其他情形。黄金仍能保持其为黄金，即使那种关系改变了或取消了。反之，金属却构成黄金的实体性，没有了金属，则黄金以及一切属于黄金的性质，或一切可以描写黄金的词语，将无法自存。”①

“必然的判断”仍然没有最深刻地陈述主词的内容。最深刻、最具体地表明主词内容的判断是第四种判断——“概念的判断”。这种判断表明一个对象（主词）是否符合其本性、概念，以及符合到什么程度。谓词“美”、“真”、“好”等都是说明这个问题的。例如“这玫瑰花是美的”、“这所房子是好的”这类判断，乃是“持该物……以与其概念相比较”②，持“这玫瑰”以与“玫瑰”的概念、本性相比较，持“这所房子”以与“房子”的概念、本性相比较；凡符合于其概念、本性的就是好的、美的，否则就是坏的、不美的；所以当我们说“这玫瑰是美的”时，那就是表示这玫瑰长得符合于玫瑰的概念；当我们说“这所房子是好的”时，那就是表示这所房子建造得符合于房子的概念。黑格尔认为要下这种判断，必须对概念和对象有最深刻、最具体的认识，能下这种判断的人，“我们就会说他真正的具有判断的能力”③。所以这种判断的价值最高，它应列在判断分类表中的最高级。

尽管黑格尔的这种判断分类法有些晦涩、勉强之处，但是，正如恩格斯所说：“这种分类法的内在真理性和内在必然性是明明白白的”④。这种判断分类法将判断的各种形式按其内容的发展亦即按认识的深化过程而依次排出高低的等级，因此，它深刻地描绘了人类认识由抽象、肤浅到具体、深刻的不断深化、不断丰富的过程：当我们的认识内容还只是对象的“抽象的、直接的、感觉的质”，还只是停留于对象的“存在”的阶段，因而我们对于对象的认识（判断

① 黑格尔：《小逻辑》，357页。

②③ 同上书，349页。

④ 恩格斯：《自然辩证法》，见《马克思恩格斯选集》，1版，第3卷，546页。

力）还是很肤浅、很抽象的时候，我们的认识形式就是低级的“质的判断”；当我们的认识内容进而达到对象的某种关系规定，达到对象的“本质”阶段，因而我们对于对象的认识略较深刻和具体的时候，我们的认识形式就是较高一级的“反省的判断”；如此递进，以至于“必然的判断”和“概念的判断”。认识的内容怎样，认识的形式也怎样；认识的内容不断深化，认识的形式也随之而不断提高。黑格尔这种判断分类法，具体说明了辩证逻辑的思维形式和内容一致的特征，同时也论证了黑格尔逻辑学中关于逻辑和认识论统一的原理。

黑格尔认为判断所“陈述”的是概念，而“概念是根据……只有概念的判断才包含着真正的评判”①。这种判断以纯粹抽象的概念为评判事物的真伪、好坏、美丑的标准，当然是十足的唯心主义，然而他这种分类法的合理之处，仍然值得我们吸取。恩格斯在《自然辩证法》中，从唯物主义的立场，用自然科学的实例，详细地阐明了黑格尔“这种分类法在多大程度上不仅以思维规律为根据，而且还以自然规律为根据”②。恩格斯的阐述，是“用唯物主义观点来读黑格尔的著作”③ 的范例。

（三）“推　论”

关于推论，黑格尔也是按认识内容由浅入深的过程来分类的。黑格尔把推论的发展分为三个阶段：

1. “质的推论”。例如：这朵花是红的，红是一种颜色，所以，这朵花是有颜色的。

这个推论就是“质的推论”。这个推论“从这主词（例如‘这玫瑰花’——引者）里挑出任何一特殊方面，一种特性（例如‘红’——引者），即根据这种特性而证明这个体（指主词——引者）是普遍的（例如‘颜色’——引者）”④。“这种推论中的各项是完全偶然的。那作为抽象特殊性的中项（上例中的‘红’就是一个‘中项’——引者）只是主词（上例中的‘这朵花’是‘主词’——引者）的任何一种特质。”⑤ 但是，这主词“尚有许多别的特质。因此它同样可以与许多别的普遍性相联系”⑥。所以这种推论只能揭示事

① 《大逻辑》，见《黑格尔全集》，格洛克纳本，第5卷，110页。
② 恩格斯：《自然辩证法》，见《马克思恩格斯选集》，1版，第3卷，546页。
③ 《黑格尔〈逻辑学〉一书摘要》，见《列宁全集》，中文1版，第38卷，104页。
④ 黑格尔：《小逻辑》，364页。
⑤⑥ 同上书，365页。

物的表面的、偶然的特性。正因为这种推论不是抓住了事物的本质，而是随便挑出它的某一特性，因此，“利用这类的推论可以‘证明’（姑且如一般人所说叫做‘证明’）许多极不相同的结论。只需随便拾取一中项，即可据以过渡到所欲达到的结论。但假如从另一中项出发，亦可据以‘证明’另一结论，甚至还可证明与前此相反的结论”①。例如我可以挑出一朵花的红的特性为中项，作出一种结论：

红色是令人高兴的，
这朵花是红色的，
所以，这朵花是令人高兴的。

但是，你也可以挑出一朵花的刺人的特性为中项，作出一种相反的结论：

刺人是令人不高兴的，
这朵花是刺人的，
所以，这朵花是令人不高兴的。

就因为这个缘故，黑格尔认为“质的推论”对于认识事物的真理、本质来说，价值很小。可是“通常逻辑教本所讨论的大都是这类形式的推论”②。

2.“反省的推论”。“反省的推论”不是随便抓住事物的某一偶然的特性，它所揭示的内容比“质的推论”所揭示的要深刻一些，更接近本质一些。“反省的推论”又分为三类：（1）“全称的推论”，例如：

（i）凡人皆有死，
某甲是人，
所以，某甲有死。

（ii）凡金属都传电，
铜是金属，
所以，铜传电。

在这类推论中，中项如（i）例中的“人”或（ii）例中的“金属”，不仅是主词某甲或铜的某一“抽象的特殊的性格”，而同时，“一切个体的具体的主词”，如某乙、某丙、某丁等等或金、银、铁等等，“也皆同具有此种性格”③。但是这种推论的大前提，以中项、以全

① 黑格尔：《小逻辑》，365页。
② 同上书，364页。
③ 同上书，370页。

体“凡人”或“凡金属”作为主词，这就“先假定了结论”①。这是“全称推论”的缺点。为了说明大前提，首先就要证明关于某甲个人和关于个体事物铜的命题是正确的。② 这样，“全称推论”便建筑在（2）“归纳推论”上面。“在这种归纳式的推论里，中项就是所有个体完全的罗列，甲乙丙丁……”③ 例如：金是金属，银是金属，铜是金属……（大前提）；金、银、铜……都传电（小前提）；所以，所有金属皆传电（结论）。“归纳推论”虽然克服了“全称推论”的缺点，但“归纳推论”还不足以揭示事物的本质和必然性。“由于直接经验中的个体性与普遍性总有距离，则对于所有个体的罗列永不能完全。”④ “当我们说所有金属、所有植物时，我们只是说直至现在为止我们所知道的所有金属、所有植物而已。因此每一种归纳总是不完备的。我们尽管对于这个和那个作了许多的观察，但我们总无法观察到所有的事例，所有的个体。归纳推论的这种缺点便引导我们到类推。”⑤ （3）“类推的推论”是“由某类事物具有某种特质，而推论在同类的别的事物亦当具有同样的特质。例如这就是一类推的推论，当我们说：直到现在为止，我们所发现的星球皆遵循运动的定律而运动，因此一个新发现的星球或将遵循同样的定律而运动”⑥。“类推”根据事物的某种特质，由此一事物推论到同类的别的事物亦具有此特质，它不像归纳的结论只对“直到现在为止我们所观察的事物”才有效。因此，黑格尔认为“类推”比“归纳”高一级。但是“类推”“可能很深刻”⑦，也“可能很肤浅”⑧。“例如常有人这样推说：地球是一个星球，并且有人居住；月球亦是一个星球，故月球上很可能亦有人居住。”⑨ 黑格尔说，这种“类推的推论”是“很坏的”⑩。因为“地球之所以有人居住，并不基于它是一个星球，而乃建筑在别的条件上，如为空气所围绕，并且有水与空气相配合等等。而这些条件，就我们现在所知，是月球所没有的”⑪。可见由“类推”所得到的结论不是必然的。

3. “必然的推论”。这种推论“以共相为中项”⑫。根据这种推论所得到的结论是必然的，因为“共相”是一类事物的本质，凡属

① 黑格尔：《小逻辑》，370 页。
② 参见上书，371 页。
③④ 同上书，370 页。
⑤⑥⑦⑧⑨⑩⑪ 同上书，372 页。
⑫ 同上书，373 页。

这类的事物必然地具有这类事物之本质的特性；不具一类事物之本质特性的事物，显然不成其为该类事物。因此，“必然的推论”所揭示的，是事物的本质和必然性。

黑格尔关于推论的这种分类法有许多不正确之处，例如“类推”的结论的可靠性比“归纳”更小，可是黑格尔把“类推”列在“归纳”之上。斯退士说：“类推”的“原则是正确的”[1]，说它是从“因为”推到“所以”[2]。其实，“类推”只是一种比附，在“类推”中，从前提到结论不是从“因为”到“所以”。斯退士的解释和看法是错误的；又如，黑格尔关于“必然的推论”以“共相”为中项的理论，实际上是从“纯概念”推演出事物的特性的一种唯心主义观点，因为黑格尔把事物的“共相”、本质看成是“纯概念”。不过，无论如何，黑格尔关于推论的阐述，包含着一个合理的思想，就是，推论的形式随着认识内容由浅入深、由表面到本质的过程而向前推移和发展；认识的内容怎样，推论的形式也就怎样。形式逻辑的局限性正在于不管被认识的内容的表里深浅，而只研究一些固定的、现成的推论结构。

黑格尔对形式逻辑的思维形式的批评

总之，不论就概念、判断或推论而言，黑格尔认为形式逻辑所研究的思维形式都不是随着认识的具体内容之不同而不同的，它们是现成的、固定的。也就因为这个缘故，形式逻辑不能揭示事物的深刻本质。反之，辩证逻辑所研究的思维形式和认识内容一致，它所讲的思维形式的辩证法，就是一部活生生的认识史，是不断揭示事物之深刻本质的过程。辩证逻辑就是认识论，二者有机地结合在一起。黑格尔说：“在亚里士多德的方式和一切后来的逻辑学里面，在思维及真正的思维运动里面，各个个别的环节陷于彼此分离的地步；它们是许多种类的判断和推理，其中每一种都被认为是独立的，而且就这样被认为有绝对的真理性。”[3] 可是，形式逻辑的思维形式“这样孤立起来，它们恰恰就得不到真理”[4]。“只有判断和推理的许多形式的统一才是真理。”[5] 只有把一切思维形式“纳入一个有必然性的系统的整体”[6]，“使它成为一个有生命的有机整体”[7]，

① 斯退士：《黑格尔哲学》，258 页。

② 同上书，257 页。

③④⑤ 黑格尔：《哲学史讲演录》，第 2 卷，377 页。

⑥⑦ 同上书，379 页。

这种“整体才具有真理”①。黑格尔对辩证逻辑和形式逻辑的这些看法，有其合理之处。事实上，形式逻辑所研究的，只是思维形式的横断面（即现成的思维形式的结构），而辩证逻辑则进而研究它们的纵的关系（即按照认识由浅入深的过程，研究思维形式的联系和发展），形式逻辑虽然是认识所不可少的，但它不能揭示事物的深刻本质。恩格斯说：“辩证逻辑和旧的纯粹的形式逻辑相反，不像后者满足于把各种思维运动形式，即各种不同的判断和推理的形式列举出来和毫无关联地排列起来。相反地，辩证逻辑由此及彼地推出这些形式，不把它们互相平列起来，而使它们互相隶属，从低级形式发展出高级形式。”②

当然，也应当注意到，尽管形式逻辑所讲的思维形式并不随着认识内容之逐步深化而不断发展，但这只能看做是形式逻辑撇开认识的具体内容研究现成思维形式的表现，这决不等于说形式逻辑所讲的思维形式是缺乏任何内容的和完全主观的。实际上，对现成思维形式结构的研究，也反映着事物的一定关系，只不过是最基本、最一般、最简单的关系罢了。可是黑格尔认为：“知性逻辑”（黑格尔把形式逻辑又叫做“知性逻辑”）“将概念仅认作一我们主观思想的，本身没有内容的形式”③。“到现在为止的逻辑概念……它假定知识的素材是作为思维之外的一个现成的世界而自在自为地存在着，它假定思维本身是空虚的，是作为形式从外面加到素材身上。”④“人们习惯于把思维规定看做外在的形式。……思维规定被看成仅仅附着于内容的形式，而非内容本身。”⑤“把一般概念和概念环节、思维规定首先当做区别于质料而只附着于质料的形式来处理……这种办法对于达到作为逻辑对象和目的的真理而言，立刻就显得不适当。”⑥ 黑格尔的这些批评，如果只是针对那种被主观唯心主义和形而上学所歪曲了的形式逻辑而言，那无疑是对的；这种逻辑把思维形式看成是完全主观的和绝对空虚的，看成是从外面加到独立自在的客观事物之上的，这种逻辑的确不适于达到真理。康德关于形式逻辑的看法，就属于黑格尔所谴责的这种形式逻辑范围之内。不过，黑格尔的这些谴责，

① 黑格尔：《哲学史讲演录》，第2卷，377页。

② 恩格斯：《自然辩证法》，见《马克思恩格斯选集》，1版，第3卷，545～546页。

③ 黑格尔：《小逻辑》，334页。

④ 《大逻辑》，见《黑格尔全集》，格洛克纳本，第4卷，38页。

⑤ 同上书，27页。

⑥ 同上书，29页。

不适用于形式逻辑这门科学本身。形式逻辑这门科学所研究的思维形式，也反映着事物的一定关系。虽然它们所反映的是事物的最基本、最一般、最简单的关系，但它们决不是完全主观的和绝对空虚的，不是主观方面从外面加到客观事物身上去的，而是有着自己的客观基础的。黑格尔不加分析地把形式逻辑所研究的思维形式说成是纯粹主观的和没有任何客观内容的，说成是从外面加到客观事物身上的，这说明黑格尔对形式逻辑的批评是太过分了。

值得特别注意的是，黑格尔对形式逻辑的这种批评，是和他的客观唯心主义的“思维与存在同一”说分不开的。在他看来，旧逻辑之所以把形式和内容割裂，是由于没有把思维或思维形式看成即是客观事物或认识内容的本质和基础；而他自己的逻辑之所以是形式和内容一致的，是因为它“主张思维和思维规定不是某种和思维对象相外的东西，而毋宁说正是它们的本质”①。

二、“客观性”

——黑格尔关于机械观和目的论的论述

主体和客体是相对而言的。一说到主体，就表示它有自己的对象或客体；一说到某物是客体，那也就意味着它是相对于主体而存在的。因此，黑格尔在讲完了“主观性”之后，很自然地就要论述到“客观性”。在黑格尔看来，把主观与客观、思想与事物对立起来的观点，是形而上学的“知性逻辑”，是“二元论”，“二元论并不是真理”②。黑格尔认为，“不论主观性或客观性，两者皆无疑地是思想，甚至是确定的思想”。根据这种唯心主义的“一元论”，黑格尔断言：“主观的概念（包括概念本身，判断及推论）乃是逻辑理念的前面两个主要阶段（即‘存在’和‘本质’两阶段）的矛盾发展的结果”③，所以这种“主观的概念”（概念、判断和推论）并不像康德的“二元论”所讲的概念那样，“像一套空架格似的，须得先从外面去找些独立自存的对象加以填满”。它自身具有能动性和创造性，因而“它就会打破它的限制，凭借推论以展开它自身进入客观性

① 《大逻辑》，见《黑格尔全集》，格洛克纳本，第4卷，39页。

②③ 黑格尔：《小逻辑》，374页。

（‘客观性’即‘客体’——引者）”①。尽管黑格尔唯心主义地把主观性与客观性的来源看成是思想，把“存在”和“本质”看成是“逻辑理念”的发展阶段，但他看到了主观性与客观性的相互转化，看到“两者纯全是矛盾统一的”② 这一点却“极其深刻和聪明！”③当然，应当把黑格尔的思想唯物主义地改造为：“逻辑规律就是客观事物在人的主观意识中的反映。”④

“客体”的发展过程，在黑格尔看来，是由最缺乏主观性到逐步回复到主观性的过程。黑格尔按照这个唯心主义的原则，把“客观性”分为“机械性”、“化学性”、“目的性”三个阶段。

“机械性”

“机械性”的特点是：“相互联结着的事物间的关系，对于各个事物是外来的，它不涉及各事物的本性：尽管这关系有着把它们联合为一的假象，它仍然不过是混合、杂凑、堆集，如此等等。”⑤ 简单一句话，所谓“机械性”，就是只有外在的、表面的关联，没有内在的、有机的联系。黑格尔把压力和冲力以及死记硬背而不了解内容的意义，都看成是“机械性”的例子。

黑格尔关于“机械性”的论述大部分晦涩难懂并且是胡说八道，值得注意的是他对“机械性”的批评。黑格尔认为，对事物只作“机械性”的了解，“既不能使我们透彻了解自然，更不能使我们透彻了解精神世界。……例如光热磁电等现象，便不能够仅用单纯的机械的方式（如压力、冲力、部分的代替等）所可解释。把机械的范畴转用到有机的自然里，将更显得不充分，假如我们要理解生物界的特殊性质如生长、营养甚或动物的感觉的话”⑥。因此，黑格尔把“机械性”看做是一种“肤浅的不深的认知方式”⑦。如果超出机械学（力学）的范围，例如在物理学和生理学的范围里，虽然可以“着眼于机械的活动”，“但我们却不可忽视一点，即在这些范围之内，机械定律已不复是决定的原则，而仅居于从属的地位”⑧。黑格尔说：在需要用比“机械性”更高的范畴去认识的范围里，仍然固

---

① 黑格尔：《小逻辑》，375页。
② 同上书，381页。
③④ 《黑格尔〈逻辑学〉一书摘要》，见《列宁全集》，中文1版，第38卷，195页。
⑤ 《大逻辑》，见《黑格尔全集》，格洛克纳本，第5卷，180页。
⑥ 黑格尔：《小逻辑》，382～383页。
⑦ 同上书，382页。
⑧ 同上书，383页。

执地坚持用机械的观点，乃是“近代研究自然之一本质的和主要的缺陷”①。黑格尔的这些思想，对于批评形而上学的机械观，有一定的意义。

“化学性”

“机械性”的关系，是一种“外在的关系”，在这种关系里，相互关联着的事物即使脱离了这种关系，仍可保持各事物原来的本性。“化学性”则不然，“化学性的对象便显得完全与他物相联系”②。在“化学性”的关系里，一事物的本性完全依赖于它和别的事物的关系，也可以说两事物的性质化合为一。

黑格尔关于“化学性”的论述，篇幅很少，而且没有提供什么有意义的内容。

“目的性”

黑格尔认为“机械性”和“化学性”属于“自然的必然性”，是“概念沉没在外在性中”③，在这两个阶段中，概念（或主观性）只是“潜在的”；只有到了“目的性”的阶段，概念才摆脱外在性的束缚，“得到解放”④，达到“自觉”⑤。列宁对黑格尔这种唯心主义的论断批了“哈哈”⑥ 的字样，以示讽刺。

黑格尔区分两种“目的性”。一种是指“单纯存在于意识内，以主观观念的方式出现的那样的一种目的”⑦。这种目的在事物自身之外，叫做“外在的目的性”。按照这种看法，客观事物没有自身的目的和“使命”，“只是被使用或被利用拿来作为工具”⑧。例如把橡树的皮拿来“作为木塞以作封酒瓶之用”⑨。黑格尔说，这种目的性是“一般的实用的观点”，“不能达到对于事物的性质之真切的识见”⑩。另一种目的性是目的即在事物自身之内，叫做“内在的目的性”⑪。“亚里士多德对于生命的界说”，就“已包含有内在目的的

---

① 黑格尔：《小逻辑》，383 页。

② 同上书，387 页。

③ 《大逻辑》，见《黑格尔全集》，格洛克纳本，第 5 卷，210 页。

④ 黑格尔：《小逻辑》，389 页。

⑤ 同上书，387 页。

⑥ 《黑格尔〈逻辑学〉一书摘要》，见《列宁全集》，中文 1 版，第 38 卷，198 页。

⑦ 黑格尔：《小逻辑》，390 页。

⑧ 同上书，392 页。

⑨ 同上书，393 页。

⑩ 同上书，392 页。

⑪ 同上书，390 页。

观念”①。在亚里士多德看来，生命就是有机体本身的目的，例如橡树的种子并不是为了以后做木塞而生长的，它只是以长成橡树为自己的目的，这种目的是内在于橡树本身之内的。黑格尔认为：概念是事物的核心和本质，也是事物的“内在目的”，因此，只有按照“内在的目的性”的观点，才能了解事物的本质。可以看得很清楚，黑格尔关于“内在目的性”的主张，是他的客观唯心主义的具体表现。

黑格尔依据他的唯心主义的“内在目的”说，系统讲述了目的和自然的关系。列宁作了摘录，并把黑格尔的论点同唯物辩证法的论点作了对照：

（1）黑格尔说：“对机械性和化学性来说，目的是第三项；它是它们的真理。”就是说：目的、概念是自然现象自身的“真理”或基础。列宁把黑格尔的观点倒转过来，指出：“外部世界、自然界的规律，机械规律和化学规律的区分（这是非常重要的），乃是人的有目的的活动的基础。”②

（2）黑格尔认为，当目的还未实现，还未超出“客观性的范围或整个概念的直接性的范围”③，因而还未达到理想的终点时，“它还受到外在性本身的影响，并且同那和它有关的某个客观世界对立着”。黑格尔所说的目的，不是人的行为的目的，而是指的“客观概念”。列宁唯物主义地改造了黑格尔的思想，认为“人在自己的实践活动中面向着客观世界，依赖于它，以它来规定自己的活动”④。

（3）黑格尔断言：当目的还未实现，因而目的和客体的关系还只是“外在的”时候，机械的因果性（包括化学性在内）表现为“从属于目的关系的”和“本身被扬弃了的”因果性。黑格尔在这里实际上看到了，人的目的正是要把在人以外的机械因果性（包括化学性）当做是从属于人的目的的东西。所以列宁认为，“从人的实践的（有目的的）活动方面来看，世界（自然界）的机械的（和化学的）因果性，似乎是外在的什么东西，似乎是次要的（‘次要的’即‘从属的’——引者），似乎是隐蔽的”⑤。

（4）黑格尔认为，从“机械性”、“化学性”到“目的性”，是概念、目的由“潜在”到“自觉”的过程。前两个阶段以概念为自己

① 黑格尔：《小逻辑》，390页。

② 《黑格尔〈逻辑学〉一书摘要》，见《列宁全集》，中文1版，第38卷，200页。

③ 《大逻辑》，见《黑格尔全集》，格洛克纳本，第5卷，216页。

④⑤ 《黑格尔〈逻辑学〉一书摘要》，见《列宁全集》，中文1版，第38卷，200页。

追求的目的，但当目的尚未实现时，概念对于“机械性”和“化学性”来说，不过是“他物”，是“外在地被设定的”；反过来说，“机械性”和“化学性”的阶段对于概念来说也具有“外在性”的特点（尽管概念是它们的本质或实体），尚未达到主观与客观的统一。列宁指出：“人的目的对于自然界最初似乎是不相干的（‘其他的’）。人的意识，科学（‘概念’）反映自然界的本质、实体，但同时这个意识对于自然界是外在的（不是一下子简单地和自然界符合）。”①列宁在这里把黑格尔关于概念是自然界的核心和实质的唯心主义命题，唯物主义地改造成了“人的意识，科学（‘概念’）反映自然界的本质、实体”；把黑格尔所谓“机械性”和“化学性”对于概念还是“外在的”思想，唯物主义地改造成了意识“不是一下子简单地和自然界符合”。

（5）黑格尔说：“机械的或化学的技术，由于它的外在地被规定的特性，它本身就是服务于目的关系的。”② 在列宁看来，黑格尔的这一论断看到了“机械的和化学的技术之所以服务于人的目的，是因为它的性质（实质）就在于：它为外部的条件（自然的规律）所规定”③。就是说，技术是以自然规律为依据，所以才能服务于人的目的。

黑格尔把实现目的的过程分为三个阶段：

第一是“主观的目的”。在这个阶段里，概念同客体尚处于对立地位，概念只是客体追求的理想。列宁针对黑格尔的这种唯心主义的思想指出：“事实上，人的目的是客观世界所产生的，是以它为前提的。”④

第二是“工具”（“手段”）。黑格尔认为，要完成主观的目的，必须经过一个“有目的性的活动过程”，而这种活动的力量就是概念或目的本身。目的是“支配对象的力量”⑤，是“内在的活动力量”⑥，它使对象（客体）成为完成目的自身的“工具”。所以这个阶段既可以叫做“工具”的阶段，也可以叫做“有目的性的活动过程”的阶段，它是由第一阶段（“主观的目的”）到下一阶段（“已完

---

① 《黑格尔〈逻辑学〉一书摘要》，见《列宁全集》，中文1版，第38卷，200页。
② 《大逻辑》，见《黑格尔全集》，格洛克纳本，第6卷，217页。
③ 《黑格尔〈逻辑学〉一书摘要》，见《列宁全集》，中文1版，第38卷，201页。
④ 同上书，201页。
⑤ 黑格尔：《小逻辑》，395页。
⑥ 同上书，394页。

成的目的”）的桥梁。

第三是“已完成的目的”，它是“主观性和客观性的显著的统一”①。黑格尔在这里谈到了所谓“理性的狡计”的著名论点。黑格尔说：“概念”为了使自己作为目的实现于客观事物之中，总是装作不参与客观事物的样子，而实际上却躲藏在事物的内部，把事物当做工具，让不同的事物按自己的性格与要求各行其是，互相冲突，互相抵消，其结果，却不是实现了各个事物自己的要求，而正好是完成了“概念”自身的目的。这就叫做“概念的狡计”或“理性的狡计”（“狡计”又可译作“机巧”）。关于这个问题，黑格尔在《历史哲学》中讲得更详细、更清楚。黑格尔说：每个个人都按照各自的主观愿望和私利行动，但当他们这样行动时，却产生了他们所没有料想到的某种具有深远影响的结果，这个结果回过头来对每个个人起着支配作用。这里，个人的行动反而成了某种隐蔽的东西的工具，这个隐蔽的东西就是“世界理性”或“概念”。“理性”、“概念”好像一只狡猾的狐狸，它让人们彼此“对立和斗争”，以致“都有损伤”，而它自己却始终留在背后，“不受骚扰，也不受侵犯”，它利用人们彼此间的斗争达到它自己的目的，取得它自己所希望的结果。②《历史哲学》中的这些意思，很可以帮助我们更具体地了解所谓“理性的狡计”的含义。

我们还是回到逻辑学吧。黑格尔认为，平常，人们把自己限制在有限事物的范围之内，因此，“总以为目的好像老没有实现似的”，其实，这是“一种错觉”③。“概念”本来就潜在于事物或对象之内，当“概念”作为目的实现于对象时，“实仅不过是对象自身的内在性质之显现罢了”，“概念”、“理性”“永恒地在世界上完成其自身”④。不过，我们平常的错觉倒也不是我们主观幻想的产物，它是“概念”、“理性”创造出来的，“概念”、“理性”依靠这种“错觉”，使我们对世界上的事务发生兴趣，推动我们不断努力，不断前进，从而实现“理性”自身的目的。

黑格尔所谓“理性的狡计”或“理性自己的目的”，所谓“个人没有料想到的某种具有深远影响的结果”，实质上是指不依个人主观意志为转移的客观规律（包括社会历史发展的规律）。只不过黑格尔

① 黑格尔：《小逻辑》，396页。

② 参见黑格尔：《历史哲学》，72页。

③④ 黑格尔：《小逻辑》，398页。

把他所看到的这种客观规律神秘化了。恩格斯指出："历史进程是受内在的一般规律支配的。……人们所期望的东西很少如愿以偿，许多预期的目的在大多数场合都彼此冲突，互相矛盾，或者是这些目的本身一开始就是实现不了的，或者是缺乏实现的手段的。这样，无数的个别愿望和个别行动的冲突，在历史领域内造成了一种同没有意识的自然界中占统治地位的状况完全相似的状况。行动的目的是预期的，但是行动实际产生的结果并不是预期的，或者这种结果起初似乎还和预期的目的相符合，而到了最后却完全不是预期的结果。这样，历史事件似乎总的说来同样是由偶然性支配着的。但是，在表面上是偶然性在起作用的地方，这种偶然性始终是受内部的隐蔽着的规律支配的。"① 恩格斯的话是对黑格尔所谓"理性的狡计"的唯物主义的改造。

关于目的和工具的关系问题，黑格尔还阐发了一个很有意义的思想。他认为有限事物的内容是有限的，其目的不是绝对合理的，而实现有限目的的工具倒具有合理性。"手段是比外在的合目的性的有限目的的更高的东西——锄头比由锄头造成的、作为目的的、直接的享受更尊贵些。工具保存下来，而直接的享受却是暂时的，并会被遗忘的。人因自己的工具而具有支配外部自然界的力量，然而就自己的目的来说，他却是服从自然界的。"② 黑格尔看到了工具比个人目的更高，看到了人通过工具而有支配自然的力量，列宁说这些思想是"黑格尔的历史唯物主义的萌芽"③。

黑格尔认为，在"已完成的目的"中，"概念"、目的不再是预想的意图或"应该"，而是使自己"客观化了"，使自己"和直接的客观性同一"④ 了，而这样的"概念"就是"理念"。所以，"目的的实现便形成到理念的过渡"⑤。列宁指出，黑格尔关于从"目的性"到"理念"的过渡的论述包含一个"卓越的"思想，那就是，黑格尔把"人的实践的、合目的性的活动"当做达到概念和客体一致（"理念"）的必经阶段，这"极其接近于下述这点：人以自己的

① 恩格斯：《路德维希·费尔巴哈和德国古典哲学的终结》，见《马克思恩格斯选集》，1版，第4卷，243页。

② 《大逻辑》，见《黑格尔全集》，格洛克纳本，第5卷，226页。译文引自《黑格尔〈逻辑学〉一书摘要》，见《列宁全集》，中文1版，第38卷，202页。

③ 《黑格尔〈逻辑学〉一书摘要》，见《列宁全集》，中文1版，第38卷，202页。

④ 《大逻辑》，见《黑格尔全集》，格洛克纳本，第5卷，235页。

⑤ 黑格尔：《小逻辑》，381页。

实践证明自己的观念、概念、知识、科学的客观正确性”①。

三、“理念”

——黑格尔的真理观

“理念是合适的概念，客观真理的东西，或真理的东西本身。”②黑格尔在“理念”这一部分所讲的，主要是他的真理观。

黑格尔的真理观，是建立在他的唯心主义的思维与存在同一说基础之上的。因此，“理念”部分的“导言”，主要是批评康德割裂思维与存在的形而上学观点，阐述黑格尔自己关于思维与存在的辩证统一、关于真理是全面的和矛盾发展的、关于真理是客观性和概念的一致等方面的原理。这里仅就他所谓“形式的真理”与“较深意义的真理”的区分来谈谈。③

我们知道，真理是客观存在的正确反映，是认识和客观存在相符合。黑格尔却与此相反，他贬低唯物主义的真理观，说它“先假定有一个对象，我们的表象须与此对象相符合”④。原来，按照黑格尔的思维与存在同一说，任何离开思维而独立存在的客观对象，都是不真实的，因此，唯物主义所主张的物质、对象，在黑格尔心目中，便只能是一种“武断的假定”。黑格尔对唯物主义的这种污蔑，正是他的唯心主义的思维与存在同一说的必然结论。

黑格尔认为，思维是存在的本质，离开了思维，存在就是漆黑一团，就不能成其为存在。“唯有概念才是世界上的事物之所以保持其存在的原则。”⑤ 因此，存在符合于思维，就是真理；否则就是不真实的。他说：“理念即是真理；因为真理即是客观性对于概念之符合。”⑥ 黑格尔曾举例说明他这种真理观。他说：“譬如，我们常说到一个真朋友。所谓一个真朋友，就是指一个朋友的言行态度能够

---

① 《黑格尔〈逻辑学〉一书摘要》，见《列宁全集》，中文1版，第38卷，204页。

② 《大逻辑》，见《黑格尔全集》，格洛克纳本，第5卷，236页。

③ 关于黑格尔的思维与存在同一说以及真理是具体的、全面的和矛盾发展的原理，请参阅本书第三、五、六、七各章。

④ 黑格尔：《小逻辑》，96页。

⑤ 同上书，400页。

⑥ 同上书，399页。

符合友道的概念。”① 在另一处，他也举了类似的例子：“譬如，当我们说到一个真的国家或一件真的艺术品，都是指这种较深意义的真理而言。这些对象是真的，如果它们是它们所应是那样，亦即它们的实在性符合它们的概念。照这样看来，所谓不真的东西也就是指那不好的东西而言。一个不好的人就是一个不真的人，亦即一个与他自己的概念或自己的使命不相符合的人。”② 总之，“友道”的概念、“艺术品”的概念、“国家”的概念、“人”的概念，都是第一性的，朋友、艺术品、国家、人等客观事物都是第二性的；真理不是概念符合于客观事物，而是客观事物符合于概念。——这就是黑格尔的本末倒置的真理观。

表面上看来，这种真理观也“有些道理”：因为我们平常说某朋友是真朋友，某艺术品是真艺术品时，也的确在我们头脑里先有一个“友道”或“艺术品”的概念，当我们觉得某朋友或某艺术品符合我们的“友道”概念或“艺术品”概念时，我们便说他（它）是真朋友、真艺术品；否则，我们便说他（它）不是真朋友或真艺术品。但是，这里所说的，只是事情的一个方面；更重要的是，概念、思维只是客观存在的反映，我们头脑里的“友道”概念或“艺术品”概念，终究还是从客观存在着的朋友或艺术品中抽象出来的。不同的时代，不同的阶级决定着不同的“友道”概念或“艺术品”概念，像黑格尔所主张的那种离开客观事物而独立自在的“友道”概念或“艺术品”概念，是根本没有的。客观事物第一性，概念第二性，而不是相反。

可是黑格尔歪曲事实，硬把唯物主义所讲的真理称为“形式的真理——只是正确性而已”③，而把他自己所谓的真理却说成是“较深意义的真理”④。他为了抬高自己的真理观，贬低唯物主义的真理观，竟说什么唯物主义只讲“正确性”，不讲“真理”，说什么对于一种不真的对象，我们“能够得着一个正确的观念或表象，但这个观念的内容本身却是不真的。像这类正确的同时又是不真的观念，我们脑子里面可以有很多”⑤。黑格尔言下之意，就是说唯物主义所讲的“真理”是微不足道的，它不过是“在我们脑子里可以有很多”

---

① 黑格尔：《小逻辑》，96 页。

② 同上书，400 页。

③ 同上。译文引自《黑格尔〈逻辑学〉一书摘要》，见《列宁全集》，中文 1 版，第 38 卷，211 页。

④ 黑格尔：《小逻辑》，400 页。

⑤ 同上书，96～97 页。

的一些虽然“正确”但是“不真”的东西而已。

黑格尔的这套理论，是对唯物论的反映论的直接攻击。事实上，只要是客观存在的正确反映，那就是真理，否则，就不是真理。当然，我们的正确反映可以是客观事物的本质和规律的反映，也可以是一件简单事实的反映，我们可以不必给一件简单事实的正确反映以“真理”的高尚名称，而只把事物的本质和规律的正确反映叫做“真理”，因为我们并不认为我们对事物的认识只需停留在一些简单事实的反映上；我们主张，在认识过程中，重要的是通过思维、概念，正确反映事物的本质和规律。为了表示后者的重要性，我们把“真理”的高尚名称只加在它身上，原是合理的。但这里所说的“真理”这一高尚名称，仍然是指思维、概念符合于（即正确反映）客观事物，而不是客观事物符合于思维、概念。我们平常说某艺术品是真的艺术品，那是因为该艺术品具有一般艺术品的本质，其结构符合一般艺术品的客观规律，而不是因为该艺术品符合于什么固定的、离开客观事物而独立自在的“概念”。实际上，我们脑子里的“艺术品”概念是客观存在着的艺术品的本质及其结构的客观规律的反映。我们只有通过思维、概念，才有可能正确反映客观事物的本质和规律，才有可能抓住高尚的“真理”，而不限于反映简单的事实。但我们不能因此就认为概念是客观事物的基础和本质，认为真理是客观事物对概念的符合。黑格尔的说法，是把客观事物的本质同反映它的途径（思维、概念）混为一谈。

当然，黑格尔区别“形式的真理”和“较深意义的真理”，表明他看到了我们的认识，不能停留在对简单事实的认识上，而应该深入到事物的本质之中，这一点仍然是值得称赞的。在欧洲哲学史上，有些哲学家认为，只有对简单事实的认识才是真理，他们否定对事物的普遍性与规律性的认识。17 世纪的英国哲学家洛克就是这样。洛克认为，关于经验事实的真理只属于有关“简单观念”如黄、硬、冷等等的命题，而对于“简单观念”的联结或规律性所说的命题，则没有严格意义上的真理性。例如只要事实上某物是黄色的，则“某物是黄色的”这个命题就是真理，但是像“一切黄金都是可延展的”这类“概括性的命题”，便没有确定性，因为关于事物的内部秘密或观念间的必然联系和关系，是我们所“不能确知”[①] 的。洛克说：“在超出明显事实（指简单的事实——引者）的范围以外”，“我

① 洛克：《人类理解论》，578 页，北京，商务印书馆，1959。

们所有的一切发现，亦只等于无知无能罢了”①。“我们所能及的范围，只以名义本质中那些简单的观念为限，因此，我们很少能够得到确定、普遍而有用的真理。”② 尽管洛克的真理观基本上是唯物主义的，但他否认我们对于事物的普遍性与规律性的认识具有真理性，却是错误的。黑格尔看到了洛克一类哲学家的真理观的缺点，这在哲学发展史上有一定的积极意义。

黑格尔认为，“理念”——真理是一个过程，其发展阶段有三：第一是“生命”，第二是“认识”，第三是“绝对理念”。

马克思主义以前的旧唯物主义，其缺点之一就在于不了解真理是一个过程，它们总是把真理看成是一次完成的，而不能从主观与客观的矛盾发展过程中去理解人的认识活动。例如洛克就认为主体对客体的反映是一蹴而就的，二者的同一是静止的同一。洛克说：“我们一度知道了的事情，我们就确信它是如此如彼的，而且我们可以确信，并没有尚未发现的隐秘证明足以推翻我们的知识，或使它可疑起来。”③ 可以看到，黑格尔关于真理是一个过程的思想比起旧唯物主义的形而上学观点来，的确要深刻得多。

“生命”

“理念”的第一阶段“生命”是主体与客体的“直接同一”。生物有机体既是主体又是客体，既是灵魂又是肉体，所以“生命”也可以说是“理念”的“直接性形式”④。

黑格尔说：“按照通常关于逻辑的观念，逻辑似乎是可以越过生命的领域的。如果逻辑仅仅包括空洞的、死板的思维形式，那的确根本谈不上像理念或生命这样的内容。但是，如果逻辑的对象是绝对真理，并且真理本身本质上包括在认识之中，则至少必须讨论认识”⑤，而既然要讨论认识，那就要谈“直接的理念”⑥ 即“生命”。当然，黑格尔在这里不是从自然科学的角度而是从认识和逻辑的角度论述生命问题的。没有生命，就谈不上认识和逻辑。这就是黑格尔把生命包括在逻辑科学中的理由。列宁说：“从客观世界在人的意识（最初是个体的）中的反映过程和以实践来检验这个意识（反映）

---

① 洛克：《人类理解论》，583 页。

② 同上书，642 页。

③ 同上书，656 页。

④ 黑格尔：《小逻辑》，404 页。

⑤ 《大逻辑》，见《黑格尔全集》，格洛克纳本，第 5 卷，244 页。

⑥ 同上书，245 页。

的观点来看，把生命包括在逻辑中的思想是可以理解的——并且是天才的。”[1] 黑格尔在另一个地方也谈到了概念、认识和生命的关系：他从客观唯心主义的观点出发，认为概念不是人的意识的主观活动，而是独立自在的（“自在自为的”）纯逻辑概念，它既不依赖于自然，也不依赖于人类社会，它在表现为生命或有机界时，是作为盲目的、不自觉的概念出现的，只有当它表现为“精神”即人类社会时，才作为自觉的概念出现。黑格尔的原话：“概念既构成自然的一个阶段，也构成精神的一个阶段。生命或有机的自然，是概念在其中出现的这一自然阶段。不过在这一阶段出现的概念，是作为盲目的、不自觉的，亦即非思想性的概念而出现的；它只是在精神的阶段才作为概念本身而出现。然而概念的逻辑形式，则既不依赖于它的非精神的形式（‘非精神的形式’指自然阶段——引者），也不依赖于它的精神的形式（‘精神的形式’指精神阶段——引者）。”[2] 思想、意识来源于物质，不经过有机界的自然阶段，就不可能达到自觉的概念。黑格尔对此已有所见。列宁很重视黑格尔关于概念出现在生命或有机界这一自然阶段上的思想，说这是“客观唯心主义转变为唯物主义的‘前夜’”[3]。

“生命”又区分为“活的个体”、“生命的过程”和“族类”三个小阶段。“活的个体”是指单个的有机体，“生命的过程”就是有机体和无机体的斗争过程，“族类”是讲的同类有机体之间的共性。黑格尔在这里玩弄了许多“无聊的”“概念把戏”[4]。值得一提的是，黑格尔认为，在“生命的过程”中，有机体是主宰无机体的力量，它能吸收后者以充实自身。“那受制于有机体的无机自然，忍受这种命运，因为它就是潜在的（‘潜在的’又可译作‘自在的’——引者）生命，而生命就是实现的（‘实现的’又可译作‘自为的’——引者）无机自然。”[5] 在黑格尔看来，有机体之所以能同化无机体，把无机体变成自己的东西，是因为两者都是“客观概念”的体现，由无机体到有机体的转化，不过是同一个东西由“潜在”（“自在”）到“实现”（“自为”）的过程。这里，黑格尔在唯心主义的基础上肯

① 《黑格尔〈逻辑学〉一书摘要》，见《列宁全集》，中文1版，第38卷，216页。
② 《大逻辑》，见《黑格尔全集》，格洛克纳本，第5卷，18页。
③ 《黑格尔〈逻辑学〉一书摘要》，见《列宁全集》，中文1版，第38卷，179页。
④ 同上书，218页。
⑤ 黑格尔：《小逻辑》，407页。

定了有机界和无机界的同一性。所以列宁说：把黑格尔的观点“倒转过来＝纯粹的唯物主义。卓绝、深刻、正确!!”① 有机体从无机体转化而来，并依赖无机体而成长，在这个意义上，也可以说，无机体是“潜在的生命”，有机体是“实现的无机自然”。所以列宁又说：“还要注意：他证明‘自在’和‘自为’这两个用语的极度正确和中肯!!!”②

“认识”

在“生命”的阶段，主体与客体直接统一于同一个有机体，而在“理念”的第二阶段“认识”中，主体则以自身以外的客体为自己认识的对象，在这里，主体与客体是互相区别开来的，所以“认识”的阶段又可以说是“理念”的“间接性或区别性的阶段”③。

黑格尔认为，“认识”就是使主体以外的客体能变成主体内部的东西，而这需要通过两种方式：一种是主体仅仅认识客体而不改变客体，主体接受客体进入自身之内，将客体当做充实自身的内容，在这种方式中，主体是被动的、静观的。另一种是主体“凭借主观的内在本性”④，以决定和改造客体，在这种方式中，主体是主动的或者说是能动的。前者“仅在于认识这世界是如何”⑤，叫做“认识本身”，是“理论活动”，后者“在于做成这世界应如何”⑥，叫做“意志”，是“实践活动”。前者是要消灭主观性的片面性，使主观性不致成为空洞的；后者是要消灭客观性的片面性，使客观性不致成为不可改变的。两者的目的都是企图达到主观与客观的统一。黑格尔的这些思想，是在《小逻辑》第225节讲的。列宁说，这一节“非常好，在那里‘认识’（‘理论的’）和‘意志’，‘实践活动’被描述为既消灭主观性的‘片面性’，又消灭客观性的‘片面性’的两个方面、两个方法、两个手段”⑦。

1. “理论活动”

在“理论活动”的阶段，客体尚非主体创造的产物，它只是“当做外界给予的材料”而被接受到主观的范畴之中，至于主观的范畴本身则是空虚的、抽象的，主体与客体在这里显然没有达到统一。在黑格尔心目中，康德哲学就是仅仅停留在“理论活动”的阶段。

---

①② 《黑格尔〈逻辑学〉一书摘要》，见《列宁全集》，中文1版，第38卷，217页。

③ 黑格尔：《小逻辑》，404页。

④ 同上书，410页。

⑤⑥ 同上书，419页。

⑦ 《黑格尔〈逻辑学〉一书摘要》，见《列宁全集》，中文1版，第38卷，224页。

康德认为范畴是主观的，它们只是把“外界给予的”感觉材料当做填充自身的内容。“这种认识过程所达到的真理”，“只是有限的”、相对的、主观的。至于无限的、绝对的真理则“超越在他界永远非认识所能达到”①。黑格尔认为像康德这样把认识的有限性和相对性当做是知识不能超出主观范围的证明，“乃是一种谬误”②。列宁指出：“康德把认识和客体割裂了开来，从而把人的认识（它的范畴、因果性，以及其他等等）的有限的、暂时的、相对的、有条件的性质当做主观主义，而不是当做观念（＝自然界本身）的辩证法。”③

黑格尔看到单纯的理论活动不能达到主体和客体的统一，无疑是正确的。但在黑格尔看来，“认识的有限性在于事先假定了一个业已先在的世界”④，要克服认识的有限性，使有限和无限、相对和绝对、现象和本质统一起来，就得取消他所谓的“业已先在的世界”即康德的“自在之物”，取消不依人的精神意识为转移的客观世界，而把一切都统一于“纯粹概念”。

黑格尔断言，“理论活动”认客体为外在的，主体为被动的，因此，它所认识的必然性只是外部现成的内容，只是“外在的必然性”，而非“真正的或内在的必然性”⑤。“真正的必然性”只能在主体之内，只能是主体自身的活动，即“自我关联的概念之本身”⑥，而这样的概念就是“自为地自我决定的概念”，亦即“实践的理念或行动”⑦。这样，整个认识的历程就从主体被动接受客体的“理论活动”（“认识本身”）过渡到了主体主动改造客体的“实践活动”（“意志”）。关于“实践”、“活动”是“概念”之“自我决定”，黑格尔的《精神哲学》也有过一段类似的话：“现在，思想，作为自由的概念，就内容而言，也是自由的。而当智慧意识到自己是内容的决定者（此内容不仅是存在着的，而且是属于智慧自己的）时，它就是意志。”⑧ 这段话的意思就是说，意志活动乃是主体铸造和决定自己的对象，使其成为自己的；在“认识本身”中，对象是“异己的”，在

---

① 黑格尔：《小逻辑》，411页。

② 《大逻辑》，见《黑格尔全集》，格洛克纳本，第5卷，276页。

③ 《黑格尔〈逻辑学〉一书摘要》，见《列宁全集》，中文1版，第38卷，222页。“观念”又可译作“理念”。

④ 黑格尔：《小逻辑》，411页。

⑤⑥ 同上书，417页。

⑦ 《大逻辑》，见《黑格尔全集》，格洛克纳本，第5卷，319页。

⑧ 《精神哲学》，见《黑格尔全集》，格洛克纳本，第10卷，364页。

"意志"中，对象则是"自己的"。这里，黑格尔启发了我们：人的理论活动固然应当提供对客体的必然性的认识，"但是，只有当概念成为在实践意义上的'自为存在'的时候，人的概念才能'最终地'把握、抓住、通晓认识的这个客观真理"①。

2. "实践活动"

马克思指出："从前的一切唯物主义——包括费尔巴哈的唯物主义——的主要缺点是：对事物、现实、感性，只是从客体的或直观的形式去理解，而不是把它们当做人的感性活动，当做实践去理解，不是从主观方面去理解。所以结果竟是这样，和唯物主义相反，唯心主义却发展了能动的方面，但只是抽象地发展了，因为唯心主义当然是不知道真正现实的、感性活动本身的。"② 黑格尔就是站在唯心主义立场上把实践原则引进认识论的一个重要哲学家。他说："这个有限认识和行动的过程把最初是抽象的普遍性变成整体性，从而使理念成为完全的客观性。"③ 这就是说，尚未变成客观真理的主观概念——"抽象的普遍性"，必须通过实践或行动的过程，才能变成主客统一的"整体性"，变成"完全的客观性"。黑格尔把实践当做主观概念到达客观真理的过程中的一个关键性环节，意义是很深刻的。康德也很重视实践问题，但在他那里，理论认识和实践活动是两个互不相涉的领域，前者属于可知的"现象世界"，后者属于不可知的"本体世界"。黑格尔把实践当做认识真理（认识"本体"）的关键，这就比康德前进了一大步。

当然，黑格尔所谓真理的"客观性"，是指的"客观概念"；他所谓的"实践"是指的"客观概念的活动"④，是概念自我运动的一个逻辑环节，而现实的人的实践则不过是逻辑概念的"异在"，这显然是黑格尔的"绝对唯心主义"的表现⑤。同时，黑格尔只赋予实践以道德的意义，把实践看成只是对"善"的"趋向"，这也正如列宁所说，是"狭隘的，片面的！"⑥

不过，列宁在上引的批语后面接着又写道："毫无疑问，也包括有益的东西。"意思是说，尽管黑格尔对实践的理解是狭隘的、片面

---

① 《黑格尔〈逻辑学〉一书摘要》，见《列宁全集》，中文1版，第38卷，227页。

② 《关于费尔巴哈的提纲》，见《马克思恩格斯选集》，1版，第1卷，16页。

③ 《大逻辑》，见《黑格尔全集》，格洛克纳本，第5卷，243页。

④ 同上书，326页。

⑤ 参见《黑格尔〈逻辑学〉一书摘要》，见《列宁全集》，中文1版，第38卷，233页。

⑥ 同上书，227页。

的，但他毕竟说出了实践的意义，这却是“有益的东西”。黑格尔所说的“实践”的意义究竟是什么呢?《小逻辑》说：“善趋向于改造当前的世界使之符合它自己的**目的**。”①《大逻辑》说：“这种包含在概念中、和概念相等并且自身包含着对个别外部现实性的要求的规定性，就是善。”列宁认为《大逻辑》这段话的“实质”是把人的实践理解为对外部现实性的要求。②《大逻辑》还有一段话说：实践就是主体“确信”自己的“实在性”和客观世界的“非实在性”③。即是说，主体确信外部世界是不实在的、不合理的，而自己是实在的、合理的，因而决心改造外部世界，使之符合自己的要求。黑格尔说的“主体”是“客观概念”。列宁对这段话作了唯物主义的解释，认为黑格尔这个论断的实质就是说：“世界不会满足人，人决心以自己的行动来改变世界。”④ 黑格尔在《历史哲学讲演录》中，对实践的意义讲得更为具体：“人为了自己的需要，通过实践和外部自然界发生关系；他借助自然界来满足自己的需要，征服自然界，同时起着中间人的作用。问题在于：自然界对象是强有力的，它们进行种种的反抗。为了征服它们，人在它们中间加进另外一些自然界的对象，这样，人就使自然界反对自然界本身，并为了达到这个目的而发明工具。”⑤ 可以看到，黑格尔已经看到实践就是人类借助工具征服自然界的生产活动。列宁说：“黑格尔在这里已经有历史唯物主义的萌芽。”⑥

在“理论活动”中，主体所认识的是普遍的东西，主体对客体的关系是概念对现实的关系。在“实践活动”中，主体不仅是普遍性的概念，而且是现实的东西，是能对现实起作用的东西，主体对客体的关系是现实的东西对现实的东西的关系。⑦ 正是根据这些，黑格尔断言：“实践的观念”比“认识的观念”（即“理论活动”）“更高级，因为这种观念不仅具有普遍东西的优点，而且具有单纯现实东西的优点”⑧。列宁肯定了黑格尔的这个基本观点，指出：“实践高于（理论的）认识，因为实践不仅有普遍性的优点，并且有直

① 黑格尔：《小逻辑》，418 页。

② 参见《黑格尔〈逻辑学〉一书摘要》，见《列宁全集》，中文 1 版，第 38 卷，229 页。

③ 《大逻辑》，见《黑格尔全集》，格洛克纳本，第 5 卷，320 页。

④ 《黑格尔〈逻辑学〉一书摘要》，见《列宁全集》，中文 1 版，第 38 卷，229 页。

⑤ 《历史哲学》，285 页。译文引自《列宁全集》，中文 1 版，第 38 卷，348 页。

⑥ 《黑格尔〈历史哲学讲演录〉一书摘要》，见《列宁全集》，中文 1 版，第 38 卷，348 页。

⑦ 参见《大逻辑》，见《黑格尔全集》，格洛克纳本，第 5 卷，320 页。

⑧ 同上书，320～321 页。

接的现实性的优点"①。毛泽东同志在《实践论》中曾引用过列宁的这句名言。

在黑格尔看来，实践对于主观的概念或认识，还具有检验的意义。这可以分两层意思来说明：

第一，黑格尔把实践列为从"主观概念"到"理念"，从"认识"到"绝对理念"的中间环节，这就包含着只有通过实践才能达到客观真理（"绝对真理"）的合理因素。列宁的《黑格尔〈逻辑学〉一书摘要》在好几个地方指出了这一点。例如：（1）黑格尔把"理念"的发展过程分为"生命"、"认识"和"绝对理念"三个阶段，而"认识"的阶段又表现为"理论活动"与"实践活动"两个小的阶段。列宁在概括了黑格尔这个分法之后接着写道："生命产生脑。自然界反映在人脑中。人在自己的实践中、在技术中检验这些反映的正确性并运用它们，从而也就接近客观真理。"②（2）在摘录"实践活动"一节时，列宁一开始就指出："毫无疑问，在黑格尔那里，在分析认识过程中，实践是一个环节，并且也就是向客观的（在黑格尔看来是'绝对的'）真理的过渡。因此，当马克思把实践的标准列入认识论时，他的观点是直接和黑格尔接近的：见《费尔巴哈论提纲》。"③

第二，黑格尔明确说："客观世界"同实践的要求相对立，它是"一种被给予的东西和真正存在着的东西，是不以主观意见为转移的现存的实在"④，它"作为一个他物，走着自己的道路"⑤。因此，实践如果"使自己和认识相脱离"，单按实践本身的要求（主观的意志或愿望）一意孤行，"把这种同时作为不可克服的障碍而与自己对立的实在，当做本身是虚无的东西"⑥，那么，"意志就不能达到自己的目的"⑦，或者说，"善的目的仍然没有实现"⑧，列宁肯定了黑格尔的这个观点，他写道："认识……认为在自己面前真实存在着的东西就是不以主观意见（设想）为转移的现存的现实。（这是纯粹的唯

---

① 《黑格尔〈逻辑学〉一书摘要》，见《列宁全集》，中文1版，第38卷，230页。

② 同上书，215页。

③ 同上书，228页。

④ 《大逻辑》，见《黑格尔全集》，格洛克纳本，第5卷，323页。

⑤ 同上书，322页。

⑥ 同上书，324页。

⑦ 同上，并参阅322～323页。

⑧ 同上书，325页。

物主义！）人的意志、人的实践，本身之所以会妨碍自己目的的达成……就是因为意志把自己和认识分隔开来，并且不承认外部现实是真实存在着的东西（是客观真理）。"① 又说："（人的活动的）目的未完成的原因（Grund）是：把实在当做不存在的东西（nichtig），不承认它（实在）的客观现实。"②

反之，如果把实践和认识结合起来，既承认外部实在，又通过实践对它加以改变，这就可以"使外部实在的规定性被扬弃"，"因而使它失去仅仅表面的真实性、外部可规定性和虚无性，从而被认为是自在地和自为地存在着的实在"③。这样，实践的结果就不是回复到行动以前主观与客观相对立的形态，而是扬弃这种对立，达到主客统一，使"直接的实在"成为"真正存在着的客观性"④。而理论与实践、认识与意志的统一，就是"绝对理念"。列宁对黑格尔的这些话作了唯物主义的阐释："人给自己构成世界的客观图画；他的活动改变外部现实，消灭它的规定性（＝变更它的这些或那些方面、质），这样，也就去掉了它的假象、外在性和虚无性的特点，使它成为自在自为存在着的（＝客观真实的）现实"⑤，"行动的结果是对主观认识的检验和真实存在着的客观性的标准"⑥。从列宁的这两段话中可以看到，尽管黑格尔把经过实践检验的东西（即认识与实践的统一）看成是"绝对理念"，但他却表达了一个极其重要、极其深刻的思想：实践的结果可以检验认识的正误，只有通过变革事物的实践活动才能剥掉事物的假象，暴露事物的"客观真实的"面貌。许多现代资产阶级哲学家，甚至某些抱有不可知论的观点的自然科学家，他们认为只要通过技术的干扰，引起对象的改变，就不可能认识自然本身。比起这些人来，黑格尔的思想的确要高明得多，伟大得多。

"绝对理念"

这是"理念"的第三阶段，也是黑格尔逻辑学中概念系列的最后、最高的阶段。黑格尔在这里谈到了"绝对理念"是"理论"与"实践"的统一，是"生命"与"认识"的统一，是"主观性"与"客观性"的统一，也是逻辑学中全部概念范畴的统一，是逻辑学全部内容的概括与总结。

---

① 《黑格尔〈逻辑学〉一书摘要》，见《列宁全集》，中文1版，第38卷，232～233页。

② 同上书，234页。

③④ 《大逻辑》，见《黑格尔全集》，格洛克纳本，第5卷，326页。

⑤⑥ 《黑格尔〈逻辑学〉一书摘要》，见《列宁全集》，中文1版，第38卷，235页。

最重要的是，黑格尔在这一部分集中地、系统地讲述了辩证法的问题。列宁指出："极妙的是：关于'绝对观念'的整整一章，几乎没有一句讲到神（仅仅有一次偶然漏出了'神的''概念'），此外——注意这点——几乎没有专门把唯心主义包括在内，而是把辩证的方法作为自己主要的对象。"①

本书为了便于读者预先明了黑格尔逻辑学的全貌，已经把"绝对理念"章关于辩证方法的问题，提前在第五、六章特别是第七章（"黑格尔逻辑学关于概念的圆圈式发展、关于否定之否定的思想"）中讲过了。这里只着重谈黑格尔关于辩证法既是分析法又是综合法的问题。

《大逻辑》的"绝对理念"章关于概念的圆圈式发展、关于否定之否定的思想，讲得特别系统详尽，本书第七章主要是根据《大逻辑》讲的。关于辩证法既是分析法又是综合法的思想，《大逻辑》和《小逻辑》都有所说明，这里作一综合性的论述。

分析方法就是从当前的个体事物分析出一些普遍的东西。"分析法的产物基本上是概念规定性，亦即那些直接包含在对象中的东西。"②"从这种关系中产生出来的规定性是简单同一性或抽象普遍性的形式。因此分析法以这种同一性作为自己的一般原则；向他物的过渡，不同项目之间的联系被排斥于分析法自身及其活动之外。"③用分析法分析出来的诸简单规定性，彼此孤立，没有内在联系，所以分析法不能认识对象的本来面目。"譬如一个化学家取一块肉放在他的蒸馏器上，加以多方的割裂分解，于是告诉人说，这块肉是氧（原译作养气——引者）、碳、氢等元素所构成。但这些抽象的元素已经不复是肉了。同样，当一个经验派的心理学家将人的一个行为分析成许多不同的方面，而予以观察，并坚执其分离状态时，亦一样地不能认识行为的真相。用分析方法来研究对象就好像剥葱一样，将葱皮一层又一层地剥掉，但原葱已不在了。"④ 列宁认为黑格尔讲得"非常正确!"⑤

所谓综合法，就是把不同的规定结合起来。"综合的认识是在诸规定性的统一中把握它们的多样性。"⑥ 综合法是同分析法对立的：分析法从个体事物出发进而达到抽象的普遍的规定性；反之，综合

① 《黑格尔〈逻辑学〉一书摘要》，见《列宁全集》，中文1版，第38卷，253页。

②③ 《大逻辑》，见《黑格尔全集》，格洛克纳本，第5卷，280页。

④ 黑格尔：《小逻辑》，412页。

⑤ 《黑格尔〈逻辑学〉一书摘要》，见《列宁全集》，中文1版，第38卷，254页。

⑥ 《大逻辑》，见《黑格尔全集》，格洛克纳本，第5卷，288页。

法则从普遍的规定性（“定义”）出发，通过规定性的划分（“分类”），进而把它们结合成为个体（“定理”）。黑格尔认为几何学的方法是典型的综合法。几何学从普遍性（“定义”）开始，最后达到个体（“定理”）。“就一个对象的诸规定性的关系是必然的亦即被建立在概念的内在同一性的基础之上而言，定理是一个对象的固有的综合物。”① 定义中的普遍规定性是用分析法得来的，因此，对象的内容越丰富，我们观察对象的方面越多（例如生命、国家等等对象），则我们对它所下的定义就越是纷乱不一，越是受主观目的的支配。

综合法和分析法尽管在一定范围内有其重要作用，但它们都是预先假设一个对象，或者用黑格尔自己的术语来说，都预先假定对象是“现成的”、“被给予的”，我们只要承认有这个对象即可，至于这个对象的“存在的必然性”，则不必过问，不必证明。可是“哲学首要的工作就要证明它的对象之必然性”②。例如“纯存在”这个范畴是哲学研究的对象，我们研究“纯存在”时，不是预先假定一个“纯存在”，把它当做无须论证的、单纯的出发点或开端，而是要证明“纯存在”的必然性，阐明“纯存在”的根据是什么。黑格尔的逻辑学从“纯存在”到“绝对理念”的全部发展过程，可以说就是证明“纯存在”的根据或必然性。开端以终结为根据，终结更深入地论证开端。对于这样的研究对象，单用分析法或单用综合法，都是不行的，而只能用圆圈式的方法或否定之否定的方法，亦即辩证法。黑格尔又把这种方法叫做“绝对的否定性的方法”、“绝对的方法”、“玄思的方法”或“哲学的方法”。

辩证法并不排斥分析法和综合法，它是二者的结合与统一。“哲学的方法既是分析的复是综合的，这倒并不是指对这两个有限认识的方法之仅仅平列并用，或交换使用，而乃是说哲学方法扬弃了而又包含了这两个方法。因此在这种方法的每一运动里显得同时为分析的又为综合的。”③ 列宁对这段话的旁注是“好极了！”④

为什么说哲学方法的每一前进的步骤既是分析的又是综合的呢？

第一，就开端而言。逻辑学的开端“纯存在”，从一方面说，是直接性，而直接性正是分析法的出发点。从另一方面说，“纯存在”

---

① 《大逻辑》，见《黑格尔全集》，格洛克纳本，第5卷，304页。

② 黑格尔：《小逻辑》，414页。

③ 同上书，423页。

④ 《黑格尔〈逻辑学〉一书摘要》，见《列宁全集》，中文1版，第38卷，257页。

是"尚未分化的概念"，亦即抽象的普遍性，而综合法正是从普遍性开始。黑格尔由此得出结论说：逻辑理念的开端既是分析的又是综合的。

第二，就进展过程而言。"纯存在"既是肯定的方面（正），同时又包含着否定的方面（反）。逻辑学中从"纯存在"开始进展的过程，就是将开端予以否定的过程。"这种进展亦同样既是分析的，由于它的内在的矛盾进展仅发挥出那已包含在直接的总念（'直接的总念'亦可译作'直接的概念'，指'纯存在'——引者）内之成分；复是综合的，因为在这总念里这些区别尚未明白发挥出来。"① 这段话见《小逻辑》，后一半不好理解：这里谈的是从"纯存在"开始以后的进展过程，而不是谈"纯存在"本身；因此，仅仅说在"纯存在"里，各种成分的区别尚未明白发挥出来，怎么能解释进展过程是综合的呢？《大逻辑》有一段话很可以帮助我们理解这个问题："这方法（指'绝对的方法'——引者）同样也是综合的，因为它的对象当直接被规定为简单的普遍物时，由于此对象在直接性和普遍性中所具有的确定性，而表明自身即是他物。"② "纯存在"这个简单的普遍物本身即是同它相反的他物，肯定本身即是否定，从肯定到否定的进展过程，就是说明二者本是统一在一起、结合在一起的过程；二者的"区别尚未明白发挥出来"，正意味着二者原是统一在一起、结合在一起的。就是在这种意义下，黑格尔断言，进展过程也是综合的过程。

第三，就终点而言。逻辑学的最后的范畴"绝对理念"，既是前此诸环节的总结和统一体，又是它们的全部分化和展开。就前者而言，"绝对理念"是综合；就后者而言，"绝对理念"是分析。黑格尔在谈到逻辑学的终点时说："概念自它的潜在性出发，凭借它的自我分化，和对于自我分化之扬弃而达到与它自身的结合，这就是实现了的概念。"③ "实现了的概念"就是指"绝对理念"。"绝对理念"的全部内容是自我分化过程与扬弃自我分化的过程的统一，因而也就是分析法与综合法的统一。

西方的黑格尔学者，大多讳言辩证法既是分析法又是综合法的问题，麦克塔加尔特甚至以极其烦琐的理由反对黑格尔在"认识"

---

① 黑格尔：《小逻辑》，424 页。

② 《大逻辑》，见《黑格尔全集》，格洛克纳本，第 5 卷，336 页。

③ 黑格尔：《小逻辑》，425 页。

的范围内谈分析法与综合法，他“相信自己略而不谈是理所当然的”①。斯退士对黑格尔哲学的解释一般说比较肤浅、简单化，但他对辩证法既是分析法又是综合法的概括性说明，倒是可取的：“辩证法的每一前进步骤既是分析的，又是综合的。辩证法本身就是两种方法的综合。因为它从抽象的普遍出发，通过一步进一步的特殊化，而达到具体的单一体，所以它是综合的。因为它从直接性开始，通过间接性而前进到包括先前的直接性于自身之下和自身之内的具体的普遍物，所以它是分析的。”②

总之，这个既是分析又是综合的方法，通俗地说，也就是矛盾分析法，就是从肯定的东西自身中分化出否定的东西（即分化出“自己的他物”）的方法。黑格尔认为这个方法并不是站在事物以外对事物所采取的一种主观态度，而就是事物本身矛盾进展的节奏。它既是认识的方式，也是事物本身运动的形式。“绝对的方法并不是外在的反思，而是直接从其对象本身引出规定的东西，因为这个方法就是对象的内在原则和灵魂。——这正是柏拉图对认识的要求，也就是要考察事物本身。”③“这个既是分析的又是综合的判断的环节——由于这个环节，那最初的普遍的东西（指‘纯存在’这个一般概念——引者）从自身中把自己规定为自己的他者——应当叫做辩证法的环节。”④

列宁很重视黑格尔关于辩证法既是分析法又是综合法的论断，他对上引后面一段话的旁注是：“辩证法的规定之一。”他认为黑格尔的“规定”还“不是明确的!!!”但大体上可以归纳为三个要点：“（1）从概念自身而来的概念的规定〔应当从事物的关系和它的发展去观察事物本身〕；（2）事物本身中的矛盾性（自己的他者），一切现象中的矛盾的力量和倾向；（3）分析和综合的结合。”列宁认为：“大概这些就是辩证法的要素。”⑤

---

① 麦克塔加尔特：《黑格尔逻辑学评注》，296页。
② 斯退士：《黑格尔哲学》，288页。
③ 《大逻辑》，见《黑格尔全集》，格洛克纳本，第5卷，335～336页。
④ 同上书，336页。
⑤ 《黑格尔〈逻辑学〉一书摘要》，见《列宁全集》，中文1版，第38卷，238页。

附录
不理解黑格尔的逻辑学，就不能完全理解马克思的《资本论》

列宁在《哲学笔记》中有一段“警句”：“不钻研和不理解黑格尔的全部逻辑学，就不能完全理解马克思的《资本论》，特别是它的第1章。”① 这句话的含义可以从它的上文得到一个概括的说明：“注意：要倒转过来：马克思把黑格尔辩证法的合理形式运用于政治经济学。”② 当然，这决不是说，不理解黑格尔的辩证法，就根本不可能理解马克思的政治经济学和《资本论》；但是，理解了马克思的辩证法的来源——黑格尔的辩证法，却可以使我们更懂得《资本论》中各范畴间的辩证关系以及各范畴的深刻内容，从而更完全地理解马克思的《资本论》。本文的目的，就是要着重说明马克思在《资本论》中是怎样把黑格尔逻辑学中辩证法的合理形式运用于政治经济学的。

黑格尔逻辑学所要把握的唯一目标是“具体概念”（即“具体真理”）。所谓“具体概念”，就是指“不同规定之统一”，即“贯穿于一切特殊性之内，并包括一切特殊性于其中”的“具体普遍性”，简言之，也就是普遍与特殊相结合的统一的整体。根据黑格尔自己的规定，“具体概念”有两个基本特征：一是“具体”，一是“发展”。黑格尔逻辑学的全部内容，可以说就是对“具体概念”由抽象到具体、由简单到复杂的矛盾发展过程的描述，那种把概念、真理看成是僵死的、凝固不变的观点，是和黑格尔的思想格格不入的。

马克思在19世纪50年代到60年代对政治经济学的研究，正如恩格斯所说：“一开始就以系统地总结经济科学的全部复杂内容，并

① 《列宁全集》，中文1版，第38卷，191页。

② 同上书，189～190页。

在联系中说明资本主义生产与交换法则为目的。”① 对于这样一门系统的科学研究工作，很自然地会发生一个“怎样研究”、“怎样说明”的问题亦即方法上的问题。可是在当时，“平庸的”、“形而上学的方法”在资产阶级经济学者那里很流行，他们在“写他们那些缺乏联系的厚册书本时也就是用的这种方法”②。这就要求无产阶级政治经济学的创始人马克思发展出一种与唯心主义和形而上学相对立的唯物辩证法。

马克思、恩格斯在这以前，已经奠定了唯物辩证法的基础。在50年代到60年代这个时期中，无产阶级和资产阶级的阶级斗争进一步尖锐化，更加明显地揭示了社会历史的辩证法，也给马克思进一步发展唯物辩证法提供了一个根本的物质基础。不过，对于马克思在这一时期中发展唯物辩证法起了直接作用的，却是黑格尔的逻辑学。恩格斯说：“他能够从黑格尔逻辑学中把包含着黑格尔在这方面的真正发现的那个核心解脱出来，使辩证法摆脱了它的唯心主义的外壳而在简单的形式上建立起来，在这种形式上成为唯一正确的思维发展形式。马克思对于政治经济学的批判就是把这个方法作基础的。”③

列宁对《资本论》里辩证法的主要内容作了简要的、深刻的概括。列宁说：马克思在《资本论》中，首先分析资产阶级社会里“最简单、最普遍、最基本、最常见、最平凡、碰到亿万次的关系——商品交换”，商品交换是资产阶级社会的“细胞”，它已经包含着资产阶级社会里“一切矛盾的萌芽”④，“已经包含着资本主义的尚未展开的一切主要矛盾”⑤；由此出发，马克思一步一步深入地、详细地分析、揭露出这些矛盾以及这个社会的各部分间复杂关系的自始至终的矛盾发展过程。⑥

从列宁的这段概括中我们可以看到，马克思在《资本论》中所采用的辩证方法主要有两个特点：一是把概念、范畴的推移转化看成是由于内在矛盾而不断发展的过程，叫做矛盾分析法；一是把概

① 恩格斯：《论马克思〈政治经济学批判〉》，见马克思：《政治经济学批判》，178页，北京，人民出版社，1955。

② 同上书，179页。

③ 同上书，180页。

④ 《列宁全集》，中文1版，第38卷，409页。

⑤ 同上书，190页。

⑥ 参见上书，409页。

念、范畴的推移转化看成是由简单到复杂的发展过程，叫做由抽象到具体的方法。显然，这两个特点都渊源于黑格尔的逻辑学。

一

黑格尔的逻辑学分为“存在论”、“本质论”、“概念论”三部分，“对立”和“矛盾”这两个范畴虽然只是在逻辑学第二部分中才提出来的，但实际上，黑格尔在逻辑学的三个部分中都运用了对立面矛盾统一的规律，逻辑学中的一系列概念、范畴都是由于内在矛盾而相互推移、相互转化的。当然，矛盾在逻辑学三部分中的表现又有所不同：“在‘存在’的范围里，各范畴间的‘联系’只是潜伏的”①，其间的“矛盾”也是“潜伏着的”②；在“本质”的范围里，各范畴间的“联系”和“矛盾”则不再是“潜伏的”，而是“显明的”，是“明白地建立起来了”③；在“概念”的范围里，原先“明明白白”互相矛盾着的范畴则达到了同一，每一范畴自身即是对方，而对方又即是自身。所以，从“存在”经过“本质”到“概念”的整个发展过程，就是对立面矛盾同一的过程，亦即由范畴间矛盾的“潜伏”状态到“明显”状态，又到对立面的绝对同一的过程。三部分之间尽管有矛盾的“潜伏”与“明显”之别，有对立面的“矛盾”与“同一”之别，但就其为对立面矛盾统一规律之运用而言则一。可以说，矛盾是推动黑格尔逻辑学全部范畴转化的唯一动力和源泉。④

马克思吸收了黑格尔逻辑学中关于矛盾推动概念前进和矛盾由潜在到明显展开的基本思想，认为：矛盾贯穿于资本主义发展过程的始终，因此，认识和研究资本主义时，也必须分析资本主义经济范畴的内在矛盾，分析矛盾如何从一开始的萌芽状态或潜伏状态，一步一步扩大和发展到终了时的极其明显、极其尖锐的状态。马克

---

① 黑格尔：《小逻辑》，249 页。

② 同上书，255 页。

③ 同上书，249、255 页。

④ 恩格斯说过：“对立的相互渗透的规律”，“占据了他（指黑格尔——引者）的《逻辑学》的整个第二部分”。这并不是说，黑格尔逻辑学的第一部分“存在论”和第三部分“概念论”就没有运用对立面相互渗透的规律。恩格斯在这里只是就对立面矛盾和联系的明显状态而说的。

思在《资本论》中，正是运用这种矛盾分析法，才揭示出资本主义必然灭亡，社会主义必然胜利的客观辩证法的。

生产品采取商品的形态，这本来在资本主义生产方式以前就有了，可是，没有商品形态，就谈不上资本主义生产，它是资本主义生产的前提和出发点。马克思说："我们把商品当做这样的前提来考察，因为我们从商品出发时，是把商品当做资本主义生产的最单纯的元素。"① "商品交换"潜藏着资本主义社会的一切矛盾，就像黑格尔逻辑学中"存在"这个最单纯的概念潜藏着逻辑学全部概念的一切矛盾一样。因此，马克思效仿黑格尔在逻辑学中一开始就分析"存在"的内部矛盾的办法，在《资本论》中也从分析商品的内部矛盾开始。马克思指出：商品有两重性，一方面是使用价值，一方面是交换价值。使用价值为具体劳动所创造，交换价值为抽象劳动所创造，使用价值与交换价值的矛盾以具体劳动和抽象劳动的矛盾为其根源，而具体劳动和抽象劳动的矛盾，在生产资料私有制社会中，又是由商品生产者的私人劳动和社会劳动之间的矛盾产生的。

随着商品交换过程的扩大与加深，货币出现了，于是"在商品性质中睡眠着（'睡眠着'也就是'潜伏着'的意思——引者）的使用价值与价值的对立""发展了"②，"这种对立外部地表现出来"③而成为商品与货币的对立。"在这种对立中，当做使用价值的商品，与当做交换价值的货币对立着。"④ 原来按商品与商品交换的过程（"商品——商品"），现在则分裂为"商品——货币"和"货币——商品"两个过程，亦即卖与买的过程。这两个过程各有其相对独立性，它们两者间的对立、矛盾就是商品与货币的对立、矛盾的表现：一方面，商品所有者可能遇到商品卖不出去亦即商品不能转化为货币的情景；另一方面，获得货币的人可以等待时机而不立刻购买商品亦即不立刻把货币转化成商品。当卖与买这两个过程的独立性或矛盾发展到一定程度时，就会发生危机。⑤

资产阶级经济学家李嘉图等人，坚持形而上学的思想方法，抹煞交换过程的矛盾，否认卖与买的相对独立性，说什么买卖必然平

---

① 马克思：《剩余价值学说史》，第3卷，128页，北京，生活·读书·新知三联书店，1957。

②③ 马克思：《资本论》，第1卷，73页，北京，人民出版社，1953。

④ 同上书，94页。

⑤ 参见上书，105～106页。

衡，供求完全一致，这样，他们就完全否认了资本主义生产方式下经济危机的任何可能性和必然性。马克思批判了这种形而上学。马克思运用黑格尔逻辑学中对立面矛盾统一的规律，从分析商品与货币的对立、矛盾中得出结论：在资本主义社会的“最简单的细胞”——“商品交换”的矛盾中，就已经包含了资本主义生产过剩的危机的可能性，而生产过剩的危机的实际发生，则是资本主义社会的基本矛盾的主要表现。这样，马克思就在对商品矛盾的分析中，揭示了未来整个资本主义社会崩溃的最深刻的根源。

小资产阶级社会主义者蒲鲁东，说什么不消灭资本主义的“细胞”——商品交换，也可以消灭经济危机，他的这种形而上学幻想也是由于不懂得“商品交换”的矛盾必然包含经济危机的可能性。马克思在这里所揭示的辩证法，使蒲鲁东的幻想遭到破灭。

当然，这里所说的危机，还只是一种可能性，资本主义社会的一切矛盾在这里还只是一种“潜伏着的”、“尚未展开的萌芽”。“这种可能性到现实性的发展，需要有一整个范围的关系。从简单商品流通的立场说，这种关系还是不存在的。”①

在资本主义生产以前的简单商品生产和商品流通中，货币还只是一种流通手段，而不是资本，那时的流通公式是由商品到货币，再由货币到商品（商品——货币——商品），那是为买而卖。但当货币由流通手段发展成为剥削别人劳动的手段时，货币就成了资本。这时，才发生了不同于以前简单商品和商品流通的资本主义生产方式。资本的公式是由货币到商品，再由商品到货币（货币——商品——货币），即为卖而买。资本家在这一过程终结时所获得的货币，多于他开始时所握有的货币。这一笔多出来的货币（“增殖”），就是剩余价值，剩余价值是资本主义制度下变成了商品的劳动力在被资本家雇去使用时所创造出来的，它为资本家无偿地占有。显然，货币要转化为资本，是不能单纯在流通的范围内发生的，流通只是这个转化的前提，因为剩余价值不是由流通产生出来的，而是在生产范围内由工人创造的。所以，货币转化为资本，“必须在流通中同时又不在流通中发生”②。这就是资本的总公式（即由货币到商品，再由商品到更多的货币）的矛盾。从这里可以看到，如果没有市场上劳动力的出卖，没有对雇佣工人的剥削，就不可能有从货币到资

---

① 马克思：《资本论》，第1卷，106页。

② 同上书，174～175页。

本的转化，不可能有资本主义的生产。所以，资本主义生产的整个过程，就是建立在无产阶级和资产阶级的矛盾基础之上的。——先前的简单商品和商品流通中商品和货币的矛盾，就这样在资本主义生产中发展成了资本的矛盾，发展成了无产阶级和资产阶级的矛盾。

在说明了从货币到资本的转化以后，《资本论》的研究，就都是围绕无产阶级和资产阶级的矛盾这个中心来进行的。

马克思指出，剩余价值有两种形式：绝对剩余价值和相对剩余价值。绝对剩余价值是靠延长工人工作日的时间而产生的剩余价值。资本家有权利尽可能延长工人工作日的时间，工人则有权利为缩短工作日的时间而斗争。“在这里，发现了一个二律背反（即矛盾——引者），权利与权利相争。……斗争的一方是资本家全体，即资本家阶级，他方是劳动者全体，即劳动者阶级。”① 随着资本主义的发展，高度发达的技术使劳动生产率不断提高，这时，资本家就力图首先靠增加相对剩余价值来加强对工人的剥削。相对剩余价值是靠提高劳动生产率以减少必要劳动时间从而相对地增加剩余劳动时间而产生的剩余价值。从绝对剩余价值到相对剩余价值的发展，使无产阶级和资产阶级的矛盾更加深刻，更加尖锐化。

资本家从工人那里剥削来的剩余价值有两条出路：一条是全部用于资本家个人消费，一条是用来扩大生产的规模，也就是把剩余价值转化为资本，使原有的资本增加。在前一种情况下，资本家再生产的规模不变，叫做简单再生产；后一种情况是扩大生产规模，增加资本，叫做扩大再生产或资本积累。后者比起前者来，是资本家剥削工人剩余价值的更高形式，它使无产阶级和资产阶级的矛盾更加激化。资本积累的源泉，本来是在先前的生产过程中从工人那里剥削来的剩余价值，而经过资本积累、扩大再生产以后，资本家就以这笔剩余价值为资本，再从工人那里剥削一笔新的剩余价值。这样，工人用自己的双手创造出来的财富越多，资本家积累的资本就越多，他们对工人的剥削也越多，工人自己也越贫困化。于是，“在一极有财富的积累，同时在对极，那个把自己的生产物当做资本来生产的阶级，就有穷困，劳动折磨，奴隶制，无知，粗暴及精神颓废等等的积累”②。这就是资本主义积累的“对抗的性质”③。

① 马克思：《资本论》，第1卷，265页。

②③ 同上书，813页。

资本的积累采取两种形式：一是靠积累本企业获得的剩余价值以增加资本总额，叫做“资本积聚”；一是通过合股或大资本吞并小资本的方式，使多数资本结合为一个更大的资本，这叫做“资本集中”。这两种情况，都更增加了生产社会化的程度：原来多少有些独立性的企业，进一步变成了密不可分的生产。所以，资本积累越增长，生产的社会化程度也越高。资本家发财致富的贪欲，推动着和刺激着资本主义制度下生产力的发展，而生产力越发展，资本越积累，资本中用于发展技术、采用新机器等生产资料方面的“不变资本”的比重就越增加，用于购买劳动力的“可变资本”的比重就越减少，这时，由于创造剩余价值的是“可变资本”而不是“不变资本”，因此，资本家获得的剩余价值量和利润量虽然增长着，但利润率却随之下降。资本家为了弥补利润率的下降，就进一步积累资本，扩大再生产；但这又促使利润率再度下降。这样，资本积累的矛盾也就越陷越深，而这种矛盾的加深又使资本的积累更加增长，随之也使生产的社会化程度不断提高。而生产的社会化和资本主义私人占有制之间的矛盾是不可调和的。生产力发展了，产品增加了，但由于资本家无止境的剥削，工人的消费和购买力却日益低微了。马克思说：“生产力越发展，它与消费关系所由之建立的狭隘的基础发生矛盾。”① 于是，生产过剩的危机不可避免地发生了，原先在简单商品生产和商品流通中所包含的危机的可能性，现在，在资本主义制度下，完全变成现实性了，资产阶级社会的“细胞”——“商品交换”里所孕育的资本主义的“一切矛盾的萌芽”，现在都充分地展开了。这种情况，也很像黑格尔逻辑学的最高概念“绝对理念”就是它的最初概念“存在”的矛盾的全部展开一样。

二

《资本论》中辩证法的另一个特征是，认识或研究要从“最简单的现象”开始，从认识事物的“细胞”开始，然后一步一步进到复杂的、关于事物的整体的认识。马克思采用了黑格尔的思想和术语，把这个方法叫做“由抽象到具体”的方法。这里所说的“具体”，也

① 马克思：《资本论》，第3卷，291页。

和黑格尔的“具体概念”一样，是指的“许多规定的统一”。由于这许多规定或方面实际上总可以归结为一些对立面，因此，这里所说的“具体”也就是“对立的统一”或“矛盾的统一”。马克思在《资本论》中说明资本主义的方法，就是从最简单的、最抽象的现象（“商品交换”）着手，然后一步一步达到关于最复杂、最具体的资本主义社会之整体的认识。

客观的具体事物是一个多样性的统一的整体，但是，我们要认识这样一个整体，决不是一下子就可以完成的，它需要经过一个漫长曲折的认识过程。客观的具体事物，作为一个内容丰富的、多样性的、统一的整体，摆在人的面前，人在实践中必然要对它进行认识活动，它是认识的出发点；没有它，就谈不上认识，认识正是对它的反映。人在认识过程中，首先通过生动的直观看它、听它、接触它。但是，通过生动直观所能认识到的，还只是这个具体事物的表面现象，或者用马克思的话说，还只是关于这个具体事物的整体的“浑沌表象”，这时所认识到的内容还是极其空洞的。为了使我们向着把握多样性的统一这一目标接近，认识就不能停留在“混沌表象”的阶段，而必须首先对生动直观中所得到的“关于整体的混沌表象”加以分析，把它分解成为个别的、简单的部分或方面，逐一地、单独地加以考察。随着这种认识活动的进行，我们就会“达到越来越简单”、“越来越抽象”的规定或概念。但是，仅仅停留在这个阶段，还是不能达到认识具体事物的整体的目标，因为任何一个具体事物决不是一些简单规定的机械的、偶然的堆集，而是作为多样性的、统一的整体而存在的。如果停留在这个阶段，那就会使一个规定或方面脱离该事物的整体，使它成为孤立的、静止的东西。马克思指出：从整体的“混沌表象”到越来越抽象的规定，并停留在这个阶段，这“是政治经济学在它的产生过程中在历史上走了的道路。例如，十七世纪的经济学家们总是从活生生的总体如人口、民族、国家、许多国家等等着手；但是他们结果总是通过分析而发现一些有决定意义的抽象一般关系，如分工、货币、价值之类”①。18 世纪的资产阶级经济学家们所采用的方法实质上也是如此。按照这种形而上学的方法，他们就很自然地把商品、货币、资本之类的规定或概念看成是孤立的、静止的、不在历史中

① 马克思：《政治经济学批判》，163 页。

发展的东西。马克思说：李嘉图和整个古典政治经济学到最后陷入谬误而迷惑，“它不把资本的基本形态（即以占有他人劳动为目的的生产）看做是社会生产的历史形态，却把它分解为社会生产的自然形态……”①

与此相反，马克思吸取了黑格尔逻辑学中由抽象到具体的方法的合理成分，认为，在把整体的“混沌表象”分析为一些抽象的、简单的规定之后，“行程”就要“从那里倒过头来”，把抽象的、简单的规定如实地结合起来，统一起来，使具体事物的整体呈现于头脑之中，而这次呈现于头脑中的整体不再像认识开始时那样，只是一个空洞的“混沌表象”，而是一个复杂的整体，是“一个丰富的、由许多规定和关系形成的总体”②。至此，我们就可以说达到了关于具体事物的深刻的、具体的认识。马克思和黑格尔一样认为，这种由抽象到具体、由简单到复杂的认识活动，是一个逐步进行的过程。分析中所得出的最简单的规定或方面，是和其余的许多规定或方面隔离开来的，因而也是最抽象的；以后，我们便逐步地使一个规定同越来越多的其他规定结合起来，统一起来。这样结合起来、统一起来的规定越多，我们对客观事物的认识也就越全面，越完整，或者说越具体。

黑格尔说：“认识”“这个前进运动的特征就是：它从一些简单的规定性开始，而在这些规定性之后的规定性就愈来愈丰富，愈来愈具体。因为结果包含着自己的开端，而开端的运动用某种新的规定性丰富了它。……在继续规定的每一个阶段上，普遍的东西（指规定性、概念——引者）不断提高它以前的全部内容，它不仅没有因其辩证的前进运动而丧失了什么，丢下了什么，而且还带着一切收获物，使自己的内部不断丰富和充实起来”③。黑格尔这段话的意思就是说：在认识“具体概念”的开始阶段，只能得到一些抽象的“简单的规定性”；随着认识的前进（或者说，随着概念系列的发展），愈是在后的概念，其所包含的“具体概念”的环节（概念、规定性）也愈多，其内容也愈丰富，愈具体，它不是“丢下”前面的环节在一旁，而是把前面的一切环节（“一切收获物”）都包含在内，同时又“用某种新的规定性丰富了它”，就像滚雪球一样，越滚越

① 马克思：《剩余价值学说史》，第3卷，565～566页。

② 马克思：《政治经济学批判》，162页。

③ 《大逻辑》，见《黑格尔全集》，格洛克纳本，第5卷，349页。

大。黑格尔的逻辑学就是一部“纯概念”从抽象到具体的唯心主义逻辑学；马克思“把黑格尔辩证法的合理形式运用于政治经济学”，他创造了一部资本主义经济范畴从抽象到具体的“资本论的逻辑”。

《资本论》对于资本主义社会这一具体事物的认识，是从“商品”这个抽象的规定性开始的；但《资本论》在开始时，是把商品当做脱离了它同货币、资本的联系而单独考察的。这样的考察，使马克思发现，在简单的商品生产中已经有了资本主义生产的萌芽；不先了解商品生产，就无法了解货币、资本等等。

《资本论》在说明了“商品”的概念以后，就进到了“货币”的概念。“货币”包括“商品”在内，但“货币”这个概念包含着“商品”和其他规定的联系，它比“商品”的内容更为复杂，是一个比“商品”更为具体的概念。

马克思在《资本论》第一章《商品》中，还谈到了价值的四种形态：第一是“简单的、个别的价值形态”，即以一种商品的使用价值表现另一种商品的价值，例如拿 20 码麻布换 1 件上衣，就是用 1 件上衣的使用价值表现 20 码麻布的价值；第二是“总和的或扩大的价值形态”，在这种价值形态中，一种商品不只是与另外一种商品相交换，而是能与其他许多种商品相交换，即是说，一种商品的价值可以由许多种商品表现出来，例如 20 码麻布既可以换 1 件上衣，也可以换 10 磅茶或 40 磅咖啡或其他适量的商品；第三是“普遍的价值形态”，这种形态是第二种形态中交换关系的倒转形式，在这种形态下，一切商品的价值都表现在某同一种商品身上，这某同一种商品乃是衡量各种商品价值的总的尺度，例如 1 件上衣或 10 磅茶或 40 磅咖啡或其他商品，都可以换 20 码麻布，这里的 20 码麻布就成了衡量 1 件上衣或 10 磅茶或 40 磅咖啡或其他商品价值的总尺度。当用来表现各种商品价值的某同一种商品（例如麻布）改变为固定的金属（如金、银之类）时，第三种价值形态就过渡到了第四种价值形态即“货币的价值形态”。从“个别的价值形态”经过“扩大的价值形态”到“普遍的价值形态”，是一个由抽象到具体、由简单到复杂的过程，其中，每后一种形态都包含前一种形态在内，而又比前一种形态更具体，更复杂。当然，这几种价值形态的发展不仅仅是逻辑的推论，而且是和历史的发展相一致的。马克思说：“第三形态溯源于第二形态（扩大的价值形态）；第二形态的构成要素是第一形态，20码麻布＝1件上衣，或X量商品A＝Y量商品B。所以，简单的商品形态，是货币形态的胚芽。”① 马克思这里所说的几种价值形态的“溯源”关系不仅是逻辑的，而且首先是历史的。

《资本论》第一章对四种价值形态的分析，从方法上看，也来源于黑格尔的逻辑学。列宁说：“黑格尔对推理的分析（E.—B.—A.，即单一、特殊、普遍；B.—E.—A.；等等），令人想起马克思曾在《资本论》第1章中摹仿黑格尔。”② 原来黑格尔在分析“推论”（又可译作“推理”）时，也把“推论”分成为四种格式：第一式是“E.—B.—A. 即个别性——特殊性——普遍性”，也就是个别性通过特殊性而与普遍性相结合；第二式是“A.—E.—B. 即普遍性——个别性——特殊性”，也就是普遍性通过个别性而与特殊性相结合；第三式是“B.—A.—E. 即特殊性——普遍性——个别性”，也就是特殊性通过普遍性而与个别性相结合；第四式是“A.—A.—A. 即普遍性——普遍性——普遍性”。四式中，最后一式是多余的。黑格尔断言，从第一式经过第二式到第三式，是一个具有必然性的、由抽象到具体的发展过程：第三式“溯源”于第二式，以第二式为其“构成要素”，同时又是第二式的“真理”；第二式“溯源”于第一式，以第一式为其“构成要素”，同时又是第一式的“真理”。——可以看到，《资本论》第一章关于各种价值形态的论述，正是以黑格尔关于“推论”的分析为摹本的。列宁说马克思“摹仿”黑格尔，当然不是说照搬照抄，亦步亦趋，它的含义无非是两层：第一层意思是说，马克思和黑格尔都运用个别与一般（普遍）的范畴说明问题，一个是用以说明“推论”，一个是用以说明“价值形态”。第二层是说，马克思和黑格尔都认为较高的规定以较低的规定为其“构成要素”，而又比较低的规定更复杂，更丰富。马克思“摹仿”黑格尔的主要之处，正是指这种从抽象到具体的途径，不理解黑格尔的由抽象到具体的含义，就不能深刻理解《资本论》中四种价值形态间的辩证关系。列宁说，不理解黑格尔的逻辑学，就“特别”不能完全理解《资本论》的第一章，也就是这个意思。

在论述了“货币”之后，《资本论》就开始谈到资本主义生产方式所特有的“资本”的概念：在简单商品生产和商品流通中，货币还不是资本，因此，《资本论》在讨论资本以前，是把货币、商品同

① 马克思：《资本论》，第1卷，51～52页。

② 《列宁全集》，中文1版，第38卷，189页。

劳动力变为商品的现象以及资本家剥削工人剩余价值的现象抽离开来，而对它们进行单独的、抽象的考察的。正是由于这样的考察，马克思才能在简单商品生产的范围内发现了未来资产阶级社会经济危机的可能性。货币因资本家剥削工人的剩余价值而增殖，这才使货币转化成为资本；“资本”这个概念包含着“货币”同劳动力变为商品以及资本家剥削工人的剩余价值等等现象的联系，所以，“资本”的内容比起“货币”来又更为丰富、复杂，它是一个比“货币”更为具体的概念。

在指出了资本的特点，确定了资本主义生产是剩余价值的生产等等之后，《资本论》就更进一步谈到了“资本的积累”。正是由于在讲“资本的积累”以前，对剩余价值进行了比较抽象的、一般的考察，马克思才能确定剩余价值的来源。但资本的使命并不以简单剥削剩余价值为终结，它还要利用已经剥削得来的剩余价值为资本，以便剥削新的剩余价值，这就是“资本的积累”。所以，“资本的积累”又是一个比“资本”或“剩余价值”更为复杂丰富、更为具体的概念。

“资本的积累”是《资本论》第一卷中最复杂、最具体的概念，它包含了前此一切概念的内容，是第一卷中一系列概念的总结和终结。正是在“资本的积累”这一篇中，马克思表述了关于资本主义制度必然灭亡、剥夺者被剥夺的真理，而资产阶级正是因为害怕这个真理而憎恨《资本论》第一卷的出版。

但是，正如马克思在第三卷第一章的开始所指出的，整个第一卷还只是对资本主义这一整体的一个侧面（即资本的生产过程）作单独的、抽象的考察，在这里，马克思暂时撇开了资本的流通过程这一个侧面，可是，单纯的生产过程并“未曾完结资本的生产过程”。在资本主义生产这一客观具体事物中，生产过程是和流通过程结合在一起，统一在一起的。第一卷最后所讲的“资本的积累”，就其实际过程而言，经历着资本流通的三个阶段，这三个阶段便是《资本论》第二卷的研究对象。

《资本论》第三卷的总标题叫做“资本主义生产的总过程”，在这里，资本主义生产这个具体事物已经作为“一个丰富的、由许多规定和关系形成的总体”而呈现出来了，作为第一卷所研究的“资本的生产过程”和第二卷所研究的“资本的流通过程”两者的统一物而呈现出来了。这样，马克思在《资本论》中，就为我们揭示了资本主义生产的全部矛盾发展的整体。马克思的原话是：第三卷所要“发现和说明”的，是“资本的运动过程当做一个全体来看所产生的各种具体形态”①。正因为如此，马克思在第三卷里所提出的各种经济概念如“价格”、“利润”、“利息”、“地租”等等，便都是生产过程与流通过程统一的产物，都是一些极其具体的概念，它们都反映了资本主义这一客观具体事物中各种极端复杂的矛盾关系。前两卷中的概念同第三卷中的概念相比，都较抽象，较简单。以第一卷中“价值”的概念和第三卷中“价格”的概念为例：在具体现实中，总是只有商品的“价格”，而不会有单纯的、抽象的“价值”，“价格”总是给“价值”穿上了极其复杂的矛盾关系的外衣。所以“价格”比“价值”具体。又如在具体现实中，“剩余价值”总是以“利润”、“利息”、“地租”这些具有复杂关系的形态出现，而不会有一个既非“利润”，又非“利息”，又非“地租”的单纯的、抽象的“剩余价值”。所以，“利润”、“利息”、“地租”比“剩余价值”具体。

可以看到，马克思在《资本论》中所采用的由抽象到具体的辩证方法，是在吸取了黑格尔逻辑学中辩证方法的基础上形成的。黑格尔逻辑学由一开始最简单、最抽象的概念“纯存在”起，到末了最复杂、最具体的概念“绝对理念”止，就是一个由抽象到具体的发展过程。

※　　※　　※

马克思在1858年致恩格斯的信中说：他“偶然地把黑格尔的《逻辑学》再浏览一遍”，这对于他当时研究政治经济学的“工作方法”，“有一大劳绩”②。这“一大劳绩”就是指他的“资本论”采用了黑格尔逻辑学的矛盾分析法和由抽象到具体的方法。正因为如此，我们才会清楚地看到：一方面，黑格尔在逻辑学中，反对凝滞的思想方法，认为概念（“纯粹概念”）在自我矛盾发展过程中越来越丰富，越来越具体；另一方面，马克思在《资本论》中，也同样反对凝滞，认为概念（资本主义的经济范畴）会随着历史实践的矛盾发展而越来越丰富，越来越具体。当然，马克思是在对黑格尔的唯心辩证法“作了一番透彻的批判”之后才吸取其合理部分的。马克思说：“我的辩证法在根本上不仅是与黑格尔的辩证法不同，而且是与

---

① 马克思：《资本论》，第3卷，5页。
② 《马克思恩格斯通信集》，第2卷，324页。

它绝对相反。在黑格尔看来，思维过程……是现实事物的创造主，现实事物不过是它的外部现象。反之，在我看来，观念性的东西却不过是在人类头脑中变了位并且变了形的物质性的东西。”① 在黑格尔的逻辑学那里，由抽象到具体的矛盾发展过程是“纯思想”、“纯概念”自我运动、自我发展的过程，历史的发展不过是逻辑的发展的“印迹”；而在马克思的《资本论》中，这个方法却是人的认识、思想用来反映客观具体事物的方法，历史和逻辑的一致是建立在唯物主义基础之上的。因此，《资本论》对每一过程、每一阶段的分析，都是以铁的事实和历史实践为根据的，它的每一概念都是对客观的矛盾关系的反映，而不是黑格尔式的单纯逻辑推演的产物。列宁就《资本论》指出：“在这里，在每一步分析中，都用事实即用实践来进行检验。”② 恩格斯在 1891 年致施米特的信中把马克思的《资本论》和黑格尔的逻辑学作了一个简要而中肯的对比，他说：“如果比较一下马克思从商品到资本的发展与黑格尔从存在到本质的发展，你就会有一个极好的对照：一方面是具体的发展，如它在现实中所发生的那样；另一方面是抽象的结构。”这里所谓“抽象的结构”就是指黑格尔的“正反合”的公式或框架。黑格尔有时竟强迫事实去符合这个框架。和黑格尔相反，马克思在《资本论》中，则完全按照客观事实，从一个范畴的内在矛盾中分析出另一个范畴，又从另一个范畴的内在矛盾中分析出第三个范畴，如此前进，一直把矛盾发展的观点贯彻到底。

① 马克思：《资本论》第二版跋。

② 《列宁全集》，中文 1 版，第 38 卷，357 页。

本版附录一
学术自述*

我 1921 年 5 月出生于武汉市东西湖区的柏泉乡。新中国成立前，柏泉乡是一个小岛，四面环水，难与外界相通，我从小就听父亲说，这块地方是世外桃源。我祖父是乡间裁缝工，父亲张石渠靠借债读书，毕业于武昌高等师范，在武汉市中小学任教，他经常教育我，生长在柏泉这块土地上，就要像松柏一样有岁寒后凋的精神。我九岁前在乡间私塾念书，父亲寒暑假回家，教我背诵《论语》、《孟子》和《古文观止》。《桃花源记》是我背诵得最熟的名篇之一，父亲在我面前总爱称道陶渊明“不慕荣利”，“不为五斗米折腰”。柏泉乡的地理环境和父亲对我的教育，给我后来的清高思想和喜爱道家的思想带来了深刻的影响。我九岁时随父亲到汉口念小学，念到高中二年级时，文理分班，我选了理科班。原因是：一、在旧社会里学理工科的比较容易找职业；二、学理工可少与人打交道，很显然，这与我一贯的清高思想密切相关。1941 年春，我获湖北省高中毕业生会考第一名，但因曾骂过一个三青团员“只会胡闹，连最简单的几何题也不会做”，被列入黑名单。进步同学暗中通知了我，就在会考结束的次日，我们十几个人星夜逃离位于鄂西山区的母校，到了重庆。这时，我开始思索，为什么像我这样一个不关心政治的人也会被列入黑名单？我的同班同学有几位都是班上的佼佼者，为人正直，为什么被捕入狱？从那以后，我开始萌发了一点研究社会、改造社会的意愿。1941 年秋入昆明西南联合大学时，我选择了经济系，以为学经济是济世救民之道，可以说，从想学理科到想学经济是我志愿上的第一次转变。西南联大文科各系都把哲学概论列为公共必修课。我选修了贺麟先生讲授的哲学概论。贺先生在课堂上曾

---

* 原载《世纪学人自述》第五卷，北京，十月文艺出版社，2000。

讲到池塘里的荷花出淤泥而不染，乃是真正的清高，也是辩证法。贺先生的课似乎给我的清高思想提供了一个哲学上的说明。学了哲学概论之后，我觉得哲学比起其他人文学科来，更能直接接触人的灵魂，而且哲学似乎也更适合我一向爱沉思默想的性格。就在这样一个主要思想支配下，我于 1943 年转入哲学系，走上了哲学之路。从学经济到学哲学，是我志愿上的又一次转变。在哲学的海洋里，我如饥似渴地吸收能够学到的一切：经验论、唯理论，大陆哲学、分析哲学……由于贺先生的影响，最吸引我的还是黑格尔哲学和新黑格尔主义，我的大学毕业论文题目是《新黑格尔主义者布拉德雷的哲学思想》。联大毕业后，我被保送入清华大学研究院，后因家境贫寒，终于放弃了做研究生的愿望。毕业后，相继在南开大学、武汉大学和北京大学任教。曾经开设的课程有：形式逻辑、马列主义哲学史、列宁的《哲学笔记》、西方哲学史、西方哲学史原著选读、现代资产阶级哲学批判、黑格尔哲学、黑格尔的逻辑学、康德黑格尔哲学、新黑格尔主义、康德的《纯粹理性批判》等。曾任南开大学校务委员会委员、天津高等院校讲师助教联合会主席、北京大学校学术委员会委员、北大外国哲学研究所学术委员会主任、湖北大学哲学研究所所长；现为中华全国外国哲学史学会顾问、中西哲学与文化研究会会长、全国高等院校西方哲学学科重点学术带头人、国际“哲学系统”研究会会员、英国剑桥国际传记研究中心名誉顾问、《德国哲学论丛》主编。

我的哲学研究大体上可分为两个时期。第一个时期是 20 世纪 50 年代初期到 60 年代中期，此间我比较集中地进行了西方哲学史特别是黑格尔哲学的研究，发表了一些有关这方面的专著和论文。在这一时期，主要是 1958 年至 1966 年，曾负责《光明日报》“哲学”专刊的全面编辑工作，兼西方哲学方面的审稿工作。第二个时期是 1979 年以后特别是 80 年代中期至今，此间我除了继续西方哲学史和黑格尔哲学研究外，还着重从中西古今的比较研究入手，试图梳理出中西哲学各自的发展线索和二者的结合点，为未来的中国哲学和理想人格寻找一种可以选择的方向。

在西方哲学史的研究方面，我的重点有二：一是对西方哲学发展线索的研究。我认为在西方哲学史上，从中世纪到现代，人权和人的自由的发展大体上经历了三大阶段：在第一个阶段，人的个体性和自由本质受神权的压制，文艺复兴把人权从神权的束缚下解放出来；在第二个阶段，人的个体性和自由本质被放到了超感性的、抽象的本质世界之中，从而受到旧形而上学的压制；第三个阶段即黑格尔以后的现当代西方哲学，人的个体性和自由本质逐渐从彼岸世界和超验的抽象世界中解放出来而被放在现实具体的生活世界之中，人逐渐成了具有知、情、意的活生生的人。这是一个更能伸张人性，更能体现人的自由本质的阶段。另一个研究重点是对德国哲学特别是康德黑格尔哲学的研究。我系统研究了黑格尔哲学体系的绝大部分内容。我的《论黑格尔的逻辑学》和《论黑格尔的精神哲学》分别被认为是中国“系统论述”黑格尔哲学体系中这两个部分内容的“第一部专著”（见《论黑格尔的逻辑学》日译本译者序言及1987年《中国哲学年鉴》等）。除此之外，我还著有《论黑格尔哲学》、《黑格尔〈精神现象学〉述评》、《黑格尔〈小逻辑〉绎注》，还主编了《黑格尔辞典》。我认为，黑格尔的精神哲学是其全部哲学体系的最高峰，黑格尔哲学是关于人的哲学，精神哲学部分应比他的逻辑学部分受到更大的重视。新中国成立以后，大批中青年学者都曾读过我论黑格尔哲学的著作。1987年9月，我出席第14届德国哲学大会，大会主席马尔夸特教授在开幕式上曾特意介绍我是“中国著名的黑格尔专家”；1986年10月在瑞士卢策恩举行的国际哲学讨论会上，主持人格洛伊教授也介绍我为“中国著名黑格尔专家”。

随着形势的推移，也由于个人研究范围的拓宽，我近十多年来着重从西方现当代哲学的视角审视黑格尔哲学，认为黑格尔是西方旧形而上学传统的集大成者，黑格尔哲学归根结底压抑了人的个性、具体性和自由本质。我跳出了黑格尔哲学乃至德国古典哲学的范围，把研究重点转向了反映具体人性的现当代西方哲学家。近些年来，我最喜爱和研究最多的是尼采、狄尔泰、海德格尔和伽达默尔。

在研究西方现当代哲学及其对旧的“主体性哲学”的批判的同时，我感到欧洲大陆的现当代人文主义思潮虽与中国古代哲学大不相同，但又有某种相通之处，或者说中国古代哲学闪现了西方现当代哲学的某些火花。我着重把中国哲学与西方哲学都放在整个人类思想发展的历史长河中去评价其地位、作用和意义，试图会通中西哲学，找出中国哲学以至哲学本身的出路，为中国人也为人本身寻找“安身立命”之所。

我认为古希腊早期哲学不分主体与客体，按照海德格尔的说法，就是强调人与存在的“契合”（Entsprechen）；按照黑格尔的说法，就是“以东方式的精神物与自然物的实体性合一为基础”，有某种类似中国的天人合一思想之处。

由智者作准备，由柏拉图加以实现的哲学观点，是西方哲学史的一个转折点。自柏拉图开始，哲学主要地不再是讲人与存在的“契合”或精神的东西与自然的东西的“实体性合一”，而是把存在当做人所渴望的一种外在之物来加以追求。柏拉图哲学可以说开了西方“主体—客体”式之先河。但真正意义的“主体—客体”式是由笛卡尔开创的近代哲学之事。此种思维模式在西方又称“subject-obiect dichotomy”，我把它译作“主客二分”，亦即“主体—客体”式，或称“主客关系”。它不仅指主客之间的分离、对立，而且包括通过认识而达到的主客统一。“主体—客体”的思维模式，其要旨就是认为主体（人）与客体（外部世界）原来是彼此外在的，通过主体对客体的认识而利用和征服客体，以达到主客的对立统一。黑格尔是西方近代“主体—客体”式的“主体性哲学”之集大成者。西方现当代哲学家如尼采、狄尔泰、海德格尔、伽达默尔等人都不满意这种“主体—客体”式，他们认为哲学与人生不只是在主体与客体之间搭上认识的桥梁而已，有的哲学家把“主体—客体”式贬称为“主客桥梁型”。他们认为，人的现实的生活世界是作为知、情、意（包括下意识和本能在内）相结合的人与物交融在一起的活生生的整体，此种整体不同于“主体—客体”式思维所追求的对立统一体，所以上述西方现当代哲学家，还有一些哲学神学家，都强调不分主客或超越主客，对“主体”概念大加批判。

中国传统哲学有天人合一的思想，也有天人相分的思想，但天人合一占统治地位。天人合一不是主体与客体的统一，它缺乏主体与客体的划界，也缺乏在二者之间进一步搭上认识之桥的思想（当然，这并不排斥有些以主张天人合一为主的哲学家中包含了某些“主体—客体”式的思想成分）。明清之际以后，特别是鸦片战争以后，“主体—客体”式的思想成分逐渐抬头，传统的天人合一遭到批评。19 世纪末 20 世纪初的一批先进思想家谭嗣同、梁启超等人不断地向西方寻求真理：或明确提出区分“我”与“非我”，实即区分主客；或大力介绍西方自笛卡尔以来的“主体—客体”式和“主体性哲学”。孙中山的精神物质二元论更明显地是西方主客二分的思想。五四运动所提出的科学与民主两口号，从哲学上讲，实可归结为对西方“主体—客体”式和“主体性哲学”的追求，因为“主体—客体”式和“主体性哲学”正是强调作为主体的人对客体（包括自然和封建统治者）的支配权和独立自主性。一部中国近代思想史可以说就是向西方近代学习和召唤“主体性”的历史。只可惜我们的步伐走得太曲折，太缓慢了，直到80年代初才公开、明确地提出和讨论“主体性”问题。而当我们正热烈讨论新鲜的“主体性”问题之时，西方现当代人文主义思潮的哲学家们，例如上述的尼采、海德格尔等人却早已热衷于批判过时的“主体性哲学”和“主体—客体”式，甚至过激地提出“主体已经死亡”的口号，他们大多强调不分主体和客体，提倡一种有些类似中国天人合一的思想。中国传统的天人合一基本上是一种前“主体—客体”式、前主体性的思想，缺乏西方原来意义的主体性，不利于科学与民主的发展，而西方现当代的上述哲学思想则已经超越了“主体—客体”式，超越了“主体性哲学”。

我们当然不需要亦步亦趋地追随西方，先花几百年的时间补完“主体—客体”式和“主体性哲学”之课，再走批判和超越主客式的道路，我们应该把中西哲学结合为一。我们可以利用、吸取和发扬中国固有的天人合一思想之优点，例如它给我们提供某种高远的境界，但我们所需要提倡的境界不是前“主体—客体”式的，而是既包含又超越“主体—客体”式的。我国亟须发展科学与民主，那种贬斥“主体—客体”式和“主体性哲学”的观点是不切实际的，但我们应该正视“主体—客体”式和“主体性哲学”的弊端，不能停留在此阶段。我提倡一种超主客关系（不是抛弃主客关系）的理想人格和哲学原则。我还着重批评了儒家的天人合一说中一般把封建道德原则客观化、神圣化、绝对化为“天理”的旧思想，主张把人从永恒的抽象的“天理”中解放出来，使其还原为现实的、具体的人。我在这方面的研究成果集中体现在我的近作《天人之际——中西哲学的困惑与选择》之中，此书有好些章，在先前以单篇论文形式发表时，得到《新华文摘》和其他报刊的全文转载或摘要转载。我常常把某些现当代德国哲学家和中国的道家、陶渊明相联系，似乎又回到了我童年和青年时代的个性和思想爱好。从黑格尔研究转向尼采、海德格尔、道家和陶渊明，恍惚又回到了自己的家。

西方哲学史由旧的主客关系到现当代的主客不分或主客融合的转向，从另一个角度来看，也就是由“在场的形而上学”（metaphysics of presence）到在场与不在场相结合的思想的转向。主客关系的思维模式要求主体通过认识达到客体的本质概念或普遍性、同一性，认为哲学的最高任务就是从感性中直接的东西上升到理解中的东西，从而以“永恒在场的”本质概念或同一性为万事万物之根底，这种哲学观点把人引向抽象的概念世界，哲学变得远离现实，苍白乏味。现当代的人文主义思潮的哲学家如胡塞尔、海德格尔、伽达默尔、德里达等人不满足于这种“在场形而上学”，转而强调构成事物的背后的隐蔽方面的重要性，强调把在场的具体的东西与不在场的然而同样具体的东西结合为一个无尽的整体，认为这才是人实际生活于其中、实践于其中的活生生的世界。于是，旧形而上学所崇尚的抽象性被代之以人的现实性，纯理论性被代之以实践性（广义的，而非专指阶级斗争、生产斗争的实践）。哲学变得生动活泼，富有诗意，引导人进入澄明之境。哲学的这种转向在历史观、艺术观以及其他诸多方面都产生了重大影响。例如，在艺术观方面，由摹仿说转向显隐说；在历史观方面，由重历史原本、原貌之恢复，转向古今融合论；如此等等。我依据这种转向，主张改变旧的哲学传统仅仅讨论思维与存在、主体与客体、本质与现象、感性认识与理性认识、个别与普遍等等范畴的思维框架，而着重讨论在场与不在场、显与隐、古与今、思维与想象、相同与相通、言与无言、中心与边缘等哲学范畴，让我们的哲学呈现一番新气象。我在《天人之际》一书交稿和出版后的几年里，就上述观点发表了一系列论文，其中有几篇得到《新华文摘》等报刊的全文转载，现已集成一册，1999 年初由商务印书馆以《进入澄明之境——哲学的新方向》的书名出版。

我以为世界上的每一事物，包括每一个人，都是普遍地相互联系、相互作用、相互影响之网上的一个纽结、交叉点或聚集点，宇宙万物都与之处于或远或近、或直接或间接、或有形或无形、或重要或不重要的相互联系、相互作用、相互影响之中。但这些联系、影响、作用并非显现于当前，而是隐蔽于一事物的背后。因此，任何一事物都既有其出场（在场）的方面，又有其未出场（未在场）的方面，而显现于当前在场的方面总是以隐蔽于其背后的不在场的方面为根源或根底。这种根底不是抽象的同一性或普遍性概念，而是与在场方面同样具体的或现实的东西。例如张三其人当前在场的表现，就是植根于他的出身、禀赋、环境、教育、朋友等等不在场的因素之中，这些因素都不是抽象的概念，而是具体的或现实的东西，只不过相对于张三当前在场的表现而言，是不在场的东西而已。这种根底又是无穷无尽的，因为任何一种事物所植根于其中的因素是无穷无尽的，所以也可以说，这种根底是无底之底。我们讲哲学，总是要讲超越当前的东西，追究其根底。但我所强调的超越，不是像西方旧传统形而上学（"在场形而上学"）那样从具体的东西超越到抽象的同一性概念中去，以抽象的东西为根底，而是要从在场的具体的或现实的东西超越到其背后不在场的但却同样具体的或现实的东西中去，以无穷无尽的现实具体物为根底。旧形而上学所讲的超越可以叫做"纵向超越"，其特点是从具体到抽象；我所讲的超越可以叫做"横向超越"，其特点是从具体（在场的具体物）到具体（不在场的具体物）。

单纯依靠思维，依靠从感性认识上升到理性认识，最终只不过是撇开差异性以达到永恒在场的同一性，而不能超出在场的东西以达到不在场的东西，不能超出同一性以达到不同一性。但我认为哲学的最高任务不是仅仅停留于达到同一性（我无意否认找到同一性的重要），而是要达到互不相同的万物（包括在场的与不在场的、显现的与隐蔽的）之间的相通相融。要达到这个目标，不能单靠思维，而要靠想象。思维以把握事物间的同一性为目标，重在界定在场的某类事物，而想象则是一种把未出场的东西与出场的东西综合、融合为一个"共时性"整体的能力，重在冲破界限，超越在场，不仅冲破某一个别事物的界限以想象到同类事物中其他个别事物，而且冲破整个类的界限以想象到不同类的事物。想象扩大和拓展了思维所把握的可能性的范围，达到思维所达不到的可能。思维的极限正是想象的起点。

根据上述的思路，我以为我们的真理观应该突破（不是抛弃）主客符合说，强调把一事物置于它所处的无穷联系、作用、影响之网络中以如其所是地显现其真实性；我们的美学观点应该突破摹仿说和典型说，强调作品的诗意在于从在场的东西显现出（通过想象）隐蔽的东西，作品所留给我们的想象空间越大就越具有诗意；我们的历史观应该突破寻求历史原貌的观点，强调把古和今、过去和现在看成是运用想象而达到的相互显隐、相互在场与不在场的互通互融的历史整体。

我相信，这种拓展想象以超越在场、超越当前的限制与藩篱的哲学观点，既是具有现实性与实践性的，又是开放的和具有远大胸怀的。我的这些理论在《进入澄明之境——哲学的新方向》一书中有详细的阐述。

如何看待传统与现在的关系问题，也是我近些年来哲学研究的一个重要方面。在我看来，我们平常讲天人合一与主客关系，往往只限于讲人与自然或人与物的关系。其实，这两种关系也可以适用于古与今、过去和现在的关系，适用于今人对待古人、现在对待过去的态度问题。把古和今、过去和现在看成是互相独立、彼此外在的东西，认为研究历史只不过是把古的、过去的东西当做外在的客体、对象来对待，这种态度就是主客关系的思维模式和观点。反之，把古和今、过去和现在看成是一体的，没有孤立的古或过去，也没有孤立的今或现在，认为历史研究的最高兴趣就是要从古往今来的连续性和统一性中看待历史事件和人物，这就是主客融合的观点，或者借用中国哲学的术语来说，就是天人合一的观点。中国哲学只讲（撇开“天”的封建道德含义或义理含义等等不谈）人与自然、人与物的融合，而少讲现在与过去的融合。现当代许多力图打破主客关系模式，希望在东方找到启发的西方哲学家，也往往只讲人与自然的融合。在这方面，我赞同伽达默尔的观点，认为历史研究的真正兴趣和最高任务不能只停留于恢复过去的原貌，停留于对历史事件发生的时间、地点等事实性考证，甚至也不在于对作者本人之意图、目的和动机的甄别，而在于理解历史事件的意义。任何历史事件的发生，都有其经济的、社会的、文化的以及许多其他方面的背景，事件与背景构成一个有机整体。由于时间和历史的变迁，这些背景发生了变化，事件本身的意义也就发生了变化。因此，从这个角度看，历史事件的原本是恢复不了的。就传统而言，都有其相对的原本，原本是传统的始发言行。随着时间的推移，原本逐渐被认为是具有权威性的、天经地义的东西而为群体所接受，成为凝聚群体的力量，于是原本也就逐渐形成为传统。问题的关键在于，传统逐步形成的过程也是一个逐步远离传统的过程。但这种远离，不仅打破了原本的限制，扩大了原本的范围，也丰富了原本的内涵。而这种远离之所以可能，是解释使然。离开了现在的参照系就谈不上对传统意义和价值的解释。所以，解释历史传统的根本要义就在于指向现在，使过去的、已经确定了的东西生动起来，使远离我们的东西化为贴近我们的东西。正是由于传统与现在的这种结合，才在传统继承人面前展开一个新的、贴近自己的视域，一个新的世界。根据这种“通古今之变”的历史观点，我认为国学研究虽然也要包括考证之类的学问，但更重要的应该是联系我们现时代的参照系对我国的传统作出新的解释。这种参照系既应包括当今中国的现状，也应包括中国之外的世界。因此，处在当今改革开放之世，为了使中国哲学的研究大放异彩，我们不仅应当从世界的角度衡量中国哲学，而且应与外国学者直接对话，让外国学者了解中国哲学，同时也让中国哲学与西方思想相互撞击，并在撞击中互相融合。我国学术界近些年来片面地重国学而轻西学的倾向，不利于我国整个思想文化之发展，不利于中国哲学之研究。

近十多年来，我在一些国际哲学讨论会上的发言，大多以西方哲学、黑格尔哲学和中西哲学之结合为主题。1986 年 10 月，我参加了在瑞士卢策恩举行的主题为“唯心主义中和现代哲学中的统一性概念”的国际哲学讨论会，作了题为《黑格尔关于反思与对立统一性的学说》的公开演讲，当地报纸在报道中突出了我的到会和公开演讲。1987 年 9 月，我参加了在联邦德国吉森举行的第 14 届德国哲学大会，并在专题小组会上作了题为《西方哲学史上的主体性原则与中国哲学史上关于人的理论》的学术报告，会议期间，我接受了德国电台记者的采访。1988 年 5 月，我参加了在法国巴黎召开的国际辩证哲学讨论会，并在小组会上作了题为《黑格尔关于人的理论》的报告。1989 年 9 月，我参加了在美国芝加哥举行的纪念海德格尔诞辰一百周年的国际哲学讨论会，并在会上作了题为《海德格尔与道家》的学术报告。1990 年 7 月，我在日本京都大学作了题为《中国哲学界对黑格尔的研究与解释》的报告。1992 年 6 月，我在维也纳大学和德国美因兹大学作了题为《超越自我》的公开演讲。1995 年 3 月，我参加了在美国孟菲斯大学举行的第 8 届国际康德哲学大会，在小组会上作了题为《康德与中国哲学》的报告。1988 年 4 月，我在武汉主持召开了一次主题为“德国哲学中人的问题”的国际哲学讨论会。我所创办和主编的《德国哲学》丛刊，已出版了 18 辑，引起了西方学界的注意。德国《哲学研究杂志》1989 年第 43 卷第 2 册介绍我为“中国最著名的哲学家之一，近年来在西方也有名声”。近些年来，我陆续被英国剑桥国际传记中心收入《前五百名人录》第 2 版，《国际传记辞典》第 21、22、23、24、25、26 版，《国际知识分子名人录》第 9 版，《澳大利亚和远东名人录》第 2、3 版，被美国传记中心收入《国际杰出带头人指南》第3版，等等。

我集中著述的两个时期，一在“文化大革命”前，一在“文化大革命”后。“文化大革命”时期，无法进行学术研究，我曾借养病的机会熟读了唐诗三百首和宋词三百首，书斋成了我怡然自得的“桃花源”。1986年，我曾为我的书斋写了一首七绝：

凌乱诗书一榻斜，犹悬白石荔枝花。①
闲吟李杜豁胸臆，窗外任他噪暮鸦。

1975年，“白卷先生”被吹捧，我曾填过一首“采桑子”：

长空雁叫关河暗，荆棘纵横，翠叶凋零，洙泗之间走鼯鼪。
居然腐鼠成滋味，鸾凤惊鸣，竖子成名，义愤填膺泪欲倾。

这两首诗词也许可以算作是我十年动乱期间的代表作。我爱好中国古典文学、古典诗词，除小时受我父亲的教育影响外，更多地由于我已故的妻子彭兰（原北大中文系教授）的鼓励和帮助。1988年彭兰女士逝世，我曾写下了这样一副挽联：

春城弦诵喜结缡，争吟韵事，从此谁与正平仄！
人海徊徨承解惑，共诉衷肠，他生再面嗟沧桑。

熟读唐诗宋词以及妻子、子女和我之间的诗词酬和，对我近些年来试图结合中西哲学、结合思与诗于一体的思想道路，起了很大的作用。80年代中期以来我发表了一些饱含着个人之思的散文作品，最近我已将这些作品裒为一集，书名《北窗呓语》，由东方出版社于1998年4月出版。出版社于北大百年校庆之际在北大举行了此书首发式，作为对百年北大的献礼。我在书中表达的最主要的一个思想就是：“一个人必须以自己的思想作为他生活的家。”可以说，几十年来，我的哲学足迹就是在寻求这样的家，就是走在通往思想之家的途中。诗意地思，这是“天人合一”境界的必然要求。通常讲“思”，总是以人为主体，以人之外的物为客体，主体对客体进行思维。这是主客关系模式下的“思”。哲学家应超越主客关系，到达更高级的“天人合一”境界。

人生哲理两茫茫，探索追寻兴味长。思是一个漫长的没有终点的过程，也是一件痛苦的事情。然而，对于勤于思的人来说，这又

① 白石老人曾亲笔为我题字作画，“文化大革命”期间，老人的国画横遭批判，我始终将此画悬挂于卧室。

是一个给人以无穷愉悦的事情。我每当想通了一个问题，思得了一件哲学的事情之后，便觉有一个新的天地展现在我面前。近些年来，我常常有一种莫名的紧迫感和使命感，我真正体会到了“朝闻道，夕死可矣”的感情和含义。

本版附录二
改革开放——我哲学生涯的分水岭*

一

从 1949 年全国解放到 1978 年改革开放大约三十年的时间，是一个以政治压倒学术、代替学术的年代。我虽然在政治运动的夹缝中也做了一些学术研究工作，但在当时“要求进步”的思想指导下，我的著作和论文大多打上了“左”的教条主义的烙印，“大批判”成了这些论著的主线。我的研究领域是西方哲学，是非马克思主义的东西，根据当时的规定，对于这些东西首先是批判，批判其中的唯心主义和形而上学。针对西方哲学中马克思主义以前古典的东西，尚可在大批判的前提下根据具体情况，适当地吸取其中的“合理内核”，我那时的几本关于黑格尔哲学的著作和西方哲学史方面的论文，就是在这个固定公式下写成的。至于西方哲学中的现当代哲学部分，则更被判定为反动的、腐朽的资产阶级思想，有如洪水猛兽，不敢问津，即使出于某种需要在课堂上讲到它，那也只能是批判又批判。我在那个年代里也讲授过现当代资产阶级哲学课程，名称就叫做《现当代资产阶级哲学批判》，发表的几篇关于现当代资产阶级哲学的文章，题目也多带“批判”二字。

我的那些“左”的论著在当时曾得到社会上的好评与某些领导的赏识，许多报刊也常约我撰稿，由此可见那个时代的学术风尚之一斑。现在回想起来，我那部分“大批判”文字不过是在当时政治形势下的“一唱亿和”之作。那个时代从事哲学专业的人，称为“哲学工作者”，不能心存“哲学家”之想，意思是不能有自己独立的思想，只能做些注释和讲解马克思主义经典著作的工作，或者

---

* 原载《社会科学战线》，2008（1）。

像我这样以非马克思主义为专业的人，就只能做些“大批判”的工作。

在历次政治运动中，我虽因年轻，没参加过国民党、三青团，没有这方面的历史包袱需要做自我批判，但我的思想检查仍然接连不断，那就是检查我不问政治、自命清高的思想。我在那个年代里的为学道路，是一个与各种政治运动同行的过程，是一个与批判我个人不问政治、自命清高的思想检查同行的过程。两者同行的结果，无非是以政治压制学术、代替学术。我今天仍然认为学术应“走出象牙之塔”，但我从“象牙之塔”走出以后，却长期误入了一条“左”的教条主义的歧途。陶渊明诗云：“误落尘网中，一去三十年。”我有感于从解放到改革开放约三十年里所经历过的人生道路，也写了两句：“三十年华转眼过，天涯浪迹岁蹉跎。”“三十年”者，言其成数也。

“文化大革命”的十年里，我已经常反思新中国成立后我所走过的道路，而“文革”结束以后，随着改革开放浪潮的推进，我的思想更是逐渐地从政治独断和教条主义束缚下解放出来。“羁鸟恋旧林，池鱼思故渊。”我仿若一个飘摇在外、“一去三十年”的游子，踏上了返回自己思想家园的归途。我感到长期套在哲学脖子上的枷锁正在打开，“光明在望”。从此以后，我回到了纯正的学术研究的道路，开始了真正做学问的时期。在新的形势下，我个人的业务进展也比较大，青年时期就已萌发的哲学追求也似乎找到了一点边际。但“夕阳无限好，只是近黄昏”。80 年代初，我已是六十岁的老人了。苏老泉二十七岁发愤已恨晚，我与同辈人到花甲之年才有条件认真为学，未免可笑亦可悲。然而为了找回已失去的盛年，我仍以“人一能之己十之，人十能之己百之”的精神，勤耕至今。所以我在前两句诗之后又续了两句：“故园别久思归去，犹盼日西挥鲁戈。”我幻想挥戈返日，假我天年，得偿夙愿。

二

改革开放以来的三十年时间里，前八九年我仍以德国古典哲学、黑格尔哲学为主要研究方向，但不再以“大批判”为主线，而是纯正的学术性研究。这些研究成果主要体现在已出版的《黑格尔〈小逻辑〉绎注》、《论黑格尔的精神哲学》、《康德的〈纯粹理性批判〉》、《自我实现的历程——解读黑格尔的〈精神现象学〉》等著作和相关论文中。我还主编了《黑格尔辞典》，其中亲笔撰写的有10余万字。我又从德文原文翻译了德国著名哲学史家库诺·费舍的《近代哲学史》一书的部分章节，定名为《青年黑格尔的哲学思想》。在《黑格尔〈小逻辑〉绎注》中，对《小逻辑》一书，除逐节逐段作了较通俗的讲解外，还特别在"注释"部分下了一番苦功：一是用黑格尔注释黑格尔，即就同一问题，同一术语，不仅把散见在《小逻辑》各节中的相关论述集结起来，而且把黑格尔其他著作中的相关材料也搜集在一起，使读者对同一问题、同一术语的解释可以从我的注释中得到相互参照、相互发明的便利。为了注释黑格尔的某个论点、某个术语，我常常翻遍了他的全集。二是借用西方一些研究黑格尔的学者的讲解和注释以注释黑格尔，这实际上是采用了中国传统的集注办法。我对黑格尔哲学的整体把握和评价，在这段时期里也有一个新的转变。和"文化大革命"前着重批判黑格尔哲学的唯心主义不同，我更多地强调黑格尔哲学对他死后的西方现当代哲学的积极作用和影响，强调学习黑格尔哲学中关于人的主体性和自由本质的意义。我现在认为，黑格尔哲学既是西方传统形而上学的顶峰，更蕴涵和预示了传统形而上学的颠覆和现当代哲学的某些重要思想，例如现当代现象学的口号"回到事情本身"，其内涵和实质就可从黑格尔《精神现象学》序言关于"实体本质上即是主体"的著名命题中得到真切的理解和说明。我过去总爱说黑格尔是西方传统形而上学之集大成者，其实，更应该说，黑格尔是西方现当代哲学特别是人文主义思潮的先驱，现当代许多批评黑格尔哲学的大家们往往是踩着黑格尔的肩膀起飞的。

"文化大革命"结束后，我多次参加国际学术讨论会或应邀到国外讲学，所讲的内容多以西方哲学、黑格尔哲学为主题。我的学术视野大大地开阔了，这与改革开放的总的形势是分不开的。

80年代中后期以来，我的研究范围逐渐由德国古典哲学、黑格尔哲学转向现当代西方哲学与中国古代哲学，致力于中西哲学如何结合的问题特别是关于哲学何为与中国哲学向何处去等问题的研究。我的目标集中到一点，就是要探索出一个哲学发展的新方向，其成果体现在《天人之际——中西哲学的困惑与选择》（人民出版社，1995年第1版，2007年第2版）和《进入澄明之境——哲学的新方向》（商务印书馆，1999 年）两书中。与此同时，还写了《北窗呓语——张世英随笔》（东方出版社，1998 年），以随笔、散文形式凝结了我那一时期的哲学思想。

随后的几年里，我在按新的哲学方向继续探索的道路上，逐渐形成了一系列属于我个人的思想观点，其所涉及的领域除哲学本身所讲的本体论和认识论之外，还包括美学、伦理学、历史哲学，我越来越萌发了清理和系统化自己的哲学思想的打算。正好这时北京大学哲学系的负责同志要我以老教授身份为一年级本科生开设哲学导论课程。教学相长，我借此良机，把原先打算清理和系统化自己的哲学思想的意愿贯穿其中，完成了《哲学导论》一书（北京大学出版社，2002 年）。这是一本能代表我晚年哲学思想基本观点的著作。此书把我的哲学明确概括为“新的‘万物一体’的哲学”。它更系统地回答了《天人之际》与《进入澄明之境》两书中所提出的哲学何为与中国哲学向何处去的问题。“万物一体”（或“天人合一”）是中国本土文化的两大支柱——儒家和道家的哲学思想之核心，为人与人、人与自然的和谐相处提供了理论基础，但“万物一体”、“天人合一”，都缺乏西方“主体—客体”关系式的思想环节，荀子的“天人相分”有些类似“主体—客体”关系式，但荀子不像孟子那样属于儒家正统，“天人相分”始终没有在中国传统文化中占主导地位。我把中国思想史上占主导地位的“万物一体”、“天人合一”称作“前主客关系的万物一体”或“前主客关系的天人合一”。这种思想，因其不以区分主客为哲学原则，不重物我之分，不重认识论，不重作为主体的人对作为客体之自然物的认识与征服，因而也不能为发展科学提供哲学理论上的根据，徒有与自然和谐相处之主观精神境界，而缺乏认识自然、征服自然以达到与自然和谐相处的具体途径。我由此而主张把主—客关系纳入万物一体、天人合一的思想指导之下，我称这种超越主—客关系的万物一体、天人合一为“后主客关系的万物一体”或“后主客关系的天人合一”。这也就是“新的‘万物一体’的哲学”之“新”的含义。我以为中国哲学向何处去的问题可以从这里找到具体答案。在这种思想指导下，我认为哲学就是提高境界之学，即提高到一种超越主客关系的万物一体或天人合一的境界，也可以叫做“后主客关系的万物一体或天人合一的境界”。

但《哲学导论》一书中所讲的东西，主要是从个人精神修养方面看问题，缺少社会维度的思考。有的学者看了此书后，说我的哲学是“个人哲学”，称我为“个人哲学家”，委婉地含有批评之意。在该书出版后，我逐渐认识到，个人的精神境界是在其所生长的自然条件下和一个民族的历史文化传统的熏染下形成的，而后者尤具决定性的影响。文化有社会性，它不只是个人的精神境界，而且更准确地说，是整个民族的精神境界。提高人的精神境界（无论个人的还是整个民族的），与继承和弘扬一个民族的历史文化传统有深切的联系。这样，如何提高人的精神境界问题就变成了一个如何继承和弘扬民族历史文化传统的问题。我在刚刚由人民出版社出版的《境界与文化》一书（2007年）中集中探讨了这个问题。我着重讲了弘扬传统文化必须与吸取西方文化的优胜之处相结合而不能故步自封的观点。

改革开放三十年来，我们在克服中华传统文化中的封建主义糟粕、发扬人民民主、促进思想解放等方面，的确向前迈进了一大步。我个人在浪迹天涯三十年后踏上返回自我思想家园的归途中所取得的上述一系列学术成果，都是与改革开放的形势分不开的。撇开这些成果的质量不说，即使就数量而言，我在改革开放后的三十年所写的字数就几乎六倍于改革开放之前的三十年。而这后三十年，已是我的老迈之年。改革开放把先前套在哲学脖子上的绳索松绑以后，的确焕发了像我这样的“哲学工作者”的青春活力，让我深感庆幸。

正是改革开放的形势鼓舞着我，必须继续前行。改革开放，我把它理解为一场反封建专制主义的思想文化运动。中国传统文化有精华与糟粕两个方面，已是老生常谈，但欲思前进，则不能一味徜徉于对传统文化的颂扬声中，应清醒地意识到，传统文化需要新生，需要我们多思考一点如何去其糟粕的问题。中华文化长期累于封建专制主义及其各种变式之重负，释负不易。真正意义的民主、平等、自由、个性解放，至今人多嗫嚅而不敢直言，诺诺者千夫，谔谔者一士难求。更有甚者，因“久在樊笼里”，安于主人喂食之欢跃，以致乐不思蜀，丧失“羁鸟恋旧林”的本能，则尤令人悲叹。针对这些情况，我在《境界与文化》一书中初步表达了自己的一些意愿，如主张基本人权平等，增强平等之爱的道德意识，发扬自我批判、自我超越的精神，提倡科学的“自由”精神，培养对真理之爱的宗教感情，发掘道家传统中的科学基因，等等。实现这些意愿，意味着对封建传统势力的进一步清除，意味着一系列深刻的文化改革。但我以为只有这样，就个人来说，才有可能摆脱封建主义的樊笼，回归本己的精神家园；就民族来说，才有可能达到文化创新、民族复兴的光明前景。

本版附录三
精神哲学在黑格尔哲学体系中的地位*

黑格尔把他的哲学体系分为逻辑学、自然哲学和精神哲学三部分，这种分法实源于古希腊哲学。黑格尔说："这个内容（指哲学的内容——引者）在柏拉图这里开始分为三部分，我们可以区分为思辨哲学、自然哲学和精神哲学。思辨的或逻辑的哲学古代哲学家叫做辩证法。第欧根尼·拉尔修以及其他古代的哲学史家曾明白说过，在伊奥尼亚派创立了自然哲学、苏格拉底创立了道德哲学之后，柏拉图又加上了辩证法。这种辩证法……是在纯概念中运动的辩证法——是逻辑理念的运动。"① 的确，柏拉图虽然没有明白地把哲学分成逻辑学、自然哲学和精神哲学，但他的思想和著作实际上可按这种分法来划分，斯多葛派明确地把哲学区分为（一）逻辑学，（二）物理学或自然哲学，（三）伦理学（即精神哲学）三部分。它把整个哲学比喻为田地，逻辑学是这块田地的围墙，物理学或自然哲学是田地中的土壤，伦理学则是田地的果实。斯多葛派的这个比喻说明它对伦理学、对人的学问之重视。黑格尔的三分法吸取了斯多葛派的这个基本精神。

黑格尔认为，逻辑学是研究万事万物（一切自然现象和精神现象都包括在内）之根本、本质和核心的学问，而万事万物之根本在唯心主义者黑格尔看来就是概念——理念（最具体的概念，或者说，概念、范畴的体系就是理念），因此，逻辑学也就是研究概念——理念的学问。概念不仅是人的精神现象之根本，而且是自然现象之根本，它存在于一切客观事物之中，故又称"客观概念"；这种概念不是指特殊事物的概念，或者像黑格尔所说的，不是指带有"感性杂

---

* 原载《北京大学学报》，1982（3），后收入《学术的风采》（人文科学卷），北京，北京大学出版社，2005。

① 黑格尔：《哲学史讲演录》，第2卷，199页。

质”的概念，如桌子的概念、马的概念，而是指一切事物都具有的“最简单、最初步的，而且也是人人最熟知”的概念，即所谓“非感性”的概念，如有、无、一、多、质、量、因果、必然等等，逻辑学就以这种所谓“纯粹概念”为研究对象。“逻辑学，研究理念自在自为的科学。”① “逻辑学是研究纯粹理念的科学。”② 所谓“纯粹”，就是说，这样的概念是撇开了感性事物的，是最普遍、最抽象的，是“逻辑上在先”的。

但是，黑格尔是一个很重视现实的哲学家，他正确地看到，在现实世界中，“一”、“多”、“质”、“量”等概念总是同感性事物结合在一起的，现实世界中绝没有离开感性事物的概念。例如，没有离开一块石头、一棵树、一匹马的所谓纯粹的“一”，没有离开多块石头、多棵树、多匹马的所谓纯粹的“多”，没有离开石头、树木、马匹的所谓纯粹的“质”，没有离开石头、树木、马匹的所谓纯粹的“量”，如此等等。逻辑学既以脱离感性事物的“纯粹概念”为对象，则逻辑学只能是一个不现实的、最抽象的“阴影的王国”。这样，哲学便不能仅仅停留于逻辑学，它必须前进到自然哲学以至于精神哲学，这也就是说，逻辑学的“纯粹概念”必须表现于万事万物之中，黑格尔把这种向外的表现叫做“外化”。“外化”并不是指时间上先有“纯粹概念”，只是到后来，“纯粹概念”才一变而为自然事物。相反，黑格尔明白承认，尽管理念是“逻辑上在先”的，或者用他自己的话说，是“绝对在先的”，但另一方面，“自然在时间上是最先的东西”③。“外化”的意思不过是说，“纯粹概念”是万事万物的根本和核心，是万事万物之所以可能的前提，但是单有可能性，还不是现实性，单有核心，没有外表，还不是真实的事物，只有通过“外化”事物才是结合核心与外表、本质与现象于一体的现实的真实的事物。黑格尔说：“包含在单纯逻辑理念中的认识，只是我们思想中的认识的概念，而不是认识的现成的本来的面貌，不是现实的精神，只是现实精神的单纯可能性。”④ 我们说“纯粹概念”是“逻辑上在先”，这就表明“纯粹概念”只是从逻辑上讲、从道理上讲是“在先的”、根本的、第一位的，但它们本身并不是现实的事物。关

① 黑格尔：《小逻辑》，60 页，北京，商务印书馆，1980。

② 同上书，63 页。

③ 黑格尔：《自然哲学》，28 页，北京，商务印书馆 1980。

④ 《精神哲学》，见《黑格尔全集》，格洛克纳本，第 10 卷，20 页。

于这一点，英国黑格尔学者瓦莱士讲得很好，“纯思想的领域只是理念的幽灵——知识的统一性和实在性的幽灵，它必须再赋予血肉。逻辑的世界仅仅是（用康德的话来说）自然和精神的可能性，它是第一位的——因为它是第一原理的体系，但这些第一原理只能由一种认识到了靠解释自然事实而获得的心理经验之意义的哲学而明白表现出来”①。黑格尔把逻辑学看成是讲事物的“灵魂”的哲学，把自然哲学和精神哲学看成是“应用逻辑学”，这只是就“纯粹概念”比起自然现象与精神现象来是“逻辑上在先”而言，一旦离开自然现象与精神现象的“纯粹概念”，则失去其为灵魂的意义，而成为无血无肉、无所依附的幽灵。“上帝有两种启示，一为自然，一为精神，上帝的这两个形态是他的庙堂，他充满两者，他呈现在两者之中。上帝作为一种抽象物，并不是真正的上帝，相反地，只有作为设定自己的他方、设定世界的活生生的过程，他才是真正的上帝，而他的他方，就其神圣的形式来看，是上帝之子。”② 这里，“作为一种抽象物”的上帝，是指离开自然和精神的理念或“纯粹概念”，“真正的上帝”则是指体现着理念的现实世界。我们平常把黑格尔的逻辑学看得最高，这只是就它的对象——“纯粹概念”是自然现象和精神现象之所以可能的前提来说的，其实，逻辑学的内容是最抽象的，最不现实的，只有自然哲学和精神哲学才是研究现实世界的学问：自然包括时间和空间、无机物、植物和动物；精神是指人的精神，它也是现实世界的一部分。

“自然哲学，研究理念的异在或外在化的科学。”③ 这话的意思无非是说，自然现象中潜存着理念、潜存着“有”、“无”、“一”、“多”、“质”、“量”、“本质”、“现象”、“原因”、“结果”等等概念，自然现象不过是理念之表现。例如“一”这个“纯粹概念”，在自然现象中就表现为一块石头、一棵树、一匹马，“多”这个“纯粹概念”，在自然现象中就表现为多块石头、多棵树、多匹马，如此等等。概念是一种精神性的东西，只不过在自然现象中，概念是以一种无意识的、“冥顽化”的形式而存在的，只有人的意识活动才把概念从自然事物中解脱出来，也就是说，只有人的思想意识才能从现实的自然事物中抽象出概念。黑格尔的这个意思，并不难理解。我

---

① 瓦莱士：《黑格尔的精神哲学》，12 页，牛津，1894。

② 黑格尔：《自然哲学》，18 页。

③ 黑格尔：《小逻辑》，60 页。

们平常说，普遍的东西（共相）存在于特殊的东西（殊相）之中，两者在现实世界中结合为一个整体，只有我们人的思想意识才能从特殊的东西中抽象出普遍的东西。我们所说的这些话，同黑格尔所谓自然现象中潜存着概念，只有人的思想意识才能把概念从自然现象中解脱出来，实际上是一个意思：黑格尔所谓的概念或“纯粹概念”也是指普遍的东西；区别只在于黑格尔是客观唯心主义者，他把普遍的东西理解成为一种精神性的所谓“客观概念”，而我们唯物主义者则认为，普遍的东西本来存在于不以人的精神意识为转移的客观事物之中，概念只能是这种普遍的东西在人的头脑中的反映。

“自然界自在地是一个活生生的整体。”① 在自然界的发展过程中，逻辑理念这种精神性的东西能逐步克服自然现象的外在性，逐步克服自己在自然阶段中所处的无意识的、“冥顽化”的状态，从而达到统一性，达到有意识的状态，这就产生了人，产生了精神。“精神是自然的真理性和终极目的，是理念的真正现实。”② “精神是从自然界发展出来的。”③ “自然并不是一个固定的自身完成之物，可以离开精神而独立存在，反之，唯有在精神里自然才达到它的目的和真理。同样，精神这一方面也并不仅是一超出自然的抽象之物，反之，精神唯有扬弃并包括自然于其内，方可成为真正的精神，方可证实其为精神。”④ ——从这里，一方面可以看到，黑格尔是承认“自然在时间上是最先的东西”的事实的。不过，另一方面，这里也包含有更深一层的意义，即黑格尔并不停留于这一简单事实的承认，他作为一个客观唯心主义者，认为：精神不仅仅表现为它的抽象形态——逻辑理念，“不仅仅是自然界的形而上学理念”⑤，因而不仅仅“逻辑上”“存在于自然界之先”⑥；而且，精神作为有能动性的东西，有能力克服和扬弃它的否定面——自然事物，它是“自然界的目标”⑦或者说“目的和真理”，而作为预悬的目标，精神也可说是在自然界之先的。当然，这里的“在先”，不是指经验上的，而只是指精神暗藏或包含在自然界之中，自然界预先以精神为自己发展的终极目的。所以黑格尔说：“自由的精神作为自然界的目标是先于自然的，自然界是由精神产生的，然而不是以经验的方式产生的，

①② 黑格尔：《自然哲学》，34 页。

③ 同上书，617 页。

④ 黑格尔：《小逻辑》，212～213 页。

⑤⑥⑦ 黑格尔：《自然哲学》，617 页。

而是这样产生的，即精神以自然界为自己的前提，总是已经包含于自然之中。”①

黑格尔认为，精神不仅先于自然（就其作为自然界预悬的目标而言），而且就下述意义而言还先于逻辑理念：按照黑格尔哲学的基本理论和方法，他的每一个三一体都是一个对立面的统一体，都是具体真理，其中的正与反分开来看各自都是抽象的、片面的，而合则是正与反的“真理”——是具体的和现实的东西，在这个意义上，合比起正与反来，是“在先的”。同理，精神是逻辑理念与自然界的合与统一，因而精神先于逻辑理念和自然。逻辑理念是精神的抽象形态，是未表现于外的精神，不是现实中存在着的精神，因而是片面的；自然本身的特点是外在性，没有统一性，它是抽象精神的反面，因而也是片面的。在人的精神中，精神从自然的外在性中又回复到了自己，不过不是简单回复到原来的逻辑理念的抽象状态，而是进一步达到了具体的、现实的状态。“精神哲学，研究理念由它的异在而返回到它自身的科学。”② 人一方面是自然的一部分，一方面又是有理性的，所以人是自然和理念的统一。黑格尔说：“对于我们来说，精神以自然为其前提，而精神乃是自然的真理，从而是自然的绝对第一者（absolut Erstes，‘绝对在先者’）。”③ “关于精神的知识是最具体的，因而是最高的和最困难的。”④ 这里所说的“关于精神的知识”，就是指精神哲学。黑格尔在这里明确地告诉我们，精神是万事万物的“真理”，是最具体、最现实的东西，而精神哲学——关于人的学问则是“最高的”学问。这里所谓“最高”，就是指它的对象——精神，比起逻辑学和自然哲学的对象——逻辑理念和自然来，是最具体、最现实的东西。

黑格尔认为，精神的特点是自由。所谓自由，不是任性。“自由正是他物中即是自己本身中、自己依赖自己、自己是自己的决定者。”⑤ 所以精神乃是克服分离性、对立性和外在性，达到对立面的统一；在精神中，主体即是客体，客体即是主体，主体没有外在的客体的束缚和限制。整个自然界的发展就是趋向于这种统一和自由

① 黑格尔：《自然哲学》，617 页。

② 黑格尔：《小逻辑》，60 页。

③ 《精神哲学》，见《黑格尔全集》，格洛克纳本，第 10 卷，19 页。

④ 同上书，9 页。

⑤ 黑格尔：《小逻辑》，83 页。

的境界，这就是精神出于自然而又高于自然之所在，也是精神哲学之所以是最高的学问之所在。

根据以上所说，逻辑学、自然哲学与精神哲学三者间的关系可以概括为以下三点：

第一，从“逻辑上”说，理念是在先的东西（即所谓“逻辑在先”），在这个意义下，逻辑学是讲事物的“灵魂”的哲学，自然哲学和精神哲学不过是“应用逻辑学”。

第二，从时间上说，自然是最先的东西，它先于人的精神，先于逻辑理念。

第三，从自然预先以精神为自己发展的目标来说，精神先于自然；从精神是理念和自然的统一与“真理”，是最现实、最具体的东西来说，精神更是“绝对在先者”。精神哲学是最高的科学。

黑格尔在《精神哲学》的最后三节（第575～577节）和《小逻辑》第187节中，谈到了哲学体系三部分中的每一部分都可成为联结其他两部分的“中项”，他在那几处特别是《小逻辑》第187节所谈的意思，实际上颇相当于我们这里所总括的三点。

关于自然可以成为“中项”的问题，《小逻辑》说：“在这里，首先，自然是中项，联结着别的两个环节。自然，直接［呈现在我们面前］的全体，展开其自身于逻辑理念与精神这两极端之间。但是，精神之所以是精神，只是由于它以自然为中介。”① 说自然“直接［呈现在我们面前］的全体”，意思就是说，自然具有直接性，在时间上是最先的东西。②

关于精神可以成为“中项”的问题，《小逻辑》说：“第二，精神，亦即我们所知道的那个有个体性、主动性的精神，也同样成为中项，而自然与逻辑理念则成为两个极端。正是精神能在自然中认识到逻辑的理念，从而就提高自然使回到它的本质。”③ 这段话正是告诉我们，精神凭着自己的能动性，能克服它的否定面（自然）而回复到自身，也就是说，精神是自然预定的目标，精神先于自然。《精神哲学》中说，在精神中，“科学（指哲学——引者）表现为一

① 黑格尔：《小逻辑》，364～365页；并参阅《精神哲学》，见《黑格尔全集》，格洛克纳本，第10卷，474页。

② 参见黑格尔：《自然哲学》，25、28页。

③ 黑格尔：《小逻辑》，365页。

种主观的认识，这种认识的目的是自由，并且，这种认识本身就是产生出自由的道路”①。这里正是强调精神的特点是自由，实际上也说明了精神哲学是最高的科学。

关于逻辑理念可以成为“中项”的问题，《小逻辑》中说：“第三，同样，逻辑理念本身也可成为中项。它是精神和自然的绝对实体，是普遍的、贯穿一切的东西。”②《精神哲学》中说：“理念把自己判断为或区分为两方面的现象（§§575、576）（这两节是谈的自然与精神——引者），这种判断把二者规定为它的（自我认识的理性的）显现。”③ 这两段话明确地告诉我们，自然与精神是逻辑理念的显现，实际上说明了逻辑理念是“逻辑上在先”的东西，是“绝对实体”，说明了自然哲学和精神哲学是“应用逻辑学”。

以上这些，既是黑格尔哲学体系三部分的关系，也是精神哲学在黑格尔哲学体系中所处的地位。

黑格尔关于哲学体系的三分法，早在法兰克福时期就已有了雏形，那时的三部分是：（一）逻辑学和形而上学，（二）自然哲学，（三）伦理学。在耶拿时期，逻辑学和形而上学叫做“思辨哲学”或“先验唯心论”，而自然哲学和精神哲学则总称为“现实哲学”。

黑格尔把精神哲学推崇为“最高的”学问，是他强调人的尊严的表现。他在伯尔尼时期，曾致函谢林说：“人类被提升到了一切哲学的顶峰，这个顶峰高到令人头昏眼花。但是人类为什么这么晚才想到重视人类的尊严，赞赏人类可与一切神灵同等并列的自由能力呢？我相信，人类本身受到如此尊重，这一点乃是时代的最好标志。围绕在人世间的压迫者和神灵头上的灵光正在消失，就是一个证明。哲学家们正在论证人的这种尊严，民众将学着去体会这种尊严，他们不是乞讨他们的受到践踏的权利，而是自己恢复——重新占有这种权利。”④《哲学全书》对人的精神的推崇和青年黑格尔在这封信中对人的尊严和自由的尊重，不是没有联系的。

现在的问题是，精神哲学所讲的精神既然是指人的精神，那么，说精神是自然的真理，是“绝对在先者”，岂不意味着黑格尔的哲学

① 《精神哲学》，见《黑格尔全集》，格洛克纳本，第10卷，475页。

② 黑格尔：《小逻辑》，365页。

③ 《精神哲学》，见《黑格尔全集》，格洛克纳本，第10卷，475页。

④ 《黑格尔通讯集》，第1卷，24页，汉堡，1952。

是主观唯心主义吗？

黑格尔经常用“我”这个代名词表示精神的特征——主体与客体的同一，因为“我”是自我意识的，只有在自我意识中才有“我”，而自我意识就是主体与客体的同一。黑格尔说：“思维的本质事实上本身就是无限的。……当我以一个思想作为思考的对象时，我便是在我自己的本身内。因此，我、思维，是无限的。因为，当我思维时，我便与一个对象发生关系，而对象就是我自己本身。”①又说：“感性的事物是互相排斥，互相外在的。这是感性事物所持有的基本性质。……但思想或自我的情形恰与此相反，没有绝对排斥它或外在于它的对立者。自我是一个原始的同一，自己与自己为一，自己在自己之内。”② “对必然性加以思维，也就是对上述最坚硬的必然性的消解。因为思维就是在他物中自己与自己结合在一起。思维就是一种解放……这种解放，就其是自为存在着的主体而言，便叫做我；就其发展成一全体而言，便叫做自由精神。”③

不过，黑格尔并没有因此而得出主观唯心主义的结论，并没有因此而认为“我”这个个别人的精神（例如张三的精神、李四的精神）或人类一般就是绝对。

黑格尔所讲的“我”，不单纯是指张三、李四这样特定的“我”，“我”的基本含义乃是指“概念的绝对否定性”或“自我同一性”，亦即指“自我能忍受其个体直接性的否定，能忍受无限的痛苦，即是说，能在这种否定性中肯定地保持其自身、能与自身同一”④。——这也就是上引几段话中关于精神、思维是自我的中心的意思。“我”的这一基本特征不仅是个别人的精神所具有的，不仅是所有个人的精神都共同具有的，而且也是一切事物的真理之所在，或者换句话说，一切事物只有在“自我同一性”中——在最高的统一性即“绝对”中，才是最真实的。所以黑格尔认为，“绝对”也就是“我”，就是“精神”。“绝对是精神；这是关于绝对的最高定义。”⑤ “那使感觉的杂多性得到绝对统一的力量，并不是自我意识的主观活动。我们可以说，这个同一性即是绝对，即是真理自身。

① 黑格尔：《小逻辑》，96～97 页。

② 同上书，121～122 页。

③ 同上书，325～326 页。

④ 《精神哲学》，见《黑格尔全集》，格洛克纳本，第 10 卷，30～31 页。

⑤ 同上书，35 页。

这绝对一方面好像是很宽大，让杂多的个体事物各从所好，一方面，它又驱使它们返回到绝对的统一。”① （着重号是引者所加）可以看到，黑格尔不是主观唯心主义者，而是客观唯心主义者。

“绝对精神”与人的精神的区别在于，“绝对精神”是指无所不包的统一的整体，人的精神只是这个整体发展过程中的一个部分、一个阶段（当然是其最高的部分、最高的阶段）；“绝对精神”是最完全的精神，它体现于人的精神之内，但人的精神一般地说是不完全的，因为人总有其私人的、主观的方面，人的精神只有当其发展到哲学精神的地步，就像精神哲学的最高阶段——哲学的认识那样，才达到最完全的精神——“绝对精神”的境界。② 在这个意义上，“绝对精神”可以说是人的精神的最高形态，也正因为如此，黑格尔的精神哲学——关于人或人的精神的哲学，其最后阶段必然是“绝对精神”。

黑格尔往往把“绝对精神”叫做上帝，但他所说的上帝并不具有个别人所具有的那种人格，因为上帝不是有限的个人；说上帝有人格，那也只是说上帝是精神，并且只是说上帝是最完全的精神，而不是说上帝是有限的精神。

不过，黑格尔在区别“绝对精神”与人的精神的同时，却更多地强调二者的同一性。“绝对精神”是包括自然现象和人的精神现象的统一体，“绝对精神”体现于二者之中：自然现象是“冥顽化”的精神，人的精神是达到自我意识的精神，或者换句话说，精神的特征（自我同一性）在自然阶段尚是潜在的、不自觉的，而在人的精神阶段则是明白发挥出来了的，是自觉的；但无论自然还是人的精神都贯穿着同一个精神。整个“绝对精神”的发展过程（由自然现象到人的精神现象的发展过程）就是由“冥顽化”的精神到自觉的精神的发展过程，也就是由外在性和必然性到达统一性和自由的发展过程，而人或人的精神，特别是人的哲学精神或哲学认识居于“绝对精神”发展的顶峰。

我们平常强调精神与自然的对立，强调没有人，自然也独立存

① 黑格尔：《小逻辑》，122 页。

② 参阅黑格尔《小逻辑》83 页：“当我思维时，我放弃我的主观的特殊性，我深入于事情之中，让思维自为地做主。”这里所说的“思维”就是指哲学的思维。黑格尔认为，人只有从事哲学的思维、哲学的认识，才能克服个人“主观的特殊性”，即克服私人的、主观的方面，而“深入于事情之中”，达到最完全的精神——“绝对精神”。

在。这种强调当然是不正确的，但是这一点，黑格尔也是承认的，要不然，他怎么会明白宣称“自然在时间上是最先的东西”呢？不过更重要的是，在黑格尔看来，没有人的世界，或者说，如果“绝对精神”没有发展到人的精神的地步，那么，它（单纯的自然）就是一个冥顽不灵的世界，是一个发育不全的世界。说这样的世界“冥顽不灵”、“发育不全”，就是说它未能发展到把事物的“自我同一性”明白地自觉地表现出来；只有人，只有人的精神、人的自我意识才能做到这一步，就此而言，也可以说，“人为万物之灵”。这里应该重复声明的是，黑格尔这种看法也不表示他是一个主观唯心主义者；黑格尔的中心思想乃是强调“自我同一性”是万事万物的真理，而只有人的精神才能有意识地把这个真理表而出之，黑格尔说：“我们可以举出我作为自为存在最切近的例子。……当我们说我时，这个‘我’便表示无限的同时又是否定的自我联系。我们可以说，人之所以异于禽兽，且因而异于一般自然，即由于人知道他自己是‘我’，这就无异于说，自然事物没有达到自由的‘自为存在’，而只局限于‘定在’［的阶段］，永远只是为别物而存在。”①“自为存在”是包含他物于自身之内的存在，是“一”。黑格尔举“我”作为“自为存在最切近的例子”，以说明人之所以不同于一般自然，就在于“人知道他自己是‘我’”，在于人意识到他是“自为存在”，即是说，人能意识到“自我同一性”，而“自然事物没有达到自由的‘自为存在’”；即是说，自然事物没有意识到“自我同一性”。英国黑格尔学者芬德莱说：“在黑格尔看来……意识就是把普遍性和统一性从特殊性和多样性中解脱出来的活动，是用前者解释后者的活动。”② 可见人的“灵明”决不意味着人的精神能强加给自然以外来的秩序（像康德所主张的那样），相反，人的“灵明”只在于人能把本来潜藏于自然中的普遍性和统一性“解脱”出来，表白出来。

以上这些，说明黑格尔既注意了人的精神和自然的同一，又强调了人的精神区别于自然和高出于自然之处，强调了精神哲学在其哲学体系中的崇高地位。黑格尔的这些思想是很深刻的。黑格尔在这里所表现的唯心主义精神的“异在”，因为“异在”的、“冥顽化”的精神毕竟也还是精神！

黑格尔把整个世界看成是“绝对精神”，是针对法国唯物论而发

---

① 黑格尔：《小逻辑》，212 页。

② 芬德莱：《黑格尔再考察》，41 页。

的。法国唯物论者的机械观使他们看不到真实的东西是对立面的统一，黑格尔却洞察到了这一点。但他对他所洞察到的东西作了唯心主义的曲解，他认为只有精神才是对立面的统一；而为了说明整个世界是对立面的统一，他更进而主张世界的本质是精神，自然也是精神的表现（“异在”）。

黑格尔关于最真实的东西是对立统一的思想，在古希腊哲学中已有其根源，14 世纪的神秘主义者艾克哈特（Meister Eckhart）和 17 世纪的通神学者波墨（J. Böhme）的思想对黑格尔的精神学说也有重大的影响①；但黑格尔这一学说最直接的来源却是康德的“统觉的先验统一”说和费希特关于“自我”的哲学。

康德主张，“我思”或自我意识“伴随”着“我”的其他一切表象、情感、欲望等等；只有就“我”能意识到“我”自己是观察一切对象的唯一中心点而言，这些对象才有可能对于“我”来说是对象。把这些对象聚集在一个有意识的焦点之上的统一活动，康德称之为“统觉的先验统一”或“自我意识的先验统一”。康德认为自我意识并不是收纳外来各种毫不相干的经验材料的容器，反之，自我意识能使自身分化为范畴，分化为客观性的各种普遍形式；自我意识除了上述的统一作用之外，没有别的内容，它不是一个具有其他特性的什么“实体”。——康德关于自我意识的这一基本思想为黑格尔所继承，黑格尔所讲的精神或“我”也不是一个外在于经验材料的容器，而只是一种统一的活动。当然，黑格尔在继承康德这一思想的同时，也批判了康德的主观唯心主义，同时还指出了他所谓“伴随”的提法的错误。

费希特明确地把“自我”规定为断定自己存在的活动，认为除自我意识外不能有“自我”。费希特企图在“自我”的范围内说明“自我”为什么要设置异于自身的“非我”，特别是说明“自我”为什么要设置“非我”来限制自己，打扰自己。费希特揭示了主体与客体的矛盾，这是费希特哲学的一个进步和优点，对黑格尔的精神学说很有启发。但是费希特没有像黑格尔那样进而认识到“非我”完全不是异己的，认识到“非我”与“自我”、客体与主体的完全的、真实的统一性；这种统一性在费希特哲学中，永远只是一种“应该”，一种信仰，而不能成为现实性。不过，无论如何，黑格尔

① 参阅拙文《西方哲学史上关于多样性统一的认识理论》，载《社会科学战线》，1981（4）。

的精神学说毕竟在很大程度上继承了费希特的“自我”哲学，甚至黑格尔的很多术语如“向心力”、“离心力”以及“反思”等，也都渗透着费希特的隐喻。

精神哲学按精神发展的阶段分为三个部分：

第一，“主观精神”。“主观精神”是指个人的精神，如张三的精神、李四的精神。这是尚未表现于外部社会制度之中的精神，所以它是“在自身关系（Beziehung auf sich selbst）形式下的精神”①，即内在的、未与自身以外的他物发生关系的精神，也可以说，“它的存在是自足的（beisich）”②。

这一部分颇相当于现代心理学的内容。

精神的发展必然要超出自身而进入自身以外的他物，这就是——

第二，“客观精神”。“客观精神”是个人主观精神的外部表现，例如法律、道德、政治组织等等都是。“客观精神是现实性形式下的精神，即实现于由精神所创造和将由精神所创造的世界之中的精神。”③黑格尔在这里所说的“世界”，就是指法律、道德、政治组织等等。黑格尔认为，在这个“世界”里，“主观精神”的自由“表现为必然性”④。

黑格尔在这一部分中主要阐述了他的伦理学和政治哲学。

黑格尔认为，“主观精神”与“客观精神”都是“有限的精神”，都意味着主客之间的“不协调”。而精神的本质是无限的，因此，精神的发展必然要超出有限以达到无限。不过，有限性并不是与无限性绝对对立的，有限性是精神自己设置的，是“它自己内部的幻象”(das Scheinen innerhalb seiner)，它潜在地设置这个“幻象”作为自己的限制，为的是扬弃这个限制，以实现主客的统一，实现自己的自由，使自己完全地“显现出来”⑤，这就是——

第三，“绝对精神”。精神在这个阶段中认识到了它自己即是万事万物的原则和真理，万事万物不过是它自己的表现，认识到了对象和它自己、客体和主体是同一的；正因为如此，“绝对精神”可以说就是“主观精神”与“客观精神”的统一。这样，在“绝对精神”的阶段，特别是在其最高形式哲学的认识中，人的精神与“绝对精神”就合二为一了，也就是说，“绝对精神”在人身上，特别是在人

①②③④ 《精神哲学》，见《黑格尔全集》，格洛克纳本，第10卷，39页。

⑤ 同上书，41～42页。

的哲学认识中完全地显现了自己。

黑格尔在“绝对精神”部分所讲的，是他的艺术观、宗教观和哲学观。

黑格尔的精神现象学是包括逻辑学、自然哲学和精神哲学在内的哲学体系的“导言”①。但《精神现象学》所讲的人的意识发展史和《精神哲学》的内容约略相当。《精神现象学》中意识发展的前三阶段（“意识”、“自我意识”、“理性”）约相当于《精神哲学》的“主观精神”部分，第四个阶段（“精神”）约相当于《精神哲学》的“客观精神”部分，第五、六两阶段（“宗教”、“绝对知识”）约相当于《精神哲学》的“绝对精神”部分。当然，《精神哲学》并非《精神现象学》的简单重复，特别是《精神现象学》中关于人类社会历史的许多生动的描述和深刻的见解，其中贯穿的革命朝气，都是《精神哲学》所不能企及的。不过，无论如何，就现成的两部著作来看，《精神哲学》中相当多的一部分是按《哲学全书》的要求和模型重写《精神现象学》的主要内容。为什么会发生这种现象？原来黑格尔对《精神现象学》与哲学体系间的关系的看法上，有一个转变过程。

黑格尔在出版《精神现象学》时（1807 年），本来计划把它作为哲学体系的第一部分，把逻辑学、自然哲学和精神哲学作为第二部分：他不仅在《精神现象学》的初版封面上写下了“科学体系的第一部分”等字样，而且在这部著作的结束语中预告了第二部分的内容是“逻辑”、“自然”与“历史”。这个计划在 1812 年《大逻辑》第一版序言中又更明确地重申了一次，只不过把原先预告的“历史”部分改名为“精神”了。1817 年，《哲学全书》出版，黑格尔的“科学体系”的两大部分就算全部完成。但他在写《哲学全书》的逻辑学部分时，就似乎有懊悔之意，觉得不该在《精神现象学》中把本应在第二部分中具体讲述的东西提前讲了。② 黑格尔颇想把精神现象学不再看成是“科学体系的第一部分”，而只把它看成是一个简单的绪论就行了。也许是因为这个缘故，他在临死前不久准备修订《精神现象学》时，把初版时封面上的“科学体系的第一部分”等字样删掉了，而且 1831 年在《大逻辑》第一版序言的有关地方还补注了这么几个字：“这个标题（指‘科学体系’——引者）在下次复活

① 参阅拙著《黑格尔〈精神现象学〉述评》前言。

② 参见黑格尔：《小逻辑》，93～94 页。

节出版的第 2 版中，将不再附上去。”此外，1817 年初版的《哲学全书》第 36 节还有几句话可资佐证：“我早先已经把精神现象学，即意识的科学史，作为哲学的第一部分加以研讨了，意思是把它看成为纯粹科学的前导，因为纯粹科学是其概念的产物。不过同时，意识及其历史，和每一门别的哲学知识一样，不是一种绝对的开端，而是哲学圆圈的一环。”① 事实上，黑格尔在 1817 年《哲学全书》初版的“精神哲学”部分中，就已经把《精神现象学》所讲的意识发展史作为“哲学圆圈中的一环”——作为《哲学全书》的“一环”（不是像 1807 年那样把这些内容作为“开端”，作为哲学体系的“第一部分”），基本上作了一些重述。凡此种种，都说明黑格尔自 1817 年以后，虽然还继续提到精神现象学是哲学体系的第一部分，但已经不再强调这种关系了。

① 《黑格尔全集》，格洛克纳本，第 6 卷，48 页。

本版附录四
黑格尔关于“反思”和对立统一的学说*

一、历史背景

黑格尔所处的时代，就一般的社会状况来说，是德国资产阶级革命的前夕，社会动荡，人心思变；就自然科学和人们的思想方法来说，在17—18世纪这个时期，“非此即彼”的形而上学的思想方法（即康德以前的那种旧形而上学所用的方法）占主导地位，康德在近代哲学史上才第一个打破形而上学方法的缺口。用黑格尔自己的语言来说，他所处的时代可以叫做“分裂”（Entzweiung）的时代、“异化”（Entfremdung）的时代。“分裂”最能说明他那个时代的社会状况和思想方法的特征。有各式各样的“分裂”，例如把自然的整体割裂成一个片面、一个片面地来孤立地加以研究；把宇宙看成是一个没有有机联系的、没有生命的机械的东西；认识的主体不能真正认识客体的真相，不能真正把握客体；社会和个人之间处于分裂对立状态，人们不满意社会；个人与个人之间也是彼此格格不入；人们向往自由，可是必然性束缚住自己，二者彼此对立；如此等等。黑格尔把这些现象归结为主体与客体的分裂、对立，自由与必然的分裂、对立，个人与社会的分裂、对立，自由与命运的分裂、对立，有限与无限的分裂、对立等等。他还把具有这种分裂、对立的特征的社会专门叫做“异化”的社会。“异化”的社会实际上就是分裂、对立的社会。

黑格尔美化古希腊城邦制共和国，认为那时候人与人之间是靠

* 本文系作者在1986年10月初于瑞士卢策恩举行的主题为“唯心主义中和现代哲学中的统一性概念”的国际哲学讨论会上的公开演讲。德文原稿载该会论文集，瑞士，伯尔尼，Peter Lang 出版社，1987。中文稿载《德国哲学》丛刊，第5辑，北京，北京大学出版社，1988。

一种伦理关系来维系的，是一个没有异化的社会，是一个统一而没有对立的社会历史时期。只是到罗马帝国时期，才开始出现异化，这一异化的现象一直延续到他所处的时代，而法国大革命则是异化的极端，这个时期是只有对立而没有统一的社会历史时期。在黑格尔看来，社会异化，人们的思想方法处于非此即彼的形而上学方法统治之下，这就会使人的精神得不到寄托，得不到归宿，所以这是人类历史的一个病态。如何对待这个病态？必须有药方来治疗。这个药方在黑格尔看来，就是“调和”（Versöhnung）。他认为只有把对立面调和起来，才能医治分裂的病态。黑格尔认为，他所面临的时代已经有了调和的趋势。他在《精神现象学》序言中说：“我们这个时代是一个新时期的降生和过渡的时代”，“黎明”已经到来。他在这里还说，这个时代“仅仅是逐渐增长的渐进性的中断”，即将发生“质的飞跃”。他所说的“黎明”就是指：这个时代是矛盾即将解决的时代，是分裂即将得到调和、对立即将得到统一的时代。这说明黑格尔还在他的早年时期就对社会前景充满希望，充满革命朝气。我们在“文化大革命”中，甚至在“文化大革命”以前，往往把黑格尔所讲的“调和”理解成保守的，甚至反动的，理解成形而上学的静止的观点。现在一般说来，我们已经认识到，这种看法是错误的，是曲解了黑格尔的原意。

历史已经发展到调和的“黎明”了，现在的问题是需要对这个趋势从哲学理论上加以说明，这是一个哲学家的任务。黑格尔认为他作为一个哲学家理应肩负这个任务，解决这个课题。这个任务并不是从黑格尔才开始提出的，事实上，他的先驱者康德、费希特、谢林已经在从事这项工作，只不过他们由于处在一项大的工程的开端，没有也不可能真正把对立面的分裂加以调和，使对立真正统一起来。例如在康德那里，有限与无限、现象与本体、主体与客体，归根结底是彼此分裂的，但即使是康德，他还是希望达到统一的，在他看来，“理性”的最高要求实质上就是达到对立面的最高统一。黑格尔从青年时期起，就立志要解决这个理论问题。他在《谢林哲学体系与费希特哲学体系的差别》一文中就明确讲道：哲学的中心任务就是“扬弃分裂”①。扬弃分裂也就是达到对立面的统一。可见，把握对立统一乃是黑格尔自己给自己提出的历史任务。如果不

① 《黑格尔著作》，理论版，第2卷，95页。

了解这一点，那也就不可能理解黑格尔哲学的中心思想。事实上，黑格尔一生的理论活动也确实是紧紧围绕着这个问题进行的，他的整个哲学体系就是要解决这样一个问题。

二、认识真理的最高形式是把握对立统一

黑格尔认为，感官所把握的东西，总是多样性的、有限的、个别的，都不是最真实的。平常人对感性的东西却不善于进一步加以否定，不善于超出个别的东西。黑格尔说，如果一个人能否定和超出感性的有限的东西，那么这个人就开始有了哲学的头脑。“我们面前有两种规定，一是普遍者、自在自为的存在者，一是特殊者和个别者的规定、个体性。至于特殊的、个别的东西，我们不难指出，它总是受限制的东西，它的概念总要依赖他物，它是有待的，不是真正独立存在的，因而不是真正实在的。因此斯宾诺莎从确定的东西着眼，提出了 Omnis determinatio estnegatio 这个命题；因此只有未特殊化的、普遍的东西是真正实在的，只有它是实体性的。……斯宾诺莎把思维在自身中的单纯统一说成了绝对的实体。”“一般地应当指出，必须把思维放在斯宾诺莎主义的观点上；这是一切哲学研究的重要开端。要开始研究哲学，就必须首先做一个斯宾诺莎主义者。”因为，“这种对一切特殊物的否定，是每一个哲学家都必须达到的；这是精神的解放，也是它的绝对基础”①。

通过对特殊的、有限的东西的否定，其结果就是达到普遍的东西，所以在黑格尔看来，哲学的本质的开端是认识普遍的东西。可是这个普遍的东西不是脱离特殊的东西的，它是包含特殊的东西在内的普遍，叫做具体的普遍。具体的普遍归根结底就是对立面的统一。

如何把握对立统一？如何认识真理？黑格尔认为要经过三种形式，亦即经过三个认识阶段：

第一阶段是“经验”（Erfahrung），这种形式是“直接知识”（unmittelbares Wissen），即在纷然杂陈的现象中“洞见到”其中的真理，而无须通过抽象的分析，“这种形式包括道德观点上所谓天真，以及宗教情绪，淳朴的依赖，忠、爱和自然的信仰”②。

---

① 黑格尔：《哲学史讲演录》，第 4 卷，100～101 页；并参阅《小逻辑》，137 页。

② 《黑格尔全集》，格洛克纳本，第 15 卷，215 页。

第二种形式或阶段是“反思的认识形式”（die Foerm des reflektierenden Erkennens）。“反思”（Reflexion）在黑格尔的著作中有时与“后思”（Nachdeken）同义，这是极少数的情况；有时与“知性”（Verstand）混用。但大部分有其独特的用法和含义，这是我在这里所要专门讲的。这个含义就是指将统一体（Einheit）分裂为成双成对的两个对立面的二重性活动。“反思是这样一种活动，它确立对立，并从一方走向另一方，但不造成两者间的结合和渗透于其中的统一。”① 这种意义上的反思高于知性，知性坚执于彼此间有鸿沟的、固定的、孤立的规定；“反思”则“首先超出孤立的规定性，把它关联起来，使其与别的规定性处于关系之中，但仍然保持那个规定性的孤立有效性”②。这样，反思之超出孤立的规定性，便只是一种“外在的超出有限（die äuβerliche Erhebung über das Endliehe）”③。所以，黑格尔又说，“反思”，“就是要超出具体的直接物之上，并且规定它，分离它。但是，这种反思同样也必须超出它自己的那些进行分离的规定之上，并且首先要联系它们。在这种联系的立场上，那些规定的冲突便发生了。这种反思的联系，本身就是属于理性的；超出那些规定之上，提高到洞见它们的冲突，这是达到理性的真正概念的伟大的、否定的一步”④。“反思的联系”中的“冲突”就是指“反思”中对立面之间的冲突。反思固然超出了知性，但尚未达到“理性的真正概念”，即尚未达到对立统一。反思只是由非此即彼的知性向着把握对立统一的目标走了“伟大的、否定的一步”。因此，认识真理还要有第三种形式，即“哲学的认识”（das philosophische Erkennen）。

第一种认识方式的结果是浑然一体、未加分析的东西，是直接的自然的统一（unmittelbare natürliche Einheit），第二种认识方式是“用思想的关系来规定真理”⑤。其结果是间接的、未能有机地统一在一起的知识。这两种方式都是有限的方式。黑格尔认为只有第三种方式“哲学的认识”才是“认识真理最完善的方式”，才可以把握绝对真理的本来面目，把握“自在自为的真理”，这种方式就是要

---

① 《黑格尔全集》，格洛克纳本，第15卷，215页。

②③ 黑格尔：《小逻辑》，176页。

④ 黑格尔：《逻辑学》，上卷，26～27页。

⑤ 黑格尔：《小逻辑》，87页。

将“分裂境地”“加以扬弃”，以求“返回”到“统一”（Einigheit），亦即把握对立统一。[1] 这里的 Einigheit 与 Einheit 同义。

黑格尔极力反对把统一（Einheit）抽象地理解为排斥他物、排斥差别、排斥多样性的东西。他说：那种“直接消除了多样性的东西”的“统一”，乃是“单纯的统一”、“形式的统一”[2]，又叫做“抽象的统一”。黑格尔主张“具体的统一”。“哲学诚然要研讨统一一般，但并非研讨抽象的统一、单纯的同一性和空洞的绝对，而是研讨具体的统一（概念）。”[3] 所谓具体的统一，乃是一方和他方相结合的对立统一的整体[4]，这种统一是：“与他物相中介同时即是与自身相中介”[5]。正因为如此，具体的统一也就是一种包含区别于自身之内的、有生命力的过程：“统一毋宁应理解为绝对的过程，理解为上帝的活力”，统一是“绝对的活动，它永恒地自我创造着”[6]。它不是抽象的、僵死的、不动的。[7]

三、对立统一是精神

黑格尔作为一个客观唯心主义者，认为只有精神性的东西才具有对立统一性，物质性的东西本身是达不到对立统一的。当然在他看来，没有一个东西本质上不是精神的，整个世界就是绝对精神，自然界也潜藏着精神，是自在的理念。如果物质世界完全脱离了精神，则物质世界只能是彼此外在的、没有统一性的，因而也是不真实的。没有精神的东西不真实和没有统一的东西不真实，这两点在黑格尔那里是有机地结合在一起的。正因为如此，所以他认为，对立统一体本质上是精神的。但是这一思想在黑格尔那里有一个发展过程。在法兰克福当家庭教师时，他已经看到了世界是一个对立统一体，但是还没有把对立统一体看做是精神的主体，他直到 1798 年仅仅把对立统一看做是“爱”，他认为“爱”最能表达对立统一，因

---

① 参见黑格尔：《小逻辑》，89 页。

② 《黑格尔著作》，理论版，第 1 卷，444、441 页。

③ 《黑格尔著作》，理论版，第 10 卷，389～390 页。

④ 《黑格尔著作》，理论版，第 1 卷，376 页；第 11 卷，250 页。

⑤ 《黑格尔著作》，理论版，第 17 卷，454 页。

⑥ 同上书，533 页。

⑦ 参见《黑格尔著作》，理论版，第 5 卷，57 页。

此整个世界都是“爱”在那里起统一作用。1799年，黑格尔察觉到“爱”的缺点，因为它有主观片面性，因此，黑格尔用“生命”代替“爱”，即是说，他用“生命”来说明对立统一。尽管“爱”、“生命”这些表达都不很确切，但是也说明了黑格尔的思想中对立统一不是死板的东西，而是活生生的，所以，他才用“爱”、“生命”这样的词来说明对立统一。到了成熟时期，黑格尔感到如果光用“爱”、“生命”来说明对立统一，那么仍然没有表达出对立统一是个精神性的东西。因为一头牛、一匹马，它们也都有生命。他觉得只有人的精神、人的思维活动才能真正达到最高的对立统一。所以，到了1807年的《精神现象学》就已经不用“爱”、“生命”来表达对立统一，而是用“主体”这个概念来表达对立统一了。他所说的“主体”也就是“自我”，也就是“精神”，而“自我”也就是一个无限的整体。黑格尔所讲的“自我”既指张三、李四的有限的自我，又指无限的绝对精神的那个“自我”，而前者不过是后者的体现而已，所以，不能把黑格尔理解成主观唯心主义者。黑格尔认为，作为绝对精神的自我，同我们个人的有限的“自我”又是相通的。自我意识是人所独有的，动物是达不到的，植物、无机物就更加谈不上。只有具有精神的人，才能认识到自我，才会有自我意识。所谓自我意识，就是把自己当做自己的认识对象，意识到我自己。能够意识到我的，只有人。黑格尔经常说，动物说不出一个“我”字来。而能够意识到我，即能够把我当做对象，对象就是客体，而我同时又是主体。所以自我意识就是最典型地表明主体与客体的统一，对立面的统一。在逻辑学中，当谈到“自为存在”时，黑格尔进一步说明了这个问题，在他看来，“自为存在”就是把对方看做就是自身。一块石头尽管实际上它的对方就在它自身，但是石头意识不到这一点，达不到“自为存在”。唯独人能够达到“自为存在”，能够把对方看做就是自身，所以自我意识最能表达对方就是自己。黑格尔认为，整个宇宙最真实的面貌就是对方即是自己。他经常说的一句话：在对方中就在自身中。就是说，对方就是自身，自身就是对方，而只有精神才能表达这一点，所以整个宇宙整体是个对立统一体，是绝对精神，也就是一个大写的“自我”。每个个人或有限的我，实际上都有自己私人的、主观的方面和普遍神圣的方面，前一方面并不能认识事物的实质，不能表达主客观的对立统一，只有后一方面即人的普遍神圣的方面，才能表达主客的对立统一，人的这一方面是与绝对精神同一的。说绝对精神是自我，也就是指人的这个方面。中国有两句常用的话，一句是“人心之不同，各如其面”；一句是“人同此心，心同此理”。前一句类似乎人的私人的、主观的方面，后一句类似乎人的普遍的、神圣的方面。黑格尔所谓最高的统一体或绝对精神是自我，类似于中国人讲的“人同此心，心同此理”。我说“类似”，表明两者间是有不同的哲学基础的，不能画等号。黑格尔把无限的宇宙叫做自我，是极端唯心的，而这一唯心之处又恰恰是他最辩证的地方。正是在这里，他表明了宇宙万物都是对立统一的，对方就是自己，自己就是对方。黑格尔认为，凡是离开了精神的东西都是分离的，没有统一性的，不真实的，越真实的就越能达到自我，也就越能达到对立统一，所以真理的最高形式是主体，是自我，是对立统一体，是一个包含客体的主体。

当然，黑格尔认为，Einheit 这个字眼并不好，并不适于表达其实际的、真实的含义，它似乎表现了完全抽象的同一，而没有把区别和活动、过程表达出来。但是黑格尔还是到处都使用了这个词。

四、统一的发展过程

黑格尔认为哲学进展的全部过程都是讨论具体的统一。从最初的统一到最后的统一是真理和哲学研究不断深化的过程，而最高的最后的统一是绝对精神。黑格尔的原话是：“哲学进展中的每一阶段都是这种具体统一的一个独特规定。”① 例如“有与无的统一”便是最初的统一，亦即“最初的真理”，在这个统一（即“变”）之后的“一切”“逻辑规定”或“一切哲学的概念”，“都是这个统一的例证”②，而“统一的诸规定最深刻的和最后的规定则是绝对精神的统一”③。

这里我们首先要说一说，如何由对立的东西以至多样性的东西达到它们的结合或统一的问题，然后再讲由低级的统一发展到高级的统一问题。

关于第一个问题，黑格尔在《逻辑学》中的《本质》篇中关于

① 《黑格尔著作》，理论版，第 10 卷，390 页。

② 黑格尔：《逻辑学》，上卷，73 页。

③ 《黑格尔著作》，理论版，第 10 卷，390 页。

从“区别”、“对立”、“矛盾”到“根据”的过渡的论述中，实际上已经回答了。他认为，“区别”的最高阶段是“对立”，对立不是彼此毫不相干的区别，不是“杂多”，而是“本质的区别”。在对立中，与某方相区别的东西不是任何一个东西，而只是正好相反的东西，所以一个东西的对立面只有一个。黑格尔认为，一个东西的本质恰恰在于它的对立面。对立双方既互相依赖，又各自肯定自己的独立性，这便说明对立在逻辑上必然发展的矛盾。而矛盾的结果则是使对立着的双方，即“肯定物与否定物”“降低为仅仅是规定”，也就是使双方“回到”各自的“自身统一中”去，成为同一个统一体的两个单纯的规定，这个统一体（Einheit）或全体就是“根据”。所以从对立发展到矛盾，其结果也可以说是对立的每一方“回到根据”（in den Grund zurückgeht）。“根据”就是“解决了的矛盾”（der aufgelöste Widerspruch），就是“肯定物与否定物的统一”（Einheit des Positiven und Negativen）①。由此可见，从多样性的东西、对立的东西到达它们之间的统一，实际上就是对立面之间的矛盾的解决、矛盾的调和，就是达到全体，达到真理。

不过，统一、全体、根据，又有大小范围之不同。一个小范围的统一、全体、根据只能对于小范围来说是矛盾的解决；把它拿到大范围中来看，原先的统一、全体、根据就会变成片面的东西与它的对立面相矛盾，矛盾的结果就会回到较大范围的统一、全体、根据，真理就是这样在不断地解决矛盾、不断扩大统一的过程中发展前进的。黑格尔认为他的绝对或绝对精神就是最高的统一、最终解决了的矛盾，亦即绝对真理。这就涉及第二个问题，即从低级的统一发展到高级统一的问题。

如前所述，整个黑格尔的哲学体系就是一个由低级的统一到高级的统一的过程。我这里只想就逻辑学（它是自然哲学和精神哲学的灵魂，后二者不过是它的应用）来谈谈这个问题。

对立统一贯穿于逻辑学的三部分或者说三个阶段，但在三者之中的表现方式各不一样。“存在论”所讲的是关于直接认识的范畴，如质、量、度、有、无、变等等，它们之间虽然在实际上是有内在联系的，是统一的，例如度就是质和量的对立统一，变是有和无的对立统一，但正如黑格尔所明确指出的，这里的联系或

① 《黑格尔著作》，理论版，第6卷，68、69页。

统一还是“自在的”：“在存在的范围里，各范畴之间的联系只是自在的。”① 因此，“存在”范围中的范畴进展的形式（die Form des Fortgangs）表现为“过渡”（Übergehen）②，即为某物成为别物时，某物就因此而消逝了③，此是此，彼是彼，非此即彼。

可是“本质论”的范畴则不然。“本质论”是关于间接认识的范畴，如本质、现象、现实等，直接的东西和它背后、间接的东西是相对的（relative）④，是“映现于对立面”（Scheinen in der Entgegengesetzten）⑤ 的，对立双方的统一、联系不再是“自在的”，而是明显地“设定起来了”⑥。所以，在“本质”范围内，当某方进展到他方时，某方并未消逝，而是仍然停留在它们的联系里，彼与此互相依存，明显地而不是自在地紧密联系在一起，统一在一起。所以“本质论”中的各种规定（如同一、差别、本质、现象等等）进展的形式，不再是“过渡”，而是“映现”（Scheinen），或者说“反思”（Reflexion）：“反思作用或自身映现构成本质与直接存在的区别，是本质本身特有的规定。”⑦ “反思”中的他物不是独立的他物，而仅只是作为对自身的否定即“作为否定”而存在，在其被否定中获得其存在；而与这个他物对立的“最初的东西”即直接物或存在，也只不过是“否定了的否定”，因而实际上不是一个可以由之出发的真正“最初的”东西。⑧ 这就是说，在“存在论”中，从“最初的东西”到他物的进展是从一个独立的此物“过渡”到另一个独立的他物，此物与他物都有自己的独立性；而在“本质论”中，“最初的东西”与他物两个对立面互相依存：他物只是作为对“最初的东西”的否定而存在；“最初的东西”只是作为“否定了的否定”而存在。每一方离开了对方均无自己的独立存在。在这里，出发点和到达点同一。所以“本质论”中从此一规定到另一规定又回到自身的进展运动（即“反思运动”），可以说是一种“从无到无并从而回到自己本身的运动”⑨。之所以说“无”，就是指“反思”中的每一方都没有自己的独立存在。“反思”中的他物不像“存在论”中那样是一个

① 《黑格尔著作》，理论版，第 8 卷，230 页。

② 参见文末附注。

③④ 《黑格尔著作》，理论版，第 8 卷，230 页。

⑤ 同上书，391 页。

⑥ 同上书，230 页。

⑦ 黑格尔：《小逻辑》，242 页。

⑧⑨ 《黑格尔著作》，理论版，第 5 卷，24 页。

存在之物的非存在，而是一个“无之无”①。

黑格尔认为，对立面的反思关系并不表示对立面达到了真正的统一，因而也不足以表达事物的真实面貌，因为反思关系中的双方仍然在一定程度上保有自己的独立有效性，而未完全结合成为同一个有机体中的两个成分。可以说，整个“本质论”中的“反思运动”只是一个越来越克服对立双方的僵硬外在性和越来越达到明显的同一性的过程。就此而言，整个“本质论”中的规定既可以说都是“自身反思”的规定，但又“尚未完全地反思到自身”(noch nicht als schlechthin in sich reflektirt)②，只有“概念”才完全克服了对立，达到真正的同一，它完全地达到了“自身反思”。这就是说，“本质”范围中的范畴必须突破“本质”的范围而进展到“概念”的范围。“概念”好像自然界中有机的生命，例如种子或植物，它是直接知识与间接知识的具体的统一，双方既有区别，又合而为一个整体，一方在对方中，即在自身中。③“因为那些相互区别的东西直接地同时被认定为彼此同一，并与全体同一的东西。”④“概念”的进展形式，既不是“过渡”，也不是“映现”或“反思”，而是“发展”(Entwicklung)，也就是说，“概念”范围内的进展就如同一粒种子发展成为一株植物一样。

从“过渡”到“反思”更进而到“发展”，这实际上是统一由低级的形式到高级形式的进展过程。“两个方面或两个规定联结的基本方式有三：第一种是由一个规定过渡到它的另一方；第二种是它们的相对性，或一方自在地或实际上映现于他方的存在之中；第三种则是概念或理念的方式，即一方包含其他方于自身中，以至于它们的这种统一性本身就自在地是双方的原始本质，并被设定为它们的主体的统一性。”⑤“过渡”是指对立双方的统一只是自在的，因而表现为对立双方非此即彼；“反思”是指对立双方的统一已明显地“设定起来”，但双方各自仍然保有自己的一定程度的独立有效性；只有“发展”才是表示对立双方具体地统一起来了，在这里，对立双方之间的僵硬的外在性、彼此互相束缚、彼此异己的情况完全被

---

① 《黑格尔著作》，理论版，第 5 卷，25 页。

② 《黑格尔全集》，格洛克纳本，第 8 卷，261 页。

③ 参见《黑格尔著作》，理论版，第 8 卷，309 页。

④ 同上书，308 页。

⑤ 《黑格尔著作》，理论版，第 17 卷，408 页。

克服了，“过渡”和“反思”所表现的必然性转化到了自由。彼此外在、互相束缚、彼此异己就是必然性，就是不自由，只有超出了对立双方的“反思关系”，到达“概念”，到达对立双方的具体统一，才有自由，因为在这里，一方在对方中即在自身中，双方彼此互不束缚，互不限制。也只有到达这个阶段，才算是达到了真理。

这里需要强调的是，对立统一由“过渡”到“反思”到“发展”这一过程中的每个后面的阶段都已包含前面的阶段在内，所以在黑格尔看来，不通过“反思”的阶段，就不可能达到真正的具体的统一，“反思”是克服非此即彼的知性（Verstand）观点到达具体统一的思辨（speklative）观点的桥梁与关键，间接知识是克服直接知识、到达直接与间接的具体统一的桥梁与关键。

五、黑格尔关于反思与对立统一学说的意义和评价

黑格尔关于反思和对立统一的思想，在西方近代哲学史上有其独特的意义。康德以前的旧形而上学坚持非此即彼的观点，根本不承认对立统一，黑格尔继承和发展了康德的思想，进一步驳斥了这种旧形而上学所采用的思想方法。但康德是不可知论者，他实际上把统一推到了不可知的彼岸，黑格尔极力反对不可知论，认为统一是可以认识的。另外还有一些人也反对不可知论，但主张神秘主义，主张直接知识论，如谢林、耶柯比，他们着重反对非此即彼的抽象知性的观点，主张真理是统一，是活生生的，但他们认为真理是无须经过任何中介过程就可以达到的。黑格尔的反思的观点说明，要认识真理，克服非此即彼的旧形而上学观点，达到具体统一，必须经过一个漫长曲折的间接认识的过程，必须经过“反思”的阶段。所以黑格尔的反思学说，既反对了旧形而上学，而认为对立统一是真理；也反对了不可知论，认为对立统一是可以达到、可以认识的；同时还反对了直接知识说、神秘主义，而认为对立统一是要经过艰苦的中介过程才能达到的，不是一蹴而就的。美国的一位新黑格尔主义者哈里斯在他的《黑格尔的逻辑学》一书中，认为黑格尔的反思学说是了解黑格尔的辩证法的一把钥匙，他没有把他的意思说清楚，但我想借用他这句话来说明反思学说在黑格尔哲学中的重要性还是可以的。

有一种关于对立统一的看法，认为对立统一就只是双方互相依存，用黑格尔的术语来说，就是互相映现，而对于黑格尔所讲的“概念”阶段中的对立双方的真正的具体统一，对于这种统一的自由的特点则完全置之不理。这种看法实际上就是停留在黑格尔的“反思阶段”。现在我们感到，对于对立统一的理解需要进一步加深，需要批判地吸收黑格尔关于反思和对立统一学说中合理的东西。

黑格尔以后，关于如何认识和把握对立统一问题的探讨，并没有结束。德国著名的新黑格尔主义者克洛纳（Richard Kroner）就认为，单纯的理性、思维不足以把握最真实的东西——“最高的统一”(Ultimate Unity)，他断言，理性、思维“需要天启宗教作补充”，“思想和信仰并不矛盾，而是相辅相成”的，但两者并不居于平等地位，在两者的关系中，“信仰居于首位，它超出于理性的力量之上，并完成理性的事业”①。理性思维企图达到最高的统一，它渴望做到这一点，但它遇到了不可克服的障碍，这个障碍就是“最高的神秘”，亦即最高的统一，理性、思维永远不能解释“最高的神秘”，因为最高者（The Ultimate）“不能由概念来把握”②。克洛纳认为，关于“最高的统一”的知识“超乎一切基于逻辑程序的知识之上”③，也就是说，超乎理性、思维、概念之上。他认为“最高的统一”需要由宗教信仰来把握，“宗教……教导我们用敬畏、信念、希望、爱和信仰去接触这种神秘”④。他认为宗教信仰的主要因素是“想象”（Imagination）。“想象能把思想的心灵所分离开的东西结合在一起；或者更精确些说，想象坚持抽象的思维所分离开来的诸因素的原始统一。”⑤ 据此，克洛纳断言：“想象比感官或理智更接近真实的生活”，“感官和理智既不能包括全体，也不能达到生活的深处”⑥。

克洛纳所理解的“理性”、“思想”只是黑格尔所说的“知性”，即在分离、对立中的思维。他说：“只要停留在思想的领域，就不可能抛却对立的范围，而最高的统一性却出现在这个领域之外”，因为

① 克洛纳：《信仰的首要地位》，8页，纽约，1943。

② 同上书，90～91页。

③ 同上书，93页。

④ 同上书，3页。

⑤ 同上书，130页。

⑥ 同上书，138页。

"最高者是一个统一体，而不是对立。"[1] 克洛纳根本不承认黑格尔所说的"思辨的理性"或思辨的思维，不承认思辨的思维也是一种思维，而且是比知性更高的思维。在他看来，思维只能是分离、割裂，只有想象才能把握到统一。

认为人有超出必然性、超出"知性"的方面，这是康德哲学的特点之一。克洛纳继承了康德的这一思想。但是康德毕竟是理性主义者，他所说的信仰毕竟是理性主义的，克洛纳所讲的信仰不同于康德所讲的信仰，他明确批评康德所谓信仰的理性主义成分。他说，"康德的主要错误""就是认为理性能建立一种理性的信仰。康德过多地是一个理性主义者"[2]，"纯粹理性的信仰不是真正的信仰"[3]。克洛纳显然是一个超理性主义者或非理性主义者。

我认为，真实的东西的确是多样性的统一，而归根结底是对立面的统一。但是，并不是实际上存在着最高的统一，不存在最后的真理，统一、真理永远是一个不断扩大、不断深入的过程。同样，我们对统一的认识，也只能是一个无止境地追逐的过程，也就是说，这个过程只能是越来越全面，越来越深入，而不可能有朝一日达到最全面、最深入。这是否会使我们感到悲观失望呢？不然。正是"越来越全面、深入"促使我们不断前进，反之，"最全面、最深入"则只能让我们停息。克洛纳关于依靠想象可以完全把握最高统一的说法，就是一种认为可以穷尽真理，可以达到"最全面、最深入"的理论。黑格尔虽然是理性主义者，并且他主张真理、统一是一个活生生的过程，但他的缺点是过分强调"绝对"的真实性和终极性。在这个问题上，我倾向于康德的说法，或者说得准确一点，我想借用康德的说法：整体、统一只是"虽然决不能完全实现，但永远被追求的一种理念"[4]，是一种理想、一种目标，它促使我们不停地去推扩知识，引导我们不断前进。当然我不赞成康德的不可知论。庄子说："吾生也有涯，而知也无涯，以有涯随无涯，殆矣。"我也不赞成庄子的说法，庄子是主张"弃知"的。我国的另一句谚语，叫做"自强不息"，联系我这里讲的题目来说，就是永不停息地追求真理，追求统一。这句话颇能代表我国的民族精神，我国目前正需要

---

① 克洛纳：《信仰的首要地位》，111 页。

② 同上书，133 页。

③ 同上书，134 页。

④ 《康德著作》，卡西尔本，第 3 卷，393 页，柏林，1923。

发扬这种精神。

[附注] 一般地说，从有到无的“进展形式”是“过渡”(Üebergehen)。所以，黑格尔说：“有过渡到无。”(《逻辑学》，上卷，97页)“假如有与无相互隔绝，一个被放在另一个范围之外，这样也就否定了过渡。”(同上，84页)“在本质里，不再发生过渡，而只有关系(Beziehung)。……例如，当我们说到有与无时，则有是自为的，同样，无也是自为的。但肯定与否定的关系则全然不同。”(《黑格尔著作》，理论版，第8卷，230页)

不过，“有”作为逻辑学的开端是没有规定的、单纯直接的东西。最初的开端不能是有中介的，从而也不能是有规定的。(《小逻辑》，190页)“开端必须是绝对的，或者说，是抽象的开端(这在此处意义相同)；它于是不可以任何东西为前提，必须不以任何东西为中介，也没有根据；不如说它本身倒应当是全部科学的根据。因此，它必须直截了当地是一个直接的东西。”(《逻辑学》，上卷，54页)“中介性是由第一进展到第二，由有区别的东西出发的过程”，所以有中介的东西“不能是真正最初的东西”(《黑格尔著作》，理论版，第8卷，183页)。正因为如此，“有”作为开端或作为直接的东西就不能过渡到另一方，即不能过渡到无。所以黑格尔说：“因为有只是直接被设定的，所以无也只是直接地由它那里突然出现(hervorbricht)。不过所有后面的诸规定，例如紧接着来的定在，都较为具体”，或者说都是有中介的，“在定在中，已经设定了包含并产生那抽象作用的矛盾的东西，从而包含并产生那抽象作用的过渡的东西”(《黑格尔著作》，理论版，第5卷，104页)。——以上这些话的意思也就是说，“有”作为直接的东西和最初的开端，无中介性，因而不能“过渡”到另一方——“无”；“无”只是直接从“有”那里“突然出现”。“突然出现”(hervorbrechen)不同于“过渡”(übergehen)。“过渡”只是指“定在”和“定在”以后的诸规定的进展形式。

不过，这只是事情的一个方面。另一方面，黑格尔又认为，把“有”仅仅作为“纯粹直接的东西”来看待，乃是“片面的”。实际上，“这个纯有既是这个绝对直接的东西，又同样是绝对有中介的东西”(《逻辑学》，上卷，57页)。按照黑格尔的意见，开端是有与无的统一，是变(《小逻辑》，197页；《逻辑学》，上卷，59页)，或者说是“übergegangensein”(《黑格尔著作》，理论版，第5卷，83页)。只是因为这个缘故，我们才可以说，“有”又可以过渡到“无”。

总起来说，我认为，“无”从“有”中突然出现，乃是“存在论”中诸规定的一般进展形式(“过渡”)之一特种方式。可以说，从有到无的“过渡还是掩盖着的(verborgen)”(同上书，104页)，掩盖着的、隐藏着的“过渡”就只能采取“突然出现”(hervorbrechen)的方式。我们不能因为黑格尔对于从“有”到“无”的进展用了“突然出现”一词，就否定“过渡”是“存在论”中诸规定进展的一般形式。

本版附录五
崇尚有限与超越有限*

一、从崇尚无限到崇尚有限的转向

凡现实中的东西都是个别的，凡个别的东西都是有限的，也就是受限制的：甲事物之外有乙限制它，1 之外有 2 限制它，如此等等。数学上的无限是指有限的东西之外总还有有限的东西限制它，这个“总还有”可以无限制地（无穷尽地）推进下去。无限在这里是“总还有”的意思，而不是说某有限的、个别的东西本身变成了不受限制的东西（无限的东西）。数学上无穷系列（无限大或无限小）中的每一个点（每一个别事物）仍然是有限的。黑格尔把数学上的无限贬称为“坏无限”，他的贬义不是我所赞成的。但他在阐述这种无限时却明白指出，在这种无限中，有限事物的有限性并没有被否定，例如甲（或 1）被乙（或 2）否定了，但乙（或 2）仍然是有限的东西，这种无穷进展的过程（无限过程）无论推到多么遥远，其为有限事物则依旧。黑格尔关于他所谓“坏无限”中的每一个点或每一个事物总是有限的东西的论断，是很深刻的。问题在于黑格尔哲学的最终目标是要否定这种意义的无限，或者说是要克服有限性以达到他所谓的“真无限”——一个至大无外的整体概念。①

西方哲学史长期由旧形而上学占主导地位，柏拉图是始作俑者。柏拉图认为平常人只知道有限的东西，有如上了镣铐的囚徒。只是由于克服有限性的反思，人们才得以打破锁链，上升到理念的无限领域，从而达到至善。在无限性这个领域里，一切有限的、个别的、转瞬即逝的东西都成为虚幻的。旧形而上学正是以这种

---

* 原载《社会科学战线》，2003（5）；《新华文摘》，2004（4）转载。

① 参见拙著《哲学导论》，58～59 页，北京，北京大学出版社，2002。

上升路线的超越为其特征。超越在旧形而上学那里就是指克服有限，超越到绝对的、无条件的领域即不受任何限制的领域（无限）中去。尽管旧形而上学中也有可以称为异端的思想，例如康德经验主义者就有否定上述形而上学超越的思想，但他们并没有放走绝对的无条件的无限性概念。① 西方传统哲学更最终成了“柏拉图的注脚”②。

和传统哲学不同，黑格尔以后的西方现当代哲学（包括马克思的哲学）对旧形而上学大都采取批评的态度，那种和克服有限、超越到无条件的无限领域中去的旧形而上学观点相联系的哲学被宣布终结了。哲学家们一般都致力于从旧形而上学的无限性概念的桎梏中把有限性恢复过来，拯救出来。

然而，黑格尔虽然总起来说是一个旧形而上学者，但他是一个具有两面性的人物，他崇奉旧形而上学的无限性概念，却又不放弃有限。他批评他以前的传统形而上学把无限与有限割裂开来，绝对对立起来，进而有限化了无限。他的“具体普遍”（“具体共相”）的思想和“绝对精神”包含具有时间性的历史和认识过程的思想，都是想把无限与有限结合起来以克服他以前的传统形而上学无限观的当代尝试，在这方面他可以算得上是以结束传统形而上学为特征的现当代哲学的先驱。但黑格尔最终以普遍性压制了具体性，他的“绝对精神”与具有时间性的历史和认识过程的结合是外在的，而非真正内在的。③ 黑格尔仍陷在旧形而上学的窠臼。真正把有限性从旧形而上学的无限性概念中解脱出来的哲学是黑格尔死后之事。

黑格尔死后，西方现当代哲学家特别是欧洲大陆人文主义思潮的思想家们，他们所关注的不再是脱离人生的、脱离时间性的、永恒的无限性概念，而是世俗间个别的具体的有限的东西，是现实的东西，在这方面，海德格尔是一个突出的代表人物。时间、存在与非存在、历史、语言、差异、多元等等以有限性为特征的论题，是海德格尔等人的现当代哲学所关心和议论的中心。

---

① 参见 Dennis J. Shmidt，*The Ubiquity of the Finite——Hegel，Heidegger，and the Entitlements of Philosophy*，Cambridge，Massachusetts，and London，England：The MIT Press。以下简称 *Ubiquity*。

② Whitehead，*Process and Reality*，New York：The Free Press，1978，p. 39.

③ 参见 *Ubiquity*，49 页；并参阅拙著《自我实现的历程——解读黑格尔精神现象学》，190～192 页，济南，山东人民出版社，2001。

二、时间的有限性决定人世间事物的有限性

有限的东西的根本特征是什么？区分有限与旧形而上学的无限性概念的关键何在？黑格尔死后，许多西方现当代哲学家尽管关注有限，却没有明确意识到这个问题，当然也未能对这个问题作明确的回答，只有海德格尔着重探讨了这个问题。在海德格尔看来，破坏旧形而上学的关键在于强调时间的优先性以及存在与时间的联系。旧形而上学的偏见在于崇奉无时间性的永恒观念，这种观念使人们看不到存在出场的时间上的有限性①，看不到存在与时间，与人，与历史的联系。海德格尔首先注意到和强调了黑格尔关于时间的论述的正确而深刻的方面：一切现实的事物都是有时间性的、有历史性的，时间、历史对于事物具有本质意义，离开了时间、历史的事物是不可理解的，甚至于时间上的未来环节对于世界也有着重要作用。海德格尔接受了黑格尔的这些思想，但他在强调时间与人的联系方面的见解远远超越了黑格尔。他把他所理解和主张的时间概念称为“原发的时间”以区别于通常所理解的“世俗的时间”。“世俗的时间”是指一系列的现在（nows）之流逝。“原发的时间”是指人的时间（a human time）、生活的时间，是与人生相结合的时间，因而是有限的时间（a finite time），它显现着展示于“此在”（人）面前的存在本身的有限性格。② 这也就是说，显示于人所生活于其中的世界中的事物都是有限的。人不可避免地总要面临莎士比亚剧中Hamlet的问题：“存在或者不存在”（“to be or not to be”）。人在面临死亡时特别能体悟到时间的有限、人生的短促，从而也体悟到人世间的事物是有限的，而不是旧形而上学所崇奉的永恒的存在或omni-presence。presence（出场）与absence（不出场）不可分离，而在presence前加上字头omni，则成了永在、遍在，即旧形而上学的无限——一种脱离时间的，或者说非时间性的绝对和无条件的东西。omni-presence是永恒地present，即无限，它只有to be，没有not to be。人能理解到（在面临死亡时）自身的有限性，理解到自

① 参见*Ubiquity*，49页；并参阅拙著《自我实现的历程——解读黑格尔精神现象学》，27页。

② 同上书，39页。

身的非存在，这是一种“时间性的敞开”，是“此在的有限性超越”，它是人世间任何事物出现的先决条件。① 是时间（“原发的时间”，亦即集过去、未来与现在为一体［futuml-past-presentness］的“此在”本身）使存在之出现成为可能，没有时间（指“原发的时间”），人世间的事物就根本不可能出现，这种意义上的时间之所以叫做“原发的”，就因为这个道理。“原发的”是前提的意思，“原发的”时间是人世间事物出现的前提，是它为人世间事物之出现敞开了一种场所或境域。这样，“原发的时间”就不是像世俗的时间观那样把在与不在对立起来，把现在与过去、未来对立起来，从而把过去、现在、未来视为时间的三个独立的时刻（moments），而是把三者融为一体，三者在“原发的时间”中都是“此在”（人）显示存在的不同方式。②

总之，时间首先是在面临非存在时展示出来，有限是时间的根本性质。在海德格尔看来，时间之有限性与事物之有限性便由此而得到说明，旧形而上学的无限性概念也因此而遭到破坏。

黑格尔所理解的时间概念虽然不能说完全是世俗的时间观，但他的哲学的最终目的却是为崇奉永恒的、非时间性的无限性概念找根据。他的著作，特别是《精神现象学》虽然用了大量的篇幅来描述“绝对精神”所经历的自我认识过程和历史过程（即时间过程），但最终他还是要从时间性领域一跃而进到非时间性的永恒的“纯粹概念”领域——旧形而上学的无限。

诚然，黑格尔在《精神现象学》一书的最后仍然强调无限不能脱离有限，无时间性的“纯粹概念”或“绝对概念”不能脱离时间性的人类历史，存在不能脱离人，真理不能脱离认识，或者用《精神现象学》最后一段的术语来说，绝对概念的“深处”不能脱离它的“延扩”（“绝对概念的时间上的体现”）。（西方现当代人文主义思想家们一般都继承了黑格尔的这一基本观点而强调人与世界、认识与存在的交融，强调超越主体——客体的二元式。）但黑格尔哲学始终存在着一个矛盾。它一方面强调存在不能脱离人，真理不能脱离认识，无时间性概念需要经过在时间中发生的漫长的人类认识过程和历史发展过程才能达到和完成，但另一方面黑格尔又认为，概念

---

① 参见 *Ubiquity*，49 页；并参阅拙著《自我实现的历程——解读黑格尔精神现象学》，34～36 页。

② 同上书，36～37 页。

作为精神现象学最后阶段“科学”的特定内容来说，还不会出现于时间和现实中，因为在时间和现实中的现象学范围内，概念尚未完成自身，而一旦概念完成自身即达到自我与存在、主体与实体的完全同一时，它就会超出时间。说精神必然表现在时间中，这只是就它还没有进展到或把握到纯概念而言的，就它还没有消灭（扬弃）时间而言的。[①] 时间不过是作为“表象”意识对象的概念，黑格尔称之为“在那里存在着的概念”（der Begriff，der daist），是“作为空洞的直观而表象于意识面前的概念”[②]。“在概念把握住自身时，它就扬弃它的时间形式。”“因此，时间是作为自身尚未完成的精神的命运和必然性而出现的。”[③] 可以说，时间是尚未达到自我阶段的意识的一种对自身的不满足，这促使意识超出时间，达到概念，促使现象学结束自身，进入逻辑学的概念王国。海德格尔明确指出：“黑格尔哲学通过把哲学理解为‘科学’（the science）或绝对知识而表达时间的消失。”[④] 我以为只要承认和允许有一个无时间性的概念王国，那就会面临一个不可回避的问题：时间性环节（认识、历史）与无时间性环节（真理、纯概念）是如何统一起来的？黑格尔在《自然哲学》的“导论”中曾明确区分了无时间性的“永恒性”和有时间性的“持久性”。“有限的东西是有时间性的，有在先和在后；当我们以有限的东西为对象时，我们就是在时间之内。”所谓“无限时间的观点”，并不是指“永恒”，它只是指此一时间之外有另一时间，另一时间之外又有另一时间，如此等等。反之，“永恒性是绝对的现在（这里的‘现在’，congenwart，不是时间上的过去、现在、未来的现在之义——引者），是既无‘在前’也无‘在后’的‘现实’（das Jetzt）”[⑤]，尽管“永恒性”必然包含有无限长的时间的意义。与有限的东西在时间中的情况相反，概念则“不存在于时间中，不是某种时间性的东西”，概念“是永恒的”。持久性“只是时间的相对扬弃”，即上面所说的扬弃了此一时间，却又有另一时间；而“永恒性”则“不是将要存在，也不是曾经存在，而是永远现实存在着”，是“无限的持久性”，是“绝对的存在”。按照黑格尔关于有时

① 黑格尔：《精神现象学》，下卷，268 页。

② 《黑格尔著作》，理论版，第 3 卷，584 页。

③ 黑格尔：《精神现象学》，下卷，261 页。

④ M. Heidegger，*Hegel's Phenomenology of Spirit*，Indiana University Press，1988，p. 12.

⑤ 黑格尔：《自然哲学》，22 页。

间性的“持久性”与无时间性的“永恒性”的区分，前面所提的存在于黑格尔哲学中那个不可回避的问题就可以另外表述为：持久性的东西如何一跃而为永恒性的东西？时间性的东西如何一跃而为概念？无论黑格尔哲学怎样强调这种持久性多么漫长、曲折（黑格尔哲学的特点之一就是强调人类历史和认识的漫长、曲折），但最后的“一跃”总是不可避免的。这最后的“一跃”是如何可能的？或者说，有时间性与无时间性、持久性与永恒性之间的鸿沟是如何填平的？尽管他声明过绝对概念不能脱离时间性的认识过程，永恒性并不是与时间性相分离的①，因而我们不能像有些学者的看法那样，简单认为黑格尔的绝对概念在时间上是有终点的。但黑格尔的绝对概念是唯一真实的全体，是最高的普遍性概念，他从普遍性优于和高于特殊性的基本观点出发，用这一最高的普遍概念来结束和涵盖他的全部体系（《精神现象学》是他的全部未来哲学体系的诞生地），从而归根结底压制了特殊性，用无时间性的、永恒的、无限的东西淹没了时间中持久的、有限的东西，一句话，用抽象的概念王国吞并了具体的现实事物。

海德格尔明确指出了黑格尔的“绝对”、“无限”、“纯概念”、“永恒精神”之超出时间以外的性质：“对于黑格尔来说，存在（无限）也是时间的本质”，“无限”“先于时间并从而超出时间以外”，时间不过是“作为无限的存在之单纯本质的一种现象”，是“没有精神的”，“时间是疏离绝对并从而疏离存在本身之本质的，时间在‘通向永恒精神的道路上’，但时间本身尚未达到绝对精神”。而与此相反，海德格尔则认为“存在的本质是时间”②。

尽管黑格尔关于时间与人的联系的思想不及海德格尔的论证详细、深刻，但关于这种联系的基本观点，黑格尔却是承认的。黑格尔承认时间与人的联系，承认时间的有限性和时间中事物的有限性。他所谓的“坏无限”正是要说明在由此一事物到彼一事物，由此一时间到彼一时间的无穷进展（“坏无限”）中，每一事物、每一时间都是有限的。问题在于黑格尔哲学的最高任务是要克服有限性，贬低无穷进展式的无限为“坏”无限，从而为达到和崇奉非时间性的真无限“概念”——一种抽象的整体概念作论证。而以海德格尔为

---

① 黑格尔：《自然哲学》，48～50 页。

② M. Heidegger，*Hegel's Phenomenology of Spirit*，Indiana University Press，1988，pp. 145，146，147.

代表的现当代哲学则是要恢复时间的优先地位，恢复有限性的优先地位。旧形而上学用抽象的无限压制了具体的有限的东西。我以为黑格尔的形而上学的“真无限”是抽象的，它把哲学引向脱离人生。黑格尔所贬称的“坏无限”倒是我们所应当崇奉的。海德格尔没有指出这一点，倒是伽达默尔明确地作了这样的表态。①

三、从拯救有限到超越有限，从崇有到尚无

崇奉有限是否就意味着死死地盯住眼前这点有限的东西而不思超越呢？反对旧形而上学是否就意味着否定一切形而上学呢？旧的哲学（旧形而上学意义上的传统哲学）终结了，是否就意味着根本不要哲学了呢？恰恰相反，我以为我们仍然要讲超越，讲形而上学，讲哲学，只是我们要给超越、形而上学、哲学以新的定位。对它们重新予以界说。黑格尔以后，哲学界、思想界有各式各样的想把哲学从旧形而上学的桎梏中拯救出来的尝试与方式，有英美分析哲学，有欧洲大陆现当代人文主义思潮。人文主义思潮中有像克尔凯郭尔、尼采那样的诗人哲学家，他们在破坏旧形而上学的事业中采用文学和诗意的感受多于理论的分析和逻辑的论证；胡塞尔、海德格尔在这方面则更具概念的精确性和历史的见识。如果说胡塞尔尚是一个从传统哲学到现当代哲学的转折人物，海德格尔在破坏传统哲学、建立新哲学方面则有更多代表性，他对于我们的哲学思考也有更多启发。

当今我们应当提倡的新哲学，其不同于旧形而上学哲学的最根本之点，我以为既在于崇奉有限性，同时也在于超越，这里的超越不是意在通向脱离有限的无限、脱离时间的永恒、脱离具体事物的抽象王国。这里的超越决不脱离有限的领域。旧形而上学认为有限束缚了人，故要摆脱有限，克服有限；新哲学则认为有限不是对人的束缚，而是对人生领域的扩展。这里的关键在于如何看待和理解有限，如何看待和理解有（存在）与无（非存在、非有）的关系。

西方传统哲学自巴门尼德始，以有（存在）为主导原则，无（非存在、非有）被认为是不可思议的，无意义的。就时间观念来

---

① 参见拙著《哲学导论》，62页。

说，按照这种原则，只有永恒的现在是真正的有，是真理之所在，过去的已经过去了，再有了，将来的尚未到达，尚未有，因而都不是真实的。① 无的地位被否定了，旧形而上学的永恒的无限的崇高地位就得以确定。

无难道只具有否定的意义吗？无难道只是对有的否定和取消吗？

否定无的地位和作用，把无和有绝对对立起来，割裂开来，实际上就是否定了有（存在）本身的有限性。

其实，有限的东西之为有限，就在于在它之外尚有非有。没有这个非有，它就不成其为有，不成其为有限的东西。所以，说有（存在）是有限的，就等于说有与无是不可分的。这样来理解的无就不简单地只具有否定的意义，不简单地只是对有的否定和取消。换言之，此无不等于平常所理解的否定，此无，（我用大写的 Nothingness 来表示此无）乃是有与无（小写的 nothing）的统一，或者说，此无乃是在场（出场）与不在场（不出场）的统一。由于任何一个当前出场的有限的东西背后都隐藏着无穷无尽的不在场的东西，二者结合（统一）为一个动态的、流变的整体，所以我们也可以说，这个整体亦即大写的无（Nothingness）是一个无穷无尽的“无底深渊”，它为一切有限的东西（beings）敞开其出场的场所。这样来看有限之物，则有限之物就是一个包括无穷尽的非有之整体。一就是一切，一切就是一。但此一不是封闭的，而是动态的、流变的。

对于无（Nothingness）的这种原初性、根本性的洞见，在西方哲学史上，只是到海德格尔才有的。大家都知道，黑格尔也大讲有无的统一，但黑格尔所讲的纯有与纯无的统一只是指二者皆为直接性和无规定性的意思。这不过是一种形式的统一。而且，黑格尔讲有无的辩证统一，是以达到永恒无限的绝对为目的。与黑格尔不同，海德格尔所讲的有无同一则意味着存在（有）的有限性。② 以黑格尔为代表的旧形而上学，崇奉永恒无限，是西方以有为原则的传统哲学；只有以海德格尔为代表的现当代哲学恢复了有限的优先地位，才能一反西方传统，建立以无为原则的哲学。

既崇奉有限，又还要强调超越，此超越究系何意？其实，这里

---

① 参见 *Ubiquity*，49 页；并参阅拙著《自我实现的历程——解读黑格尔精神现象学》，63 页。

② 同上书，77、91 页。

的超越就是对有限性的意识和体悟，亦即意识到和体悟到有限物的原初性是无（Nothingness），是有无的统一。对有限性的理解与无（Nothingness）是不可分的。看不到有限物是有无的统一的人，总是把有与无对立起来，把无看成是对有的简单否定，于是死死盯住有，斤斤计较眼前这点有限的东西，这种人对有限性的理解是旧形而上学的，是不懂得超越的人。能超越的人正因为看到了时间和事物的有限性而能泰然处之，用海德格尔的术语来说，就是 Gelassenheit（letting go）。生固我所欲也，死亦不足惧，因为人生原本就是短暂的（有限的），这就叫做泰然处之，叫做超越，或者叫做超脱。不能超越的人，则每以人生太短为苦，所谓“人生苦短”，就是因为没有体悟到有限性的本质，不能超脱。贪生怕死之人都是执著于有而看不到无的人，因而是不超脱、不自由的人。① 海德格尔强调人在面临死亡时最能体悟到时间的有限性和事物的有限性，从而也最能体悟到无（Nothingness）。海德格尔以此来说明超越的涵义，并把这种超越与旧形而上学的超越区别开来：后者与前者正好相反，不是把超越与有限联系起来，而是崇奉无限。我在其他一些论著中把旧形而上学那种崇奉无限性的超越叫做“纵向超越”，把崇奉有限性的超越叫做“横向超越”。“纵向超越”是超越到脱离有限现实的抽象无限领域中去，“横向超越”则丝毫不脱离有限的现实。基督教的上帝是时间的创造主，是超时间的无限者，它与旧形而上学哲学所崇奉的无限者是一气相通的，基督教和旧形而上学哲学一样认为有限是对人生的束缚，它所讲的仁慈、祈祷、信仰等都是为把人从有限性中拯救出来以达到抽象无限的各种途径。与此相反，有限的超越则不但不认为有限会束缚人生，而且，对有限性的真正体悟（即体悟到有限是有无的统一）会为人生敞开一个更广阔的视域或者说境界。用海德格尔的话来说，旧形而上学的超越因其崇奉抽象的无限，而看不到人在体悟有限性中的敞开的领域，这就造成了“对存在的遗忘”，哲学脱离了人生的现实；有限的超越则看到了存在出现（出场）方式的多元化或多样性（存在者的多样性），从而丰富了人生。

有限的超越是否像海德格尔所说，只有到面临死亡的时刻才能做到呢？庄子妻死，鼓盆而歌。庄子曰：“是其始死也，我独何能无

① 参见 *Ubiquity*，49 页；并参阅拙著《自我实现的历程——解读黑格尔精神现象学》，101～102 页。

慨然？察其始而本无生。非徒无生也，而本无形。非徒无形也，而本无气。杂乎芒芴之间，变而有气，气变而有形，形变而有生，今又变而之死，是相与为春秋冬夏四时行也。人且偃然寝于巨室，而我嗷嗷然随而哭之，自以为不通乎命，故止也。”① 庄子开始时亦不能不因妻死而“慨然”，但他继而从妻之死体悟到人之始“本无生”，生本有限，生与死、有与无不是相互取消、互不相容的，于是不再哭泣了。庄子似乎懂得有限的超越，故能齐死生，一有无，达于“哀乐不能入”② 的逍遥之境。但人对有限的体悟，并不限于面临死亡之时。真正的诗人或者常人在兴发真正的诗意时，也完全可以做到超越。海德格尔在他的后期著作中已经把超越的途径着重放在“诗的思”上，而不再放在对死的领悟上。③ 诗意的超越从消极方面说就是不死死盯住眼前这点当场有限的东西；从积极方面说就是超出当前出场的有限的东西之外，而看到“非有”即“无”(Nothingness)，看到在场与不在场的整体这一“无底深渊”，从而对有限的东西“泰然处之”。这里的“无底”就是指有限之物的无穷尽性的意思，就是我在前面已经提到过的黑格尔的“坏无限”。任何一个有限的东西都以这个无穷尽的有限之物的网络整体为其存在（出场、出现）之可能的前提，诗人就是能“聆听无底深渊的声音”的人（德里达语）。

四、从一元论到多元论，从尊崇同一性到尊崇差异性

“无底深渊”这一动态的整体之不同于旧形而上学所崇奉的恒定的整体的特点在于：旧形而上学归根结底是要克服有限，消除有限，从而把自己归结为一元论。“无底深渊”之整体观则强调有限性的真实性，从而把自己归结为多元论，但又决不固于个别的有限之物：它认为有限之物总是不断超越自己的边缘，而进入另一有限之物的边缘（不是进入脱离有限之抽象的无限领域），赫拉克利特说：“自然喜欢躲藏起来。”凡自然之物皆有限之物，说自然喜欢躲藏，意思就是说，有限之物喜欢打破自己的边缘进入别的有限之物的边缘之

① 《庄子·至乐》。

② 《庄子·大宗师》。

③ 参见拙著《天人之际——中西哲学的困惑与选择》，398～399页，北京，人民出版社，1995。

内，而且这种进入的过程是无穷无尽的。旧形而上学最终是要把有限的东西扼杀、埋葬在抽象的无限即一元之中，所以有限的东西在旧形而上学那里最终是没有生命的；“无底深渊”的动态整体观让有限的东西葆有各自的多元性和差异性，葆有各自的多姿多彩和生命力。用我们大家所熟悉的语言来说，前者是“万马齐喑”的哲学，后者是“百花齐放”的哲学。

贬抑有限和崇奉有限的区分实际上也就是贬抑差异性和崇奉差异性的区分。有限制就是有差异。从巴门尼德开始，西方传统的形而上学一直奉同一性为至尊，差异性受到压制。我在许多文章中都讲到“不相同而相通”，其用意就是要一反传统的旧观点，尊崇差异性（“不相同”），但我又强调不相同的东西是息息相通的。所谓“相通”就是指彼此不相同的（有差异）有限之物都各自超越自己的边缘而进入与自己有差异的另一有限之物之内。打破自身的界限（“超越自身”）而与差异者融通，这是有限之物之所以为有限的本性。“相通”是由有限性和差异性（“不相同”）来决定的。正因有限和差异或者说正因为不相同才能相通。有人不理解有限性和差异性的这种“超越自身”的本性，认为只有首先肯定了同一性的优先地位，才能谈到彼此有差异的有限者之间的相通，没有同一就没有相通。这种观点显然是受了旧形而上学的同一性观点的束缚。旧形而上学的同一性乃是撇开和舍弃差异性而进行抽象思维的产物，这种同一只是讲彼此相异的有限者之间的相同，而不是讲它们之间的相通。黑格尔批评抽象同一，大讲“具体同一”或“具体普遍”，大讲同一包含差异，普遍包含特殊，但他最终还是把差异消融于同一之中，他并未真正克服传统的抽象同一。总之相同与相通不可同日而语。此猫与彼猫（或者用此马与彼马的例子也一样）只是因撇开和舍弃了此与彼的不同而同为猫，但仅仅看到两者之相同（同一性），并不能说明此（猫）与彼（猫）之间的相通。相同（同一性）虽非捏造、虚构，却是一种抽象概念；相通不是讲的抽象思维，而是讲的具体现实。例如说此猫与彼猫息息相通，这就是指两猫之间的某种“交流”，此种“交流”是具体现实而非抽象思维和抽象概念（如同为猫）。人与人之间、人与万物之间不相同而相通的情况亦类乎此。王阳明讲的“一体之仁”，不仅贯穿于同类的人与人之间，而且贯穿于不同类的人与物之间，很生动地说明了不相同而相通的道理。我把王阳明的“一体之仁”解读为有限者“超越自身”的一种亲和力或简称为“爱”。是“一体之仁”把天地万物（包括人）融通为一个“无底深渊”的整体。可见崇奉有限的哲学既主张尊重差异性和多元性，又远非故步自封，闭关自守，它是一种不断撤除自身的藩篱、奋发前进、欲与万物融合为一体的哲学。

本版附录六
现象学口号“面向事情本身”的源头：黑格尔的《精神现象学》*
——胡塞尔与黑格尔的一点对照

一

平常一提到“面向事情本身”，大家立刻就会想到，这是胡塞尔提出的现象学口号，很少注意到它与黑格尔之间的深切关系；平常讲胡塞尔的现象学或黑格尔的精神现象学，也很少着重把两者“加以对比或联系”①。但是只要仔细考察一下“面向事情本身”的内涵，就不能不使我们从胡塞尔联系到黑格尔，联系到黑格尔的《精神现象学》。

我们过去经常说，黑格尔是西方传统形而上学之集大成者，其实，我们更应该着重说，黑格尔是他死后的西方现当代哲学的先驱。这主要是指他的《精神现象学》一书而言，《精神现象学》突出地体现了他对西方传统的“主客二分”思维方式的批判，为西方现当代哲学中人与世界融合为一的基本思想铺垫了宽广的道路，对现当代现象学的建立起了积极的作用。

西方现当代现象学的标志性口号是“面向事情本身”，而这个口号实质上最早是黑格尔在《精神现象学》的序言中提出的。这个口号的内涵，即使在现当代现象学这里，其实质也只有从黑格尔《精神现象学》关于“实体本质上即是主体”的命题和思想中得到真切的理解和说明。

---

* 原载《江海学刊》，2007（2）；《人大复印报刊资料（外国哲学）》，2007（6）转载。

① 参见《精神现象学》译者导言，贺麟、王玖兴译本。

《精神现象学》序言一开始就指出，哲学或真理本身决不是在单纯的最后结论中就能得到表达的。一般人总以为在最终的普遍性结论中就表达尽了事情本身，而不注重达到这个结论的特殊性过程。黑格尔断言，这种看法，或者用黑格尔自己的表述，“这样一种做法(ein solches Tun)”，“实际上是回避了事情本身（die Sache selbst zu umgehen)”，“因为事情并不穷尽于它的目的，而是穷尽于其实现中，实际的整体（das wirkliche Canze）也不是结果，而是结果连同其成为结果的过程”①。黑格尔还接着说：像这样只重目的或结果，只重不同结果之差异和判断的工作，“不是致力于事情（mit der Sache sich zu befassen)”②。黑格尔这里所说的“致力于事情”和上面所说“回避了事情本身”中的“事情本身”，就是后来的现象学派所谓“面对事情本身”或“回到事情本身”这一口号的源头。

黑格尔所谓“事情本身”（die Sache selbst）究竟是指的什么呢？他所谓“实际的整体”或真理之“结果连同其成为结果的过程”，究竟包含什么样的含义呢？这个问题实际上就在随后所提出的“实体本质上即是主体”的命题中有了明确的回答。“一切在于把真的东西(das Wahre）不仅理解和表述为实体（Substanz)，而且同样理解和表述为主体（Subjekt)。”“活生生的实体，只是就其为建立自身的运动或只是就其为自我转化和自我之间的中介时，它才是作为真正是现实的存在。”③“说真的东西只有作为体系才是现实的，或者说实体本质上即是主体，这乃是绝对即精神的观念中所要表达的。”④黑格尔这几段话说明，他所谓“事情本身”，就是“实体本质上即是主体”这一真理结论连同实现这一结论的“过程”——“体系”。在黑格尔看来，“意识”（das Bewusstsein）具有两个环节：一是属于自我的认识，一是认识的对象。所谓“实体”，就是“自我的对象”⑤。在意识中，自我与实体之间必然发生“不一致性”（Ungleichheit)，这就是“否定的东西”（das Negative)。黑格尔认为，

---

①② *C.W.F.Hegel Werke*，3，Theorie Werkausgabe，Suhrkamp Verlag，1983，S.13.

③ *C.W.F.Hegel Werke*，3，Theorie Werkausgabe，Suhrkamp Verlag，1983，S.23.

④ *C.W.F.Hegel Werke*，3，Theorie Werkausgabe，Suhrkamp Verlag，1983，S.28.

⑤ *C.W.F.Hegel Werke*，3，Theorie Werkausgabe，Suhrkamp Verlag，1983，S.39.

正是这种“否定的东西”成为意识的“灵魂”，它推动着实体自身向着主体的方向活动，这个推动者不是来自实体之外，而就是实体自身（das Selbst），故此种向着主体方向的活动即是实体自身的活动。实体在意识中的活动之初，表现为自我与其对象之间的“不一致性”，表现为主体与客体之间的对立，黑格尔把这种处于最初阶段的意识称为“自然意识”（das natuerliche Bewusstsein）。但随着实体自身的前进性活动，实体愈来愈表现为主体，认识对象愈来愈表现为作为认识者的自我，而当实体完完全全地表现自己即是主体之时，实体与主体之间的对立，主客之间的对立，存在与知识之间的对立，也就完全被克服了，主客融合为一：实体、客体成了直接属于自我、主体的所有物。黑格尔的精神现象学，其全部内容就是对实体如何成为主体的活动过程的描述，也可以说，就是对人的意识经验如何克服实体与主体、存在与知识之间的对立或“不一致性”而使二者融合为一的过程。而当这种对立完全被克服，实体、客体完全成了自我、主体的所有物之时，“精神现象学也就此结束了”①。因此，为了具体说明和理解黑格尔的“实体本质上即是主体”这一命题的内涵，就有必要浏览一下整个黑格尔的精神现象学。这也就是为什么黑格尔说，他的“这种见识，只有通过对整个体系的陈述才能得到辩解”②。

《精神现象学》所描述的意识的经验发展过程，开始于“感性确定性”，这是此漫长过程的最原始的阶段。在此阶段，实体——认识的对象最少主体性，它纯粹地只是“这一个”而已，至于“这一个”是什么，认识者毫无所知，认识者对它只能“意谓”到它存在着。这也就是说，当对象（实体）处于意识的最初阶段时，由于主体性的缺乏，对象（实体）只能是一个 X，实际上什么也不是，它是一个无任何意义的东西。

当意识的自身活动由“感性确定性”阶段发展到了“知觉”阶段时，认识的对象则能表明自己“是什么”，例如认识到这是盐，它是白的、咸的、立方形的等等。这就说明，随着意识的前进性活动，对象（实体）的意义也开始产生了，它不再是什么也不是的、无意

① *C. W. F. Hegel Werke*，3，Theorie Werkausgabe，Suhrkamp Verlag，1983，S. 39.

② *C. W. F. Hegel Werke*，3，Theorie Werkausgabe，Suhrkamp Verlag，1983，S. 22.

义的东西，而是能表明自己是什么的东西了，尽管在“知觉”的阶段里，对象（实体）所表明的“是什么”还是表面的、初步的。

比“知觉”更高的阶段是“知性”。在“知性”阶段里，意识表现了对象（实体）的本质、法则，对象（实体）的意义随着意识自身的前进性活动而更加丰富了。

大体上按照上述的思路，黑格尔用了《精神现象学》一书的几乎全部篇幅，把意识的全部活动，从个人的意识活动到整个社会历史文化的活动（包括道德、艺术、宗教、哲学等等），都作为意识由实体而成为主体的发展过程来加以描述，直至最后到了“绝对知识”阶段，存在便完全认识到自己即是自我，实体完全表明自己即是主体，于是意识最初以为独立自在的对象完全转换为对意识而言的东西，自我与存在、主体与客体的分离、对立完全得到克服而同一起来了。这样，《精神现象学》所表述的意识发展史，也就可以说，即是实体不断地由自在的、“无自我的存在”（selbstlose Sein）显现为“为自我的存在”（Sein fuer das Selbst）和“自我的存在”（Sein des Selbst）的发展史。[①] 在实体完全表明自己即是主体的“绝对知识”以后，实体——认识对象，因具有全部主体性，其意义也就达到了最丰富的程度，它由最初的什么也不是（“感性确定性”）的阶段达到了具有全部社会历史文化（道德、艺术、宗教、哲学等等）的内涵的阶段（绝对知识）。

二

黑格尔《精神现象学》出版将近一百年以后，胡塞尔在《逻辑研究》第一卷（1900 年）中重新提到了“走近事情本身”的口号：“只要不作一般性的辩论，而是走近事情本身（an die Sachen selbst herantritt，面对事情本身），迷惑就会消失”[②]。在《逻辑研究》第二卷（1901 年）第二部分中又提到：现象学的一切都出自“一种实实在在地靠近事情本身的（an die Sachen selbst herank-

① 参见 *C. W. F. Hegel Werke*，3，Theorie Werkausgabe，Suhrkamp Verlag，1983，S. 584。

② Edmund Husserl，*Gesammelte Schriften*，*Herausgegeben von Elisabeth Stroeker*，Felix Meiner Verlag，Hamburg，Band 2，S. 159.

ommenden)、纯粹朝向其直观自身被给予性的研究之中……”① 10年以后，胡塞尔在《哲学作为严格的科学》（1911 年）中又说：“我们必须探问事情本身。”“研究的动力必定不是来自各种哲学，而是来自事情与问题。”② 在《纯粹现象学与现象学哲学的观念》一书（1913 年）中，胡塞尔更明确地提出了“回到事情本身”的口号：“对事情作出合理的或科学的判断，意即指向事情本身，更确切地说，即从谈论和意见回到事情本身（auf die Sachen selbst zurueckgehen），依照自身被给予状态（Selbstgegebenheit，自身被给予性）查阅它，而去除一切不相干的成见。”③ 胡塞尔所有这些关于“走向事情本身”、“回到事情本身”、“指向事情本身”的呼声，按照他自己的解释，就是指“纯粹按照其直观的自身被给予性”④，而“去除一切不相干的成见”⑤，亦即排除关于一切外在于意识之存在的成见或预先假定，而纯粹地专注于事物如何被给予我们，如何显现于我们的意识之前的描述。为了达到这一目的——“指向事情本身”、“走近事情本身”、“回到事情本身”，胡塞尔运用了“悬置”、“现象学还原”、“先验还原”、“本质还原”等术语和观点：“悬置”、“还原”，就是把所谓独立的客观存在放在括号之中（einklammern），对它不作判断，从而把所有的东西都还原为相对于意识而存在的东西，还原为显现于意识中的东西，这种被还原、被给予意识的东西，就叫做“现象”，它们都是“直观”，即直接给予的，或者说直接显现于意识中的东西。平常人的“自然态度”（natuerliche Einstellung）总是首先假定有独立于意识之外的外在存在，而“悬置”就是使这种自然态度失效。所以通过“现象学的悬置”之后，“自然态度”所认为的自在世界，就都成为意识中的东西（“现象”，或者又叫做“意向对象”）。“自然态度”超越意识之外，预先假定独立于意识的存在，这是一种“成见”、一种“假定”，所以胡塞尔又称“自然态

① Edmund Husserl，*Gesammelte Schriften*，*Herausgegeben von Elisabeth Stroeker*，Felix Meiner Verlag，Hamburg，Band 4，S. 535.

② 胡塞尔：《哲学作为严格的科学》，23、69 页，北京，商务印书馆，1999。

③ Edmund Husserl，*Gesammelte Schriften*，*Herausgegeben von Elisabeth Stroeker*，Felix Meiner Verlag，Hamburg，Band 5，S. 41.

④ Edmund Husserl，*Gesammelte Schriften*，*Herausgegeben von Elisabeth Stroeker*，Felix Meiner Verlag，Hamburg，Band 2，S. 159.

⑤ Edmund Husserl，*Gesammelte Schriften*，*Herausgegeben von Elisabeth Stroeker*，Felix Meiner Verlag，Hamburg，Band 5，S. 41.

度”是一种“独断的态度”。“悬置”并非否定这个世界，而只是对它存而不论。胡塞尔说：他用加括号的方法，只是“使属于自然态度之本质的一般命题失效”，但“我并不否定这个‘世界’，好像我是个智者派似的，我并不怀疑这个世界的具体存在（dasein），好像我是个怀疑论者似的。然而我还是要运用‘现象学’的悬置，完全不理睬任何关于时空中具体存在的任何判断”①。

“现象学还原”不仅指“悬置”自然事物的外在存在，而且更重要的是指“悬置”“经验自我”（笛卡尔“我思”中的经验自我），从而还原到纯粹思维、纯粹主体性（纯粹自我、先验自我）上去，胡塞尔称之为“先验的还原”。经过“先验还原”之后的先验自我，是任何“意向对象”或“现象”能成为“为我的东西”的先验前提，“先验自我”构成了它的对象。例如一个东西的多个侧面之所以作为一个统一体而呈现在我面前，就是由“先验自我”构成的。

通过“先验还原”所把握的直观对象有两种：一是感性对象，例如某一匹个别的、具体的马，或某一特殊的红色；另一是范畴对象，例如马的概念或红的一般。胡塞尔认为不仅感性对象，而且范畴对象都可以直观给予，这也就是胡塞尔著名的“本质直观”的学说。他认为范畴对象高于感性对象，范畴直观以感性直观为基础。②个别对象在被感知时，两种直观是同时出现的：通过感性直观，我们感知到个别性；通过本质直观，我们感知到共相。③ 例如在感知某一朵花时，我们既感知到它是一朵特殊的、个别的东西，但同时也直观到这个特殊东西的普遍性、共相，即直观到它是属于花这一共相的，直观到个别性中的普遍性。普遍性、共相、本质、Eidos，总是同时伴随着个别性的感知而原始地被给予的，或者说被直观到的。否则，我们在感知一朵花时，就不知道它是不是花。这样，胡塞尔现象学的口号“回到事情本身”，就不是指回到个别的感性对象

---

① Edmund Husserl，ldeen zu einer reinen Phaenomenologie und phaenomenologischen Philosophie，*Gesammelte Schriften*，*Herausgegeben von Elisabeth Stroeker*，Felix Meiner Verlag，Hamburg，Band 5，S. 65.

② 参见 Edmund Husserl，Logische Untersuchungen，*Gesammelte Schriften*，*Herausgegeben von Elisabeth Stroeker*，Felix Meiner Verlag，Hamburg，Band 4，S. 673-675。

③ 参见 Edmund Husserl，ldeen zu einer reinen Phaenomenologie und phaenomenologischen Philosophie，*Gesammelte Schriften*，*Herausgegeben von Elisabeth Stroeker*，Felix Meiner Verlag，Hamburg，Band 5，S. 14。

上去，而是指回到普遍的本质。所以在胡塞尔看来，现象学是关于普遍性本质的科学。不过，这里需要特别注意的是，现象学所讲的普遍性本质，是意识中的东西，而不是超越于意识之外的外在之物。这一点，乃是现象学之为现象学的主要特点："一切原则的原则"乃是，"每一原始给予的直观都是知识的合法源泉。一切在'直觉'(Intuition）中原始地（可以说在其亲身的现实中）显现于我们之前的东西，都是单纯地被接受为自身给予的东西（als was es sich gibt)，但也只是在其为自身给予的限度之内"①。胡塞尔所提出的这种"一切原则之原则"，显然就是强调，只有在意识中直接观看到的东西才是绝对自明的；反之，在意识之外的外在之物，则是独断论的，不是自明的，而这种在意识中直接观看到的东西，不仅是感性中个别的东西，而且是本质、普遍性，是 Eidos，现象学最终就是要直观到、把握到普遍性的本质。经验主义和实证主义虽然也强调回到事情本身，但其所回归的事情本身只是感性直观中个别的东西，而胡塞尔则着重提倡回到范畴直观中普遍性的本质，回到这一高层次的"事情本身"。

可以看到，胡塞尔的"回到事情本身"，概括起来说，就是把"自然态度"所独断地认为独立自在的客观的东西，通过"悬置"、"还原"等方法，还原为主体的意识中的东西。这个思想，就其基本观点而言，其实就是黑格尔的"致力于事情"和"实体本质上即是主体"的命题所要表达的思想，其中包括两人都强调要把握事物的本质的思想。如前所述，黑格尔的"实体本质即是主体"命题的意思也正是，"自然意识"所认为独立自在的东西，在意识自我发展过程中，不断展示为越来越具有主体性，从而也越来越具有意义的东西，越来越真实的东西，直至最后成为最真实的东西（"绝对主体"、"绝对概念"）。难怪海德格尔说："胡塞尔与黑格尔如出一辙，都按同一传统而来，这个事情就是意识的主体性。"② "从黑格尔和胡塞尔的观点来看，哲学之事情就是主体性。"③只不过两者在如何达到"这个事情就是意识的主体性"这一共同的基本观点的具体途径方面和提出这一基本观点所针对的目标方面不

① Edmund Husserl，ldeen zu einer reinen Phaenomenologie und phaenomenologischen Philosophie，*Gesammelte Schriften*，*Herausgegeben von Elisabeth Stroeker*，Felix Meiner Verlag，Hamburg，Band 5，S. 51.

②③ 海德格尔：《面向思的事情》，65 页，北京，商务印书馆，1996。

相同。黑格尔的“实体本质上即是主体”，有一个漫长的实现过程，它所反对的是只讲空洞的结论或开端的形而上学方法；胡塞尔的“回到事情本身”，是回到直观中原始地被给予的东西的自明性（明证性），缺乏辩证的发展过程，其所反对的目标是自然主义心理学和历史主义。

三

胡塞尔对哲学史上的哲学家，明显地重视笛卡尔和康德，而很少提到黑格尔；即使提到黑格尔的地方，也不是关于“事情本身”的论述，而是对黑格尔的“世界观哲学”的批评。胡塞尔把对“世界观哲学”的批评同他对历史主义的批评联系起来。他对“回到事情本身”的呼声，不仅是为了反对自然主义，而且是为了反对历史主义。在胡塞尔看来，历史主义认为一切都是相对的，会导向极端怀疑的主观主义。真理、理论、科学的观念，会像所有观念一样失去其绝对有效性。而近代的“世界观哲学是历史主义怀疑论的孩子”。世界观哲学家，例如黑格尔，“主张每一门哲学只具有对其时代而言的相对合理性”。这种哲学自称是“绝对有效性的体系”，但并非“科学的哲学”。胡塞尔反对这种只有一个时代意义的哲学，而主张具有永恒意义的哲学：“我们的生活目标在总体上有两种，一种是为了时代，另一种是为了永恒：一种服务于我们本己的完善以及我们同时代人的完善，另一种服务于后人的完善乃至最遥远的后代人的完善。科学是一个标志着绝对的、无时间的价值的标题。”“科学的‘观念’是超时间的……它不受任何时代精神的相对性限制。”“我们切不可为了时代而放弃永恒。”[①] 因此，胡塞尔号召，世界观哲学必须完全放弃那种自命能成为科学的要求，不要再迷惑人们的心灵，阻挠科学的哲学之进展。[②] 胡塞尔对“世界观哲学”的这些批评和议论，在追求科学的严格性、理论性和反对片面重实用动机方面以及提倡不媚一时之流俗的精神境界方面，诚然有其值得肯定

---

① 胡塞尔：《哲学作为严格的科学》，49、53、56、59、64 页。

② 参见胡塞尔：《哲学作为严格的科学》，66 页；并参阅 Edmund Husserl，*Gesammelte Schriften*，*Herausgegeben von Elisabeth Stroeker*，Felix Meiner Verlag，Hamburg，Band 2，S. 228。

和赞赏之处，但胡塞尔不重历史（他把历史也放在括号之内），完全忽视黑格尔关于由实体转化为主体是一漫长的历史过程的思想，这确实是他的现象学的一大缺点。

黑格尔全部《精神现象学》所描述的实体自身转化为主体的历史过程告诉我们：任何一个认识对象的意义，都不仅包含个人的认识在内，而且包含了整个民族以至整个人类思想文化的内容，它是个人和全民族、全人类思想文化的结晶。黑格尔所谓当实体完全表明自己即是主体之时，精神现象学也就此结束了，这个断语的深层内涵就是：当实体、对象在意识中活动之初，它没有任何意义，什么也不是，但到了精神现象学结束之时，它已经历了精神现象学所描述的经验意识运动、发展的各个阶段，亦即个人认识和整个民族以及全人类思想文化发展的各个历史阶段，这样，实体、对象的意义也就最充分地显示、显露出来了，换言之，实体、对象就由什么也不是达到了具有最丰富意义的东西了。例如一朵花的意义，对于我们今人来说，特别是对于一个具有深厚文化底蕴的今人来说，它就不仅是红红绿绿而已，也不仅是植物而已，而是具有道德含义、审美含义、宗教含义等等。梅花对于一个中华民族的儿女来说，就具有高洁的品格，甚至具有“零落成泥碾作尘，只有香如故”（陆游）的具体含义；菊花甚至具有“东篱”之下“悠然见南山”的具体含义。任何一物的具体含义都与一个民族以至整个人类思想文化发展的历史紧密联系在一起。所以，要深悉一物的真实意义，就要懂得一个民族以至整个人类思想文化的历史。黑格尔的《精神现象学》在这方面为我们提供了一个光辉的范例。从这个角度来看，胡塞尔只能说是通过“悬置”、“还原”等现象学方法，从理论上抽象地说明了事物的真实意义在于把独立自在之物转化为意识中的为我之物，而没有找到这一转化（“还原”）的具体途径，而黑格尔的《精神现象学》却为这样的途径提供了一个方案。胡塞尔自己坦承“还原”是困难的事①，他没有说出困难的具体原因。我以为，也许困难正是由于他没有走上他所反对的历史的道路，他没有考虑到把独立自在之物还原为意识中为我之物，必须经历一个漫长曲折的、艰难的意识发展的历史过程。也许胡塞尔会辩解说，这正是他所反

① 参见 Edmund Husserl，Die Krisis der eurpaeischen Wissenschaften und die transzendentale Phaenomenologie，*Gesammelte Schriften*，*Herausgegeben von Elisabeth Stroeker*，Felix Meiner Verlag，Hamburg，Band 8，S. 246。

对的历史主义的观点，正是作为严格的科学的哲学所不容许的。但是胡塞尔的科学的哲学，远离了人类现实的历史发展过程，远离了人类的思想文化发展史，未免显得抽象枯燥，脱离人的生活实际。胡塞尔晚年提出的“生活世界”和“主体间性”的观念以及对于欧洲文明危机、文化危机（胡塞尔称之为“科学危机”，实际上并非指科学本身有什么危机，而是指的文明危机、文化危机）的关怀，表明他已意识到他的现象学缺乏文化意蕴，缺乏对人生意义和价值的关怀的局限性，但他终其一生，一直没有把他的现象学同人生，同历史文化有机地结合起来，并把它发展成一个以此为特点的有系统的哲学。而把哲学与人生紧密结合起来这一特点，乃是由他的学生海德格尔所倡导，由海氏以后的一些后现代主义思想家们以各不相同的方式所陆续发展起来的。然而在此以前，把哲学与人生相结合特别是与思想文化的历史相结合这一特点，在黑格尔那里已表现得非常突出，他的《精神现象学》，就既是一部同人生相结合的哲学体系，也是一部欧洲以至全人类思想文化的发展史。我们现在都在强调哲学要把自己化解到科学、伦理道德、审美、宗教等各种文化因素中去，哲学应在这些文化因素中找到自己的位置。其实，黑格尔的精神现象学以及他的整个哲学，正是这种现代观点的主要思想源头，只是他的“绝对概念”以及他对体系的过分追求，应该受到批判。

四

胡塞尔的“本质直观”说（“范畴直观”说），是哲学史上的一大突破，对海德格尔关于“存在本身”的探讨，从而对现象学的进一步发展起了积极的作用。胡塞尔在《逻辑研究》第二卷第二部分中指出，联系词“是”（sein，“存在”）是“感性直观”所直观不到的，它不像某种颜色那样是知觉的对象。“我能看见颜色，但不能看见颜色的是（das Farbig-sein）。”“是，乃全然不是可以知觉到的东西。”① 但通过“范畴直观”，却可以直观到“是”（“存在”）。例如通过“感性直观”，我可以直观到金子的黄色，但直观不到“金子是黄色”，然而通过“范畴直观”，却可以直观到“金子是黄色”。“金子

① Edmund Husserl，Logische Untersuchungen，*Cesammelte Schriften*，*Herausgegeben von Elisabeth Stroeker*，Felix Meiner Verlag，Hamburg，Band 4，S. 666.

是黄色”是一个判断。所以“实情（Sachverhalt）和是（Sein，系词意义的是）的概念之根源，确实就在实行判断本身（Urteilserfuellungen selbst）之中”①。这就是说，“是”（存在）乃是在实行判断的一种直观的体验活动中被给予的。胡塞尔关于“是”之直观被给予性的思想，启发了海德格尔，让海德格尔想到，“是”（“存在”）不是像传统哲学的看法那样固守于判断之中，只是一种作为逻辑的推理和分析对象的“纯概念”（“存在者之存在”），而是一种最原始的、被给予的“存在本身”，一切现成的东西都源于“存在本身”，判断亦由于有“存在本身”这个前提才得以构成。胡塞尔的“范畴直观”说对海德格尔的这些想法起了先驱的作用，尽管海德格尔对他的老师胡塞尔多有批评，包括对胡塞尔的“范畴直观”说。

其实，黑格尔《精神现象学》中已潜藏了关于一切现成物源于最原始的“存在本身”的思想，海德格尔的存在论，应该说更多地、更直接地源于黑格尔，尽管海德格尔对黑格尔也主要地持批评态度。但我这里不打算多谈海德格尔与黑格尔哲学之间的直接关系，主要还是想对黑格尔《精神现象学》如何潜藏着“存在本身”的原始性思想，略作论述。

黑格尔《精神现象学》所描述的“实体本质上即是主体”这一漫长的历史性发展过程，实际上也就是他在《精神现象学》导论中所说的，由原先以为是独立自在之物“转换”为对于意识而言的为我之物的过程，黑格尔把这种过程称为“经验”（Erfahrung）。“经验”也好，“实体本质上即是主体”也好，都是强调要克服存在与自我、实体（对象）与主体之间的分离、对立，而最终把二者完全统一起来。只有达到二者完全统一的阶段（即“绝对知识”、“绝对概念”），存在、实体（对象）完全表明自己即是自我、即是主体，这样的存在、实体才是真实的。黑格尔实际上是用意识、主体性来规定存在。所以在黑格尔看来，《精神现象学》所描述的全部过程，一方面是意识自身发展的过程，一方面也是存在之成为真实的过程，而且这后一方面更是他思想的重点：他描述意识发展的过程，是为了说明存在之成真的过程。与其说黑格尔的《精神现象学》讲的是认识论（这只是表面的），不如说它讲的是存在论。也许就是因为这个缘故，海德格尔断言，黑格尔的精神现象学不

① Edmund Husserl，*Gesammelte Schriften*，*Herausgegeben von Elisabeth Stroeker*，Felix Meiner Verlag，Hamburg，Band 4，S. 669－670.

是认识论。①

按照“绝对知识”是“实体本质上即是主体”这一发展过程的最后阶段而言，那么，“绝对知识”中的“纯概念”应该说也就是黑格尔心目中的最高的、最原始的存在。黑格尔有一个著名论断：“真理是全体。”（das Wahre ist das Ganze）② 这就意味着，作为“绝对知识”中之“纯概念”是一“全体”，它是一切事物之成真的根源，是最原始的存在。

黑格尔本来要极力强调的是，真理这一全体是连同其最终结果在内的全部自我形成的过程，前面说过的黑格尔所谓“事情本身”，也是讲的这同一个道理。他在《精神现象学》中，花了几乎全部篇幅来描述这一真理形成的过程（亦即存在之自我成真的过程），但功亏一篑，他在全书即将结束的最后，忽然一跃而跳到了超越于具有时间性的意识发展过程之外的永恒领域，使结果脱离了过程，“纯概念”脱离了现实，无限脱离了有限，从而使他一直标榜的“全体”、“真无限”变成了一个最终与过程、与现实、与有限对立的另一遥远不可及的有限的存在者，而非存在本身。存在本身超出了存在者之外。他的“绝对主体”（“绝对概念”）最终还是一个与客体相对立的主体。黑格尔的精神现象学以及整个哲学终究不脱传统的主客关系的窠臼。黑格尔的存在论所关心的是超验的“绝对概念”、“绝对主体”如何使存在者成真，而不是存在本身。后者是海德格尔的存在论所讲的内容。海德格尔区分了“存在本身”（Being itself）与“存在仅仅作为存在者的真理”（Being as the mere truth of beings）③。这一区分恰恰表明了整个海德格尔哲学与黑格尔哲学的不同。

尽管如此，黑格尔的《精神现象学》毕竟特别强调了“事情本身”在于存在之成真的过程之全体。割掉黑格尔精神现象学最后的那个超出时间之外的“绝对概念”的尾巴（尽管黑格尔把“绝对概念”视为精神现象发展过程的最高峰），我们就可以把这个发展过程之全体视为存在本身。黑格尔说：在意识中，自我与作为对象的实体之间的“不一致性”就是“否定的东西”，这“否定的东西”是两

---

① 参见 Heidegger, *Hegel's Phenomenology of Spirit*, Indiana University Press, 1988, p. 3。

② 黑格尔：《精神现象学》，12 页；并参阅 *G. W. F. Hegel Werke*, 3, Theorie Werkausgabe, Suhrkamp Verlag, 1983, S. 24。

③ Otto Poeggeler, *Heidegger's Path of Thinking*, Humanities Press International INC, 1989, p. 115.

者的“灵魂或推动者”。“就因为如此，有些古人当他们把推动者理解为否定的东西时，就是把空虚理解为推动者，只是他们尚未把它理解为本身（das Selbst）。”① 这里在行文上谈的是意识的发展过程，但正如前面已经说过的，实质上也是讲的存在的发展过程，即存在之成真过程。从这段话里可以看到，黑格尔特别强调发展的动力就是“自身”。这就意味着存在“本身”即是其成真的运动过程的动力。这也说明，从我们今天反传统形而上学的观点来看，黑格尔精神现象学的那个最后的尾巴——超越于时间性发展过程之外的“绝对概念”，诚然是可以割掉的：动力不在存在的发展过程之外，而就在“存在本身”之内。② “存在本身”的原始性思想，在黑格尔的《精神现象学》中已呼之欲出了，海德格尔的存在论显然更多地受到黑格尔的启发。

说“实体本质上即是主体”是存在之成真的过程，这里说的“成为真理的过程”，亦即成为本质上的东西的过程，或者说，即是显现本质的过程。存在与本质、真理同一。黑格尔所讲的这个过程，其特点在于它的漫长性、间接性（中介性）。在具有这样一种特征的过程中，越是超越直接性直观的，越是经过间接性（包括推论）的，便越是达到本质的存在，越是具有真理性的存在。与黑格尔的这种存在论相对比，胡塞尔的“本质直观”所达到的存在之本质，不过相当于黑格尔《精神现象学》中低级的“力和知性”阶段所把握的“共相”，一种概念性的“种类”。只不过，黑格尔认为“共相”是经过一定的间接性（中介性）达到的，而胡塞尔则认为“共相”通过直接性的直观（“本质直观”或“范畴直观”）即可达到。但是，存在之最深层的本质，或者说，存在之作为存在，难道就止于它作为概括性的“种类”、作为“共相”，就至矣尽矣了吗？《精神现象学》在“力和知性”阶段之后，还经历了伦理道德、法权、宗教、哲学等多种人类思想文化活动的历史进程，才达到存在之最高本质，达到最真实的存在。相比之下，胡塞尔的“本质直观”未免把存在的本质之含义理解得太简单了！例如曲阜的孔庙，它的本质是什么？

---

① *C. W. F. G. W. F. Hegel Werke*，3，Theorie Werkausgabe，Suhrkamp Verlag，1983，S. 39.

② 黑格尔把意识本身的推动力称为“威力”（Gewalt，暴力），这种“威力”同时又是来自“绝对”，因为“绝对”在意识运动发展之初，就“自在地和自为地已经并愿意在我们身旁”。这就是说，“绝对”从始就降临于我们，与我们同在，它把绝对真理之光投射于我们，使意识不断向前运动和发展。（参见拙著《自我实现的历程》，83、85 页）

按照胡塞尔的“本质直观”说，也许可以回答说，它是“庙”。但“庙”这个共相，就说尽了孔庙的本质吗？实际上，孔庙已经沉积了几千年来中华传统文化思想发展之精华。孔庙的本质是什么？严格讲，这个问题需要写一本中华民族式的《精神现象学》来回答。胡塞尔所开创的现象学的特点，如前所述，主要在于，不再把存在理解为独立于人的意识之外的东西，而理解为意识之内的“为意识”的东西。据此，存在的本质应随着意识的发展（不仅指个人的意识，而且指民族、人类文化思想的发展）而发展、而深入。离开了人生，离开了人类文化思想的发展而谈存在的本质，那种本质只能是抽象的。也许可以说，胡塞尔的“本质直观”说只适合于自然物，例如说某物是花、是植物，这是马，纸是白的，金子是黄色的，这里的“花”、“植物”、“白”、“黄”、“马”都是共相，这些共相道出了主词的本质。诚然，这些共相都在一定程度上道出了存在的内容，就像“庙”这个共相也在一定程度上道出了孔庙的内容一样，但“共相”所道出的存在之内容，毕竟是低层次的。即使是就一朵简单的花而言，仅仅能道出这是花、是植物，也远未能深入其本质。一朵菊花或一朵梅花，在中华文化的心目中就蕴涵着傲岸、高洁等等风格和品格，不懂得中华传统文化的人，就不懂得中国这块土地上的菊花和梅花的丰富内涵和本质。如此观之，胡塞尔所讲的“本质直观”中的本质，未免显得太远离人生，远离思想文化了。难怪有人说，胡塞尔的“本质直观”看似直接，实际上却把本质推到了遥远的地方。与胡塞尔相比，黑格尔的精神现象学倒是更加切近人生，更加切近民族的思想文化，而为海德格尔的“存在本身”的思想观念，为其整个存在论提供了直接的源泉。胡塞尔晚年的“生活世界”说和对欧洲文化的关怀，毕竟来得太晚了，他已来不及作太多的发挥，以弥补其先前的思想学说的局限。

诚然，我们也应该注意到，胡塞尔“本质直观”中的本质，不同于经验主义和唯理主义的抽象本质，我们不能简单地把它等同于抽象概括出来的东西。胡塞尔的“本质直观”说，同他关于经验发生的视域结构的理论是紧密相连的：他讲的“本质”，是在以某个对象为中心的、与之“共在场”（copresent）的、广阔无限的“视域”中发生的，因此，这种本质的发生、生成，也与经验者个人以往的人生经历以至一个民族的思想文化的历史发展过程一气相通。胡塞尔的这一深刻的“视域”说，实际上与黑格尔所主张的“实体本质上即是主体”的漫长过程说有相通之处。但他毕竟没有像黑格尔那样把他的“视域”展示开来而使之成为一个漫长的过程。他对历史的轻视，使他的“视域”说只是停留在抽象的理论论证上，而缺乏活生生的现实感与历史感。“视域”说只是为“本质”的发生提供了一种不同于经验主义和唯理主义的途径，但最终达到的还是一种抽象的普遍性、共同性，胡塞尔并没有从他关于“视域”的洞见出发，进而把本质展示为超越普遍性、共同性，具有个人人生经历以至一个民族的思想文化特色的个体性。而在黑格尔看来，只有这样的个体性，才是事物的最深刻的本质，黑格尔称之为“具体的个体性”。

五

黑格尔在《精神现象学》中把超出时间之外的、永恒的“绝对概念”、“绝对主体”当做投射于意识之光，照亮着现实意识的辩证运动和发展。用海德格尔的话来说，在黑格尔那里，正是“主体性”通过“辩证法的运动”，使自身“现身当前”（Gegenwart），“进入其自身的在场”（praesenz），这和胡塞尔将“先验主体”当做构成一切原始的、被给予的东西之先验前提而使自己出场的方法，颇有异曲同工之妙。尽管方法不同，但两者（黑格尔的“绝对主体”与胡塞尔的“先验主体”）都是把他们所强调的“事情本身”归结为“主体性”，归结为一种作为光亮的现成之物。正是针对这一点，海德格尔提出了他的作为“敞开之境”（Offenen）的“澄明”（Lichtung）说①和“无”的哲学原则②，认为：黑格尔的“绝对主体”说和胡塞尔的“先验主体”说都和西方一般的传统哲学一样，是以“有”为其哲学最高原则，虽有光亮，但没有“敞开之境”，无法让光亮穿越，就像森林没有空隙，无法让光线进入一样。海德格尔提出“无”的最高原则，“无”就是“作为存在的存在”（Sein als Sein），它即是“敞开之境”，是“无”让光亮有可能起到照亮的作用，从而让在场者出场、显现。③ 这也就是说，是“无”让“有”得以出现。④ 海

① 海德格尔：《面向思的事情》，66 页。
② 参见拙著《天人之际》，412～416 页。
③ 海德格尔：《面向思的事情》，67～73 页。
④ 关于这个问题，我在其他论著中多处作了较详细的说明，兹不赘述。

德格尔对黑格尔和胡塞尔的这一批评和他所提出的“无”的原则，无疑是很深刻的，在西方哲学史上是一大突破。但就黑格尔而言，这里应该指出的是，黑格尔的《精神现象学》，如果像我前面所说过的那样，只要割掉其最后那个“绝对概念”——“绝对主体”的尾巴，专注于《精神现象学》用接近全部篇幅所描述的意识运动发展过程本身，则这个过程本身就潜藏有以“无”为哲学原则的思想成分。前面已经引证过的《精神现象学》序言中那段话说得更明白，这里无妨重复一下：“有些古人当他们把推动者理解为否定的东西时，就是把空虚理解为推动者，只是他们尚未把它理解为本身（das Selbst）。”① 黑格尔在这里明确强调意识“本身”就是古人说的“空虚”，它本身推动自己运动。这说明推动者不是一个现成的某物——不是某个“存在者”（“有”），而是“无”，“无”即“本身”。“无”作为精神现象学的最高原则，在黑格尔这里呼之欲出，只是他不能摆脱旧形而上学的束缚，最后还是用一个超越于时间性的意识运动过程之外的“绝对主体”——最高的“存在者”——“有”来结束自己的体系，以示其体系之完满。黑格尔死后的大多数西方现当代哲学家特别讨厌他所奉为至尊的“绝对”以及他所孜孜以求的体系之完满性，于是连同他的许多能作为现当代哲学之先驱的思想，也都视而不见，有意无意地一概抛弃了。海德格尔把“无”规定为“存在本身”的思想，其实源于黑格尔。他把黑格尔看成与胡塞尔同样是不见“敞开之境”、不见“无”的哲学家，未免缺乏分析。胡塞尔的“先验主体”和“感性直观”、“范畴直观”中所直观到的被给予性，都完全是以“有”为哲学最高原则的体现。与此相联系的是，“主客二分”的模式在胡塞尔那里也表现得更为明显，只不过他把主客二分都通过现象学还原，移植到意识之内罢了。人们对于他的“主客二分”的思想模式已经评论得很多了，这里毋庸赘述。总起来看，在西方哲学由传统的古典哲学转向现当代哲学发展的进程中，在哲学日益现实化的趋势中，胡塞尔在许多方面似乎是倒退到黑格尔以前去了。胡塞尔更接近康德，海德格尔则距黑格尔较近而去胡塞尔较远。

---

① *C. W. F. Hegel Werke*，3，Theorie Werkausgabe，Suhrkamp Verlag，1983，S. 39.

第一版后记

黑格尔的《逻辑学》是西方哲学史上最晦涩难读的著作之一。本书主要目的是想把黑格尔逻辑学中的一些基本思想作一简要的、比较系统的概括和阐述，并根据马克思列宁主义经典作家的指示，对这些思想作出分析、批判。至于对黑格尔逻辑学中其他许多更具体的思想和问题，本书未加讨论。

黑格尔的逻辑学著作有《大逻辑》和《小逻辑》两种。《大逻辑》之《量论》部分的篇幅约相当于《小逻辑》之《量论》的十倍，《小逻辑》中“思想对客观性的三种态度”部分是《大逻辑》所没有的，两者在范畴的取舍和安排上略有不同之处；除此以外，大体上讲来，《小逻辑》是《大逻辑》的缩写。本书除因作者缺乏数学知识，在《量论》部分的阐述中只能取材于《小逻辑》外，其余均系综合《大逻辑》和《小逻辑》两种著作写成的。

本书第一章、第二章、第五章（第三版改为第四章、第三章、第七章）的大部分内容曾在杂志上发表过。第七章（第三版已并入第十一章和第十二章）是在我同贺麟先生合写的《黑格尔关于辩证逻辑与形式逻辑的关系的理论》一文的基础上改写的；此次改写，除增加了内容外，在看法和文章结构上也有较大改变。

本书第一章初稿曾请任华先生提过意见；第四章（第三版改为第六章）曾在北京大学外国哲学史教研室讨论过，教研室同志们对这部分提过一些意见；第五章（第三版改为第七章）初稿曾请贺麟先生提过意见；第八章（第三版改为第九章）中有的问题曾向张颐先生请教过。对于这些同志的帮助，特在此一并致谢。

由于个人能力的限制，本书不免有缺点或错误，希望读者同志们不客气地加以指正。

张世英

1959 年 12 月于北京大学

第二版后记

这一版除某些地方略作修改外，主要是补充了一些新的内容：

第六章（第三版改为第八章）《黑格尔逻辑学中关于辩证法和诡辩论的分歧的思想》，完全是新加的。黑格尔对诡辩论的批判主要是根据他的“具体概念”说和他关于对立统一与辩证否定的理论来进行的，本书第三、四、五章（第三版改为第五、六、七章）就是讲述这些理论的，所以把这一章列在第五章（第三版改为第七章）之后。

第七章（第三版改为第十章）中“量”论部分增加约一万字，主要是根据《大逻辑》写成的。这部分有黑格尔关于数学、“真无限”和“恶无限”、从“量”转化为“质”等方面的理论。

此外，第二章、第三章、第四章（第三版改为第三章、第五章、第六章）也作了补充。

作者

1963 年 5 月 6 日

第三版后记

本书的头两版，主要是对黑格尔逻辑学中的一些基本思想作一简要的、比较系统的概括和评论。这一版除第一章是一般性地讲黑格尔哲学外，其余十一章可分为两大部分，第一部分自第二章到第九章，仍然是对黑格尔逻辑学的基本思想的论述；第二部分自第十章到第十二章，则是按照黑格尔逻辑范畴发展的顺序，介绍和解释原著的内容。列宁在《黑格尔〈逻辑学〉一书摘要》中，系统地摘录了黑格尔的原文并作了评点，本书第二部分大体上依原书的顺序，引证了列宁的许多重要批语，并适当地作了些解释。

《大逻辑》和《小逻辑》同多于异，这一版仍系综合两书写成，有些地方也指出了二者相异之点。《小逻辑》中“思想对客观性的三种态度”部分，是《大逻辑》所没有的，这一版占了专门的一章。第十章到第十二章是照《大逻辑》的范畴安排和顺序来讲的，这是因为《小逻辑》过于简练，有些范畴间的过渡几乎完全略而未谈，《大逻辑》有很多地方，特别是在范畴的过渡方面，讲得比较详细、比较清楚，当然也有很多叙述极其晦涩烦琐，没有讲述的必要。

“附录”是以列宁《哲学笔记》中一句批语为题写成的一篇独立的论文，和正文有一定的联系，也有个别重复之处。

这一版的第一章、第二章、第十一章、第十二章和附录都是新加的，其余各章也作了些修改和补充，是在时间极度分散的条件下写成的，难免有些不连贯之处，尚希读者指正。

作者

1980年1月26日

本版后记

中国人民大学出版社学术出版中心主任李艳辉博士日前来访，说要重版我的旧作《论黑格尔的逻辑学》，我感到高兴，又有点疑虑。此书第一版（1959）和第二版（1964）都是“文化大革命”前的作品；第三版（即最后一版）于1981年问世，这已是“文化大革命”结束以后、改革开放开始的年代，书的篇幅比此前两版扩大了许多，在学术观点方面也有了较大的改变。但从1981年第三版至今，相距达28年之久，这28年的时间里，我的研究重点已由德国古典哲学转向西方现当代哲学和中西哲学之综合研究，我对黑格尔哲学（当然也包括他的逻辑学部分）的研究视角和整体把握又有了新的变化和发展。《论黑格尔的逻辑学》第三版已不能完全代表我当前的观点。这就是我对重版此书的疑虑之所在。但考虑到第三版已是改革开放以后的作品，我当前的观点毕竟和那时有一定的连续性，所以我想，重版此书，也可由此窥见我思想发展的一点线索；旧书新读，也不无意义。这次重版，未作任何修改，以保持原来的风貌。为了弥补时间距离所造成的隔阂，我遵照出版社的要求，附录了此书第三版以后新写的有关黑格尔哲学的论文四篇和学术自述两篇，一并请读者指正。对人大出版社和李艳辉女士给我的学术关注和支持，谨致衷心的谢意。

张世英

2009年6月16日于北京北郊静林湾

图书在版编目（CIP）数据

论黑格尔的逻辑学/张世英著. --3版. --北京：中国人民大学出版社，2020.10

（当代中国人文大系）

ISBN 978-7-300-27942-8

Ⅰ. ①论… Ⅱ. ①张… Ⅲ. ①黑格尔（Hegel，Georg Wilhelm Friedrich 1770－1831）-辩证逻辑-研究 Ⅳ. ①B811.01②B516.35

中国版本图书馆CIP数据核字（2020）第030004号

当代中国人文大系

论黑格尔的逻辑学（第3版）

张世英 著

LUN HEGEL DE LUOJIXUE

出版发行	中国人民大学出版社		
社　　址	北京中关村大街31号	**邮政编码**	100080
电　　话	010－62511242（总编室）		010－62511770（质管部）
	010－82501766（邮购部）		010－62514148（门市部）
	010－62515195（发行公司）		010－62515275（盗版举报）
网　　址	http://www.crup.com.cn		
经　　销	新华书店		
印　　刷	北京联兴盛业印刷股份有限公司		
规　　格	155 mm×235 mm　16开本	**版　　次**	2020年10月第1版
印　　张	23.75 插页3	**印　　次**	2024年9月第4次印刷
字　　数	368 000	**定　　价**	98.00元